河南省“十四五”普通高等教育规划教材

中国轻工业“十四五”规划立项教材

高等学校粮食工程专业教材

粮油品质检验与分析（第二版）

主编　张玉荣

中国轻工业出版社

图书在版编目（CIP）数据

粮油品质检验与分析／张玉荣主编．—2版．—北京：中国轻工业出版社，2023.11

ISBN 978-7-5184-4488-5

Ⅰ.①粮… Ⅱ.①张… Ⅲ.①粮食—食品检验—质量检验 Ⅳ.①TS207.3

中国国家版本馆CIP数据核字（2023）第129856号

责任编辑：马　妍　　责任终审：许春英
文字编辑：巩孟悦　　责任校对：吴大朋　　封面设计：锋尚设计
策划编辑：马　妍　　版式设计：砚祥志远　　责任监印：张　可

出版发行：中国轻工业出版社（北京东长安街6号，邮编：100740）
印　　刷：三河市万龙印装有限公司
经　　销：各地新华书店
版　　次：2023年11月第2版第1次印刷
开　　本：787×1092　1/16　印张：25.25
字　　数：650千字
书　　号：ISBN 978-7-5184-4488-5　定价：65.00元
邮购电话：010-65241695
发行电话：010-85119835　传真：85113293
网　　址：http://www.chlip.com.cn
Email：club@chlip.com.cn
如发现图书残缺请与我社邮购联系调换
210537J1X201ZBW

本书编写人员

主　　编　张玉荣　河南工业大学

副 主 编　吴　琼　河南工业大学

参编人员　（按姓氏笔画排序）

王月慧　武汉轻工业大学

张咚咚　河南工业大学

周显青　河南工业大学

韩佳静　河南工业大学

第二版前言 | Preface

党的十八大以来，以习近平同志为核心的党中央高度重视粮食安全，提出“确保谷物基本自给、口粮绝对安全”新粮食安全观，更是强调“粮食安全是‘国之大者’”，确保粮食从农田到餐桌全过程安全尤为重要。粮油品质检验与分析是一门以粮食（谷物、豆类、薯类）、油料及其加工制品（简称粮油）为研究对象，运用数学、物理学、化学、生物学、计量学、营养与卫生学等基础理论与基本原理，研究粮油的质量特性及对其特性进行检测、评价与监测、控制等的综合性专业技术课程，是高等学校食品科学与工程、粮食工程等专业的核心课程。粮油品质检验是粮油质量管理的技术基础，是根据国家相关政策、法律与法规、标准与规范，对粮油及产品质量进行科学检测分析和评价及其质量监测、监管与控制，且贯穿于从粮食的生产、收购、储藏、加工、流通到消费等全过程的各个环节，为促进和引导粮油生产，维护生产者、经营者和消费者的合法权益，保障国家粮油质量与安全提供科学依据和技术支撑。随着国家经济发展、科学与技术的进步，我国粮油标准化管理与检验检测技术水平取得了显著进步，粮油检验科学与技术学科也得以不断发展。《中国居民膳食指南(2022)》中建议我国居民膳食多元化，同时消费者对粮油的质量与安全也提出了更高的要求。加强粮油检验科学与技术学科方向建设与发展，提高粮油质量检测与安全评价技术水平，在推动我国粮油结构调整与优化，提升产品质量，完善粮油标准化体系，确保粮油质量安全与供给安全，促进国民经济可持续发展中发挥重要作用。

《粮油品质检验与分析》涵盖了粮油原料、粮油产品收购、储存、运输、加工、销售等方面的品质检验，全面系统论述了粮油品质检验与分析技术的基础理论及其相关的新方法、新技术与新装备，并结合国情对粮油品质检验的性质、任务以及我国粮油品质检验技术的发展，粮食的理化特性与品质变化，粮油检验基础知识，粮油检验通用技术，小麦及小麦粉、稻谷及大米、玉米及玉米制品、油料及油脂等品质检验与流通过程品质控制技术，粮油卫生检验技术以及相关国家标准进行了较为详细的叙述。因教材重点强调基本概念的准确性、基本理论的正确性和专业技术知识及技能的实用性，其内容体系的新颖性和学科的适用性均较强，有一定的理论深度，受到国内同行和学界的关注。

本教材自第一次印刷至今已有7年，教材中部分内容又有了新的研究进展，出现了一些新的研究成果和新技术、新方法、新应用，相关的国家标准也有部分更新，鉴于此，为全面贯彻新时代党的教育方针，充分发挥教材在提高人才培养质量中的基础性作用，提高教材的实效性和贡献度，提升高素质人才的培养质量，为国家粮油行业发展贡献力量，对本教材进行修订，改正在使用中发现的一些错误、缺陷和不足，同时吸收、借鉴国内外的最新研究成果，吸纳同行及广大师生的合理意见和建议，字斟句酌地对所有内容进行认真修改，力争使本教材成为一部在国内有较大影响且被使用单位及广大师生高度认可的优秀教材。

本教材修订编写过程中，在把握“为国育人、为党育人”正确的政治方向、保证内容科学准确、发挥学科特色的前提下，查阅国内外粮油品质检验与分析的最新技术资料，在此基础上，本着科学、前瞻和实用相结合的原则，理论联系实际，融入粮油科学与技术领域科研最新发展，全面反映中国特色社会主义实践创新成果，以激发学生的学习兴趣及创新潜能。结合教材使用情况的总结与相关国家标准制修订的最新进展，教材的修订内容归纳为以下三个方面：

（1）紧跟时代步伐，书中涉及的粮油品质指标检测相关的部分国家政策、法规和标准已重新修订，根据新的文件或资料对教材中相应的内容进行更新。

（2）把握科技前沿，根据粮油科学与技术领域科研最新发展，将粮油品质指标检测相关的新方法、新技术等融入教材，新增粮食收购及流通过程中卫生指标检验的快速检测方法及杂粮和油料的质量检验，以拓宽学生的知识视野，并为行业相关工作人员提供一定的参考。

（3）引导行业发展，根据粮油品质指标检测技术与设备的发展，对新设备的使用及应用推广进行总结与分析，引导学生形成独立剖析、解决问题的能力，进而精益求精，成为行业的技术骨干。

本书由张玉荣主编。参加修订工作的有：张玉荣（绪论，第一、四、九章）、韩佳静（第二章第一、二节，第七章）、吴琼（第二章第一节，第三章第一、二节，第八章）、张咚咚（第三章第三节，第六章，第十章）、周显青（前言，第五章）、王月慧（第九章）。本书在修订过程中，承蒙许多专家、学者提供宝贵的资料和建议，在此一并表示衷心的感谢和崇高的敬意。

如果本书能对教学、科研与生产实践起到一定的作用，则是编者所衷心期望的。由于水平有限，本书缺点与错误在所难免，恳切希望广大读者批评指正。

编者

2023年6月于郑州

第一版前言 | Preface

“粮油品质检验与分析”是一门以谷物、豆类、薯类、油料及其加工产品（简称粮油）为研究对象，运用物理、化学、生物、卫生学等学科相关理论与技术，研究粮油质量及其评价的综合性专业技术课程，是粮油科学与技术学科的重要组成部分之一，是粮油质量管理的技术基础。粮油品质检验与分析根据国家政策、法规、标准，对粮油质量进行科学分析和评价，贯穿于粮食生产、流通和消费的各个环节，为促进、引导粮油生产，维护生产者、经营者和消费者的合法权益，保障国家粮油质量安全提供科学依据。随着科学技术的进步，我国粮油检验科学与技术学科也不断发展，粮油标准和检验技术得到逐步完善和提高。而人民生活水平的提高，使得消费者对粮油及其产品的安全性提出了更高的要求。加强粮油检验科学与技术学科研究，不断完善粮油标准，提高粮油质量检测与安全评价技术水平，对推动粮油结构调整、提升产品质量、确保粮油质量安全，促进国民经济发展具有重要作用。本书编写过程中，大量查阅了国内外粮油品质检验与分析的技术资料，在此基础上，本着科学、前瞻和实用相结合的原则，理论联系实际，尽力将其完善，使之能为更多的读者服务。

本书全面而系统地论述了粮油品质检验与分析技术的基础理论及其相关的新方法、新技术与新装备，并结合国情对粮油品质检验的性质、任务以及我国粮油品质检验技术的发展，粮食的理化特性与品质变化，粮油检验基础知识，粮油检验通用技术，小麦及小麦粉、稻谷及大米、玉米及玉米制品、油料及油脂等品质检验与流通过程品质控制技术，粮油卫生检验技术以及相关国家标准进行了较为详细的叙述，以期为我国粮油的生产与流通、储藏与加工、质量安全和贸易与管理等领域的人才培养、科学研究、技术研发提供支撑，同时为确保粮油食品质量安全提供技术依据。

本书由张玉荣主编，具体分工如下：张玉荣编写绪论，第一章，第四章中第一、二、三节，第六章，第七章，第八章；周显青编写第五章；王亚军、万娟、王月慧编写第二章；王彦志编写第三章；渠琛铃和玉崧成编写第九章；刘海顺编写第四章中第三节；胡明丽、姜忠丽编写第四章第四节；徐建方和贾少英编写第五章第四节。全书由张玉荣教授、周显青教授统稿。暴洁、高佳敏、刘敬婉为本书的编写查阅和整理了大量的国内外有关著作和文献资料。

本书在编写过程中，承蒙许多专家、学者提供宝贵的资料和建议，同时也查阅参考了大量的国内外有关著作和文献资料，在此一并向诸位专家、学者和作者们表示衷心的感谢和崇高的敬意。

如果本书能对教学、科研与生产起到一定的作用，则是编者所衷心期望的。由于水平有限，缺点与错误在所难免，恳请广大读者批评指正。

编者

2016 年 4 月于郑州

目录 Contents

下篇　粮油品质检验与流通过程品质控制技术

绪 论 INTRODUCTION

一、 粮油品质检验的性质

粮食、油料是人类赖以生存的物质基础，是人类生存的重要营养来源，也是重要的工业原料和进出口物资，粮油品质检验是指采用科学、系统的分析检测手段，依据相关理论和标准，对粮油及其加工产品的质量、品质和卫生安全进行全面、客观的分析、评价和判断的一门学科。粮油检验既集成了各种现代分析技术，也有自己独特的分析方法和手段，从而形成从外部到内部、从常量到微量、从单一指标到综合评价的完整的检验方法技术体系。

粮油品质检验贯穿于粮食种植、收购、储存、运输、加工、销售、供应和消费整个过程，是开展粮油及其加工品质量管理的主要技术手段。通过检验粮油及其加工品中营养物质的种类、含量和分布，以及色、香、味、形、组织状态、口感、卫生安全性指标，提供科学、系统、准确的检验及评价结果，将对提高粮油及其加工品质量，合理利用粮油资源，确保粮油卫生安全起决定性作用。

粮油质量检验工作直接关系到人们身体健康和生命安全，牵涉到国家、企业、农民、消费者等方方面面的利益，是一项政策性、社会性很强的工作。粮油质量出了问题，不仅会在经济上造成损失，也会给社会带来不安定因素。同时它又是一门专业技术性很强的工作，它是运用科学的方法和手段对粮油及其制品的物理特性、工艺品质、营养品质、食用品质、储藏品质及卫生指标进行分析和评价。粮油是一种天然有机物质，其组成、结构和生物化学性质变化复杂、多样，从而决定了粮油检验技术的多样性、系统性、灵活性。随着分析技术的进步及对粮油特性的认识和人们生活水平的不断提高，粮油检验工作不断发展和完善，这又决定了粮油检验技术的发展性。

粮油品质检验技术经历了从无到有，由粗到细的发展过程，而且已经制定了较多的国家标准，这些标准是产品品质检验的依据，体现着国家对粮油质量的集中管理和监督，因此粮油检验工作又具有高度的统一性。

二、 粮油品质检验的意义和任务

随着科学技术的迅猛发展，食品贸易全球化的不断深入和人们生活水平的日益提高，食品安全问题越来越受到政府部门、科技界和消费者的高度重视。在食品生产、加工过程中，由新技术、新工艺以及包装、储藏、运输等环节带来的新的危害事件此起彼伏；在世界范围内，食品安全问题引发的贸易纠纷不断扩大，对各国的经济贸易发展和国家声誉带来的影响也不断加深。粮油及其加工品作为人们赖以生存的主要食物来源，其加工业也早已成为我国国民经济的基础和支柱产业，因此，粮油及其加工品的安全直接影响到食品安全。粮食、油料由于受种子、地域、气候、环境、病虫害、栽培方式和农药使用等因素的制约，其不管是外观形状、表面色泽、物理缺陷、内源性营养成分的分布，还是外源性污染物质的蓄积、分布等方面都产生了较大的差异，这给粮油商品价值和安全定位带来了不利的影响，同时给后续加工带来了困难，加上仓储过程中的除害处理、加工工艺与添加剂的不规范使用、化学包装材料的无节制应用等，都会影响加工制品的质量与安全性。因此，粮油及加工品的检验至关重要，与此同时，粮油及加工品检验技术的提高也显得尤为重要。

粮油质量检验工作不仅可以充分发挥质量检测对粮油流通的基础性作用，有效贯彻国家颁布的各项粮油质量标准，而且可以有效指导国家粮油储备，促进国家粮油安全。在粮油购销市场化、国际化的新形势下，强化粮油质量检验工作对维护粮油流通秩序，加强粮油市场的宏观调控等具有重要意义。开展粮油质量检验不仅可以维护粮油商品正常流通、确保粮油安全和经营主体平等竞争，还可以解决粮油贸易争议和加强粮油行政执法。

粮油品质检验是认定粮油品质好坏的一项重要活动。它既为粮食及油料进行交易提供作价依据，又为粮油最终能否进入消费链提供决定性依据。同时也是用户或经销企业进货时质量验收及销售前质量检查而采用的手段。粮食中的砂子、稗子、铁屑等杂质，不仅影响人们的口感，对身体健康也有影响，特别是各种重金属、霉菌毒素、农药残留等有毒有害物质，对身体健康的危害更大。因此，能不能让全国人民吃上新鲜、卫生、营养丰富的粮食，责任就落在了粮油品质检验工作的环节上。对于粮油品质检验工作，首先立足人民身体健康，要高度负责，认真检验，充分发挥粮油品质检验工作在生产、流通领域中起的作用；其次是要做好评价、把关、预防和信息反馈，保证不合格的粮油不出厂、不出库、不供应市场，保障粮油食品安全、加强粮油食品行政执法、发挥解决粮油食品贸易争议的作用。

粮油安全是关系国计民生的大事，为最大限度地满足人们日益增长的对安全、优质的粮油产品的消费需要，必须做好粮油检验这项基础性工作。要保证粮油检验工作的正常进行，首先要有明确的目的任务，然后才能制定采样及检验方案，进而得出正确的结论。

（一）粮油品质检验的目的

按照粮油的流通情况，分为收购、销售、调运、储存、加工 5 个环节，在不同的业务环节，实施检验的目的是不同的。

粮油收购、销售、调运时实施检验，其目的是为粮油的定等作价提供依据，以贯彻优质优价的价格政策。

各级储备库在粮油轮入时实施的检验，其目的是判定粮油是否符合储备粮油的入库质量标准，检查粮油的新陈程度以及储存品质指标是否适宜储存，同时为粮食分类储存提供科学依据；粮油储存时定期的（如中央储备粮油每年 3 月和 9 月的质量检查）粮油质量分析，其目的是探索粮油储存指标的变化规律，指导科学储粮，为“推陈储新，适时轮换”提供科学依据；不定期的粮情检测，其目的是探查局部粮情异常的原因；粮油轮出时的质量检验，是检测粮油的综合品质，同时还要对储存期间曾经使用过的熏蒸剂残留进行检测，看其是否符合相应的卫生标准，是否能投放市场。

加工企业的进货检验，是验证所购原料与采购合同、原料技术标准及加工工艺要求是否相符合，作出接收或拒收的处理意见，防止不合格原料进厂；加工过程的工序检验，是检查关键工序质量控制点的确立是否准确、有效，在制品的质量是否符合相关工艺的质量要求，确保资源的合理利用，防止不合格的半成品流入下道工序，确保生产出的成品达到规定的质量指标；加工企业的出厂检验（自行出厂检验或委托出厂检验）是检验各批次成品的品种、规格、质量、标识等项目是否符合相关标准和技术要求，防止不合格成品流入市场。

受质量技术监督部门、工商行政管理部门或其他政府机构的委托而实施的监督检验，其目的是判定产品是否符合生产、销售的质量标准，为政府机构实施产品质量监督和宏观调控提供科学依据。委托检验旨在按委托合同（或协议）的要求，为客户提供产品质量信息，一般不下综合性的结论。

粮油品质检验，其目的是对各地所产的主要粮种（稻谷、玉米、小麦、大豆等）进行检测，调查其品质状况，按规定进行统计、汇总、上报，为决策者提供决策依据，为用户提供基础数据和基础资料，以指导农业生产、育种、种植结构调整及粮食贸易等工作。

总的来说，粮油质量检验是粮油流通的基础性工作，在粮油流通全面市场化的形式下，良好的粮油质量检验工作，是保持粮油流通秩序，加强宏观调控，促进粮油市场科技创新的重要技术手段，对优化粮油种植结构，提高粮油综合生产能力，确保国家粮油安全具有重要意义。

（二）粮油检验的任务

按相关的产品质量标准和卫生标准对粮油实施检验，判定产品质量是否合格。

研究和改进粮油分析检测技术，研究快速、准确、经济、客观的检测方法及仪器设备，研究粮油的新陈试验、掺伪检验和储备粮储存品质指标体系的综合评价。

调查和研究粮油的工艺品质、储藏品质、加工品质、食用品质、卫生品质，为制定和修订粮油质量标准和粮油卫生标准提供科学依据。

总之，粮油品质检验的主要任务是：认真贯彻执行粮油质量标准，进行粮油质量的检验和监督，正确贯彻依质论价政策，促进粮油质量及出品率的提高，监测病虫害、微生物及有害物质对粮油的危害和污染，以保证粮油的安全储存和合理利用，提高人民健康水平。

三、 我国粮油品质检验工作的发展概况

我国的粮油品质检验工作是在计划经济时代发展起来的。1953 年，国家对粮油实行统购统销的同时，粮油质检体系的框架也初步开始建立。在计划经济时代，粮油企业的检验工作是为粮油收购、加工、储存、调运服务的。在粮油加工环节中，检验工作的目的也只是如何达到出粉（油）率的要求；而在粮油购销市场化不断深入的形势下，粮油检验工作要紧跟人们的消费需求，适应市场需求的变化。

随着形势的发展和我国科技水平的提高，粮油质检工作也得到了快速发展。尤其是常规性粮油质检手段和技术，比如出糙机、各种水分测定仪、全自动脂肪抽提仪等在粮油收购和加工中的推广和应用，并在普及中逐步得到完善。至 20 世纪 90 年代初，常规性粮油质检已达到比较完善的程度。

20 世纪 90 年代中后期开始，由于国家逐步放宽了对粮油收购的政策，粮油质量检测工作开始呈现出不协调的发展态势。一方面，我国加入世界贸易组织（WTO）后，粮油的国际性流动增加，使政府不得不对粮油质检工作予以高度重视，增加粮油质检项目，提高粮油检

测标准，研发和引进高科技检测设备，以确保进出口粮油的质量安全。另一方面，由于粮油收购政策的放宽，一些地方、一些企业为了自身的利益或其他原因，逐步放松了粮油质检工作。

党的二十大报告中指出：人民健康是民族昌盛和国家强盛的重要标志。为了人民健康，粮油检验工作必须持续推进标准化，坚持从严从细从实的工作要求，切实增强使命感、责任感、紧迫感，牢牢守住库存粮食安全底线。目前我国谷物总产量稳居世界首位，为了进一步保障粮食的稳定供给，政府储备粮规模结构在持续优化，在此背景下，粮油检验工作应该放宽眼界，与时俱进开拓新的路子。因此，要求粮油检验工作者不仅要重视一般质量的监督检验，还要重视卫生质量的监督检验。同时要求检验机构要强化技术人才队伍建设，采取各种有效措施补短板、练内功、促提升，推动粮油品质检验工作水平再上新台阶；另外要抓好粮油标准的制定、修订工作，更重要的是要抓好标准的贯彻执行工作。

近几年，粮油检验工作在各级党政领导和粮食部门的大力支持下，经过粮油检验人员的持续努力，取得了长足进步，标准体系逐步完善，基本做到“有标可依”，检验范畴从品质检验发展到卫生检验。粮油检验机构也逐步健全，大部分省份已形成省、市、县三级检测网。粮油检验人员技术水平和仪器设备不断提高和完善，粮油质量也不断得到改善和提高，国家收购的粮油质量在中等以上的已达 80% 以上，成品粮油质量全项目合格率在 60% 以上，粮油检验工作取得了较大的成绩。

我国粮油品质检验工作发展的阶段如下：

①20 世纪 60 年代中期至 70 年代末为化学检验技术阶段。以感官检验、物理检验为基础，将化学成分检验纳入其中，形成了综合检验技术。涉及产业扩充为粮食、油脂、食品、商检等行业。

②20 世纪 80 年代至 90 年代为全项目检验时期。国家粮油标准体系趋于完善，检验项目扩充。

③20 世纪 90 年代初期为现代检测技术时期。其特征是信息化程度高，技术内容覆盖面广。国家注重品质检测技术工作，为适应市场经济需求，技术标准构建迅速，检验体系与标准体系全面对接。

④20 世纪 90 年代中期至 20 世纪末为与国际先进检验技术接轨时期。在内容上注重与国际标准的接轨，技术检验项目大量增加。

⑤进入 21 世纪以来为技术整合、社会服务时期。加强与世界先进技术接轨，在检测手段上融入了高新技术，检测技术扩展到副产品、检疫技术等。服务行业需求，对粮油食品企业工程技术人员开展岗位技术培训，并参与企业技术开发与科研活动。

从目前的粮油仓储行业发展来看，随着我国科技水平的提升，粮油储藏及加工技术已逐渐向自动化、智能化方向发展，并逐渐迈向智慧化阶段。而粮油品质检验工作仍有一些问题需要解决：检验设备落后；检验工作复杂性强；检验人员综合素质有待提高等。因此，借助运用信息技术，推动粮油检验工作逐渐朝着自动化和智能化的方向发展已是必然趋势。未来必须牢牢把握行业数字化转型机遇，攻克转型壁垒，促进检验水平显著提升，使粮油食品质量得到保障。

上篇

粮油检验基础知识

CHAPTER 1

第一章

粮食的理化特性与品质变化

学习指导

粮食安全是“国之大者”，解决好吃饭问题始终是治国理政的头等大事，党的二十大报告也强调要“全方位夯实粮食安全根基”，粮食的理化特性与品质变化与之密切相关。通过本章的学习，熟悉和掌握粮食的定义与分类方法；重点掌握主要粮种的分类依据和分类方法；熟悉和掌握主要粮种的形态和结构特点以及各部分的主要作用，了解粮食的化学成分组成和不同粮种中各成分的含量；重点掌握粮食中主要化学成分的种类及在粮食中的分布和储藏过程中的变化规律。本章内容的学习是粮油品质检验的基础，对粮食安全也具有重要意义。

第一节　粮食的分类与结构

一、粮食的分类

（一）粮食的定义

粮食是指以收获成熟果实为目的，经去壳、碾磨等加工程序而成为人类基本食粮的一类作物，主要是为了满足人类食粮和某些副食品的需要，或部分供作饲料的农作物。

（二）粮食的分类

粮食的种类很多，按照传统解释，粮食有广义和狭义之分。狭义的粮食是指禾本科作物，包括稻谷、小麦、玉米、糜（黍和稷）、大麦、高粱等。广义的粮食是指谷类、豆类、薯类的集合。每一类又可以分成许多种。

禾本科有稻类、麦类（小麦、大麦、燕麦、黑麦等）、玉米、高粱、粟、黍、谷子等，又称为“谷类作物”，简称“谷物”。在众多的“谷物”中，最主要的是小麦、稻谷和玉米，这三种粮食产量约占全部粮食总产量的2/3。因此，在不加说明的情况下，平常所说的“粮食”或“谷物”，多指这三种作物。

豆类泛指所有能产生豆荚的豆科植物，同时，也常用来称呼豆科的蝶形花亚科中的作为食用和饲料用的豆类作物。豆类的品种很多，主要有大豆、蚕豆、绿豆、豌豆、赤豆、黑豆等。根据豆类的营养素种类和数量可将它们分为两大类：一类是以黄豆为代表的高蛋白质、高脂肪豆类；另一类则以碳水化合物含量高为特征，如绿豆、赤豆。鲜豆及豆制品，不但可做菜肴，而且还可以作为调味品的原料。

薯类作物又称根茎类作物，主要指具有可供食用块根或地下茎的一类陆生作物，如番薯（红薯、甘薯）、木薯、马铃薯、薯蓣（山药）、板薯等。食用部分多含大量淀粉和糖分，可作蔬菜、杂粮、饲料等，也是制作淀粉、酒精等的原料。

在粮食商品类中，粮食根据其领域和作用对象的不同分为四类：①原粮；②成品粮；③混合粮；④贸易粮。根据粮食化学成分的含量及用途的不同分为四类：①谷类；②豆类；③油料；④薯类。

依据1995年联合国粮食及农业组织所列的详细粮食产品目录，国际通用的粮食分类共有四大类31种：其中谷物类8种；块根和块茎作物类即薯类5种；豆类5种；油籽、油果和油仁作物类13种。

（三）粮食种类的发展

粮食在中国古代是有区别的两个字。“粮”是指行人携带的干粮。“食”是指居家所吃的米饭，后来两字逐渐复合成“粮食”这一名词。中国古代粮食的代称为谷、五谷、八谷、九谷、百谷，但以五谷为最多。在原始社会，中国的粮食品种主要有：粟、黍、稻、菽（大豆）、大麦、小麦、薏苡等。北方以种植粟、黍粮食品种为主，南方以种植水稻为主。

夏、商、西周时期，中国的粮食品种有黍、稷、稻、小麦、大麦、菽、麻七种，主要的粮食品种是黍、稷。直至明代以前，中国的粮食品种大致如此。在《诗经·小雅》中，农作物的排列顺序是：黍、稷、稻。当时人们很迷信自然，称社为地神，稷为谷神，故将二者结合在一起称为社稷。之后社稷即成了国家的代名词。

春秋战国时期，随着铁制农具的出现和灌溉的发展，人们才有条件种植对水土要求较高的菽和粟。虽然粮食作物品种变化不大，但是作物的结构发生了很大变化。变化的特点是：菽（大豆）的地位上升，并和粟一起列为主要的粮食作物。这在中国农业发展史上是一个历史性的变化。从战国到唐代，粟一直是中国北方的主要粮食。西周以前，中国粮食品种以黍、稷为主，其他粮食品种不占主要地位。到了春秋战国时期，开始出现了五谷的概念，表明当时粮食作物的品种初步有了定型。主要粮食品种有：粟（禾、稷）、菽（大豆）、黍、稻、小麦、大麦、麻七种。秦汉时期粮食结构有所变化，主要粮食品种有：粟、稻、小麦、大麦、大黍、高粱、大豆。汉代董仲舒建议在关中一带推广小麦。汉魏时期由于石磨的推广，麦子磨成小麦粉，这一饮食史上的进步，也促进了小麦生产的发展。魏晋南北朝粮食品种的顺序是：谷（稷、粟）、黍、高粱、大豆、小豆、大麻、大麦、小麦、水稻、旱稻。隋唐五代时期，主要粮食品种的顺序是：稻、粟、麦。宋元时期，稻麦两熟制逐步形成，双季稻得到推广，明代以后，水稻更加发展，因此有“湖广熟，天下足”的说法。同时，玉米、甘薯、马铃薯从国外引进，更加丰富了粮食品种。当时主要的粮食品种是：水稻、小麦、谷子、玉米、豆类。到1950年，粮食品种是指小麦、稻谷、大豆、粟、玉米、高粱和杂粮七大品类。1952年，粮食减为四大品种：小麦、稻谷、大豆和薯类。1957年，粮食增为五大品种：小麦、稻谷、大豆、杂粮和薯类。1971年又把杂粮类改为“玉米”等，粮食为新五大品类：小麦、稻谷、大豆、玉米、薯类。1979年后《辞海》对粮食的解释是各种主要食料的总称，如小麦、高粱、玉米、薯类等。1996年根据种植面积及产量排列为：稻谷、小麦、玉米、薯类、大豆、谷子、高粱、其他杂粮。

粮食的概念是不断发展和变化的，随着人们对大自然开发利用程度的不断提高，将会赋予它更新的内涵和外延。这也是人们对客观世界的认识不断深入和改造世界的能力逐渐提高的体现。

（四）主要粮种的分类

1. 稻谷的分类

稻谷是我国的主要粮食作物之一，具有悠久的种植历史，种植面积大。经数千年的种植与选育，目前全国稻谷品种达4万~5万个。根据GB 1350—2009《稻谷》规定，稻谷按其收获季节、粒形和粒质分为早籼稻谷、晚籼稻谷、粳稻谷、籼糯稻谷和粳糯稻谷5类。

早籼稻谷：生长期较短、收获期较早的籼稻谷，一般米粒腹白较大，角质部分较少。

晚籼稻谷：生长期较长、收获期较晚的籼稻谷，一般米粒腹白较小或无腹白，角质部分较多。

粳稻谷：粳型非糯性稻的果实，糙米一般呈椭圆形，米质黏性较大，胀性较小。

籼糯稻谷：籼型糯性稻的果实，糙米一般呈长椭圆形或细长形，米粒呈乳白色，不透明或半透明状，黏性大。

粳糯稻谷：粳型糯性稻的果实，糙米一般呈椭圆形，米粒呈乳白色，不透明或半透明状，黏性大。

2. 小麦的分类

小麦是我国主要的粮食作物之一，其种植遍及全国。小麦属禾本科大麦族小麦属，品种多，适应性强，耐寒耐旱。根据GB 1351—2008《小麦》规定，小麦按其皮色、硬度指数分为硬质白小麦、软质白小麦、硬质红小麦、软质红小麦和混合小麦5类。

硬质白小麦：种皮为白色或黄白色的麦粒不低于90%，硬度指数不低于60的小麦。

软质白小麦：种皮为白色或黄白色的麦粒不低于90%，硬度指数不高于45的小麦。

硬质红小麦：种皮为深红色或红褐色的麦粒不低于90%，硬度指数不低于60的小麦。

软质红小麦：种皮为深红色或红褐色的麦粒不低于90%，硬度指数不高于45的小麦。

混合小麦：不符合上述规定的小麦。

3. 玉米的分类

玉米属禾本科蜀黍属，俗名很多，有玉蜀黍、棒子、包米、包谷等。根据GB 1353—2018《玉米》规定，玉米按其种皮颜色分为黄玉米、白玉米、混合玉米3类。

黄玉米：种皮为黄色，或略带红色的籽粒含量不低于95%的玉米。

白玉米：种皮为白色，或略带淡黄色或略带粉红色的籽粒含量不低于95%的玉米。

混合玉米：不符合上述要求的黄、白玉米互混的玉米。

农业上玉米籽粒分类主要是依据其外部形态和内部结构。而内部结构中，又依据不同类型的多糖和不同性质的淀粉（直、支）的比例，将玉米分为硬粒型、马齿型、半马齿型、糯质型、爆裂型、粉质型、甜质型和有稃型8种。

4. 大豆的分类

豆类属于豆科蝶形花亚科，豆类的果实是荚果，呈扁平或圆筒形，包括大豆、蚕豆、绿豆、豌豆、赤豆、扁豆、菜豆等。其中最重要的品种是大豆（别名黄豆）。根据GB 1352—2023《大豆》（2023年12月1日实施）规定，大豆按其皮色分为黄大豆、青大豆、黑大豆、其他大豆、混合大豆5类。

黄大豆：种皮为黄色、淡黄色，脐为黄褐、淡褐或深褐色的籽粒不低于95%的大豆。

青大豆：种皮为绿色的籽粒不低于95%的大豆。按其子叶的颜色分为青皮青仁大豆和青皮黄仁大豆两种。

黑大豆：种皮为黑色的籽粒不低于95%的大豆。按其子叶的颜色分为黑皮青仁大豆和黑皮黄仁大豆两种。

其他大豆：种皮为褐色、棕色、赤色等单一颜色的大豆及双色（种皮为两种颜色，其中一种为棕色或黑色，并且其覆盖粒面1/2及以上）的籽粒含量不低于95%的大豆。

混合大豆：不符合以上规定的大豆。

二、粮食籽粒的形态与结构

粮食作物主要是指生产的干的单种果实，通常称为“颖果”（caryopsis）。它的基本构造分为皮层、胚和胚乳三部分。

皮层：果皮和种皮合称皮层，果皮是由子房壁的组织分化、发育而成的果实部分。成熟的果皮一般可分为外果皮、中果皮、内果皮3层。种皮是由珠被发育而成的，禾谷类果实的种皮只有一层细胞。

胚：是种子最主要的部分，由受精卵发育而成。各类粮食的胚形状各异，基本可分为胚芽、胚茎（轴）、胚根和子叶四部分。豆类籽粒的胚较发达，胚中储藏着营养物质，主要是蛋白质、淀粉、脂肪等，一般作为副食之用。

胚乳：由细胞受精后直接发育成的胚乳称内胚乳；由珠心层直接发育成的胚乳称外胚乳。禾本科类籽粒的胚乳较发达，胚乳中储藏着营养物质，主要由淀粉构成，一般作为主食之用，如稻谷、小麦、玉米、大麦、高粱、粟、燕麦等。

（一）稻谷的形态结构

稻谷为禾本科稻族稻属（*Oryza*），普通栽培稻亚属（*Oryza Sative* L.），是我国重要的粮食作物，它高产、稳产，适应性强，经济价值高。稻谷不仅作为人们的主食，还可酿酒，制淀粉；米糠可作为家畜饲料或提取食用米糠油，也可作为提取维生素、糠醛的化工原料；秆可作为造纸、人造棉、编织、搓绳的原料。稻谷在我国的国民经济中有极其重要的地位。

1. 稻谷的形态

稻谷籽粒的形状结构如图1-1所示，一般为细长形或椭圆形，谷粒长4~7mm，其色泽呈稻黄色、金黄色、黄褐色、棕红色等。稻谷主要由稻壳和糙米两部分组成，稻壳为稻谷加工后所得的砻糠（俗称大糠）。稻谷加工去壳后的颖果部分，称为糙米。糙米是完整的果实，其形态与稻粒相似，一般为细长形或椭圆形。糙米由果皮、种皮、糊粉层、胚和胚乳所组成。胚乳占颖果的绝大部分。糙米有胚的一面称为腹面，为外稃所包，无胚的一面称为背面，为内稃所包。糙米两侧各有两条沟纹，其中较明显的一条在内、外稃勾合的相应部位，另一条与外稃脉迹相对应。背脊上也有一条沟纹称为背沟，糙米共有纵向沟纹5条。纵沟的深浅因品种不同而异，对碾米工艺影响较大。沟纹深的稻米，加工时不易精白，影响稻谷的出米率。

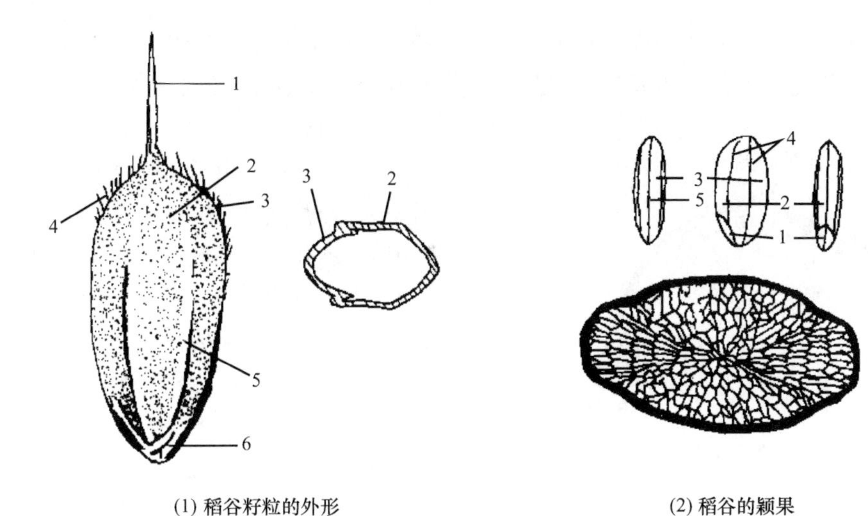

(1) 稻谷籽粒的外形　　　　(2) 稻谷的颖果

1—芒　2—外颖　3—内颖　4—茸毛　5—脉　6—护颖　　1—胚　2—腹面　3—背面　4—小沟　5—背沟

图 1-1　稻谷籽粒的外形及稻谷的颖果

糙米的胚乳有角质和粉质之分。胚乳中的淀粉细胞腔中充满着晶状的淀粉粒，在淀粉的间隙中填充有蛋白质。若填充的蛋白质较多时，其胚乳结构紧密，组织坚实，米粒呈透明状，称为角质胚乳。粉质胚乳多位于米粒腹部和中心，当位于腹部时称为“腹白”，位于中心时称为“心白”，粉质胚乳也称“垩白”。不同品种的稻谷，其米粒腹白和心白的有无及大小各不相同。同种稻谷，由于生产条件的不同，腹白和心白的有无及大小也有差异。一般粳稻腹白较少，籼稻中的早籼腹白较多。生长条件差、肥料不足的稻谷，其腹白或心白比生长条件好、肥料充足的稻谷大。腹白和心白组织松散，淀粉粒之间空隙较多，内部充满空气，呈不透明白粉状，质地脆，加工时易碾碎，影响稻谷的出米率。

2. 稻谷的结构

稻谷是一种假果，由颖（稻壳）和颖果（糙米）两部分构成（图 1-2）。

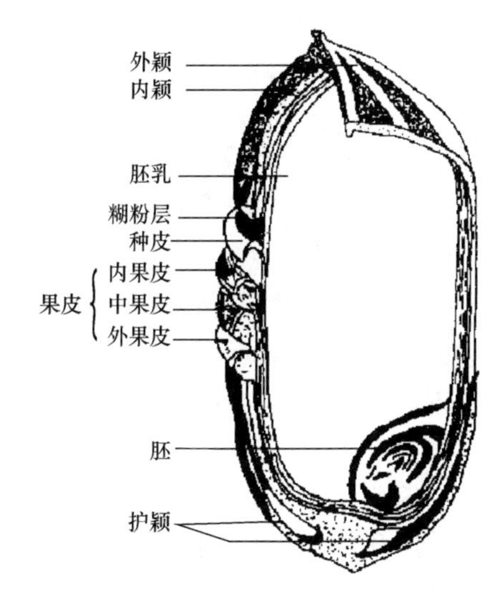

图 1-2　稻谷籽粒的结构

（1）颖（稻壳）的结构　稻谷的颖包括内颖、外颖、护颖和颖尖（颖尖伸长为芒）四部分。外颖比内颖略长而大；内、外颖沿边缘卷起成钩状，互相钩合包住颖果，起保护作用。颖的表面生有针状或钩状茸毛，茸毛的疏密和长短因品种而异，有的品种颖面光滑而无毛，颖的厚度为 25~30μm，粳稻颖的质量占谷粒质量的 18%左右，籼稻颖的质量占谷粒质量的 20%左右。颖的厚薄和质量与稻谷的类型、品种、栽培及生长条件、成熟及饱满程度等因素有关。一般成熟、饱满的谷粒，颖薄而轻。稻壳约占稻谷质量的 20%，含有丰富的纤维素（25%）、木质素（30%）、戊聚糖（15%）和灰分（21%），灰分中含有大约 95%的二氧化硅。

（2）糙米的结构　除去稻壳以后的稻谷称为糙米，糙米是一个完整的种子，它包括果皮、种皮、外胚乳、胚乳和胚等部分，胚乳占了米粒的最大部分，包括糊粉层和淀粉细胞（图 1-3）。

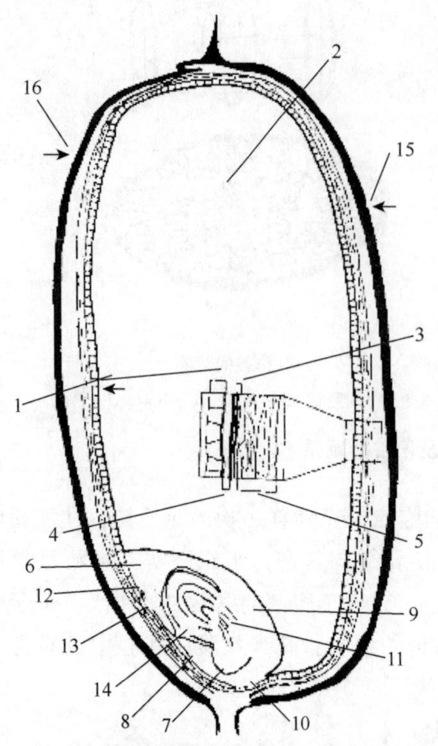

图 1-3　稻谷颖果（糙米）的纵剖面示意图

1—糊粉层　2—胚乳　3—种皮　4—珠心层　5—果皮　6—盾片　7—胚根　8—外胚叶　9—胚芽　10—胚根鞘　11—中胚轴　12—腹鳞　13—侧鳞　14—胚芽鞘　15—外稃　16—内稃

①果皮：果皮是由子房壁老化干缩而成的一个薄层，厚度约为 10μm，包括外果皮、中果皮、横细胞和管状细胞。籽粒未成熟时，由于叶绿层中尚有叶绿素，米粒呈绿色；籽粒成熟后叶绿素消化、黄化或淡化呈玻璃色。果皮中含有较多的纤维素，由粗糙的矩形细胞组成。果皮占整个谷粒重的 1%～2%。

②种皮：种皮在果皮的内侧，由较小的细胞组成，细胞构造不明显，是内珠被最内层细胞的残余，厚度极薄，只有 2μm 左右。有些稻谷的种皮内常含色素，使糙米呈现不同的颜色。种皮有半渗透性，较易吸收水分。

③糊粉层（外胚层）：糊粉层由排列整齐的近乎方形的厚壁细胞组成，糊粉层细胞比较大，胞腔中充满着微小的粒状物质，称作糊粉粒，其中含有蛋白质、脂肪、维生素和有机磷酸盐。

④胚乳：胚乳占颖果质量的 90% 左右。胚乳细胞为薄皮细胞，是富含复合淀粉粒的淀粉体。其最外两层细胞（为次糊粉层）富含蛋白质和脂类，所含淀粉体和淀粉粒的颗粒比内部胚乳的小。淀粉粒为多面体形状，而蛋白质多以球形分布在胚乳中。填充蛋白质越多，胚乳结构越紧密而坚硬，这使得米粒呈半透明状，截面光滑平整，因此称这种结构为角质胚乳。若填充蛋白质较少，胚乳结构则疏松，米粒不透明，断面粗糙呈粉状，这种结构称为粉质胚乳。充满淀粉粒的胚乳组织占糙米的绝大部分，萌芽时所需的养料即由其供给；供作人类食用的也是这一部分。

⑤胚：胚位于颖果的下腹部，呈椭圆形，由胚芽、胚茎、胚根和盾片组成，富含脂肪、蛋白质及维生素等。盾片与胚乳相连接，在种子发芽时分泌酶，分解胚乳中的物质供给胚以养分。由于胚中含有大量易氧化酸败的脂肪，所以带胚的米粒不易储藏。胚与胚乳连接不紧密，在碾制过程中，胚容易脱落。

（二）小麦的形态与结构

小麦是小麦系植物的统称，属于禾本科大麦族小麦属，是越年生（冬小麦）或一年生（春小麦）草本植物，也是世界上最早栽培的农作物之一。小麦的颖果是人类的主食之一，磨成小麦粉后可制作面包、馒头、饼干、面条等食物；发酵后可制成啤酒、酒精、伏特加或生物质燃料。小麦富含淀粉、蛋白质、脂肪、矿物质、钙、铁、维生素 B_1、核黄素、烟酸、维生素 A 及维生素 C 等。

1. 小麦的形态

小麦籽粒是不带壳的颖果，成熟的小麦籽粒多为卵圆形、椭圆形和长圆形等，卵圆形籽粒的长宽相似；椭圆形籽粒中部宽，两端小而尖，其籽粒的平均长约 8mm，重约 35mg。成熟的小麦籽粒表面较粗糙，皮层较坚韧而不透明，顶端生有或多或少的茸毛，称为“麦毛”，麦毛脱落形成杂质。麦粒背面隆起，胚位于背面基部的皱缩部位，腹面较平且有凹陷称为腹沟，腹沟两侧为颊，两颊不对称，剖面近似心脏形状。小麦具有腹沟是其最大的形态特征，腹沟的深度及沟底的宽度随品种和生长条件的不同而异。腹沟内易沾染灰尘和泥沙，对小麦清理造成困难，且腹沟的皮层不易剥离，对小麦加工不利。腹沟越深，沟底越宽，对小麦的出粉率、小麦粉质量以及小麦的储藏影响越大。

小麦的胚乳有角质和粉质两种结构，角质与粉质胚乳的分布或大小，因品种不同或栽培条件的影响也存在差异，有的麦粒胚乳全部为角质，有的全部为粉质，也有的同时有角质和粉质两种结构，其粉质部分常常位于麦粒背面近胚处。我国南方冬麦区的麦粒较大，皮厚，角质率低，含氮量低，出粉率较低；而北方冬麦区的麦粒小，皮薄，角质率高，含氮量高，出粉率较高。胚乳的结构对麦粒的颜色、外形、硬度等都有很大影响，它不仅是小麦分类的依据，而且与制粉工艺和小麦粉品质有着密切的关系。

2. 小麦的结构

小麦籽粒结构如图 1-4、图 1-5 所示，主要由皮层（包括果皮、种皮）、胚和胚乳三个部分组成。

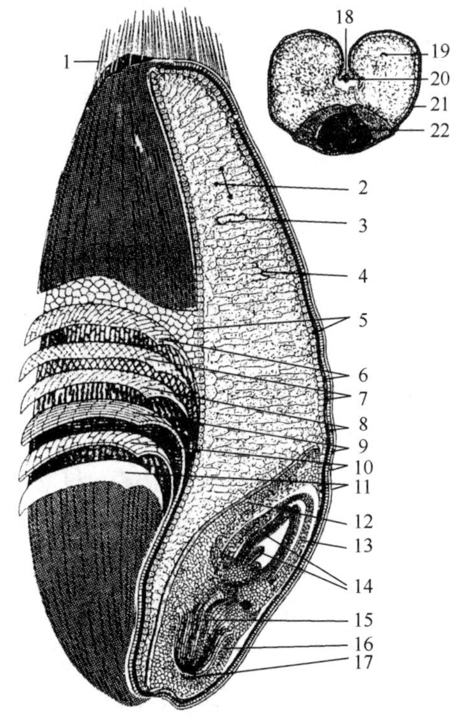

图 1-4　小麦籽粒的纵切面及横切面示意图

1—茸毛　2—胚乳　3—淀粉细胞　4—细胞的纤维壁　5—糊粉细胞层　6—珠心层　7—种皮　8—管状细胞　9—横细胞　10—皮下组织　11—表皮层　12—盾片　13—胚芽鞘　14—胚芽　15—初生根　16—胚根鞘　17—根冠　18—腹沟　19—胚乳　20—色素冠　21—皮层　22—胚

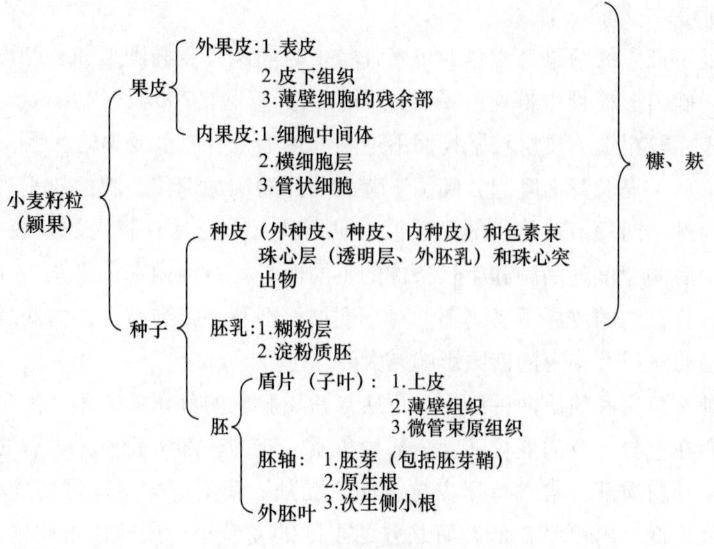

图 1-5 小麦籽粒的构成

（1）皮层　皮层主要由果皮和种皮构成，具有保护胚和胚乳的作用，使其不易受外界条件变化的影响，尤其是种皮具有半渗透性，在避免真菌侵害方面有重要作用。

果皮包住整个种子，有若干层组织。外果皮常称为表皮（beeswing），外果皮的最内层由薄壁细胞的残余所组成。内果皮由中间细胞、横细胞和管状细胞组成。中间细胞和管状细胞都不完全覆盖整个籽粒。横细胞之间结构紧密，胞间隙小或没有。整个果皮大约占籽粒的5%，约含蛋白质6%、灰分2%、纤维素20%、脂肪0.5 %，其余是戊聚糖。

种皮的外侧与管状细胞紧连，而内侧与珠心层紧连。小麦的种皮分内外两层，第一层是透明的，第二层是有色素的。色素层的厚薄是决定种子颜色深浅的主要因素。皮层的主要成分为纤维素，因此，灰分占有较大的比重。此外，还含有大量的含氮物质，皮层中不含有淀粉及脂肪。

（2）胚乳　胚乳是小麦籽粒的最大部分，主要含有蛋白质、脂肪、维生素和有机磷酸盐，因此，是主要的营养器官。胚乳包括糊粉层和淀粉胚乳，糊粉层一般只有一层细胞厚，完全包围着整个麦粒，既覆盖着淀粉质胚乳，又覆盖着胚芽，从植物学的观点看，糊粉层是胚乳的外层。糊粉层的厚度和籽粒皮的厚度相近，质量为籽粒的6%，糊粉层中有1/2为纤维素，1/4为蛋白质和脂肪，并含有相当高的灰分、总磷、植酸盐和烟酸。糊粉层内为胚乳薄细胞，内含淀粉粒，其细胞长轴与果皮相垂直，接近子叶背部的胚乳薄壁细胞被挤碎，形成一宽35~40μm的带，不含淀粉。

淀粉胚乳的细胞结构与糊粉层有明显的不同，细胞比较大，细胞壁薄，横切面呈多角形，只是靠近糊粉层的粉质胚乳细胞较小一些，只有中部细胞的1/3~1/2。磨粉时，胚乳细胞外层也随糊粉层落到麦麸之中，因而影响小麦的出粉率。

（3）胚　小麦胚占籽粒的2.5%~3.5%。胚由两个主要部分组成：胚轴和盾片，盾片的功能是作为储备器官。胚含有相当高的蛋白质（25%）、糖（18%）、脂肪（胚轴含脂肪16%，盾片含脂肪32%）和灰分（5%）。胚不含淀粉，但含有较高的B族维生素和多种酶类。胚中维生素E（总生育酚）含量很高，其值可达500mg/kg；糖类主要是蔗糖和棉子糖。

（三）玉米的形态与结构

玉米是禾本科草本植物玉蜀黍，一年生，是重要的粮食作物和重要的饲料来源，也是全世界总产量最高的粮食作物。属短日照植物，分布范围很广，全国各地都有栽培，但主要分布在东北、华北和西南各省区。全世界种植的玉米有很多种，最常见的是马齿种，它是普通谷物种子中最大的一种，粒重平均为370mg。

1. 玉米的形态

玉米果穗一般呈圆锥形或圆柱形，果穗上纵向排列着玉米籽粒。籽粒的形态随玉米品种类型的不同而有差异，常呈现扁平形，靠基部的一端较窄而薄，顶部则较宽厚，并因品种类型不同有圆形、凹陷形（马齿形）、尖形（爆裂形）等。玉米有很大的胚，在谷类粮食中，以玉米的胚为最大，占全粒质量的10%~14%。玉米籽粒的颜色一般为金黄色或白色，也有的品种呈红、紫、蓝等颜色。黄色玉米的色素多包含在果皮和角质胚乳中，红色玉米的色素仅包含在果皮中，蓝色玉米的色素仅存在于糊粉层中。

2. 玉米的结构

玉米籽粒分为四个基本部分，即皮层（果皮和种皮）、胚、胚乳和基部，基部是籽粒与玉米棒子的连接点，脱落时可能与籽粒相连，也可能被去掉。玉米籽粒详细结构如图1-6所示。

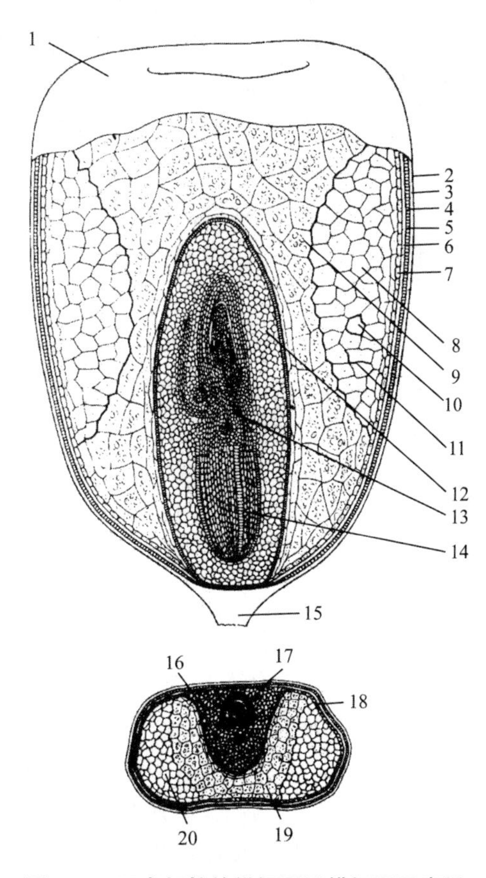

图1-6 玉米籽粒的纵切面及横切面示意图

1—皮层 2—表皮层 3—中果皮 4—横细胞 5—管状细胞 6—种皮 7—糊粉层 8，20—角质胚乳 9，19—粉质胚乳 10—淀粉细胞 11—细胞壁 12，16—盾片 13—胚 14—初生根 15—基部 17—胚轴 18—果皮玉米颖果的植物学结构与小麦相似，籽粒颜色变化较多，从白色到黑褐色或紫红色，有纯色的，也有杂色的，白色或黄色是最普遍的颜色。皮层占籽粒的5%~6%。胚较大，占籽粒的10%~14%，其余部分为胚乳。玉米与小麦不同，在一颗玉米籽粒中存在半透明和不透明的胚乳。

（1）皮层　玉米的皮层由果皮和种皮组成。籽粒的外面是由一层坚硬而紧密的细胞组成的果皮和一层很薄的不具备细胞构造的半透明膜（种皮）。果皮由厚壁和微孔的长椭圆形的细胞组成。种皮保护玉米籽粒免受寄生霉菌及有害液体的侵蚀，种皮所含的色素决定了籽粒的颜色。

（2）胚乳　玉米的胚乳是被厚细胞壁包裹着的含有大量淀粉的细胞。胚乳的最外层由透明的大细胞组成，被称作糊粉层。糊粉层的质量约为整粒质量的3%，玉米的胚乳分角质和粉质两类。角质胚乳组织结构紧密，硬度大，透明而有光泽。马齿形玉米的胚乳两侧为角质胚乳，中央和顶端均为粉质胚乳，粉质区与角质区之比约为1∶2。不同类型玉米粒中，这个比值也有相当大的变化，如粉质玉米几乎不含角质胚乳，而角质玉米和爆裂玉米的胚乳只含有很小的粉质胚乳芯核，完全由角质胚乳包围着。粉质区的特点是细胞较大，淀粉粒既大且圆，蛋白质基质较薄。角质区的特点是细胞较小，淀粉粒小而且呈多角形，角质胚乳的蛋白质含量比粉质区多1.5%~2.0%，黄色胡萝卜素的含量也较高。在糊粉层的下面有一排坚实的细胞，称为次糊粉层，其蛋白质含量高达28%，这些小细胞在全部胚乳中的含量大致少于5%，它们含有很少的淀粉和较厚的蛋白质基质。

（3）胚　胚位于玉米的基部，富有柔韧性和弹性，不易破碎。胚芽占据玉米籽粒纵切面面积的1/3，其脂肪含量很高。胚由小盾片和胚轴两部分组成。胚轴仅占整个胚芽质量的7.6%~15.4%。小盾片由一种不溶性胶黏物黏附在胚乳上，这种胶黏物是细胞碎片的降解物，其主要组成为多缩戊糖与蛋白质，小盾片由圆柱形厚壁细胞组成，从这些细胞的截面上可以看到许多油滴。

（4）基部　基部也称根帽、根冠，位于玉米的底部，没有食用价值。各种不同品种的玉米籽粒各形态部分的数量比也不相同。这也取决于玉米生长的土壤及气候条件。

（四）大豆

大豆属一年生豆科草本植物，别名黄豆，原产我国，已有5000多年的种植历史。大豆是豆科植物中最富有营养而又易于消化的食物，是蛋白质最丰富、最廉价的来源，在今天世界上许多地方是人和动物的主要食物。

1. 大豆籽粒的形态

大豆种子的形状因品种不同有球形、扁圆形、椭圆形和长椭圆形等，大豆种子有大粒、中粒和小粒的区别。一般大粒种多为球形，中粒种多为椭圆形，小粒种则多为长椭圆形。大豆种子的种皮表面光滑，有的有蜡粉或泥膜，因此对种子具有一定的保护作用，种皮外侧面有明显的种脐，种脐的上端有一凹陷的小点，称为合点。种脐下端为发芽口，是水分进入种子的主要途径，发芽口下面有一个突起，称为胚根透视处。种脐区域为胚与外界之间空气交换的主要通道，胚茎很短，胚芽夹在两片肥大的子叶中间。大豆是无胚乳的种子，去皮即是胚，大豆种皮角质层下面的栅状组织中，含有各种不同的色素，使大豆种皮呈现黄、青、褐、黑等颜色。目前国内外生产的大豆，以黄色最多。

2. 大豆籽粒的结构

与禾谷类籽粒大不相同，大豆是双子叶无胚乳的种子，仅由种皮和胚两部分构成，如图1-7所示。胚包括胚芽、胚轴、胚根和两片子叶，种皮约占8%，胚根、胚轴、胚芽约占2%，子叶约占90%。

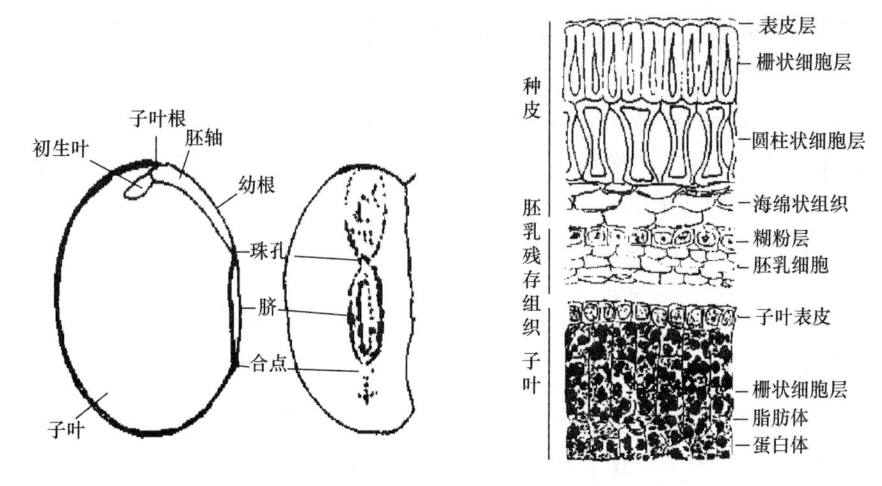

图1-7　大豆籽粒形态与结构示意图

（1）种皮　大豆种皮是由胚珠被发育而成的。种皮位于种子的表面，对种子具有保护作用。大多数品种种皮表面光滑，有的有蜡粉或泥膜。大豆种子的种皮从外向内由四层形状不同的细胞组织构成。最外层为栅状细胞组织，由一层栅栏状并排列整齐的长条形细胞组成，细胞长40~60μm，外壁很厚，为外皮层。其最外层为角质层，有蜡质光泽，其中有一条明线贯穿。栅状细胞较坚硬并相互排列紧密，一般情况下水较易透过，但若它们相互排列过分紧密时，水便无法透过，使大豆籽粒成为“石豆”或“死豆”，这种豆几乎不能被加工利用。栅状细胞组织中，含有各种不同的色素，使大豆种皮呈现黄、青、褐、黑和双色等颜色。靠近栅状细胞的是圆柱状细胞组织，由两头较宽而中间较窄的细胞组成，长30~50μm，细胞间有空隙。在泡豆时，此细胞膨胀极大。再内一层是海绵组织，由6~8层薄细胞壁的细胞组成，间隙较大，泡豆时吸水剧烈膨胀。最内层是糊粉层，是由类似长方形的细胞组成的，壁厚，含有蛋白质、脂肪、糖。对于没有完全成熟的大豆籽粒，其种皮的最内层（糊粉层之下）是一层压缩胚乳细胞。

大豆种皮除糊粉层含有一定量的蛋白质和脂肪外，其余部分几乎都是由纤维素、半纤维素、果胶质等构成。种皮约占整个大豆质量的8%。

（2）胚　大豆种子的胚由胚根、胚轴（茎）、胚芽和两枚子叶四部分组成。胚根、胚轴和胚芽三部分约占整个大豆籽粒质量的2%。大豆子叶是主要的可食部分，约占整个大豆籽粒质量的90%。子叶的表面由小型的正方形细胞组成表皮，其下面有2~3层稍呈长形的栅状细胞，栅状细胞的下面为柔软细胞，是大豆子叶的主体。白色带状的为细胞壁（CW），细胞内白色的细小颗粒称为圆球体，其直径为0.2~0.5μm，内部蓄积有中性脂肪；散在细胞内的黑色团块，称为蛋白体（PB），直径为2~20μm，其中储存有丰富的蛋白质。

第二节　粮食籽粒的化学成分及其分布

粮食因类型、作物和品种不同，化学成分存在明显差异。不同化学物质的含量、性质及其在籽粒中的分布情况，会影响粮食的生理特性、耐藏性、加工品质和营养价值。各种化学成分，不仅是粮食籽粒本身生命活动所必需的物质，而且也是人类的营养源泉。因此，研究粮食的各种化学成分及其在籽粒中的分布，对于按不同用途来确定其利用价值，决定加工时的分离取舍、选择合理的加工方式、保证产品质量和提高得率、采取有效的储藏措施、保持储备粮品质等方面具有重要的实际意义。

一、粮食籽粒的一般化学成分

在我国，谷类、豆类、油料、薯类都属粮食的范畴。粮食中化学成分种类较多，各种化学成分的含量不仅在作物品种之间存在很大差异，而且因气候、土壤及栽培条件的影响而有很大变化，但其所含有的主要化学成分基本相同，即碳水化合物、蛋白质、脂肪、维生素、水和矿物质等。一般来讲，谷类粮食的化学成分以淀粉为主，种子具有发达的胚乳，大部分化学成分储存在胚乳中，常用作人类的主食；豆类含有较多的蛋白质，常作为副食；油料含有大量的脂肪，主要用于制油；豆类与油料一般具有发达的子叶，绝大部分化学成分储存在子叶内；薯类粮食的化学成分也是以淀粉为主，主要用于生产淀粉和发酵产品；大豆中除含有较多的蛋白质外，其脂肪的含量也较多，因此，既可作副食，又可作油料。主要粮食的化学组成成分如表1-1所示。

表1-1　几种主要粮食作物的化学成分及含量　单位：%

	粮种	水分	淀粉	蛋白质	脂肪	纤维素	矿物质
谷类	稻谷	13.00	68.20	8.00	1.40	6.70	2.70
	粳米	14.03	77.64	6.42	1.01	0.26	0.64
	籼米	13.21	77.50	6.47	1.76	0.2	0.86
	小麦	13.84	68.74	9.42	1.47	4.43	2.07
	麦麸	11.00	56.00	13.90	4.20	10.50	5.30
	大麦	13.95	68.04	9.87	1.68	3.78	2.68
	荞麦	13.07	71.85	6.48	2.55	2.20	3.85
	玉米	13.17	72.40	5.22	6.13	1.41	1.67
	高粱	10.90	70.80	10.20	3.00	3.40	1.70
豆类	豌豆	10.90	20.50	58.40	2.20	5.70	2.30
	绿豆	9.50	23.80	58.80	0.50	4.20	3.20
	蚕豆	12.00	24.70	52.50	1.40	6.90	2.50
	赤豆	14.00	19.40	58.00	0.50	5.10	3.00

续表

	粮种	水分	淀粉	蛋白质	脂肪	纤维素	矿物质
油料	芝麻	5.40	20.30	12.40	53.60	3.30	5.00
	向日葵	7.80	23.10	9.60	51.10	4.60	3.80
	油菜籽	7.30	19.60	20.80	42.20	6.00	4.20
	棉籽仁	6.40	39.00	14.80	33.20	2.20	4.40
	油茶仁	8.70	8.70	24.60	43.60	3.30	2.60
薯类	甘薯	67.10	1.80	29.50	0.20	0.50	0.90
	马铃薯	79.90	2.30	16.60	0.10	0.30	0.80
	木薯	69.40	1.00	28.00	0.20	0.80	0.60

粮食及油料籽粒化学组成有以下几个特点。

（1）粮食的种类不同，化学成分有很大差异，因此化学成分是粮食分类的主要依据。例如，谷类籽粒的主要化学成分是碳水化合物，其中主要是淀粉，故可称它们为淀粉质粮食。豆类含有丰富的蛋白质，特别是大豆，约含40%，是最好的植物性蛋白质。油料籽粒则富含脂肪，为30%~50%，可作为榨油的原料。

（2）带壳的籽粒（如稻谷等）或种皮比较厚的籽粒（如豌豆、蚕豆）含有较多的纤维素。而含纤维素多的籽粒，一般灰分含量较高。

（3）脂肪含量较多的籽粒，蛋白质含量也高，例如油料中的花生、大豆、芝麻等。

（一）稻谷籽粒的一般化学成分

稻谷中的各种化学成分，不仅是稻谷籽粒本身生命活动所必需的基本物质，而且是人类生存的物质源泉。各种化学成分的性质及其在籽粒中的分布状况，直接影响了稻谷的生理特性、耐储藏特性和加工品质。了解稻谷的化学成分及其分布，不仅可以指导我们正确合理地对其加工、储藏，而且对于合理设计营养强化工艺也有着积极的意义。

1. 水分

水分是稻谷的一个重要化学成分，它不仅对稻谷的生理有很大影响，而且与稻谷加工、储藏的关系也很密切。水分在稻谷中有两种不同的存在状态，即游离水和结合水。稻谷的水分含量一般在13%~14%，高水分的稻粒强度低，碾米时碎米较多，但水分过低会使籽粒发脆，也易产生碎米。

2. 蛋白质

蛋白质是构成生命有机体的重要成分，是生命的基础，它在人体和生物的营养方面占有极其重要的地位。稻谷具有营养的一个重要方面，就是为人体提供维持健康不可缺少的蛋白质。稻谷中的蛋白质依其溶解特性可分为清蛋白、球蛋白、醇溶蛋白、谷蛋白四种。蛋白质的氨基酸组成关系到蛋白质的营养价值，上述四种蛋白质氨基酸的测试结果表明：赖氨酸的含量，以清蛋白最高，其次为谷蛋白，再次为球蛋白和醇溶蛋白。米糠、胚和米粞等副产品比成品米含有较高的赖氨酸和较低的谷氨酸，这说明糙米的胚部和糊粉层比胚乳含有较高的赖氨酸和较低的谷氨酸。稻谷中蛋白质含量不高，糙米中含量8%左右，白米中含量7%左右，主要分布在胚及糊粉层中，胚乳中含量较少。稻谷中的蛋白质含量越高，籽粒的强度越大，耐压性越强，加工时产生的碎米就越少。

3. 脂类

脂类包括脂肪和类脂，脂肪由甘油和脂肪酸组成，脂肪在生理上的主要功能是供给热能，而类脂物质对新陈代谢的调节起着重要作用。类脂中主要包括蜡、磷脂、甾醇等物质。稻谷脂类含量是影响米饭可口性的主要因素，而且油脂含量越高，米饭光泽越好。

稻谷中的脂肪含量一般在1%~2%，大部分集中在胚和皮层中，糙米碾白时，胚和皮层大部分被碾去，故白米中基本上不含脂肪。米糠中含脂肪较多，含量随稻谷品质而异，一般含油率18%~20%，它是一种营养价值较高的油料。

稻谷中的脂类较易变化，它与稻谷的加工、储藏关系也较密切。脂类物质变质可以使大米失去香味，产生异味，增加酸度。

4. 碳水化合物

碳水化合物是粮食的主要成分，淀粉是稻谷中重要的化学成分，而且是含量最高的碳水化合物之一，含量一般在70%左右，大部分在胚乳中，它是人体所需热量的主要来源。通过对我国251个稻谷品种淀粉含量测定结果表明：主要稻谷品种的淀粉含量范围，一般在52.6%~69.0%，平均值为62.7%。可见稻谷品种不同对稻谷淀粉含量影响很大。纤维素是一种结构性多糖，是构成细胞壁的主要成分。稻谷中纤维素分布主要为：皮层中62%、胚中4%、米粞中7%、胚乳中27%。纤维素不溶于水但能吸水膨胀，因人体肠胃缺乏纤维素酶，不能消化纤维素，因此加工生产中应去除这一部分。

除淀粉和纤维素外，稻谷还含有蔗糖、葡萄糖和果糖以及少量棉子糖等糖类。游离的可溶性糖类集中在糊粉层中，而且糯性米中可溶性糖类含量（0.52%）高于非糯性米（0.25%）。

5. 矿物质和维生素

矿物质是构成人体骨、齿、血和肌肉不可缺少的成分。稻谷中矿物质大多存在于稻壳（含18%左右）、皮层和胚（各含9%左右）中，胚乳中含量很少（约5%），胚乳中主要的矿物质是磷，此外有微量的钙、铁和镁等。因此，从矿物质元素的角度评估，糙米的营养价值优于大米。

维生素是人体必需的营养物质，稻谷所含维生素多属于水溶性的B族维生素，如维生素B_1、核黄素、烟酸、吡哆醇、泛酸、叶酸、肌醇、胆碱、生物素等，也含有少量的维生素A。糙米中很少有或不含有维生素C和维生素D。维生素主要分布于糊粉层和胚中，糙米所含的维生素比白米高。

（二）小麦籽粒的一般化学成分

1. 水分

小麦中的水分是指小麦籽粒内的含水量。水分在麦粒中也呈现两种不同状态，一种是游离水，它具有普通水的性质；另一种是结合水，它与蛋白质、淀粉、纤维素等结合起来呈固体状态存在，不易在麦粒内蒸发。小麦的水分含量一般在10%~13%，经干燥处理后的小麦水分可在10%以下，新收获的小麦水分可达18%以上。正常储藏条件下的小麦安全储藏的水分一般在14%以下，而加工所需的入磨水分在14%~15%。

2. 蛋白质

按照Osborne的分类方法，小麦蛋白质可分为清蛋白（albumin）、球蛋白（globulin）、醇溶蛋白（gliadin，又称麦胶蛋白、麦醇蛋白）和麦谷蛋白（glutenin）。但主要是醇溶蛋白和麦谷蛋白，醇溶蛋白和麦谷蛋白共同形成面筋，按一定的比例相结合时，共同赋予面团特有的性质。两者单独存在时，都不具有面团特性。不同小麦品种醇溶蛋白和麦谷蛋白的含量和比例不同，导致了面团的弹性及延展性不同，因而造成加工品质的差异。面团形成时，醇溶蛋白是作为一种弹性剂提高面团黏性、流动性和延展性；麦谷蛋白是一种非均匀的大分子集合体，聚合体相对分子质量高达数百万。每个小麦品种的麦谷蛋白由 17~20 种多肽亚基组成，靠分子内和分子间的二硫键链接，呈纤维状；其氨基酸组成多为极性氨基酸，容易发生聚集作用，肽链间的二硫键和极性氨基酸是决定面团强度的主要因素，它赋予面团弹性。

醇溶蛋白和麦谷蛋白是谷物中的储藏蛋白质，这些蛋白质基本存在于谷物的胚乳中，果皮和胚芽中没有。

3. 脂肪

脂肪在人类粮食成分中占有很重要的地位。它是人类生存和新陈代谢所必需的基本营养成分之一，在人体内贮存和供给热能，保持体温的平衡。在小麦籽粒中，脂肪虽然含量为微量，但它是影响小麦品质的重要因素之一，与食品的加工品质及食用品质密切相关。小麦籽粒内脂肪含量一般为 2%~3%，小麦的胚乳含脂肪少，通常在 0.6%左右，而胚和糊粉层中含有大量的脂肪，胚中所含的脂肪中约 80%为不饱和脂肪酸，亚油酸含量约占其 50%以上。

4. 碳水化合物

碳水化合物是小麦中含量最高的化学成分，约占小麦质量的 70%，它主要包括淀粉、纤维素以及各种游离糖和戊聚糖。

（1）淀粉　淀粉是小麦粉中含量最多、最重要的碳水化合物。它不仅是人们的主要热量来源，还是一种高质量的能源。淀粉的特性会直接影响到食品的物理特性，小麦淀粉还是一种重要的工业原料，在发酵、造纸工业中应用很多。

小麦淀粉占小麦籽粒重的 57%~67%，占小麦粉重的 67%，占胚乳质量的 70%。小麦籽粒胚乳中的淀粉以淀粉粒的形式存在，小麦淀粉有两种颗粒：碟片状的 A-淀粉和球状的 B-淀粉，两种淀粉的化学成分和性质基本相同。从化学的角度看，淀粉属于多糖类，是一种高聚糖，完全由葡萄糖组成，淀粉可以分为直链淀粉和支链淀粉两部分。在小麦淀粉中，直链淀粉约占 1/4，支链淀粉占 3/4。

直链淀粉是以 α-1，4-糖苷键结合形成的直链状多聚体，占小麦总量的 20%~25%。在水溶液中，直链淀粉为螺旋状。直链淀粉与碘反应形成蓝色是由于其吸收碘形成络合物结构。直链淀粉与碘呈颜色反应与其分子大小有关，聚合度为 4~6 的直链淀粉与碘不变色，聚合度为 8~12 的，遇碘变红色，聚合度在 30~35 以上时，才与碘反应呈蓝色。直链淀粉易溶于热水中，生成的胶体黏性不大，也不易凝固。

支链淀粉主要是以 α-1，4-糖苷键结合形成的，但是还存在着 4%~5%的 α-1，6-糖苷键，从而形成一种高分子状的多聚体，支链淀粉呈树枝状，与碘反应成红紫色。

淀粉在常温下不溶于水，但是将淀粉与水混在一起形成淀粉悬浮液，对之加热时，会发生凝胶化作用。这是由于小麦淀粉在水中被加热时，将经历吸收水分、膨胀、破裂、溶解几个过程，发生凝胶作用，和水形成凝胶，呈现糊化现象。小麦淀粉的凝胶化温度为58~64℃，淀粉的分解温度为260℃，与碘反应成蓝色。

（2）纤维素　纤维素是由葡萄糖组成的大分子多糖，不溶于水及一般有机溶剂，是植物细胞壁的主要成分。纤维素是世界上最丰富的天然有机物，占植物界碳含量的50%以上。食物中的纤维素对人体的健康有重要的作用。小麦内一般含纤维素2%左右，主要在皮层中。一般来说，在小麦加工中出粉率越高，小麦粉内纤维素含量越多。一般标准粉的纤维素含量在0.8%左右，特一粉纤维素含量在0.2%左右。小麦粉内纤维素的多少反映小麦粉的精度。

（3）游离糖和戊聚糖　小麦籽粒中除淀粉和纤维素外，还含有2.8%的糖类，有单糖类的葡萄糖、果糖和半乳糖；有属二糖类的蔗糖、蜜二糖、麦芽糖和棉子糖；还有属多糖类的葡果聚糖和葡二聚果糖等。用现代色谱仪研究分析结果显示，小麦籽粒含蔗糖0.84%、棉子糖0.33%、葡果聚糖1.45%、葡萄糖0.09%、果糖0.06%。

在小麦粉的碳水化合物中还有戊聚糖，它是戊糖、D-木糖和阿拉伯糖组成的多糖。水溶性戊糖在同某种面团改良剂起作用后形成一个不可逆的凝胶体，凝胶作用给予面团一定程度的刚性，戊聚糖在影响面团性能方面起重要作用。

5. 矿物质与维生素

小麦籽粒中含有多种矿物质元素，这些矿物质元素在小麦籽粒中以无机盐的形式存在。小麦籽粒含有的各种矿物质元素中，钙、钾、磷、铁、锌、锰等对人体机体的作用大。小麦和小麦粉中的矿物质用灰分表示，小麦自身的灰分含量为1.5%~2.2%。但在籽粒各部分的分布不均匀，皮层和胚部的灰分含量远高于胚乳，皮层灰分含量为5.5%~8%，胚乳仅为0.28%~0.39%，皮层是胚乳灰分含量的20倍。皮层中糊粉层的灰分含量最高，据分析糊粉层的灰分占整个麦粒灰分含量的56%~60%，胚的灰分占5%~7%。小麦中灰分含量如表1-2所示。

表1-2　小麦中的灰分含量　单位：%

小麦灰分成分	P_2O_5	K_2O	MgO	CaO	Fe_2O_3	SiO_2	SO_2
占麦粒质量的比例	0.79	0.52	0.20	0.05	0.04	0.03	0.01

由于这些元素在籽粒不同部位含量有明显差异，而且外层部位含量较高，因此不同等级的小麦粉灰分含量不同，所以小麦粉中矿物质含量多少常作为评价小麦粉等级的指标，灰分含量提供了一种简便的检查制粉效率和小麦、小麦粉质量的方法。小麦灰分含量越高，说明麸皮含量越高。

维生素是生物体所需要的微量营养成分，而一般又无法由生物体自己产生，需要通过饮食等手段获得。小麦籽粒和小麦粉中主要含B族维生素、泛酸及维生素E，维生素A的含量很少，几乎不含维生素C和维生素D。

（三）玉米籽粒的一般化学成分

玉米中含有蛋白质、淀粉、脂类化合物等，玉米籽粒中各组成部分的化学成分含量随着品种和生长条件不同而不同。

1. 水分

玉米中的水分与稻谷和小麦相同，在籽粒中也呈现两种不同状态，一种是游离水，另一种是结合水。在正常年景下，东北地区玉米收获时水分在28%~30%，年景不好时最高达到35%～40%。内蒙古玉米的水分稍低，一般在24%左右，有时会达到27%～28%。华北玉米收获时水分较低，大多在18%～20%。玉米粒水分超过18%时种子在短时间内就会发生霉变，因此，大部分玉米收获后均需进行干燥处理，一般情况下干燥的玉米粒水分在15%～18%。

2. 淀粉

玉米淀粉按其结构可分为支链淀粉和直链淀粉两种。直链淀粉的分子大约含有200个葡萄糖基，支链淀粉则有300～400个葡萄糖基。普通的玉米淀粉只含有21%～27%的直链淀粉和73%～79%的支链淀粉，经人工培育的玉米品种，可以含直链淀粉80%以上。黏玉米品种所含的淀粉，全部为支链淀粉，这种淀粉糊化后透明度大，胶黏力强。

3. 蛋白质

玉米包含很多种蛋白质，大概分为清蛋白、球蛋白、醇溶蛋白、谷蛋白，玉米籽粒中蛋白质的含量约为8.5%。其中胚芽中含20%，胚乳中含76%。玉米籽粒中的蛋白质主要是醇溶蛋白和谷蛋白，分别占40%左右，而清蛋白只有8%～9%。且氨基酸不平衡，赖氨酸、色氨酸和甲硫氨酸的含量不足。因此，从营养角度考虑，玉米蛋白不是人类理想的蛋白质资源。唯独玉米的胚芽部分，其蛋白质中清蛋白和球蛋白分别含有30%，是一种生物价值较高的蛋白质。

4. 脂肪

普通玉米含脂肪3%～5%。高油玉米的脂肪含量是普通玉米的2倍。玉米籽粒的脂肪主要在胚芽中，玉米胚中脂肪含量一般在17%～45%，大约占玉米脂肪总含量80%以上。玉米的脂肪约有72%液态脂肪酸和28%固体脂肪酸，其中有软脂酸、硬脂酸、花生酸、油酸、亚麻二烯酸等。玉米脂肪的皂化值一般为189～192，碘化值为111～130。此外，玉米还含有物理性质和脂肪酸相似的磷脂，它们和脂肪一样是甘油酯，但酯键处含有磷酸，玉米含磷脂在0.28%左右。

玉米脂肪酸的种类有10余种，主要是亚油酸（$C_{18:2}$）、油酸（$C_{18:1}$）、棕榈酸（$C_{16:0}$）、硬脂酸（$C_{18:0}$）、亚麻酸（$C_{18:3}$）、花生酸（$C_{20:0}$），其他成分含量很少。据统计，我国玉米籽粒主要脂肪酸含量如表1-3所示。

表1-3　玉米籽粒主要脂肪酸含量　单位：%

成分	范围	平均值	成分	范围	平均值
亚油酸（$C_{18:2}$）	32.82～63.28	46.67	硬脂酸（$C_{18:0}$）	0.77～6.05	2.25
油　酸（$C_{18:1}$）	19.53～45.47	34.18	亚麻酸（$C_{18:3}$）	0.53～3.06	1.31
棕榈酸（$C_{16:0}$）	8.24～23.43	15.02	花生酸（$C_{20:0}$）	0.03～1.01	0.33

5. 矿物质与维生素

玉米籽粒中矿物质是以灰分来表示，其含量约为1.24%，矿物质约80%存在于胚部，钙含量很少，约0.02%；磷约含0.25%，但其中约有63%的磷以植酸磷的形式存在，其他矿物质元素的含量也较低。但其组分比较复杂，玉米淀粉在浸泡过程，有很多溶入浸泡液中。玉米灰分的化学成分如表1-4所示。

表 1-4　　玉米灰分的化学成分　　单位：%

总灰分	P_2O_5	K_2O	MnO	CaO	SO_3	SiO_2	SO_2
1.24	0.57	0.37	0.19	0.03	0.01	0.03	0.01

从表 1-5 可见，玉米灰分元素中，最高的是磷，其次是钾。

玉米维生素含量非常高，是稻谷、小麦的 5~10 倍。同时，玉米中除含有大量的胡萝卜素外，还含有核黄素、脂溶性维生素 E 和水溶性维生素 B_1 等。这些物质对预防心脏病、癌症等疾病有很大的好处。黄玉米中含有较多的胡萝卜素，维生素 D 和维生素 K 几乎没有。核黄素和烟酸的含量较少，且烟酸是以结合型存在。

（四）大豆的一般化学成分

大豆富含营养物质，大约含有 40%的蛋白质、20%的脂肪、10%的纤维素和 5%的灰分。大豆中的蛋白质含量是小麦、玉米等谷类作物的 2 倍以上，而且组成蛋白质的氨基酸比例接近人体所需的理想比例，尤其是赖氨酸的含量特别高，接近鸡蛋的水平，因此大豆蛋白的营养价值较高。大豆中两种人体必需脂肪酸——亚油酸和亚麻酸含量比较高，对辅助治疗老年人心血管疾病有一定效果。大豆中还含有能促进人体激素分泌的维生素 E 和大豆磷脂，对延缓衰老和增强记忆力有一定的作用。此外，大豆中铁、磷等多种元素的含量也较为丰富，这些元素对维持人体健康有重要作用。

1. 水分

与稻谷、小麦类似，水分在大豆中有两种不同的存在状态，即游离水和结合水。大豆中水分含量一般在 8%~11%。大豆各个部位水分含量有所差异，一般子叶中水分含量 11.4%，种皮中水分含量 13.5%，胚中水分含量 12.0%。一般大豆的安全储藏水分为 12%，如超过 13%，就有霉变的危险。有研究表明，大豆种子的水分含量大于 13%，库温达到 25℃时就会变红，丧失种子价值。

2. 蛋白质

大豆蛋白质是指存在于大豆中的诸多蛋白质的总称。大豆中的蛋白质大部分存在于子叶中，大豆中的蛋白质含量位居植物性食品原料的含量之首，一般情况下，大豆中蛋白质含量达 40%左右，其中有 80%~88%是可溶的，一般称这部分为水溶性蛋白质。水溶性蛋白质又根据其溶解性不同分为球蛋白和清蛋白两种，其中球蛋白占 94%，清蛋白占 6%，在豆制品的加工中主要利用的就是这一类蛋白质。组成蛋白质的氨基酸有 18 种之多，表 1-5 所示为大豆蛋白质及其制品中氨基酸的组成。从表 1-6 中可以看出，大豆蛋白质含有 9 种必需氨基酸，且比例比较合理，氨基酸含量与动物蛋白相似，特别是赖氨酸含量可与动物蛋白相媲美。但是，大豆蛋白中的甲硫氨酸和胱氨酸含量低于动物蛋白。

表 1-5　　大豆蛋白质及其制品中氨基酸的组成　　单位：%

氨基酸	FAO/WHO 推荐	大豆蛋白	大豆球蛋白	大豆浓缩蛋白	大豆分离蛋白	大豆粕粉
异亮氨酸	4.0	4.2	6.0	4.8	4.9	5.1
亮氨酸	7.0	9.6	8.0	7.8	1.7	7.7
赖氨酸	5.5	6.1	6.8	6.3	6.1	6.9

续表

氨基酸	FAO/WHO 推荐	大豆蛋白	大豆球蛋白	大豆浓缩蛋白	大豆分离蛋白	大豆粕粉
甲硫氨酸	3.5	2.4	1.7	1.4	1.1	1.6
胱氨酸	3.5	2.4	1.9	1.6	1.0	1.6
苏氨酸	4.0	4.3	3.9	4.2	3.7	4.3
色氨酸	1.0	1.2	1.4	1.5	1.4	1.3
缬氨酸	5.0	4.8	5.3	4.9	4.8	5.4
苯丙氨酸	6.0	9.2	5.3	5.2	5.4	5.0
酪氨酸	6.0	9.2	4.0	3.9	3.7	3.9
甘氨酸	—	0.2	4.0	4.4	4.6	4.5
丙氨酸	—	3.3	—	4.4	3.9	4.5
丝氨酸	—	4.2	4.2	5.7	5.5	5.6
精氨酸	—	7.3	5.1	7.5	7.8	8.4
组氨酸	—	2.9	0.9	2.7	2.5	52.6
天冬氨酸	—	5.2	3.9	12.0	11.9	12.0
谷氨酸	—	18.4	19.5	19.8	20.5	21.0
脯氨酸	—	5.0	2.8	5.2	5.3	6.3

3. 脂质

大豆中的脂质是存在于大豆种子中的由脂肪酸与甘油所形成的酯类。大豆中含20%左右的油脂，是世界上主要的油料作物，全球大约一半的植物油脂来自大豆。大豆油脂的主要特点是不饱和脂肪酸含量高，61%为多不饱和脂肪酸，24%为单不饱和脂肪酸。大豆油脂中还含有可预防心血管病的一种 ω-3 脂肪酸和 α-亚麻酸。

除脂肪酸甘油酯外，大豆中还含有 1.3%~3.2%的磷脂。大豆磷脂中的主要成分是卵磷脂、脑磷脂及磷脂酰基醇。在食品工业中，大豆磷脂广泛用作乳化剂、抗氧化剂和营养强化剂。

4. 碳水化合物

大豆中的碳水化合物含量约为25%，主要成分为蔗糖、棉子糖、水苏糖等低聚糖以及纤维素和多缩半乳糖等多糖。

由于棉子糖和水苏糖不能被人体直接吸收，而肠内又缺少水解棉子糖和水苏糖所必需的半乳糖苷酶，在肠内微生物的代谢下，产生二氧化碳、氢气及少量甲烷。所以食用富含大豆低聚糖的产品后往往有胀气症状，从而限制了大豆在食品工业中的应用。

5. 矿物质和维生素

大豆中含矿物质丰富，总含量为 4.0%~4.5%，其中钙含量是大米的40倍（240mg/100g），铁含量是大米的10倍，钾含量也很高。钙含量不但较高，而且其生物利用率与牛乳中的钙相近。大豆中的矿物质有十余种，多为钾、钙、钠、镁、磷、硫、氯、铁、铜、锌、铝等，由于大豆中存在植酸，某些金属元素如钙、锌、铁和植酸形成不溶性植酸盐，妨碍这些元素的消化利用。

大豆中含有维生素，特别是B族维生素。不过大豆中的维生素含量较少，而且种类也不全，以水溶性维生素为主，脂溶性维生素更少。大豆中含有的脂溶性维生素主要有维生素A、β-胡萝卜素、维生素E等，而水溶性维生素有维生素B_1、维生素B_2、烟酸、维生素B_6、泛酸、抗坏血酸等。就中国产大豆来讲，100g成熟的大豆中维生素含量（东北产13个品种平均值）如下：胡萝卜素0.4mg、硫胺素（维生素B_1）0.79mg、核黄素（维生素B_2）0.25mg、烟酸（维生素B_5）2.1mg、维生素$B_6$0.9mg、泛酸1.7mg、维生素C 20mg、叶酸0.4mg。此外，还含有一定量的维生素E，只是在大豆加热处理时绝大多数被破坏，转移到制品中的很少。

二、粮食籽粒化学成分的分布

粮食中各种化学成分除了其含量随着粮食种类和品种的不同而不同外，其分布也很不平衡，在不同部位之间的含量相差很大。一般纤维素、矿物质主要分布在粮食的皮壳中，而蛋白质、脂肪和碳水化合物等营养成分集中在胚和胚乳中。谷类粮食中，淀粉主要分布在胚乳中，脂肪主要分布在胚和糊粉层内，糊粉层内蛋白质含量也很丰富。油料和豆类中的蛋白质、脂肪和淀粉分布在子叶内。

（一）稻谷籽粒化学成分的分布

稻谷中的各种化学成分，不仅是稻谷籽粒本身生命活动所必需的基本物质，而且是人类生存的物质源泉。各种化学成分的性质及其在籽粒中的分布状况，直接影响了稻谷的生理特性、耐储藏特性和加工品质。了解稻谷的化学成分及其分布，不仅可以指导我们正确合理地对其加工、储藏，而且对于合理设计营养强化工艺也有着积极的意义。

稻谷籽粒中各种组成部分的化学成分分布不相同（表1-6），而且各有特点。

表1-6　稻谷籽粒各部分的化学组成　单位：%

化学成分	稻谷		米		米糠	稻壳
	变异范围	平均	变异范围	平均		
水分	8.1~19.6	12.0	9.1~13	12.2	12.5	11.4
蛋白质	5.4~10.4	7.2	7.1~11.7	8.6	13.2	3.9
淀粉	47.7~68	56.2	71~86	76.1	17.5	—
蔗糖	0.1~4.5	3.2	2.1~4.8	3.9	38.7	25.8
糊精	0.8~3.2	1.3	0.9~4.0	1.8	—	—
纤维素	7.4~16.5	10	0.1~0.4	0.2	14.1	40.2
脂肪	1.6~2.5	1.9	0.9~1.6	1.0	10.1	1.3
矿物质	3.6~8.1	5.8	1~1.8	1.4	11.4	17.4

（1）稻壳作为保护组织，含有大量的纤维素和矿物质，质地坚硬，纤维素营养价值很差，不能被人体消化，加工时首先需除去。

（2）果皮、种皮的化学成分中，纤维素含量较多，其次是脂肪、蛋白质和矿物质。因人体不能消化纤维素，同时糙米的食用品质很差，故加工时大部分皮层也需被碾去。

（3）糊粉层含有丰富的脂肪、蛋白质、维生素等，营养价值比果皮、种皮、珠心层高，但糊粉层的细胞比较厚，不易消化。因其含较多的脂肪和酶类，影响了大米的储藏性能，故加工时也应尽可能除去。

（4）胚乳由含淀粉的细胞组织组成，细胞内充满了淀粉粒，蛋白质、脂肪、灰分和纤维素的含量较少，它是稻谷籽粒中最有价值的一部分，加工时应尽量把胚乳全部保留下来。

（5）胚中含有较多的蛋白质、脂肪、可溶性糖及维生素等，营养价值较高。但胚中含有大量易酸败的脂肪，使得大米不耐储藏。

（二）小麦籽粒的化学成分分布

从表 1-7 和表 1-8 可看出小麦籽粒中各种化学成分的分布是很不均衡的。

其各部分的分布特点如下：

（1）作为储藏物质的淀粉全部集中在胚乳的淀粉细胞中，其他各部分均不含淀粉。

（2）蛋白质的含量以糊粉层和胚中含量为最高，但就全籽粒来看，胚乳的淀粉细胞所含的蛋白质量最大，其次才是糊粉层和胚。

（3）糖分大部分集中于胚乳的淀粉细胞内，其次是胚和糊粉层中。

（4）纤维素有 3/4 都位于麸皮中，而且以果皮中为最多，胚乳中的含量则极少。

（5）灰分以糊粉层中的含量为最高，甚至比麸皮还要高出一倍，内胚乳中的含量则很少。所以小麦制粉时，为了得到较高的出粉率，必须把麦粒中富含淀粉和蛋白质等营养物质的纯胚乳全部提取出来，使其与富含纤维素的麸皮分离。

表 1-7　　小麦籽粒各部分的化学成分　　单位：%

籽粒部分	质量比例	蛋白质	脂肪	淀粉	糖分	戊聚糖	纤维素	灰分
完整籽粒	100	16.07	2.24	63.07	4.32	8.1	2.76	2.18
内胚乳	87.6	12.91	0.68	78.93	3.54	2.72	0.15	0.45
胚	3.24	37.63	15.04	0	25.12	9.74	2.46	6.32
糊粉层	6.54	53.16	8.16	0	6.82	15.64	6.41	13.93
果皮和种皮	8.93	10.56	7.46	0	2.59	51.43	23.73	4.78

表 1-8　　小麦麸皮各部分的化学成分　　单位：%

籽粒部分	质量比例（占全粒百分比）	蛋白质	脂肪	戊聚糖	纤维素	灰分
果皮外层	3.9	4	1	35	32	1.4
果皮内层	0.9	11	0.5	30	23	13
种皮	0.6	15	0.9	17	13.2	18
珠心层和糊粉层	9	35	7	30	6	5

（三）玉米籽粒化学成分的分布

玉米籽粒分为四个基本部分，即皮层（果皮和种皮）、胚、胚乳和基部，不同部位中其各种化学成分的分布也不同，玉米籽粒各部分的组分如表 1-9 所示，其分布特点如下。

表 1-9 玉米籽粒各部分的化学成分 单位:%

成分	全粒	胚乳	胚芽	玉米皮	玉米冠
淀粉	71	86.4	8.2	7.3	5.3
蛋白质	10.3	73.8	18.8	3.7	9.1
脂肪	4.8	0.8	34.5	1	3.8
糖	2	0.6	10.8	0.3	1.6
矿物质	1.4	0.6	10.1	0.8	1.6

（1）玉米淀粉主要含在胚乳的细胞中，其他部位中的淀粉含量较少，与其他谷物不同的是玉米胚中也含有一定量的淀粉，为8%~12%。

（2）玉米含有8%~14%的蛋白质，这些蛋白质，75%在胚乳中，20%在胚芽，其余在胚部和糊粉层内。

（3）玉米中脂肪含量在4.8%左右，主要存在于胚芽中，一般胚芽含油35%~40%。

（四）大豆籽粒化学成分的分布

大豆籽粒的各组成分布由于细胞组织形态不同，其构成物质也有很大差距。大豆种皮糊粉层以外都含有一定量的蛋白质和脂肪，其他部分几乎都是由纤维素、半纤维素、果胶质等物质组成，食品加工中一般作为豆渣而除去。而胚根、胚轴、胚芽、子叶主要以蛋白质、脂肪、糖为主，富含异黄酮和皂苷。大豆子叶是由蛋白质、脂肪、碳水化合物、矿物质和维生素等主要成分构成。整粒大豆及其各部分的化学组成情况如表1-10所示。

表 1-10 整粒大豆及其各部分的化学组成 单位:%

部位	水分	粗蛋白	碳水化合物	粗脂肪	灰分
整粒	11.0	38.8	27.3	18.5	4.3
子叶	11.4	41.5	23.0	20.2	4.4
种皮	13.5	8.4	74.3	0.9	3.7
胚	12.0	39.3	35.2	10.0	3.9

由表1-10看出，大豆蛋白质主要聚集在子叶中，虽然胚中蛋白质含量较高，但其相对质量比子叶小得多。大豆种子是典型的双子叶无胚乳种子，子叶中几乎不含淀粉。

同其他成分一样，由于品种和栽培条件的不同，大豆中碳水化合物含量变化也很大，平均含量约为25%。大豆中各部分的碳水化合物组成如表1-11所示。

表 1-11 大豆各部分的碳水化合物组成（以干基计） 单位:%

部位	碳水化合物总量	纤维素	多缩半乳糖	蔗糖	棉子糖	水苏糖
整粒	25.7	3.3	1.6	5.2	1.0	3.8
子叶	29.4	—	—	6.6	1.4	5.3
种皮	85.6	—	—	0.6	0.13	0.41
胚	43.4	—	—	7.0	1.9	7.7

大豆含脂肪15%~20%，其中不饱和脂肪酸占85%，以亚油酸为最多。大豆油脂是存在于大豆种子中的由脂肪酸与甘油所形成的脂类。

大豆中的无机盐含量为4.0%~4.5%，在大豆的无机物中，除钾外，磷的含量最高。大豆中的磷主要来源于无机磷化合物、植酸钙镁、多种磷脂以及核酸。

第三节 粮食化学

一、粮食中的水分

水分是粮食中的一个重要化学成分，它不仅影响粮食籽粒的生理变化，而且影响粮食的加工、储藏及粮食食品的制作。水分过高，粮食不易保管，容易发热霉变，适量的水分可保证粮食加工、食品制作的顺利进行及其产品品质。正常情况下，谷类粮食含水量为13%~14%，油料仅含7%~8%。

水分在粮食籽粒中有两种不同的存在状态，一是游离水，二是结合水。

游离水又称自由水，一般谷类粮食水分达14%~15%时，开始出现游离水。游离水存在于粮粒的细胞间隙和毛细管中，具有普通水的一般性质，能作为溶剂，0℃时能结冰，是粮食进行生化反应的介质。游离水在粮食籽粒内很不稳定，可在环境温、湿度的影响下自由出入。粮食水分的增减主要是游离水的变化。

结合水又称束缚水，存在于粮食的细胞内，与淀粉、蛋白质等亲水性高分子物质通过氢键作用相结合，因此性质稳定，不易散失，在温度低于-25℃时也不结冰，几乎不能作溶剂，一般不易为生物所利用。粮食中结合水含量的多少，依据其化学成分的不同而有所区别。一般说来，含碳水化合物和蛋白质多的粮食，结合水较多；含脂肪多的粮食，结合水较少。

游离水与结合水在粮食籽粒中同时存在，两者之间并无截然的分界线，其差别只在于它们与吸附物质之间引力的强弱不同。就谷类粮食而言，如果水分在13.5%以下，可以看作全部是结合水，此时粮粒的生命活动很微弱，而且微生物不能利用这种结合水进行生长发育，粮食也不会生霉。随着粮食含水量的增高，生命活动不断增强。高水分粮食生命活动很旺盛，不仅消耗营养成分，造成干物质减少，而且还放出热量和水分。因此，游离水较多的粮食，容易发热生霉。

在105℃的温度下维持一定时间，粮食中绝大部分结合水都能挥发出来。因此，我们平时用烘干法测得的粮食水分，是游离水和结合水的总和。

二、粮食中的碳水化合物

碳水化合物的存在形式因粮食和油料种类不同而不同，一般根据其结构分为单糖、低聚糖和多聚糖3类，因此又称糖类，多糖是粮食中最主要的化学成分。

根据糖类溶解特点不同，又可将碳水化合物分为可溶性糖和不溶性糖两类。

（一）可溶性糖

可溶性糖包括单糖和低聚糖（包括双糖），在大多数粮食及油料籽粒中含量不高，一般占干物质的2%~2.5%，其中主要是蔗糖，分布于籽粒的胚部及外围部分（包括果皮、种皮、糊粉层及胚乳外层），在胚乳中的含量很低。

1. 单糖

单糖是粮食作物的绿色部分经光合作用而形成的初始产物，单糖运输到粮食籽粒后，转化成多糖储存在粮粒中。单糖是最简单的碳水化合物，是构成低聚糖和多糖的基本单位。单糖易溶于水，它可不经消化液的作用，直接被人体吸收利用。低聚糖和多糖在人体内必须分解成单糖后，才能被人体吸收利用。

2. 双糖

蔗糖是粮食中存在的主要双糖，它是由一分子葡萄糖和一分子果糖组成。蔗糖水解后生成葡萄糖与果糖等量的混合物——转化糖。转化糖很甜，若以蔗糖的甜度为100计，则转化糖的相对甜度为160，果糖为150，葡萄糖为70。禾谷类粮食中的蔗糖主要集中在胚部，胚乳中的含量很低。相对而言，新鲜粮食中蔗糖含量较高，陈粮中蔗糖含量则不断下降。另外，豆类中蔗糖的含量比谷类高。麦芽糖是由两个葡萄糖分子结合而成的，所以，麦芽糖水解后生成葡萄糖。麦芽糖在正常的粮食籽粒中无游离态存在，只有在禾谷类种子发芽时，由于种子中的贮藏性淀粉受麦芽淀粉酶的水解，才大量产生。

3. 功能性低聚糖

低聚糖一般是由几个相同或相异的单糖通过糖苷键连接而成，用稀酸可将其水解成单糖。粮食中主要的功能性低聚糖有纤维二糖、棉子糖、水苏糖等。低聚糖含量不高，但其变化对粮食的食用品质和贮藏品质有一定的影响。

（二）不溶性糖

粮油籽粒中的不溶性糖种类很多，主要包括淀粉、纤维素、半纤维素和果胶等，完全不溶于水或吸水而成黏性胶状溶液。

1. 淀粉

淀粉在植物种子中分布广泛，同时也是禾谷类粮食籽粒中最主要的储藏物质。淀粉由两种理化性质不同的多糖——直链淀粉和支链淀粉组成，直链淀粉分子卷曲呈螺旋形，支链淀粉分子呈树枝状。直链淀粉遇碘显蓝色，支链淀粉遇碘显红紫色。一般粮食的淀粉中，直链淀粉占20%~25%，支链淀粉占75%~80%，糯米、糯玉米、糯高粱、黍子等糯性粮食，几乎不含直链淀粉。

2. 纤维素和半纤维素

纤维素和半纤维素是构成细胞壁的基本成分，在细胞壁的机械物理性质方面起着重要的作用。粮食中的纤维素和半纤维素主要存在于皮层中，它们的存在和性质对粮食加工及产品质量有很大的影响。

构成纤维素的最基本单位是葡萄糖。水解纤维素的中间产物是纤维二糖，最终产物是葡萄糖。半纤维素分子比纤维素分子小，但其组成比纤维素复杂得多，除葡萄糖外，还有果糖、半乳糖和木糖等。半纤维素可以作为植物的后备营养物质，在种子发芽时，能被半纤维素酶水解而为种子吸收利用。

纤维素和半纤维素都不能为人体消化吸收，对人体无直接营养意义。但它们能促进肠胃蠕动，刺激消化腺分泌消化液，帮助消化其他营养成分。纤维素还有预防肠癌和减少冠心病发生的作用。

三、粮食中的蛋白质

蛋白质是粮食中最重要的营养成分之一。粮食中蛋白质的含量差异很大，一般谷类粮食含蛋白质在15%以下，而豆类和油料蛋白质可高达30%~40%。

粮食籽粒中的大部分蛋白质是储藏蛋白，属简单蛋白质，主要以蛋白体或糊粉粒的形态存在于细胞内，只有极少数的蛋白质才是复合蛋白质（脂蛋白和核蛋白）。在粮食品质（营养品质、食用品质）的评价中，蛋白质的质和量占有很重要的地位。

植物蛋白质的分类最早是Osborne 1907年根据蛋白质在不同溶液中的溶解度差异提出的，尽管根据这种方法区分有一定的缺陷，但目前仍被谷物化学界所普遍接受。根据Osborne的观点，粮食及油料中的蛋白质按其在不同溶液中的溶解度特性可分为清蛋白（水溶性蛋白）、球蛋白（盐溶蛋白）、醇溶蛋白（溶于70%乙醇中）和谷蛋白（溶于稀酸或稀碱中）。

粮食和油料中蛋白质的含量随粮油种类、品种、土壤及栽培条件等的不同而异，而且各类蛋白质的含量也不相同（表1-12）。

表1-12 粮油籽粒中各类蛋白质的相对含量 单位：%

种类	蛋白质总量	清蛋白	球蛋白	醇溶蛋白	谷蛋白
大米	8~10	2~5	2~8	1~5	85~90
红皮硬质春小麦	10~15	5~10	5~10	40~50	30~40
大麦	10~16	3~4	10~20	35~45	35~45
燕麦	8~20	5~10	50~60	10~15	5
黑麦	9~14	20~30	5~10	20~30	30~40
玉米	7~13	2~10	10~20	50~55	30~45
大豆	30~50	少量	85~95	极少量	极少量
芝麻	17~20	<4	80~85	极少量	极少量
绿豆	19~26	<1	80~85	少量	少量

从表1-12中可以看出：禾谷类籽粒中的蛋白质主要是醇溶蛋白和谷蛋白，其中以玉米的醇溶蛋白和稻米的谷蛋白最为显著，燕麦中的球蛋白含量最多。豆类和油料中蛋白质大多数为球蛋白。而小麦的特点是胚乳中醇溶蛋白和谷蛋白含量几乎相等，且这两种蛋白质能形成面筋，为小麦面筋的主要组成成分，是决定小麦面团黏弹性的重要因素，其中醇溶蛋白与面团的延伸性（黏性）有关，是面包（馒头等食品）体积膨胀的主要因素之一，而麦谷蛋白吸水后与面团的弹性（韧性）有关。清蛋白主要是酶蛋白，与醇溶蛋白一样，可以用来鉴别小麦等粮食作物的品种。大米中的球蛋白在储藏过程中起重要作用，它不仅影响米的营养价值，而且与米饭的食味有很大关系。

从营养价值看，小麦的营养价值较稻谷低，稻谷蛋白的生理价为75，消化率为97%，净利用率为72%，小麦蛋白质的生理价为52，消化率为100%，净利用率仅为52%，且小麦蛋白中，赖氨酸含量较稻谷低（表1-13），其他谷类粮食也是如此，所以赖氨酸是禾谷类粮食的第一限制氨基酸。

表1-13　粮油籽粒中必需氨基酸的含量　单位:%

氨基酸种类	小麦	玉米	稻谷	菜豆	花生	大豆	豌豆
苏氨酸	2.8	3.2	3.5	3.4	2.8	3.7	4.1
缬氨酸	3.8	4.5	5.4	3.9	4.0	5.0	4.1
异亮氨酸	3.4	3.4	4.0	3.1	3.5	4.5	3.4
亮氨酸	6.9	12.7	7.7	5.2	6.2	7.5	5.3
苯丙氨酸	4.7	4.5	4.8	3.9	4.9	5.2	3.2
赖氨酸	2.3	2.5	3.4	4.7	3.1	6.0	5.4
甲硫氨酸	1.6	2.1	2.9	1.9	1.1	1.6	1.2
色氨酸	1.0	0.6	1.1	1.0	1.1	1.5	0.8

油料和豆类则不同，籽粒中普遍缺乏甲硫氨酸，其中花生蛋白质的赖氨酸、苏氨酸和甲硫氨酸较低，大豆籽粒中赖氨酸含量丰富，营养价值最高。

四、粮食中的脂类

粮食中的脂类包括脂肪、类脂物和一些脂肪伴随物。一般谷类粮食含脂肪较少，油料中含脂肪很高，如芝麻含脂肪50%~53%；花生含38%~51%；菜籽含30%~45%；棉籽含14%~25%；大豆中脂肪的含量也较丰富，一般为17%~20%。

（一）脂肪

脂肪是脂肪酸与甘油的化合物，又称甘油酯。脂肪酸是脂肪分子中的主要成分，组成脂肪的脂肪酸有饱和脂肪酸和不饱和脂肪酸两类，通常植物脂肪中含不饱和脂肪酸多。粮食脂肪中主要的不饱和脂肪酸有油酸、亚油酸、亚麻酸等。脂肪的性质可用酸值、皂化价、碘价等来表示。

粮食中脂肪的含量虽然较低，但在储藏过程中易分解，这不仅会影响粮食安全储藏，而且对粮食食用品质、蒸煮品质、烘焙品质都有很大影响，脂肪在储藏过程中的变化主要有两条途径，一种是氧化作用，另一种是水解作用，温度对其的影响较大。一般低水分粮，尤其是成品粮，脂肪的分解以氧化为主，而高水分粮则是以水解为主，中等含水量的粮食两种脂解作用可交互或同时发生。

（二）类脂

磷脂和蜡是粮食中两种最重要的类脂，它们在结构上和溶解特性上都与脂肪相似。磷脂是细胞原生质的组成成分，主要累积在原生质表面，与原生质的透性有很大关系。磷脂可以限制种子的透水性，并有良好的抗氧化作用，有利于种子活力的保持。粮食中的含磷物质主要是磷脂。大豆中磷脂特别丰富，一般占干重的2.8%。油菜籽中磷脂占干重的1.5%，大麦为0.74%，小麦为0.65%，糙米为0.64%，玉米为0.28%。磷脂一般集中在粮粒的胚中。

粮食果皮和种皮的细胞壁中含有蜡，它可增加皮层的不透水性和稳定性，对粮粒起保护作用。蜡是高级一元醇与高级脂肪酸合成的酯，分子两端都是非极性的长链烃基，不溶于水。蜡和脂肪一样，其性质也可用酸值、皂化价、碘价等来表示。蜡在人体内不能被消化，无营养作用，且能影响人体对食物的消化与吸收。

（三）脂肪伴随物

脂肪伴随物在结构上与脂肪并不相似，但在溶解特性上却与脂肪相似。粮食中的脂肪伴随物主要有色素、植物甾醇及某些脂溶性维生素等。食用植物油呈现各种颜色，主要是由于色素溶于油中所致。主要的脂溶性色素有叶绿素、叶黄素、胡萝卜素、棉酚等。青豆油、亚麻籽油及从不成熟的种子中制取的油常呈绿色，是因为含有较多的叶绿素；棕榈油呈红色，是因为含有胡萝卜素；毛棉油呈现深棕色或红褐色，是因为含有棉酚。棉酚是一种有毒物质，能引起烧热病，并能损害生殖机能。

粮食中的植物甾醇主要有豆甾醇、麦角甾醇、油菜甾醇等，主要存在于粮食的胚中，例如，小麦全粒中含植物甾醇 0.031%~0.07%，而麦胚中的含量为 0.2%~0.5%。含胚量大的玉米粒中，植物甾醇的含量达 1%~1.3%。植物甾醇本身不能被人体吸收利用，但它具有抑制人体吸收胆固醇的作用，所以多吃植物油，可以在一定程度上降低人体血液中的胆固醇。其中麦角甾醇经紫外光的照射，可转变为维生素 D_2，这对人体健康是有利的。

五、 粮食中的生理活性物质

粮油籽粒中某些化学物质，其含量虽然很低，但具有调节籽粒生理状态和生化变化的作用，促使生命活动强度增高或降低，这类物质称为生理活性物质，包括酶、维生素和激素。

（一）酶

粮食及油料籽粒内的生物化学方程是由籽粒本身所含的有机物质所催化、调节和控制。从化学结构看，酶的成分是蛋白质，有些酶还含有非蛋白质组分。非蛋白质组分是离子（如铜、铁、镁）或由维生素衍生的有机化合物。酶具有底物专一性和作用专一性，因此粮油籽粒中各种生理生化变化是由多种多样的酶类共同作用所控制的。粮食及油料中的酶主要有以下几种。

1. 淀粉酶

粮食及油料籽粒中淀粉酶有 3 种：α-淀粉酶、β-淀粉酶及异淀粉酶。α-淀粉酶又称糊精化酶，对谷物食用品质影响较大。大米陈化时流变学特性的变化与 α-淀粉酶的活力有关，随着大米陈化时间的延长，α-淀粉酶活力降低。高水分粮在储藏过程中 α-淀粉酶活力较高，它是高水分粮品质变化的重要因素之一。小麦在发芽后 α-淀粉酶活力显著增加，导致小麦粉的烘焙品质与蒸煮品质下降。α-淀粉酶活力测定，通常采用降落值仪测定降落值（falling number）来反映。α-淀粉酶又称淀粉 1，4-麦芽糖苷酶，也称糖化酶，只能水解淀粉中 α-1，4-糖苷键，能够从淀粉分子非还原性末端切开 1，4-糖苷键，生成麦芽糖。此酶作用于淀粉的产物是麦芽糖与极限糊精。它对谷物的食用品质影响主要表现在馒头和面包制作效果及新鲜甘薯蒸煮后的特有香味上。

2. 蛋白酶

蛋白酶在未发芽的粮粒中活性很低。研究比较详细的是小麦和大麦中的蛋白酶；小麦蛋白酶与面筋品质有关，大麦蛋白酶对啤酒的品质产生很大影响。

小麦籽粒各部分蛋白酶的相对活力，以胚为最强，糊粉层次之。小麦发芽时蛋白酶的活力迅速增加，在发芽的第 7 天增加 9 倍以上。至于麸皮和胚乳淀粉细胞中，不论是在休眠或发芽状态蛋白酶的活力都是很低的。蛋白酶对小麦面筋有弱化作用，发芽、虫蚀或霉变的小麦制成的小麦粉，因含有较高活性的蛋白酶，使面筋蛋白质溶化，所以只能形成少量的面筋或不能形成面筋，因而极大地损坏了小麦粉的加工工艺和食用品质。

3. 脂肪水解酶

脂肪水解酶又称脂肪酶，属于羧基酯水解酶类，能够逐步地将甘油三酯水解成甘油和脂肪酸。该酶与粮食及油料中脂肪含量并无直接关系，但对粮油储藏稳定性影响较大，粮油籽粒中脂肪酸含量的增加主要是由脂肪水解酶的作用所引起的。

4. 脂肪氧化酶

脂肪氧化酶（LOX）是不含血红素铁的蛋白质，专一催化具有顺、顺-1，4-戊二烯结构的多元不饱和脂肪酸加氧反应，氧化生成具有共轭双键的过氧化氢物。脂肪氧化酶在小麦籽粒中的分布不同，会影响不同类型小麦及制品的保质期。而大豆中的脂肪氧化酶可催化不饱和脂肪酸的加氧反应，形成过氧化氢衍生物等挥发性物质，直接与相关食品中的蛋白质和氨基酸结合，产生豆腥味和苦涩味，从而降低食品的风味和营养价值，而且还可破坏人体必需脂肪酸，因此是大豆中的抗营养因子。

5. 过氧化物酶和过氧化氢酶

过氧化物酶是以过氧化氢为电子受体催化底物氧化的酶。主要存在于细胞的过氧化物酶体中，以铁卟啉为辅基，可催化过氧化氢氧化酚类和胺类化合物，具有消除过氧化氢和酚类、胺类毒性的双重作用。过氧化氢酶是过氧化物酶体的标志酶，主要存在于细胞的过氧化物体内，催化过氧化氢分解成氧和水。

过氧化氢酶主要存在于麦麸中，而过氧化物酶存在于所有粮油籽粒中，粮油储藏过程中变苦与这两种酶的作用及活力密切相关。

（二）维生素

人体一般不能合成维生素，必须由食物供给，粮食是维生素的重要来源。现已知道，粮食中有 20 多种维生素，根据其溶解特性的不同可将其分为脂溶性维生素和水溶性维生素两大类。脂溶性维生素主要有维生素 A、维生素 D、维生素 E、维生素 K 四种，它们不溶于水而溶于脂肪中；水溶性维生素主要有维生素 B_1、维生素 B_2、维生素 B_5 及维生素 C 等。

粮食中不含维生素 A，但含有维生素 A 原，即胡萝卜素和玉米黄素，它们能在动物体内受胡萝卜素酶作用转化维生素 A。小麦、黑麦、大麦、玉米中都含有少量的胡萝卜素，一般黄色粮粒比白色粮粒含胡萝卜素多。在粮油食品加工过程中，保留其原有色泽，可以充分利用胡萝卜素的营养功能。粮食中也不含维生素 D，但在棉籽油、向日葵油和亚麻籽油等植物油中含有少量的麦角甾醇和谷甾醇，它们可以转化成维生素 D。维生素 E 广泛存在于粮食种子的胚中。各种植物油中的维生素 E 含量丰富，其中麦胚油含量最多，大豆油次之，玉米胚油和米糠油居中，花生油含量较少。维生素 B_1、维生素 B_2、维生素 B_5 等 B 族维生素都是粮食中广泛存在的维生素，B 族维生素主要存在于胚、糊粉层和皮层中，胚乳中含量极少。粮食加工过程中，B 族维生素损失较多，大多转入加工副产品中。干燥的粮食中不含维生素 C，只有在粮食、豆类发芽时，才能在胚芽中合成维生素 C。粮食中只有甘薯含有少量维生素 C，维生素 C 性质不稳定，易因加热而被破坏，故食品加工中以维生素 C 的损失最为严重。

（三）植物激素

植物激素是由植物自身代谢产生的一类有机物质，并自产生部位移动到作用部位，在极低浓度下就有明显生理效应的微量物质，也被称为植物天然激素或植物内源激素。具有促进种子及果实生长、发育、成熟、储藏物质积累，促进（或抑制）种子萌发等作用。根据激素的生理效应和作用，可将植物激素分为生长素、赤霉素、细胞分裂素和乙烯。它们具有不同的特性及作用。

六、粮食中的其他化学成分

（一）色素

色素不仅是粮油品种特性的重要标志，而且能表明种子的成熟和品质状况。例如，红米的食味不佳，小麦籽粒的颜色会影响制粉品质和休眠期的长短；油菜籽粒的颜色影响出油率；大豆、菜豆等籽粒的颜色影响储藏性和种子寿命。因此，色泽是品种差异及品质优劣的一项明显指标。

粮油籽粒内所含的色素主要有叶绿素、类胡萝卜素、黄酮素以及花青素。在环境条件作用下，籽粒的颜色会发生改变，例如发热霉变和高温损害，以及储存时间较长的陈粮，和正常粮油籽粒的颜色有一定区别。所以，国外有利用粮油籽粒颜色来判断粮油新鲜度的报道。

（二）矿物质

粮食中矿物质的含量一般用灰分来表示。粮食样品经高温烧灼后，有机物质全部氧化变成气体挥发出去，矿物质元素则完全被氧化变成灰分。经化学分析证明，粮食中的矿物质元素有磷、钾、镁、钙、钠、铁、硅、硫、氯等，此外还有锌、铝、锰、铜等微量元素。灰分含量是评价粮食加工精度的重要指标。由于粮食中的矿物质主要存在于皮层和胚中，所以，加工精度越高，灰分含量就越低。矿物质对人体有很重要的营养意义，人体所需的矿物质主要由粮食供给。当食物中矿物质缺少或不足时，会影响人体生长发育甚至引起病变。

粮油籽粒内的矿物质有 30 多种，根据其含量可分为大量元素及微量元素两类。一般禾谷类粮食灰分为 1.5%~3.0%，豆类含量较高，尤其是大豆，高达 5%。粮粒中所含的矿物质有磷、钙、铁、硫、锰、锌等多种。矿物质的分布很不均匀，胚与种皮（包括果皮）的灰分高于胚乳数倍。

（三）毒物和特殊化学成分

粮油籽粒中含有一些特殊的化学成分，含量不高，但这些成分有的是有毒物质，人体食入过量能引起中毒；有的能影响人体对食物的消化吸收；有的能影响食物的风味和品质。例如棉籽中的棉酚、菜籽中的葡萄糖苷（芥子苷）、蓖麻籽中的蓖麻毒蛋白和蓖麻碱、大豆中的胰蛋白酶抑制素、蚕豆中的巢菜碱苷、菜豆中的皂素、发芽马铃薯中的龙葵素、木薯中的木薯苷和高粱中的单宁等都是有害成分。

1. 葡萄糖苷

葡萄糖苷（芥子苷）在各种油菜种子中普遍存在，它在完整细胞中不会变化，但在细胞破碎的情况下，芥子酶能将它分解而产生芥子油等有毒分解产物，因此用未经处理的菜籽饼作饲料，常引起中毒，轻者食欲减退、腹泻；重者停食，呼吸困难，出现血粪和血尿，甚至死亡。菜籽油中也含有少量芥子苷，如果经常吃未精炼的毛菜籽油，对人体健康有一定的影响。芥子苷的存在还使菜籽油具有一种使人不愉快的辛辣味。

2. 棉酚

棉酚是一种深红色的有毒色素，存在于棉籽中。普通棉籽中含棉酚 0.15%~1.8%，主要分布在棉仁中，含量为 0.5%~2.5%，棉籽壳中的棉酚含量较少。棉籽制油后，一部分棉酚转入棉油中，一般毛棉油中含棉酚 0.24%~0.40%。棉酚对人体的毒害主要是引起烧热病。女性患者，易发生顽固的闭经，子宫明显缩小；男性患者往往有严重的睾丸损害，造成精子缺乏或无精子。因此，毛棉油是不宜食用的，应进行精炼处理再食用。

3. 单宁

单宁是一种水溶性色素，广泛存在于植物体中，粮食中以高粱含单宁最多，主要集中在高粱的皮层中。单宁具有防霉、防腐的作用，对安全储藏有利。但单宁有涩味，降低食用品质，食入后妨碍人体对食物的消化吸收，还容易引起便秘。单宁和蛋白质之间有极强的亲和力，当它与蛋白质结合以后会使蛋白质变性，使蛋白质的利用率和消化酶的活力显著下降，从而降低籽粒的营养价值。

4. 胰蛋白酶抑制素

大豆等豆类和马铃薯块茎中，含有胰蛋白酶抑制素，是一种蛋白酶抑制剂，能抑制体内蛋白酶的正常活力，影响人体对蛋白质的消化与吸收，并对胃肠有刺激作用。胰蛋白酶抑制素较耐热，需要在较高的温度下才能被破坏。半生不熟的大豆食品或未充分煮沸的豆浆中，胰蛋白酶抑制素没有被破坏，如果食入过多，便会引起中毒。通常在 0.5~1h 内发生恶心、呕吐等胃肠症状，但一般较轻，能很快自愈。生食豆类或马铃薯块茎，由于胰蛋白酶受到抑制，能引起胰腺肿大。

第四节　粮食在储藏过程中的品质变化

粮食籽粒是具有生物活性的有机体，在储藏过程中不可避免地会受到外界温度、湿度等环境因素的影响，从而发生品质劣变。粮食及油料在储藏过程中，即使在良好储藏条件下，虽未发热、霉变，随着储藏时间的延长，也会发生自然陈化现象，使其品质、色泽、风味等发生改变，导致粮食食用品质、加工工艺品质下降。各种储藏技术和手段均无法抗拒粮油在储藏中熵增的大方向，即陈化的趋势，不能阻挠其往平衡态发展的大趋势。

一、粮食储藏过程中生理指标的变化

在储藏过程中，粮食虽然有相似的生理特性变化，但由于粮食种类很多，因此不同的粮食各有特殊的生理特性变化。一般随着储藏时间的延长，粮食籽粒生理指标均会发生变化。如研究表明，随着粮食储藏时间的延长，其籽粒活力逐渐丧失，同时与呼吸有关的酶类，如过氧化物酶、过氧化氢酶以及谷氨酸脱羧酶的活力趋向降低，因而呼吸作用随之减弱；而水解酶类，如淀粉酶、蛋白酶、脂肪酶和磷脂酶等的活力却增加，酶活力的这种趋向是粮粒丧失活力的一种表现。

新收获的粮食籽粒，一般外观新鲜饱满，具有较高的活力，除了有休眠特性的籽粒，发芽率一般都能达 90%以上。但在储藏过程中，往往因湿、热影响而发生霉变时，其籽粒极易

丧失活力。发芽率是种子种用品质的重要指标，一般即使是在良好条件下储藏，粮油籽粒的发芽率也会逐步降低，最终丧失其种用品质。所以发芽率是检验粮油籽粒活力早期劣变较好的指标，同时也可用来检验粮食的新陈度。根据我国 6 省（川、鄂、湘、赣、苏、浙）1 市（上海）众多粮库取样，由 360 份籼稻谷进行发芽与米饭品质评分试验相对照的结果表明，二者呈显著的正相关，即发芽率高的稻谷碾米煮饭色香味俱佳。由北京、河南、辽宁取的玉米样品也有类似的情况。其中河南省玉米样品的发芽率与食味相关性最高，r=0.725（1981）与0.74（1980），北京的次之（0.58~0.64），辽宁的最小（0.49）。这种现象表明在北方常年气温较低、冬季较长的地区，粮食在长期储藏中虽由于陈化丧失了发芽率，但食用品质的改变则是缓慢而不显著的。因此可以认为，发芽率高的粮食品质好，但食用品质好的粮食，发芽率不一定都高，所以发芽率只能做正面的品质指标，反之可配合其他条件进行综合评价。

二、 粮食储藏过程中基本营养成分的变化

（一）碳水化合物的变化

禾谷类的粮食以胚乳为主要的储存器官，储存的物质主要是碳水化合物，占籽粒质量的80%左右，其中又以淀粉为主。淀粉在粮食储藏过程中虽然会受淀粉酶作用，水解成麦芽糖，又经酶分解形成葡萄糖，但由于基数大（占总重的80%左右），总百分比变化并不明显，因此在正常情况下一般认为淀粉的量变不是主要方面。淀粉在储藏过程中的主要变化是“质”的方面。具体表现为淀粉组成中直链淀粉含量增加（如大米、绿豆等），黏性随储藏时间的延长而下降，胀性（亲水性）增加，米汤或淀粉糊的固形物减少，碘蓝值明显下降，而糊化温度增高。这些变化都是陈化（自然的质变）的结果，不适宜的储藏条件还会使之加快，这些变化都能显著地影响淀粉的加工与食用品质。研究认为引起这些质变的一种可能性是由于淀粉分子与脂肪酸之间相互作用而改变了淀粉的性质，如黏度的变化。另一种可能性是淀粉间的分子聚合，从而降低了糊化与分散的性能，由于陈化而产生的淀粉质变，在煮米饭时加少许油脂可以得到改善，也可用高温高压处理或减压膨化改变由于陈化给淀粉粒造成的不良影响。

还原糖和非还原糖在粮油储藏过程中的变化是另外一个重要指标。在常规储藏条件下，高水分粮油由于酶的作用，非还原糖含量下降；在较高温度下，小麦还原糖含量先是增加，但到一定时期又逐渐下降，下降的主要原因是呼吸作用消耗了还原糖，使其转化成二氧化碳和水，还原糖的上升再下降说明粮食品质开始劣变。表 1-14 所示为在良好和不良储藏条件下，小麦双糖和单糖的变化。

表 1-14 在良好和不良储藏条件下，小麦双糖和单糖的变化（以干重计）

储藏时间/d	水分/%	温度/℃	相对湿度/%	蔗糖/%	麦芽糖/%	果糖/%	棉子糖/%
0	—	16~21	50~70	0.88	0.04	0.26	0.19
116	—			0.80	0.04	0.22	0.18
160	—			0.77	0.04	0.21	0.19
172	—			0.75	0.05	0.21	0.19

续表

储藏时间/d	水分/%	温度/℃	相对湿度/%	蔗糖/%	麦芽糖/%	果糖/%	棉子糖/%
0	12.6	30~32	90~95	0.80	0.04	0.22	0.18
10	12.6			0.77	0.04	0.21	0.18
5	19.8			0.65	0.08	0.11	0.16
3	35.4			0.55	0.70	0.09	0.10

（二）蛋白质的变化

蛋白质变化主要表现为蛋白质的水解和变性，环境条件及微生物活动是粮食蛋白质水解和变性的主要因素。在储藏期间，粮食会发生微弱呼吸作用，在水解酶作用下蛋白质发生缓慢的水解，致使蛋白质含量减少。粮食陈化过程中也容易引起蛋白质变性，蛋白质变性后，空间结构变散，肽键延展，非极性基外露，亲水基内藏，蛋白质由溶胶变为凝胶，溶解度降低。

在不良储藏条件下，粮食还易遭受微生物侵害，粮食中蛋白质还会在微生物分泌的一系列酶的作用下被分解成氨基酸等小分子物质，使粮食中的蛋白氮减少，氨态氮及胺态氮等非蛋白氮增加。不同粮食品种间蛋白质的差异较大，粮食在储藏期间，由于是按全氮量进行计算的，因此粮食的蛋白质总量一般不变，但是，粮食蛋白质中水溶、盐溶和醇溶性蛋白质在储藏期会发生变化。国内外研究者对大米中蛋白质变化的研究表明，大米在3年常规储藏条件下，总蛋白质含量基本不变，但储藏14个月时，非蛋白氮突然下降，水溶性蛋白和盐溶性蛋白也有下降趋势。有学者研究了不同储藏条件下小麦蛋白质变化时发现，在40℃和自然室温条件下储藏3年，蛋白质总量未变，但储藏过程中盐溶、醇溶蛋白提取率降低，而麦谷蛋白的提取率逐渐增加，这种变化与小麦品质逐渐改善密切关联，并认为储藏过程中盐溶、醇溶蛋白部分解聚，低相对分子质量麦谷蛋白亚基进一步交联，与小麦面团流变学特性密切相关的高分子麦谷蛋白亚基含量增加。同时赵同芳等研究发现，储藏10个月的大豆（夏季最高粮温32℃），盐溶性蛋白（球蛋白）减少20%，由其制作出的豆腐也属次等品。如表1-15表示大米储藏过程中的蛋白质变化，储藏条件为温度20℃。

表1-15　储藏年限对大米中醇溶蛋白的影响　单位：%

	醇溶蛋白含量（储藏年限）				
	0年	1年	2年	3年	7年
Originario 大米	2.26	1.83	1.90	1.39	1.33
埃及大米	2.74	1.97	2.11	1.50	1.57
Rinaldo bersani 大米	4.06	3.78	3.37	3.16	2.03
Blue bonnet 大米	2.47	1.83	2.03	1.63	1.58
中国大米（短粒米）	2.79	2.80	2.48	1.57	1.44

（三）脂类的变化

粮食在储藏过程中脂类变化主要有两个方面，一是被氧化产生过氧化物与不饱和脂肪酸被氧化产生羰基化合物，主要为醛、酮类物质。这种变化在成品粮中较明显，如大米的陈米臭和玉米粉哈喇味等。原粮中由于种子含有的天然抗氧化剂起了保护作用，所以在正常的条件下氧化变质的现象不明显。二是在脂肪酶作用下，产生游离的脂肪酸和甘二酯、甘一酯及甘油，这些变化对谷物本身的营养价值无明显影响，重要的是产生的小分子游离脂肪酸具有挥发性，可产生不良气味，影响谷物的感官品质。通常游离脂肪酸在0.75%以上时易促使其他脂肪酸分解，当游离脂肪酸达2%以上时，油脂即产生不良风味。低水分粮食尤其是成品粮的脂类是以氧化为主，而高水分粮食的脂类则以水解为主。正常水分的粮食两种解脂作用可以交替或同时发生。稻米在储藏陈化过程中游离脂肪酸增多，米饭硬度增加，流变学特性受到损害，产生异味。小麦在储藏期间，在物理性状还未显示品质劣变之前，脂肪酸早已增多，种子的活力显著下降。自20世纪30年代发现劣质玉米含有较高的脂肪酸，目前多个国家使用脂肪酸值作为判断粮食劣变的指标。

（四）维生素的变化

粮食中富含各种维生素，是维持人体健康所需维生素的主要来源，在储藏期间会发生变化而失去原有性质，其变化程度和粮食水分、温度密切相关。试验表明，小麦经过5个月的室温储藏，水分含量在17%时，维生素B_1损失了30%；水分含量在12%时，维生素B_1损失了12%左右。高温条件下入仓小麦水分含量在12.7%，经过半年的储藏后，每克小麦中维生素B_1降低了27%左右。而室温下储藏两年半的大米，维生素B_1平均减少了29.4%，维生素B_2减少5.44%，在低温储藏条件下两种维生素的损失都很微小。另外粮食储藏条件及水分含量不同，各种维生素的变化不尽相同，在正常情况下，维生素B_1、维生素B_5、维生素B_6及维生素E在原粮中都比较稳定，但在成品粮中易于分解。维生素E在不良的储藏条件下损失较大；安全水分以内的粮食维生素B_1的降低比高水分粮要小得多。

三、粮食储藏过程中食用品质的变化

食用品质是指粮食制作熟食过程中所表现的各种性能，以及食用时人体感觉器官对食品的反映，例如色、香、味、软硬度、黏度和润滑度等，不同的粮食品种由于其最终用途不同，其食用品质的变化表现也不相同。

（一）稻谷食用品质的变化

稻谷食用品质一般以直链淀粉含量、大米蒸煮时的吸水率、米汤固形物的含量、碘呈色反应、淀粉糊化特性和大米的食味品尝评分等变化来表示。

1. 直链淀粉含量变化

直链淀粉含量与大米流变学特性密切相关，大米蒸煮时米饭黏度与直链淀粉含量呈明显的负相关。稻谷储藏过程中直链淀粉含量增加，国内外都有报道：稻谷储藏期间，溶于热水的直链淀粉含量（可溶性直链淀粉）降低，而不溶性直链淀粉含量逐渐增加。国内相关研究表明，不溶性直链淀粉含量的增加与陈化稻米蒸煮时黏度的下降是一致的（呈负相关），与米饭硬度呈正相关。不溶性直链淀粉促使形成较硬淀粉粒，使淀粉粒晶体更加紧密，达到糊化温度时，只是将微晶体做较大程度的松动，分子间仍有许多氢键未被拆开，这种较硬淀粉粒使米饭硬度提高，黏性下降。

2. 大米的吸水率与膨胀率的变化

大米储藏最初的几个月，吸水率有所增加，但继续储藏一段时间后会逐步下降。蒸煮时，陈化大米的吸水率会随储藏时间的延长而增加。同样，大米的膨胀率，也随储藏时间的延长而增高，表 1-16 所示为大米储藏过程中膨胀率的变化。

表 1-16 大米储藏过程中膨胀率的变化（储藏 10 个月）

品种	储藏温度/℃	膨胀率/%		吸水率/%	
		新收获大米	陈化大米	新收获大米	陈化大米
长粒（糙米）	4	20.0	21.2	120	126
	25		23.1		134
	37		25.8		138
长粒（精米）	4	22.6	24.1	129	134
	25		27.6		139
	37		37.9		140
中粒（糙米）	4	22.7	24.2	117	123
	25		32.3		124
	37		37.3		126
中粒（精米）	4	33.6	35.9	123	128
	25		39.3		130
	37		46.2		135
短粒（糙米）	4	40.8	46.7	120	125
	25		46.3		128
	37		46.4		135
短粒（精米）	4	36.1	37.9	125	131
	25		41.4		134
	37		46.7		138

3. 米汤固形物变化

在储藏过程中，随着大米的陈化，蒸煮时米汤可溶性固形物逐渐减少。研究表明，中、长粒大米在 4℃条件下储藏 1 年，米汤固形物含量分别降低 21%和 18.7%。

4. 碘蓝色反应变化

一般品质优良的大米，米汤中淀粉与碘生成物的蓝色较深，透光率较低。蒸煮时，米汤黏稠、米饭黏性好，从而表现良好的适口性和黏弹性。大米陈化后，则米汤稀，淀粉与碘生成物的蓝色较浅，透光率高，米粒之间疏松，适口性和黏弹性变差。

5. 糊化温度与糊化特性变化

大米的糊化温度受储藏温度和时间的影响。在通常储藏条件下，大米的糊化温度随储藏时间的延长而逐渐上升。大米糊化特性试验表明，常温储藏的大米，储藏 7 个月后的最终黏度值、黏度破损值、回生后黏度增加值均显著增大，其他特性值也略有增加。空气组和 CO_2

组储藏 7 个月后除糊化温度和最高黏度的温度外，其余均减小。储藏 1 年后除糊化温度和最高黏度的温度减小外，其余均增大，并且常温组和 CO_2 组的最终黏度和回生后黏度增加值增大最显著（表 1-17）。因此，一般认为大米淀粉最终黏度值和回生后黏度增加值的增大，意味着大米有陈化的倾向。

表 1-17　　　　　　　　　　　　糊化特性与储藏的关系

特性	原始值	储藏 7 个月			储藏 1 年		
		常温组	空气组	CO_2 组	常温组	空气组	CO_2 组
糊化温度/℃	79.5	81	79.5	79.5	79.3	77	73.3
最高黏度值/Bu	740	775	638	670	887	825	895
最高黏度的温度/℃	87.8	88.4	88.1	87.8	87.8	87.1	85.7
最低黏度值/Bu	400	405	330	365	440	398	410
黏度破损值/Bu	340	370	308	305	447	428	485
最终黏度（50℃）/Bu	690	865	605	655	848	690	735
回生后黏度增加值/Bu	290	460	275	290	408	292	325

6. 运动黏度变化

随着大米储藏时间的延长，运动黏度不断下降，其相关系数值达到 0.01 的显著水平，而且运动黏度与米饭品尝评分关系十分密切，相关系数达 0.01 的显著水平。同时研究表明，籼米的水分含量越高，储藏温度越高，运动黏度的变化越显著。因此，运动黏度是衡量大米储藏品质的一个较好的指标。

（二）小麦食用品质变化

小麦食用品质的变化一般以小麦粉烘焙、蒸煮性质和流变学性质来表示。

小麦的面包烘焙性质在收获后的储藏期中先有所改进，而后随着储藏时间的延长，其烘焙性质又会降低。但如果储藏条件很好，这种变化的情况发生的非常缓慢。这种现象一般表现为：新收获小麦（加工的小麦粉）和储藏一段时间的小麦（加工后储藏一定时期后的小麦粉）制成面包相比，其面包的体积较小，品质较差。当小麦及小麦粉陈化过程进行到某一程度之后，便出现陈化现象，此时烘焙性质不再有所改进，而会使小麦的烘焙性质逐渐降低，且从小麦粉中洗出的面筋延伸性减小、弹性增强，到最后变为团粒状，易于拉断。研究表明，储藏 1 年的小麦，烘焙性质较新收麦的烘焙性质好；小麦储藏 4 年后，其烘焙性质达最好，以后烘焙性质下降；若储藏条件较好，储藏 9~22 年的小麦仍可做出较好的面包。

新收获小麦在储存过程中面团的流变学特性会发生明显的改善，即随着储藏时间的增加，小麦粉吸水率基本保持不变，而面团的形成时间、稳定时间和粉质指数都有增加的趋势，新麦粉的面团延伸性大，抗延伸力小，曲线面积小，随着储藏时间的延长，延伸度变小，抗延伸力变大，曲线面积增大，面团弹性和强度有所提高。但是如果小麦储藏期间出现严重发热、结块及虫蚀现象时，其小麦面筋吸水率有所下降，有的甚至不能很好地形成面筋团，延伸性明显下降，当储藏较长时间后，小麦面团的总体流变学特性明显下降。表1-18所示为小麦储藏时间与面包烘焙性质和面团特性的关系。

表1-18　小麦储藏时间与面包烘焙性质的关系

面包烘焙性质	储藏年限/年									
	0	1	2	3	4	5	6	7	8	13
弹性	弱	较好	较好	较好	好	最好	最好	较好	较好	较好
延伸性/cm	22	12	12.5	11.5	13.5	15	14	11.5	12.5	8
抗延比值（cm/min）	0.51	0.41	0.26	0.67	0.083	0.29	0.091	0.32	0.23	0.052
面包流散性（高/直径）	0.33	0.35	0.55	0.47	0.45	0.40	0.55	0.52	0.55	0.49
面包体积/mL	132	146	176.8	142.3	158	147.5	193	157	165	140

由表1-18可知新收获的小麦弹性弱，延伸性大，面包流散性和体积最小；储藏1年后弹性好转，延伸性降低；储藏5~6年的弹性为最好，具有中等延伸性，储藏13年则延伸性明显降低（8cm）。从面包烘焙性质来看，小麦经过储藏之后，其烘焙性质有所改善，面包体积都比开始时大。但储藏过久，品质也会有所降低。一般认为，小麦在安全水分的条件下储藏5~6年，可以改进其工艺品质和食用品质。

另有研究表明：小麦在不同储藏时间馒头质构特性有一定的变化：强筋小麦（郑麦366）和中筋小麦（矮抗58）的硬度、弹性、胶着性、咀嚼度和回复性随着储藏时间的延长均有一定程度的增加，而黏聚性均有所下降。小麦粉在储藏过程中分批制成面条、馒头的质构特性和感官评价特性的变化基本与小麦在储藏过程中的变化相同。

（三）大豆食用品质的变化

大豆是一种高蛋白质、高脂肪含量的粮食，它含有30%~50%的蛋白质，15%~20%的脂肪，10%的粗纤维以及灰分和游离碳水化合物，主要用于加工豆制品及大豆油。新鲜正常的大豆浓郁清香，但随着储藏时间的延长，这种气味逐渐减弱，储藏过久的大豆有陈宿味。储藏中因水分增高，霉菌蔓延，发霉的大豆有霉腐味；大豆因发热而导致有机质进一步分解时，也会产生酸腐味等。

大豆在储藏过程中，容易引起脂肪分解和蛋白质变性，从而影响豆制品的产率和质量，同时也影响出油率与油脂产品的质量。对大豆储藏过程中各品质进行研究发现，高湿和高温环境会导致大豆色泽变深。随储藏时间的增加，豆腐制作时所需最适宜凝固剂含量减少；豆奶蛋白的产量减少；大豆中蛋白质溶解比率（水溶性蛋白质含量占总蛋白质含量的百分数，或直接用水溶性氮含量占总氮含量的百分数表示，又称水溶性氮指数或氮溶解指数）、脂溶性磷指数（脂溶性磷占总磷百分数）和发芽率均有下降，总酸值（醇溶性酸值）、提取油的酸值则不断升高。

思考题

1. 简述粮食的定义。
2. 粮食的分类依据和分类方法是什么？
3. 依据国家标准，不同粮种的分类依据和方法是什么？
4. 粮食及油料籽粒的主要化学成分有哪些？粮食及油料籽粒化学组成有哪些特点？
5. 稻谷籽粒中各种组成部分的化学成分分布特点有哪些？
6. 小麦籽粒中各种组成部分的化学成分分布特点有哪些？
7. 玉米籽粒中各种组成部分的化学成分分布特点有哪些？
8. 大豆籽粒中各种组成部分的化学成分分布特点有哪些？
9. 粮食中主要化学成分的分类及特点有哪些？
10. 粮食储藏过程中其生理指标是如何变化的？
11. 粮食储藏过程中其主要营养成分是如何变化的？
12. 粮食储藏过程中主要粮种的食用品质是如何变化的？

第二章 粮油检验基础知识

CHAPTER 2

学习指导

粮油是我国广大人民不可缺少的食品，粮油的安全问题直接关系着人们的健康。粮油的质量检验不仅可保障人民的食品安全，同时也可起到监督企业质量的作用。因此，学好粮油检验基础知识有利于推进国家食品安全体系的构建，对维护社会稳定、维护社会公共秩序具有重要作用。通过本章的学习，熟悉标准和标准化的目的、意义；掌握标准、标准化术语、定义和标准制修订的工作程序、编写规则等有关知识；了解实施 GB/T 19000 族标准的重要意义；掌握 GB/T 19000 族标准质量管理体系的要求、特点、质量管理原则等相关知识；能按法规、规定、标准等规范性文件做好粮食流通各个环节的质量管理和检验工作；了解有效数字的基本概念，掌握数字修约规则和有效数字的运算规则；了解误差、偏差、标准偏差、绝对偏差、相对偏差的计算方法；掌握误差的分类、来源以及减小误差的方法。了解可疑值的基本概念，掌握可疑值的判断方法；了解原始记录、检验报告的重要性和基本属性，掌握原始记录和检验报告的填写要求、校核内容，掌握检验报告审核关键点。本章内容的学习对粮油检验工作至关重要，是做好粮食安全储存的基础。

第一节 粮油标准化与质量管理

标准是国民经济的技术基础，是企业组织生产的依据，是规范市场秩序的重要手段。没有规矩，不成方圆，不管是生产型企业还是服务型企业，在市场经济中，标准就是规矩，是企业经济发展的技术基础；标准化在现代化大生产中起着非常重要的作用，而且也是衡量一个国家生产力技术水平和管理水平的尺度，企业是标准化工作的主体。同时标准还是保护本国产品的重要手段，在进出口贸易中，可以以标准为手段来设置贸易技术壁垒，限制其他国家农产品进入，保护本国经济利益。习近平总书记 2014 年 3 月 17—18 日在调研指导兰考县党的群众路线教育实践活动时提出“标准决定质量，有什么样的标准就有什么样的质量，只有高标准才有高质量”；2015 年 5 月，习近平总书记在主持中共中央政治局第二十三次集体学习时强调：用最严谨的标准、最严格的监管、最严厉的处罚、最严肃的问责，加快建立科学完善的食品药品安全治理体系，坚持产管并重，严把从农田到餐桌、从实验室到医院的每一道防线。我国政府也多次明确提出，要加快标准化进程，促进农产品品种结构调整，优化品种，加快标准体系和质检体系建设，确保粮油食品质量安全，提高我国农产品国内外市场竞争力，化解农产品市场风险，促进农业生产发展，提高人民生活质量。粮油质检员直接从事粮油标准质量工作，责任重大，只有学好、掌握好标准和标准化相关知识，并能运用到工作中去，才能是一名合格的粮油质检员。

一、标准及标准化基础知识

（一）标准与标准化基本概念

标准与标准化是标准化体系中最基本的概念，是人们在生产实践过程中对标准化活动有关范畴、本质、特征的高度概括。国际标准化组织（ISO）对“标准”的定义是：标准是由一个公认的机构制定和批准的文件。它对活动或活动的结果规定了规则、导则或特殊值，供共同和反复使用，以实现在预定领域内最佳秩序的效果；ISO 对“标准化”的定义是：标准化主要是对科学、技术和经济领域内重复运用的问题给出解决办法的活动，其目的是获得最佳秩序。

现行我国 GB/T 20000. 1—2014《标准化工作指南　第 1 部分：标准化和相关活动的通用术语》对标准化、标准和规范性文件的定义如下。

1. 标准化

标准化的定义是：“为了在既定范围内获得最佳秩序，促进共同利益，对现实问题或潜在问题确立共同使用和重复使用的条款以及编制、发布和应用文件的活动。”

由此可见，标准化是一项活动、一个过程，包括制定、发布、实施，以及标准制定前的研究和标准实施后的修订。标准化活动是以科学、技术与实验的综合成果为依据的。标准化的目的是针对存在的有关问题，提出解决问题的方法，在一定范围内获得最佳秩序，最全面的经济效果。标准化条款的特点是“共同使用”和“重复使用”。条款的对象是研究的现实问题和潜在问题。

标准化工作的核心是抓好标准化的质量。

2. 标准

标准的定义是：“通过标准化活动，按照规定的程序经协商一致制定，为各种活动或其结果提供规则、指南或特性，供共同使用或重复使用的文件。”

标准以科学、技术和经验的综合成果为基础。经有关方面协商一致，由主管机构批准，并以特定形式发布，作为共同遵守的准则和依据。由此可见，标准是科学技术实践的综合成果，是衡量产品质量和各项工作质量的尺度，是在一定范围和一定时间内具有约束力的一种特定形式的技术文件，也是企业进行生产、经营管理工作的依据。因此，标准的本质特性是统一。其目标是获得最佳秩序、最佳效益。

标准的形式有两类：一类是由文字表达的文本；另一类是实物标准。标准物质、标准样品都属于标准。

粮油标准是指粮食及其产品、油料及油脂以及粮油收购、储存、运输、加工、销售等环节中发布实施的各种技术规范、技术要求和检验方法、管理规程及标准化指导性技术文件。

粮油标准主要包括粮油及制品的产品标准（含实物标样），质量安全标准，卫生标准，检验方法标准，生产操作规范，机械设备技术规范，行业管理、信息技术的规范、规程，行业的通用技术术语、图形符号、编码、图例、图标等。

3. 规范性文件

规范性文件的定义是："为各种活动或其结果提供规则、指南或特性的文件"。标准、规范、规程和法规等这类文件一般通称为规范性文件。规范性文件是由条款组成的。

"规范"的定义："规定产品、过程或服务应满足的技术要求的文件。"

"规程"的定义："为产品、过程或服务全生命周期的有关阶段推荐良好惯例或程序的文件。"

"法规"的定义："由权力机关通过的有约束力的法律性文件。"

"技术法规"的定义："规定技术要求的法规，它或者直接规定技术要求，或者通过引用标准、规范或规程提供技术要求，或者将标准、规范或规程的内容纳入法规中。"

因此，强制性标准属于技术法规。

4. 基本特性

标准化和标准的基本特性是统一性、科学性和法规性。

（1）标准的本质属性是对标准对象的"统一规定"。这种统一就是有关各方共同遵守的准则和依据。标准一经权力机构批准或发布，就是技术法规。强制性标准，在其适用范围内的有关各方都必须严格遵守、执行，否则对造成的后果可能要负法律责任。推荐性标准，一旦纳入有关法律、法规或经济合同中，也必须严格遵守、执行。

（2）标准产生的基础是科研成果、技术水平和实践经验，并经有关各方协商一致，是经过分析、比较、选择和综合归纳的，充分体现了科学性和可行性。因此，标准是从全局出发做出的规定，而且与当时的科学技术水平相适应。

（3）标准文本有专门的格式和批准发布的程序。标准从起草到发布，均要有一整套严格的工作程序和审批制度，充分体现了标准的法规性。

（二）标准的分类

1. 根据适用范围分类

根据标准适用领域和有效范围的不同，可将其划分为若干不同的层次，包括国际标准、区域标准、国家标准、行业标准、地方标准、团体标准、企业标准等。按《中华人民共和国标准化法》（简称《标准化法》）规定，我国标准包括国家标准、行业标准、地方标准、团体标准和企业标准。

（1）国际标准　国际标准是由国际标准化组织制定的标准或国际标准化组织确认并公布的其他国际组织制定的标准，在世界范围内统一使用。

（2）区域标准　区域标准是由区域标准化组织或区域标准化组织确认并公布的标准。

（3）国家标准　国家标准是由国家标准化主管机构（国家标准化管理委员会）批准发布，对全国经济、技术发展有重大意义，且在全国范围内统一的标准。相关的粮食国家标准是指适用于全国范围内收购、销售、调拨、加工和出口的商品粮食、油料和植物油脂，由国家粮食局提出，全国粮油标准化技术委员会归口，国家标准化管理委员会审定、批准和发布。

（4）行业标准　行业标准是由国务院有关主管部门对没有国家标准而又需要在全国某个

行业范围内统一的技术要求所制定并报国务院标准化行政主管部门备案的标准。行业标准在相应的国家标准实施后，自行废止。

（5）地方标准　地方标准是由地方（省、自治区、直辖市）标准化主管机构或专业主管部门对没有国家标准和行业标准而又需要在省、自治区、直辖市范围内统一的工业产品的安全、卫生要求所制定并报国务院标准化行政主管部门和国务院有关行政主管部门备案的标准。地方标准不得与国家标准、行业标准相抵触，在相应的国家标准或行业标准实施后，地方标准自行废止。

（6）团体标准　团体标准是由团体按照团体确立的标准制定程序自主制定发布，由社会自愿采用的标准。具有法人资格和相应专业技术能力的学会、协会、商会、联合会以及产业技术联盟等社会团体协调相关市场主体共同制定满足市场和创新需要的团体标准，由本团体成员约定采用或者按照本团体的规定供社会自愿采用。国家鼓励社会团体制定高于推荐性标准相关技术要求的团体标准，引领产业和企业的发展，提升产品和服务的市场竞争力。在标准管理上，对团体标准不设行政许可，由社会组织和产业技术联盟自主制定发布，通过市场竞争优胜劣汰。国务院标准化行政主管部门会同国务院有关行政主管部门对团体标准的制定进行规范、引导和监督。

（7）企业标准　企业标准是由企业通过供该企业使用的标准。企业生产的产品在没有或者为了严于国家标准、行业标准和地方标准而由企业自行组织制定的产品和在企业内需要协调、统一的技术要求和管理、工作要求，作为本单位内部组织生产的依据，并按省、自治区、直辖市人民政府的规定备案（不含内控标准）的标准。

上述标准主要是适用范围不同，不是标准技术水平高低的分级。

2. 根据法律的约束性分类

（1）强制性标准　强制性标准又分为全文强制和条文强制两种形式；条文强制在标准的前言中要说明强制条款，并在标准中以黑体字表示。

强制形式的标准，其内容涉及国家安全，人身安全、健康，动、植物生命或财产安全，环境保护或资源合理利用的，列为强制性条款。各级政府的行政法律、法规条款在标准中出现，也属于强制性条款。

强制性标准是国家技术法规的重要组成，它符合世界贸易组织/贸易技术壁垒协定（WTO/TBT）关于“技术法规”的定义，为使我国强制性标准与WTO/TBT规定衔接，其范围要严格限制在国家安全，防止欺诈行为，保护人身健康与安全，保护动物、植物的生命和健康以及保护环境五个方面。

（2）推荐性标准　推荐性标准是指导性标准，是自愿性文件。推荐性标准由于是协调一致文件，不受政府和社会团体的利益干预，能更科学地规定特性或指导生产，因此《标准化法》鼓励企业积极采用。

（3）标准化指导性技术文件　标准化指导性技术文件是为处于技术发展较快的技术领域的标准化工作提供指南或信息，供科研、设计、生产、使用和管理等有关人员参考使用而制定的标准文件。符合下列情况时，可以制定粮油标准化指导性技术文件：

①技术尚在发展中，需要有相应的标准文件引导其发展或具有标准价值，尚不能制定为标准的。

②采用国际标准化组织、国际电工委员会（IEC）及其他国际组织（包括区域性国际组

织）的技术报告。

国务院标准化行政主管部门统一负责指导性技术文件的管理工作，并负责编制计划、组织草拟、统一审批、编号、发布。指导性技术文件编号由指导性技术文件代号、顺序号和年号构成。

3. 根据标准的性质分类

（1）技术标准　技术标准是针对标准化领域中需要协调统一的技术事项而制定的标准，主要是事物的技术性内容。

（2）管理标准　管理标准是针对标准化领域中需要协调统一的管理事项所制定的标准。主要是规定人们在生产活动和社会生活中的组织结构、职责权限、过程方法、程序文件以及资源分配等事宜，它是合理组织国民经济，正确处理各种生产关系，正确实现合理分配，提高生产效率和效益的依据。

（3）工作标准　工作标准是针对标准化领域中需要协调统一的工作事项所制定的标准。工作标准是针对具体岗位而规定人员和组织在生产经营管理活动中的职责、权限，对各种过程的定性要求以及活动程序和考核评价要求。

4. 根据标准化的对象和作用分类

（1）基础标准　基础标准是具有广泛的适用范围或包含一个特定领域的通用条款的标准。基础标准在一定的范围内可直接应用，也可以作为其他标准的依据和基础。包括标准化工作导则，如 GB/T 20001. 4—2015《标准编写规则　第 4 部分：试验方法标准》；通用技术语言标准；量和单位标准；数值与数据标准等。

（2）产品标准　产品标准是规定一个产品或一类产品应满足的要求以确保其适用性的标准。包括品种、规格、技术要求、试验方法、检验规则、包装、运输和储存要求等。

（3）方法标准　方法标准是为保证产品的适用性，对产品必须达到的某些或全部特性要求所制定的标准。其内容包括检测或试验的类别、检测规则、抽样、取样测定、操作、精度要求等方面的规定，还包括所用仪器、设备、检测和试验条件、方法、步骤、数据分析、结果计算、评定、合格标准、复验规则等。

（4）安全标准　安全标准是以保护人、动物和财、物等安全为目的而制定的标准。

（5）卫生标准　卫生标准是为保护人的健康，对食品、医药及其他方面的卫生要求而制定的标准。

（6）环境保护标准　环境保护标准是为保护环境和有利于生态平衡，对大气、水体、土壤、噪声、振动等环境质量、污染管理、监测方法及其他事项而制定的标准。

（三）标准的代号和表示方法

根据《国家标准管理办法》《行业标准管理办法》《地方标准管理办法》和《企业标准化管理办法》的有关规定，我国各级（类）标准的代号和表示方法如下。

（1）国家标准　国家标准是四级标准体系中的主体。其代号“GB”，是国标二字汉语拼音的第一个字母。推荐性国家标准代号为“GB/T”，GB——国家标准，T——推荐性。其编号由国家标准代号、国家标准顺序号和标准发布年号构成。如稻谷国家标准：

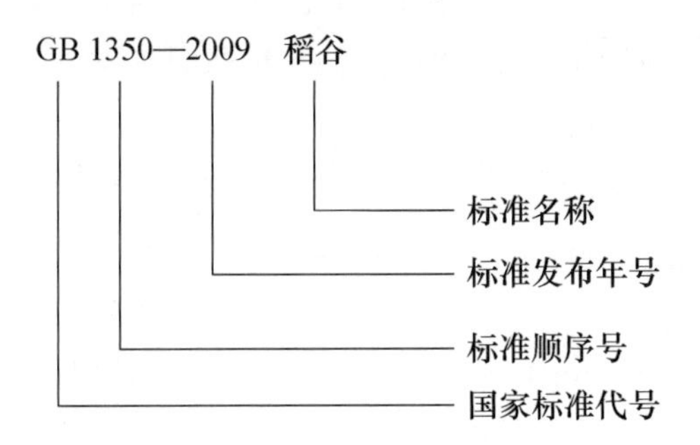

（2）行业标准　行业标准代号由国务院标准化行业主管部门规定，行业标准代号随行业而异，如粮食行业标准用 LS、商业标准用 SB、纺织标准用 FZ、化工标准用 HG、轻工标准用 QB、农业行业标准用 NY 等，行业标准的编号由《中国标准文献分类法》的一级类目代号与二级类目范围内的标准顺序号、标准发布年号构成。

行业标准为推荐性行业标准，如磷化氢熏蒸技术规程推荐性行业标准：

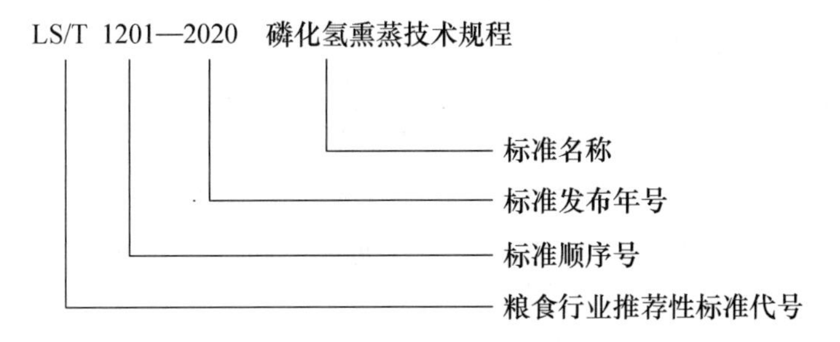

（3）地方标准　地方标准的代号是“DB”，是地标二字汉语拼音的第一个字母，加上省、自治区、直辖市的行政区代码前两位数和标准顺序号及发布年号构成，如北京为 11、天津为 12、河北为 13、山西为 14 等。例如，DB 44/T 181—2004，代表 2004 年发布的地方标准，标准顺序号是 181，44 是广东省代号。

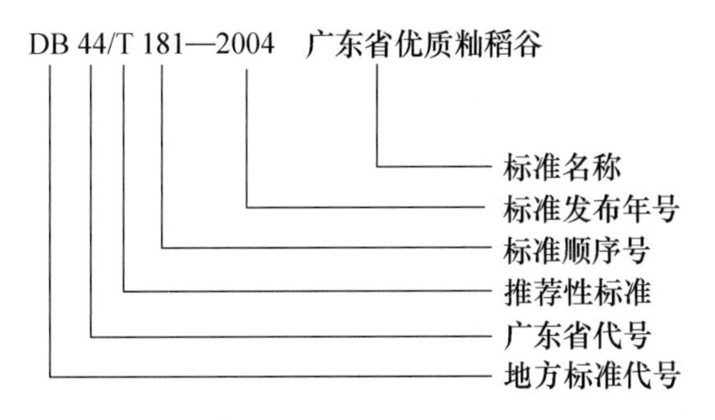

（4）团体标准　依据《关于培育和发展团体标准的指导意见》，团体标准代号为“T”（“团”的汉语拼音的第一个字母），其编号采用社会团体代号、团体标准顺序号和发布年号表示。其中社会团体代号应合法且唯一，不应与现有标准代号相重复，且不应与全国团体标准信息平台上已有的社会团体代号相重复。如某团体标准编号为：

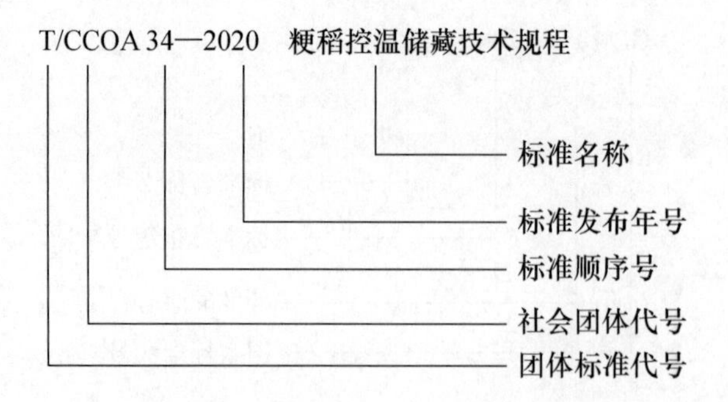

（5）企业标准　企业标准编号统一格式为："Q/企业代号 顺序号—发布年号"（依据《企业标准化管理办法》）。企业标准代号为"Q"（"企"的汉语拼音的第一个字母），企业代号按中央所属企业和地方企业分别由国务院行政主管部门和省、自治区、直辖市政府标准化行政主管部门会同同级有关行政主管部门规定。如某企业标准编号为：

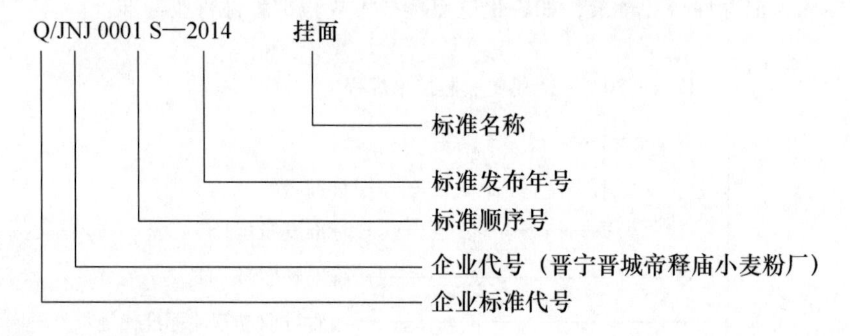

（四）我国粮油技术标准的内容

标准的内容一般由概述、正文、附加说明三个部分组成。粮油技术标准的内容一般都包括下列诸项。

1. 标准名称

标准名称一般由标准化对象的名称和所规定的技术特征两部分组成。标准的名称应简短而明确地反映标准化的主题。凡技术特征比较完整的产品标准，以标准化对象的名称作为标准名称。粮油技术标准的名称即以粮油标准化的对象粮食、油料或植物油脂的名称作为标准名称，如稻谷、花生等。

2. 标准的代号和编号

如前所述，各级标准均有规定的代号，有的还采用一级类目、二级类目的代号，再加顺序号和发布年号表示。

3. 前言与适用范围

前言概略说明标准的质量要求、检验方法、运输、储存等各项指标要求。标准的适用范围包括适用的地区范围和业务范围。如粮油国家标准适用于全国范围内收购、销售、调拨、储存、加工和进出口的商品粮油，有的地方标准只适用上述业务范围的某一方面。

4. 规范性引用文件

规范性引用文件是指在标准中直接引用其他有关标准的编号和名称以代替其具体内容，是国内外标准化界在制定标准时经常使用的一种通用的编写方法。其目的是简化标准的编写工作，方便标准资料的收集，减少不必要的编辑性加工和修改，避免重复写出引用文件的内容而引起不必要的差错和标准间的不协调，也可避免增加标准的篇幅。

5. 术语与定义

用来界定为理解文件中某些术语所必需的定义，术语是指特定领域中由特定语言的一个或多个词表示的一般概念的指称。定义是确定概念的外延并与该领域内的其他概念相区别的语言描述。

6. 质量要求

质量要求是标准的核心内容，包括等级、检验项目、质量指标。

7. 检验方法

检验方法是指标准中所涉及的一些指标的检测方法，在各级粮油标准中主要是指从样品扦样到各项指标的具体检验。

8. 标志、包装、运输和储存

产品标志是生产者向消费者提供的产品质量状况必要信息，是企业对产品品质所作的明示担保。包装、运输和储存是为了保证产品质量在流通过程中不受损失。总之，各种粮油的标志、包装、运输和储存，均必须符合保质、保量、运输安全和分级储存的要求，便于运输和验收。

（五）标准的制定与修订

制定标准是标准化活动的起点，它是标准制定部门对需要制定标准的项目编制计划、组织拟稿、审批、编号发布的活动。标准制定是标准化工作最关键和最重要的一环，是一项严肃而细致的工作。

1. 标准制定的总则

（1）《中华人民共和国标准化法》规定，对需要在全国范围内统一的技术要求，应制定国家标准。对没有国家标准，而又需要在全国某个行业范围内统一的技术要求，制定行业标准。对没有国家标准和行业标准，而又需要在省、自治区、直辖市范围内统一的工业产品的安全、卫生要求，制定地方标准。企业标准的制定由企业自主决定。

（2）国家标准和行业标准要按 GB/T 1.1—2020《标准化工作导则　第 1 部分：标准化文件的结构和起草规则》要求进行编写。

（3）根据《中华人民共和国标准化法》和有关规定，标准实施后，还应根据科学技术的发展和经济建设的需要定期进行复审。国家标准、行业标准、地方标准的复审期一般不超过 5 年，企业标准的复审期一般不超过 3 年。标准的复审由标准的主管部门或归口管理主管部门进行，复审可采用会议审查，也可采用函审进行。复审后要确定被复审的标准继续有效，或修订，或废止。因此，修订标准同制定标准一样重要。

2. 标准制定、修订应遵守的基本原则

（1）制定标准应符合我国有关法律、法规和经济发展、科学技术发展的方针和政策要求。

（2）制定标准应当有利于保障安全和人体健康，保护消费者的利益，保护环境，这是制定标准的目的所在。

（3）制定标准应当有利于合理利用国家资源，推广科学技术成果，提高经济效益，并符合使用要求，有利于产品通用互换，做到技术上先进，经济上合理。

（4）制定标准应有利于促进对外经济技术合作和对外贸易，标准化是进行国际贸易和技术交流的主要工具。

（5）制定标准应当充分发挥行业协会、科研机构和学术团体的作用。

（6）制定标准要推荐与国际标准接轨，积极采用国际标准。

（7）制定标准应当做到标准与标准之间的协调配套。

（8）制定标准要有科学试验和数据支持，要加强与重要技术标准研究的协作、进行配套试验和验证。

（9）制定标准的过程应当公开、公正、透明。

3. 标准构成的要素

标准的构成要素按要素所起的作用来划分，分为规范性要素和资料性要素。

（1）规范性要素　规范性要素是指声明符合标准而应遵守的条款的要素。规范性要素又分为规范性一般要素和规范性技术要素。标准名称、范围和规范性引用文件等属于规范性一般要素。术语和定义、符号和缩略语、要求、抽样、试验方法、检验规则、标志标签、包装运输、规范性附录等属于规范性技术要素。

（2）资料性要素　资料性要素是指标识标准、介绍标准、提供标准的附加信息的要素。资料性要素又分为资料性概述要素和资料性补充要素。资料性概述要素包括封面、目录、前言、引言。资料性补充要素包括资料性附录、参考文献、索引和介绍其内容、背景发展情况以及该标准与其他标准的关系等所提供的附加信息，以帮助理解或使用标准的要素。资料性要素还包括条文的示例和条文的脚注。

按要素的状态可分为必备要素和可选要素。封面、前言、标准名称和适用范围是标准的必备要素，其余是标准的可选要素。

4. 标准的封面

按其所包含的内容可分为上、中、下三部分。

（1）标准封面上部的内容包括标准的分类号、备案号、类别和标志、编号。

①分类号：国家标准和行业标准按《中国标准文献分类法》给出一级类目和二级类目编号。封面左上第一行是“ICS”，为国际标准分类号；左上第二行是中国标准文献分类号，如“B 22”。

②备案号：除国家标准外，行业标准、地方标准和企业产品标准应在封面左上第三行注明备案号，如“国家质量技术监督检验检疫局备案号：18811—2006”。

③标准的类别和标志：在封面的右上第一行是标准化的类别和标志，即中华人民共和国国家标准（GB）、……行业标准、……地方标准（DB）、……企业标准（Q/）。

④编号：封面的右上第二行是标准的编号，右上第三行是所代替的标准编号。

（2）标准封面中部的内容包括标准的中英文名称，如果采用国际标准，还应标注该标准与国际标准一致性程度的标识。

（3）标准封面下部的内容包括标准的发布及实施日期，标准的发布部门或单位。

（4）一般标准结构的编排顺序如表 2-1 所示，除备注中注明是必备要素的，其余构成要素为可选要素。

表 2-1　　一般标准结构的编排顺序表

标准的构成要素类型	要素编排	备注
资料性概述要素	封面	必备要素
	目录	
	前言	必备要素
	引言	
规范性一般要素	标准名称	必备要素
	适用范围	必备要素
	规范性引用文件	
规范性技术要素	术语和定义	
	符号和缩略语	
	分类、标记、标准化项目标记	
	要求	
	扦样（试样制备）	可与试验方法合为一章
	试验方法	可与要求合为一章
	检验规则（质量评定程序）	
	标志、标签	
	包装、运输和储存	可与标志、标签合为一章
	规范性附录	
资料性补充要素	资料性附录	
	参考文献	

5. 标准制定的程序

制定标准是标准化工作的主要任务，因此制定标准首先要确定必要的工作程序。按照GB/T 16733—1997《国家标准制定程序的阶段划分及代码》规定，国家标准制定程序一般可分为预阶段、立项阶段、起草阶段、征求意见阶段、审查阶段、批准阶段、出版阶段、复审阶段和废止阶段。特殊需要可采用快速程序。

预阶段：是标准计划项目建议的提出阶段。（国家标准由全国专业标准化技术委员会负责。）

立项阶段：国务院标准化行政主管部门对上报的国家标准新工作项目建议统一汇总、审查、协调、确认。立项阶段的时间周期一般不超过 3 个月。（国务院标准化行政主管部门负责。）

起草阶段：技术委员会落实计划，组织项目的实施，至标准起草工作组完成标准征求意见稿止。起草阶段的时间周期一般不超过 10 个月。（负责起草单位应对所制修订标准的质量及其技术内容全面负责。）

征求意见阶段：自起草工作组将标准征求意见稿发往有关单位征求意见起，经过收集、整理回函意见，提出征求意见汇总处理表，至完成标准送审稿止。征求意见阶段的时间周期一般不超过 2 个月，这一阶段的任务为完成标准送审稿。

审查阶段：自技术委员会收到起草工作组完成的标准送审稿起，经过会审或函审，至工作组最终完成标准报批稿止。

批准阶段：自国务院有关行政主管部门（或技术委员会）、国务院标准化行政主管部门收到标准报批稿起，至国务院标准化行政主管部门批准发布国家标准止。

出版阶段：自国家标准出版单位收到国家标准出版稿起，至国家标准正式出版止。出版阶段的时间周期一般不超过3个月，这一阶段的任务为提供标准出版物。

复审阶段：复审周期一般不超过5年。

废止阶段：已无存在必要的国家标准，由国务院标准化行政主管部门予以废止。

6. 采用国际标准和国外先进标准

（1）采用国际标准和国外先进标准的含义 《标准化法》第八条规定：国家积极推动参与国际标准化活动，开展标准化对外合作与交流，参与制定国际标准，结合国情采用国际标准，推进中国标准与国外标准之间的转化运用。

采用国际标准包括采用国外先进标准：是指将国际标准和国外先进标准的内容，经过分析研究，不同程度地纳入我国各级标准（包括国家标准、行业标准、地方标准和企业标准），并贯彻实施以取得效果。

国际标准：是指国际标准化组织、国际电工委员会、联合国粮食与农业组织（FAO）、世界卫生组织（WHO）等77个国际机构、国际标准化组织所制定的标准以及公认具有国际先进水平的其他国际组织制定的标准。

国外先进标准：是指国际上有影响的区域标准（如欧洲电工标准委员会标准）、世界主要经济发达国家（如英、美、法、德、日本等国）制定的国家标准和其他国家相关的具有先进水平的国家标准、国际上通行的团体标准及先进行业标准，如欧洲标准化委员会标准（CFN）等。

（2）采用国际标准和国外先进标准的原则 采用国际标准应贯彻“认真研究、积极采用、区别对待”的方针，结合国情、符合规定、讲求实效，做到技术先进、经济合理、安全可靠的原则，具体应注意以下几点。

①采用国际标准和国外先进标准，应符合我国有关法律、法规，保障国家安全，保护人体健康和人身、财产安全，保护环境，切实结合我国国情。

②采用国际标准和国外先进标准，是将其内容通过分析研究，以其为基础制定我国标准，其主要目的是增强我国产品在国际市场上的竞争能力，促进技术进步，提高经济效益。

③采用国际标准和国外先进标准，要从我国经济发展和对外贸易的需要出发，充分考虑我国资源和自然条件，有利于提高我国标准的水平和质量，有利于我国形成门类齐全、协调统一、相互配套的技术体系。

④采用国际标准和国外先进标准，应当与我国技术的引进、改造、新产品开发相结合，重点突出，经过分析，制定采用国际标准的重点产品。

⑤积极参加国际标准化活动和国际标准的制定工作，了解国外标准化活动的趋势，了解国外技术发展方向，积极争取把我国标准或提案转为国际标准。

总之，国家鼓励企业、社会团体和教育、科研机构等参与国际标准化活动，有利于学习国外的先进技术，从而提高我国的产品质量，增强产品出口创汇能力，同时也有利于提高我国标准的水平，促进标准化国际工作，推动外向型经济的发展。

（3）采用国际标准的程度　国家标准与相应的国际标准的一致性程度分为等同采用、修改采用和非等效采用三种。

等同采用国际标准：指对于国际标准中的基础标准、方法标准、原材料标准和通用零部件标准等，尽量地等同采用。在编写上不作或仅有编辑性修改，完全相对应。其缩写字母代号为 IDT。

修改采用国际标准：指与国际标准之间存在技术性差异，并清楚地标明这些差异及其产生的原因，或文本结构变化但同时有清楚的比较，修改采用允许包含编辑性修改。其缩写字母代号为 MOD。

非等效采用国际标准：指与相应国际标准在技术内容和文本结构上不同，它们之间的差异没有被清楚地标明，只保留了少量或者不重要的国际标准条款的情况。非等效采用不属于采用国际标准，只表明我国标准与相应国际标准有对应关系。其缩写字母代号为 NEQ。

（4）采用国际标准的编写方法　采用国际标准的我国标准，根据其采用程度，在我国标准封面和首页上表示方法如下。

①等同采用国际标准的我国标准采用双编号的表示方法。

示例：GB/T 5506.2—2008/ISO 21415-2：2006，IDT 小麦和小麦粉 面筋含量　第 2 部分：仪器法测定湿面筋（ISO 21415-2：2006，IDT）。

②修改采用国际标准的我国标准，只使用我国标准编号。

示例：GB/T 5506.1—2008　小麦和小麦粉 面筋含量　第 1 部分：手洗法测定湿面筋（ISO 21415-1：2006，MOD）

在采用国际标准时，应当按 GB/T 1.1—2020《标准化工作导则　第 1 部分：标准化文件的结构和起草规则》的规定起草和编写我国标准。在等同采用 ISO/IEC 以外的其他组织的国际标准时，我国标准的文本结构应当与被采用的国际标准一致。采用国外先进标准的我国标准，在我国标准的说明中写明被采用标准的国别、编号、名称及被采用程度等。

二、粮油质量管理的相关知识

在当今国内外市场竞争日益激烈的形势下，质量在国家可持续发展战略中的地位和作用已显得越来越重要，质量直接反映一个国家经济、科技、文化和管理水平，代表一个国家的形象，一个民族的精神。质量是经济发展的脉搏，是企业的生命，产品质量好坏，决定着企业有无市场，决定着企业经济效益的高低，决定着企业能否在激烈的市场竞争中生存和发展；质量管理是企业的灵魂，是企业管理的核心，只要企业存在，它就是企业永恒追求的目标。企业要在市场竞争中求生存、求发展，必须加强质量管理，必须有科学的经营理念和质量管理方法，GB/T 19000 族标准是我国等同采用 ISO 9000 族国际标准而制定的质量体系、质量管理标准，它是一组密切相关的质量管理体系标准，是质量管理的导则，是企业科学管理的指南，为成功运作和领导一个组织提供了一种系统、透明、科学的管理方式，是当今世界较为先进的质量管理方式。

（一）GB/T 19000 族标准简介

GB/T 19000 族标准等同采用了 ISO 9000 族标准，是一组标准管理体系有关标准。这组系列标准的文件结构中，核心标准有 4 项，是我国企事业单位进行质量管理和质量体系认证的主要依据。

（1）GB/T 19000—2016《质量管理体系　基础和术语》　该标准描述了质量管理体系的基础知识，并规定了质量管理体系相关术语。

（2）GB/T 19001—2016《质量管理体系　要求》　该标准为下列组织规定了质量管理体系要求：需要证实其具有稳定提供满足顾客要求及适用法律法规要求的产品和服务的能力；通过体系的有效应用，包括体系改进的过程，以及保证符合顾客要求和适用的法律法规要求，旨在增强顾客满意。

（3）GB/T 19004—2020《质量管理　组织的质量　实现持续成功指南》　该标准为组织增强其实现持续成功的能力提供指南，与 GB/T 19000—2016 阐述的质量管理原则相一致。

（4）GB/T 19011—2021《管理体系审核指南》　该标准提供了管理体系审核的指南，包括审核原则、审核方案管理和管理体系审核实施，以及评价参与审核过程的人员能力的指南。

（二）GB/T 19000 族标准提出的质量管理原则

GB/T 19000 族标准提出的质量管理原则如图 2-1 所示。

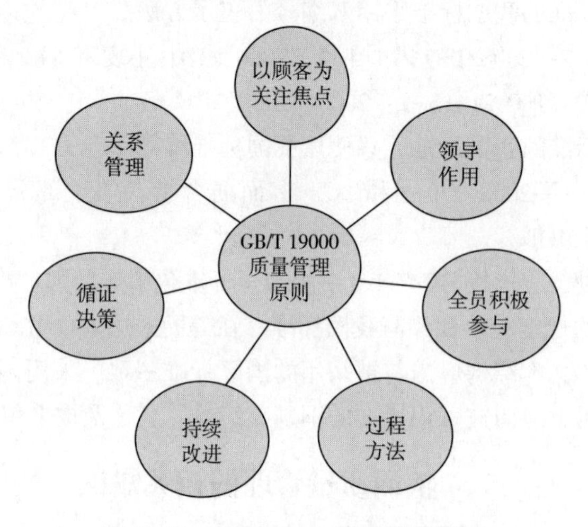

图 2-1　GB/T 19000 质量管理原则

1. 以顾客为关注焦点

质量管理的首要关注点是满足顾客要求并且努力超越顾客期望。组织只有赢得和保持顾客和其他相关方的信任才能获得持续成功，与顾客相互作用的每个方面，都提供了为顾客创造更多价值的机会。理解顾客和其他相关方当前和未来的需求，有助于组织的持续成功。

2. 领导作用

各级领导建立统一的宗旨和方向以及内部环境，并创造全员积极参与实现组织的质量目标的条件。统一的宗旨和方向的建立，以及全员的积极参与，能够使组织将战略、方针、过程和资源协调一致，以实现其目标。

3. 全员积极参与

为了有效和高效地管理组织，各级人员得到尊重并参与其中是极其重要的。通过表彰、授权和提高能力，促进在实现组织的质量目标过程中的全员积极参与。整个组织内各级胜任、经授权并积极参与的人员，是提高组织创造和提供价值能力的必要条件。

4. 过程方法

质量管理体系是由相互关联的过程所组成，理解体系是如何产生结果的，能够使组织尽可能地完善其体系并优化其绩效。将活动作为相互关联、功能连贯的过程组成的体系来理解和管理时，可更加有效地得到一致的、可预知的结果。

5. 持续改进

成功的组织持续关注改进，改进对于组织保持当前的绩效水平，对其内、外部条件的变化作出反应，并创造新的机会，都是非常必要的。

6. 循证决策

决策是一个复杂的过程，并且总是包含某些不确定性。它经常涉及多种类型和来源的输入及其理解，而这些理解可能是主观的，重要的是理解因果关系和潜在的非预期后果。对事实、证据和数据的分析可导致决策更加客观、可信。也就是说，基于数据和信息的分析和评价的决策，更有可能产生期望的结果。

7. 关系管理

为了持续成功，组织需要管理与有关相关方（如供方）的关系。当组织管理与所有相关方的关系，以尽可能有效地发挥其在组织绩效方面的作用时，持续成功更有可能实现。对供方及合作伙伴网络的关系管理是尤为重要的。

（三）粮油质量管理

1. 粮油质量管理工作的重要性

科学管理粮油质量，确保粮油质量安全，这既是维护人们身体健康、构建和谐社会的现实需要，更是民心所向，加强粮油质量管理也是依法治国的需要。《粮食流通管理条例》2021 版的发布，赋予了粮食和储备行政管理部门质量管理职责，明确了粮食质量管理工作的任务。粮食和储备行政管理部门不但要实施本行政区域的粮食流通质量安全风险监测，而且也承担对粮食经营者从事粮食收购、储存、运输活动和政策性粮食的购销活动，以及执行国家粮食流通统计制度的情况进行监督检查。

2. 如何做好粮油质量管理和检验工作

（1）强化质量意识，加强质量管理，加快粮油质检体系建设　要做好粮油质量管理工作，首先要提高思想认识，树立质量法制观念和强化全民质量意识，明确工作目标；质量管理部门和质检机构按有关规定，建章立制，各司其职，依法行政，按章办事，牢固树立质量意识，服务意识，加强质量管理，积极开展科学的质量管理活动；要加快质检体系建设，按国家有关规定建立、健全粮油质量管理和检测体系，并确保质量体系有效运行；要领导带头，全员参与，从我做起，持续改进，开展全面质量管理，充分发挥粮油质量管理和检验人员的重要作用，不断提高工作质量，努力做好粮油质量管理和检验工作。

（2）建立分工合作的粮油标准质量行政管理体制　首先，部门之间合理分工。避免交叉和多头管理，建立分工明确、协调配合的工作运行机制。其次，对粮食和储备行政管理部门质量管理职能准确定位，切实落实国务院对粮食和储备行政管理部门要向指导、监督、协调、服务职能转变的要求和行政审批制度改革要求。最后，粮油质量研究、管理等工作机构要相互配套、协作。以加拿大谷物委员会（CGC）为例，从机构设置看，CGC 集粮食标准制定、检验技术研究、品质测报和行业服务于一体，各部门之间互相支持配合，资源共享，形成有效的协作链，发挥了较好的整体作用。

（3）加强粮油企业质量管理工作

①企业领导要成为企业产品质量和信用的第一责任者。

②要健全以质量否决权为核心的责任制，加强技术基础工作，建立健全质量管理机构，认真宣传、贯彻 GB/T 19000 标准，建立有效的质量管理体系，大力推行科学的质量管理方法，继续深入推行全面质量管理。

③凡引进技术的产品，必须全部采用国际标准；凡新开发的产品，都必须有标准，没有标准的一律不准生产；提倡企业制定更为严格的内控产品标准。

④要严格执行标准和有关规定，促进产品质量不断提高。

⑤要加强产品质量检验工作，实施生产全过程的质量控制。

⑥定期对质检人员培训、考核，持证上岗，配备一定数量的专职质量检验员，配置满足产品检测要求的仪器、设备、环境等，实验室符合检验工作规定要求。

3. 流通环节的质量管理工作

粮油收购、储存、加工、运输、销售等环节的质量管理和检验工作，必须严格执行《农产品质量安全法》《粮食流通管理条例》等法律、法规和有关规定，认真贯彻执行国家标准，严格管理、严格责任、确保粮油质量安全。具体应做好以下工作。

（1）做好新收获粮油的质量调查、品质测报工作　在粮油出入库前，要开展质量检验员培训，学习粮油国家标准和有关政策、规定，掌握政策，熟悉业务，做到对收购粮油准确检验、定等、评价；要组织专业人员，深入田间、晒场、农户家调查了解粮油品质、质量、卫生情况，并分区、分类型、分品种进行抽样检验，对检测结果进行科学分析，并及时将检测结果和相关质量信息上报，并反馈给基层收购站点，为粮油购销企业确定合理的收购价格提供参考。

（2）建立商品粮油和储备粮油的品质测报体系　品质测报制度是发达国家保证粮油质量，促进粮油流通的有效手段。目前我国粮油品种繁多，质量参差不齐，可通过对商品粮油的品质测报提高粮食品质，尤其是品质的一致性，建立规范化的全国样品采集系统和样品制备、信息统计分析和发布系统；加强检测方法的研究，采用准确、快速的质量检测方法，提高测试数据的准确性和可比性；逐步建立各级储备粮质量测报制度。

（3）收购、储存环节的粮油质量管理　粮油收购工作中要动员群众对不符合国家质量标准的粮油进行整理，及时晒干扬净，整理合格后再出售。订单收购的粮油必须履行订单合同的质量、品种、价格等条款。

①入库的粮油质量应符合安全储粮的质量要求，不符合安全储粮质量要求的，如高水分粮要及时整晒，以清除隐患，确保储粮安全；不得将高水分等不安全粮油入仓储存。要按粮油品种、质量、新陈等情况分级储存，分别处理，防止混杂。粮食入库后，要及时组织检验员进行全面质量复检和卫生检验，发生霉变或污染事故时，要认真分析原因并提出处理办法。对严重污染或霉烂变质的粮油禁止供作食用，应采取有效措施，防止扩散并及时报告上级部门，同时要定期检查粮情及质量，建立库存粮油质量档案，并报上级备查。要以预防为主，防治并举的方针，积极采取措施，延缓粮油品质陈化，防止粮食发热、霉变、虫害等情况发生。

②储备粮油质量必须达到有关文件规定的质量要求，一般要求达到国家标准规定的中等

质量，并是当年新粮（油），储备粮油品种也必须是储备粮油计划规定的品种，不得擅自变动，并确保储备粮油数量真实。

③储粮场所严禁存放有毒有害、有异味或污秽的物品，以防污染粮食。对污染、霉变、不符合卫生标准的粮油，严禁食用，必须按规定妥善处理，对发生安全事故的应将事故情况和处理情况及时报告上级主管部门。

④粮油出库时，必须进行质量检验并按国家粮食行政管理部门规定的统一格式准确填写粮油出库检验报告单。检验报告单（或复印件）要随货同行。

（4）粮油调运质量管理　国家按政策、计划调运粮油时，调出方要坚持好粮外调的原则，一般调出粮油应不低于国家规定的中等质量水平；高水分粮、霉变粮、虫粮或不符合食品卫生标准的粮油，不准外调。要严格执行粮油运输、包装等有关标准、规定，加强粮油调运环节的质量管理，减少不必要的粮油损耗。粮油调运收发双方发生质量争执时，本着实事求是、互相谅解的原则，进行协商、会检或仲裁解决。

（5）加工产品质量管理　粮油加工企业必须严格按照国家标准和有关质量要求加工粮油产品，建立严密、协调、有效的质量保证体系。生产中操作人员要严格遵守操作规程，从每道工序把好质量关，产品质量一旦出现偏差，要立即查明原因，采取措施，恢复正常。

①粮油加工要根据最终产品用途选择粮油品种、质量，并结合工厂实际情况，如工艺、设备水平、操作人员技术水平、场地条件等因素来考虑。从原料到成品，加工的每个环节都离不开质量管理和检验，企业的合格产品来自于每个环节、每道工序的质量管理和检验的严格把关。厂内检验机构要有独立行使监督、检验的职权，以保证产品质量符合国家质量标准和有关规定、符合贸易合同规定要求。

②原料进厂时要进行复验，如与原拨付单位的检验结果不符合，应进行会检，以会检或仲裁结果为准，凡质量不符合加工工艺要求的，工厂有权拒绝接收和加工。

③加工过程中，在保证加工精度、提高纯度和符合卫生条件的前提下，提高出品率。每道工序的生产人员要严格遵守操作规程，并与检验人员密切配合，有效控制、掌握粮油制品和副产品的质量情况，一旦出现质量偏差，要立即查明原因，采取措施，确保产品质量符合要求。

④产品出厂前，由厂内质量检验机构进行抽样检验。凡不符合质量标准和食品卫生标准的产品，必须回机再加工或进行其他有效的工艺处理，直至合格后方能出厂，并由检验人员签发质量合格证。

（6）粮油经营企业质量管理

①经营企业在进货前应调查和掌握有关生产厂家的产品质量和信誉；进货时，对产品进行严格验收，确认产品的质量；在销售成品粮油时，要附质量合格证。对于与合格证不相符及不合格的粮油，经营企业有权拒收，或根据不合格情况实行降等或减价销售，但对人体健康有影响的粮油，不准以减价方式销售，应报有关主管部门妥善处理。

②经营企业要切实做好粮油商品储存管理工作，尽可能地保持原有的品质，严防污染、霉变。并对存放粮油的场所及环境卫生情况进行检查，及时发现和消除影响粮油质量、安全的因素，确保粮油质量安全。对已霉变污染的粮油产品要严格分开存放，防止扩大损失，并报上级粮食部门及时妥善处理。

③粮油销售过程中，要陈列样品，接受群众监督，虚心听取群众意见，及时改进工作。如发现霉烂变质或污染，应立即停止供应，已售出的允许退换。禁止弄虚作假或以次充好继续销售。对于粮油霉烂变质污染事故，要报上级粮食部门及时妥善处理。凡由于供应不合格粮油造成事故的单位和个人，要查明原因，追究相应的法律责任。

第二节　粮油检验基本要求

一、粮油检验中检测仪器的准备与使用

（一）玻璃器具

玻璃器具是化学实验室中最常用的仪器，其用途广泛，种类繁多。在粮油检验工作中常用的玻璃器具材料是硼硅玻璃、石英玻璃等。检验工作者应根据被测样品性质及被测组分的含量水平，器具材料的化学组成和表面吸附、渗透性等方面选用合适的器具，并辅以适当的清洗、干燥、保管，才能保证分析结果的可靠性。

1. 玻璃器具的分类

为了便于掌握和使用，玻璃器具常采用以下分类方法。

（1）按玻璃性能分为可加热的（如烧杯、烧瓶、试管等）和不宜加热的（如量筒、移液管、容量瓶、试剂瓶等）。

（2）按其用途分为容器类（如烧杯、试剂瓶、滴瓶、称量瓶等），量器类（如量筒、移液管、容量瓶等），过滤器类（如各种漏斗、抽滤瓶、玻璃抽气泵、洗瓶等），另外还有特殊用途的如称量瓶、干燥器、冷凝器、表面皿、比色管、比色皿等。

2. 玻璃器具的用途

玻璃器具的用途如表2-2所示。

表2-2　玻璃器具的用途

仪器名称	项目		
	规格	用途	注意事项
烧杯	以容积表示（mL）	用作反应物量较大的盛装容器	加热时放在石棉网上，一般不直接加热
锥形瓶	以容积表示（mL）	反应容器，振荡用，适用于滴定操作	加热时注意勿使温度变化过于剧烈，一般放在石棉网上加热
圆底烧瓶	以容积表示（mL）	反应物较多又需要长时间加热时，用作反应容器	加热时注意勿使温度变化过于剧烈，一般放在石棉网上加热

续表

仪器名称	项目		
	规格	用途	注意事项
移液管、吸量管和滴定管	以所量最大容积（mL）表示。吸量管：10mL、5mL、2mL、1mL等。移液管：50mL、25mL、20mL、10mL、5mL等。滴定管：分碱式和酸式及无色和棕色，50mL、25mL、5mL等	移液管和吸量管用来准确吸取一定量的液体 滴定管用于溶液滴定	不能加热 碱式滴定管用于盛碱溶液 酸式滴定管用于盛酸溶液 碱式滴定管不能盛氧化剂 受光易分解的滴定液要用棕色滴定管
量筒	以能量度的最大容积（mL）表示	用于量度一定体积的液体	不能加热
容量瓶	以容积（mL）表示，1000mL、500mL、250mL、100mL、50mL、25mL等	用于准确配制一定浓度的溶液	不能加热 不能储存溶液 不能在其中溶解固体 塞与瓶是配套的，如不是标准口，不能互换
试剂瓶	分广口瓶和细口瓶，分棕色、无色，以容积（mL）表示，1000mL、500mL、250mL、125mL、50mL等	广口瓶盛装固体试剂，细口瓶盛装液体试剂	盛碱性物质要用橡皮塞 受光易分解的物质用棕色瓶 取用试剂时瓶塞要倒放在台面上
漏斗	以口径（cm）表示，分长颈和短颈	用于过滤	
分液漏斗	以容积（mL）表示，分梨形和球形	分液漏斗一般用于萃取分离2种互不相溶的溶液	分液活塞要用橡皮筋系于漏斗颈上，避免滑出，如不是标准磨口，漏斗塞不能更换
干燥器	以直径（cm）表示，无色和棕色	内放干燥剂，可保持样品和产物的干燥	防止盖子滑动打碎，过热的物质需稍冷后放入

3. 玻璃器具的洗涤

洗涤玻璃器具是化学实验室中很重要的操作过程，其洁净与否会直接影响分析结果的准确性和可靠性。不同分析任务对仪器洁净程度要求不同，粮油检验中一般要求清洗后的容器器壁应达到不挂水珠的程度。

（1）初用玻璃器具的洗涤　新购买的玻璃器具表面常附着有游离的碱性物质，先用肥皂水（或去污粉）洗刷，再用自来水洗净，然后浸泡在1%~2%盐酸溶液中过夜（不少于4h），再用自来水冲洗，最后用蒸馏水冲洗2~3次，在100~130℃烘箱内烘干备用。

（2）使用过的玻璃器具的洗涤

①一般玻璃器具的洗涤：常用的烧杯、锥形瓶、表面皿、试剂瓶等，先用自来水冲洗去

除灰尘，再用毛刷蘸取去污粉、洗衣粉、肥皂液等直接刷洗内外表面，然后用自来水冲洗干净，再用蒸馏水冲洗2~3次。

②容量器具的洗涤：滴定管、移液管、容量瓶等量器，为避免容器内壁受磨损而影响容积测量的准确度，一般不宜用刷子洗刷，若有油污可倒入铬酸洗液进行浸洗，对于滴定管应先将其横过来，两手平端滴定管转动直至洗液布满全管，碱式滴定管则应先将橡皮管卸下，用橡皮滴头套在滴定管底部，再倒入洗液。移液管可按相同操作进行，污染严重的滴定管或移液管可直接倒入铬酸洗液浸泡数小时。将用后的洗液倒回原瓶中，然后用自来水冲净，再用少量蒸馏水多次冲洗干净。有磨口塞的器皿洗涤时，要注意各自配套，以保持磨口的严密。

③砂芯滤器的洗涤：砂芯滤器由于滤片上的孔隙很小，极易被沉淀物、尘埃堵塞，又不宜用毛刷刷洗，需用适宜的洗液浸泡抽洗，然后用自来水、蒸馏水冲洗干净。

④比色皿等光学玻璃器皿洗涤：比色皿等光学玻璃器皿，不能用毛刷刷洗，以免划痕影响吸光度，必要时用硝酸浸洗，然后用自来水、蒸馏水洗净，再用乙醇洗涤，干燥。

⑤特殊要求的器具：根据器具洗涤的特殊要求，选用如抽洗（抽气）、蒸洗、水解（有机物）、酶解（有机物）等多种方法。

（3）其他洗涤　具有传染性样品的容器（如分子克隆、病毒玷污过的容器），常规先进行高压灭菌或其他形式的消毒，再进行清洗。盛过各种毒品（特别是剧毒药品和放射性核素物质的容器）必须经过专门处理，确知没有残余毒物存在时方可进行清洗，否则使用一次性容器。装有固体培养基的器皿应先将培养基刮去，然后洗涤。带菌的器皿在洗涤前先浸在2%煤酚皂溶液（来苏水）或0.25%新洁尔灭消毒液内24h或煮沸0.5h，再用上述方法洗涤。

4. 玻璃器具的干燥

在检测过程中一般要求对所使用的玻璃器具必须进行干燥，常用的干燥方法有以下几种。

（1）晾干　将洗净并经蒸馏水淋洗后的器具倒立放置一洁净处，使其在空气中自然晾干。

（2）烘干　将洗净的玻璃器具沥去水分后，置于105~120℃烘箱中烘干，烘干后一般可在空气中冷却，用于精密称量的称量瓶等要放在干燥器中冷却保存。烘干法不宜用于带有刻度的容量器具的干燥。

（3）气流烘干　此法是使用气流烘干器同时对12个，甚至20~30个玻璃器具进行气流干燥，干燥风温40~120℃（可调），干燥时间5~8min。具有快速、使用方便、无水渍等优点。

（4）吹干　急待使用又需要干燥的器具，洗净后可依次用乙醇、乙醚荡洗几次，然后用电吹风以热风-冷风顺序吹干。容量器具如容量瓶、移液管、吸量管可用此法迅速干燥。

5. 玻璃器具的保管

实验使用的玻璃器具种类多，有的价格昂贵，如果管理不当很易损坏。特别是软质玻璃器具，切不可直接加热。如果需要加热烘干，也不宜骤热骤冷，否则，不但易损，而且易发生爆炸，造成事故。因此要求正确使用玻璃器具，并严格管理。

（1）常用玻璃器具应按种类、用途配套，整齐排放在仪器柜中，量筒、锥形瓶、烧瓶可倒插在实验柜隔板的钻孔中，保持洁净干燥，防止灰尘落入。

（2）备用玻璃器具应分门别类，存放在储藏室专门的橱架上，建立卡片收发、损坏登记和出入库保管制度等，应由专人管理。

（3）常用复式器具如抽提器、凯氏微量蒸馏器、KD 浓缩器、蒸馏装置等，架设在固定的实验台上，用后不必每次拆卸存放，可洗净后安装原处，以备下次试验使用。若需拆卸时，则应顺次放入专用的柜中，并衬以纸垫，避免碰撞、压裂或混乱。

（4）磨口器具的磨口和塞子之间必须衬以干净的纸条，以免日久黏结，打不开塞子。

（5）各种玻璃器具都要避免长期受潮，以免玻璃被腐蚀。因此，玻璃器具不能长期水浸，更不能长期浸泡于酸、碱溶液中。

（6）比色皿洗净干燥后放入专用比色皿盒中。

（二）称量仪器

天平是粮油检验中不可缺少的常用仪器之一，每项检验工作都需要用到天平，而使用天平称量的准确度决定检验结果的准确与否。因此，粮油检验员必须熟悉和掌握天平的构造、使用和保养方法。

1. 称量仪器的分类

称量仪器种类很多，不同实验对质量精确度要求不同，可选用不同精度的称量仪器。要求快速、粗略称出被称量物的质量时，可选用台秤、扭力天平及电子台秤，而要求精确称量时，可选用分析天平。

分析天平是实验室中用来精确称量的仪器，一般是指能精确称量到 0.0001g 的天平。分析天平是定量分析工作中不可缺少的重要仪器，充分了解仪器性能及熟练掌握其使用方法，是获得可靠分析结果的保证。分析天平的种类很多，有普通分析天平、电子分析天平（图 2-2）等。

图 2-2　电子分析天平

2. 分析天平的使用步骤（以电子分析天平为例）

（1）检查并调整天平至水平位置。

（2）事先检查电源电压是否匹配（必要时配置稳压器），按仪器要求通电预热至所需时间。

（3）预热足够时间后打开天平开关，天平自动进行灵敏度及零点调节。待稳定标志显示后，可进行正式称量。

（4）称量时将洁净称量瓶或称量纸置于秤盘上，关上侧门，轻按一下去皮键，天平将自动校对零点，然后逐渐加入待称物质，直到所需质量为止。

（5）被称物质的质量是显示屏左下角出现“→”标志时，显示屏所显示的实际数值。

（6）称量结束应及时除去称量瓶（纸），关上侧门，切断电源，并做好使用情况登记。

3. 分析天平使用的注意事项

（1）天平应放置在牢固平稳的水泥台或木台上，室内要求清洁、干燥及较恒定的温度，同时应避免光线直接照射到天平上。

（2）称量时应从侧门取放物质，读数时应关闭箱门以免空气流动引起天平摆动。前门仅在检修或清除残留物质时使用。

（3）电子分析天平若长时间不使用，则应定时通电预热，每周一次，每次预热 2h，以确保仪器始终处于良好使用状态。

（4）天平箱内应放置吸潮剂（如硅胶），当吸潮剂吸水变色，应立即高温烘烤更换，以确保吸湿性能。

（5）挥发性、腐蚀性、强酸强碱类物质应盛于带盖称量瓶内称量，防止腐蚀天平。

（三）控温加热设备

控温加热设备是实验室里最常用的设备，主要用于干燥、培养、分解、消毒等。所谓恒温，即保持高低温度变化差小于±1℃。

常用的控温加热设备有普通电热恒温干燥箱和电热鼓风干燥箱。温度最高可达 250℃或 300℃，一般常用 80~150℃，简称烘箱或干燥箱，另一类为调温调湿箱，又称培养箱。

1. 电热恒温干燥箱

（1）原理　在一定压力下，以空气作为加热介质，样品及其他物品在一定温度下，经过一段时间的恒温加热，其中的水分及挥发性物质汽化而挥发逸出，从而得到干燥。

（2）结构　主要由箱体、电热器和温度控制系统三部分组成（图 2-3）。

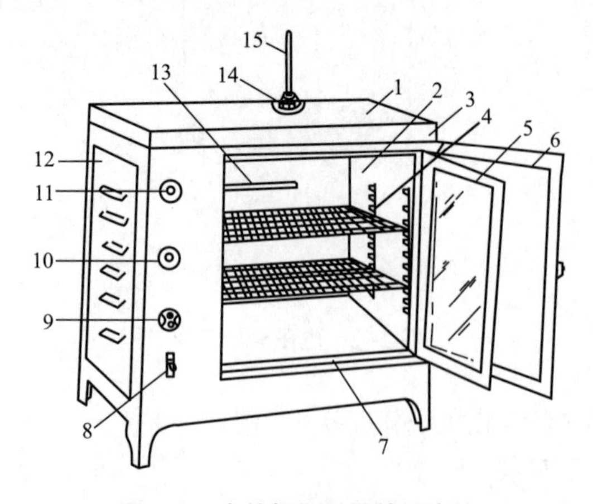

图 2-3　电热恒温干燥箱示意图

1—箱外壳　2—工作室　3—保暖层　4—搁板　5—玻璃门　6—外门　7—散热板　8—鼓风开关　9—电源开关　10—指示灯　11—温控旋钮　12—箱侧门　13—感温钢管　14—排气孔　15—温度计

①箱体包括箱壳，恒温室，箱门，进、排气孔，侧室。

箱壳：外壳用薄铁板（或薄钢板）制成。箱壁多分为三层（包括外壳），三层铁板之间形成内外两个夹层，外夹层中填充绝热材料（玻璃纤维或石棉板），内夹层作为热空气对流层。

恒温室：最内层铁板所围绕的空间称为恒温室。内有2~3层网状搁板，用于放置物品。温度控制器的感温探头（感温部分），从左侧壁上伸入恒温室内。底部夹层中装有电热丝。

箱门：通常均为双重式。内门是玻璃门，用于在减少热量散失的情况下观察所烘烤的物品。外门用于隔热保温。

进、排气孔：底部或侧面有一进气孔，干燥空气由此进入。箱顶有一排气孔，在它的出口处装有可调式的排气窗，蒸汽由此逸出。排气窗的中央插入一支温度计，用以指示箱内温度。

侧室：为控制室。一般设在箱体左边，与恒温室绝热隔开。其内安装有开关、指示灯、温度控制器、鼓风机等电器元件。打开侧室门，可以很方便地检修电热丝之外的电路。也有的干燥箱将控制室设置在箱体的下方。

②加热系统：干燥箱的加热系统通常由4根电热丝并联组成。电热丝均匀地盘绕在由耐火材料烧成的绝缘板上。一般分成两组，受转换开关控制。总功率为2~4kW，功率大的可达8kW。功率越大，箱体也越大。

③温度控制系统：之前的干燥箱上使用的温度控制系统，通常有差动棒式和水银温度计式两种。现代生产的干燥箱上使用的温度控制系统主要由温度传感器、温度控制电路、继电器、温度设置及温度显示部分组成。

（3）使用方法

①恒温干燥箱在安装使用时要注意电压与电源电压相符。

②对恒温干燥箱进行检查，确保开关、温度调节、指示灯等部分都处于正常状态。

③将恒温干燥箱的电源接通，打开电源开关。指示灯亮表明恒温干燥电源接通，加热器开始工作。

④通过液晶显示的仪表对需要的温度和时间进行设定。

⑤将需要干燥的物品轻轻地放入干燥箱内，然后关闭好箱门。

⑥达到设定时间后机器自动停止加热。

⑦使用完后，切断电源开关，关上排气孔。

（4）使用注意事项

①烘食品与烘样品应分开，以免相互影响。

②放入箱内的物品不宜太多、过挤，如被烘烤的样品水分较大，应将排气孔开大，以便水蒸气加速排出箱外。

③观察箱内情况一般不打开玻璃门，应隔着玻璃门观察，以免影响恒温。

④烘烤的样品不能直接放在搁板上，需放在蒸发皿、称量瓶、称量皿中，在距温度计水银球下2.5cm左右的四周。

⑤不能烘对干燥箱有害的物质（包括易燃、易爆、腐蚀性物品）。干燥箱内应保持清洁。烘脱脂棉、滤纸时温度不能过高，时间也不能过长。

⑥为了安全，应安装一只独立的电闸并与干燥箱功率相符，并应有良好的接地线。

2. 培养箱

培养箱也是实验室中常用的设备。它的结构与恒温干燥箱较相似，所不同的是培养箱具有加湿装置。常用培养箱根据电热器不同，分直热式培养箱和隔水式培养箱两种。

（1）直热式培养箱　箱体外壳用薄钢板，工作室采用黄铜板或不锈钢板制成，保湿层采用玻璃纤维。加湿装置由离心鼓风机和加湿器构成，温度是由干球导电计和湿球导电计与继电器配合控制的。加热器装于箱的底部，温度控制装置有螺旋管式和水银电触点温度控制系统两种。

（2）隔水式培养箱　其内夹层用铜皮或不锈钢制造，用于储水，形成一个包围恒温室的水箱。这种结构具有温度升降比较缓慢，箱内温度均匀的特点。隔水式培养箱的电热器采用浸入式电热管，通电前须用水将它浸没，以免电热器管被烧坏。

培养箱的使用方法也比较简单，直热式培养箱在使用前按要求加入一定的水，以保证湿度调节需要，隔水式培养箱在通电前，必须先加水浸没电热管，为节约用水和减少加热时间，加入的水温须高于要求温度4℃左右，其温度控制与恒温干燥箱温度控制相似。

（四）粉碎设备

粉碎设备用于粮食、油料、食品、饲料等样品的粉碎处理。由于样品不同，结构各异，方法要求不同，所采用的粉碎设备也不同。常用的粉碎设备有旋风式微型高速样品粉碎机（旋风磨，也称锤式粉碎机）、电动粉碎机、高速组织捣碎机、球磨机等。

1. 旋风磨

（1）工作原理　旋风磨内部的感应电动机变速后带动磨室中的叶轮高速旋转。样品由进料器缓缓加入后被高速旋转的叶轮甩到四周的磨室环上（环上涂布有硬度极高的金刚砂）而被粉碎，被撞击成粉末的样品由旋风送入样品瓶中。冲击清扫样品的空气由过滤气斗过滤后排出。旋风磨主要适用于麦类、玉米、稻谷、绿豆、大豆及各类茎叶等样品的粉碎。

（2）结构　旋风磨的结构如图2-4所示。上层为变速机构及磨室，中层为单相感应电动机，下层底座内安装钮子电源开关、指示灯及电容器。上盖用异形螺母紧固，左上方留一小门用两个滚花螺钉固定，以便更换传动皮带。

（3）使用方法

①将5个异形螺母拧松，打开磨室盖，检查叶轮顶端和侧面的调节螺钉是否已拧紧，如松动把它拧紧；用手拨动叶轮检查叶轮与磨室及磨室环是否有摩擦，有摩擦时，调整叶轮的位置。

②根据所需样品的细度选择筛孔板并将其安装好。

③将上盖放好，紧固好异形螺母。同时将过滤气斗插入磨室盖的前方孔内，用样品瓶把托座压下，瓶口对准密封垫并压紧。

④根据所磨样品的颗粒大小，适用合适的挡料板插进进料器，并用右侧的滚花螺钉固定好，以便控制进料的速度。

⑤用内六角扳手调整调节螺钉，使小皮带松紧合适。

⑥将钮子开关扳到“关”的位置，接通电源。

⑦将钮子开关扳到“开”的位置。待旋风磨运转正常后，以每分钟进料约10g的速率调整样品的进料量。

⑧样品粉碎完后，应不断按动按钮组件清扫磨室，直到磨室再无粉末进入下料筒为止。

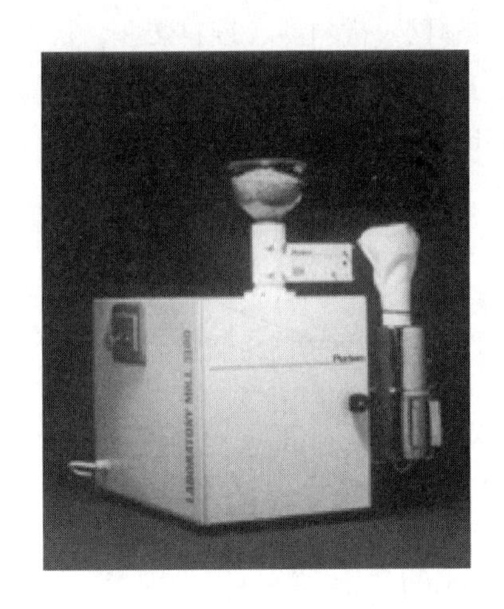

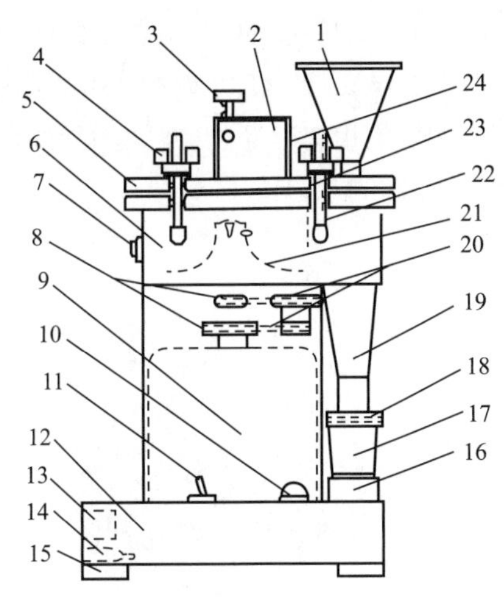

图 2-4 旋风磨的结构

1—过滤气斗 2—进料器 3—按钮组件 4—异形螺母 5—磨室盖 6—磨室 7—调节螺钉 8—皮带轮 9—电动机 10—指示灯 11—钮子开关 12—底座 13—电源插座 14—保险丝座 15—底脚 16—托座 17—样品瓶 18—密封垫 19—下料筒 20—小皮带 21—叶轮 22—筛孔板 23—密封圈 24—挡料板

拔去过滤气斗，用洗瓶刷子清扫下料筒内的残存粉末。

（4）注意事项

①对于含水量高的样品，应先烘干后粉碎。

②对于大颗粒样品需先碾碎到一定细度后方可进行粉碎。

③对于含水量及含油量高的样品会有黏着现象，粉碎后应及时清扫磨室，以便进行下一个样品的粉碎。

④严禁先进样后开机，因旋风磨转速还未正常运转就进样，会卡住叶轮，使小皮带打滑。

⑤在粉碎样品的过程中，如果电动机的转速慢下来或声音发沉，这是由于进样速度太快，应立即停止进样，待旋风磨转速正常后才可继续进样。

⑥如发现转速减慢，可检查皮带轮的紧固螺钉是否紧固；如小皮带损坏，将左侧小门上2个滚花螺钉拧开，取下小门，同时更换两条小皮带。

⑦如发现叶轮不转或皮带轮空转，应立即关机，检查叶轮是否被样品卡住，并加以清除。

⑧过滤气斗内的纤维要定期取出，用水冲洗、晾干后再用，以免纤维被粉末堵住，影响出气。

⑨样品瓶装满后应及时更换，以免堵住进气口。全部粉碎完的样品应混合均匀。

⑩发现噪声增大或使用一年后，应在轴承上加注润滑油。切记在清扫磨室或更换皮带前，一定要将电源插头拔下，以免不小心触碰钮子开关，造成事故。

2. 电动粉碎机

（1）工作原理 电动粉碎机是利用调节刀片的快速旋转与固定刀片形成快速切削，使样品迅速粉碎，调节不同规格筛孔直径的筛网及刀片距离，可控制不同的粉碎细度，达到分析试样所需的细度要求。

（2）结构 电动粉碎机由单相电机、粉碎刀片、筛网、进料斗、接料装斗、机壳和机座等部件组成（图 2-5）。一般功率在 180W，转速 1400r/min，刀距 20～30 丝，筛孔直径 1.5mm，采用 220V 单相交流电源。要求被粉碎样品的水分在 15.5%以下；经粉碎后通过直径 1.5mm 筛下物在 90%以上。

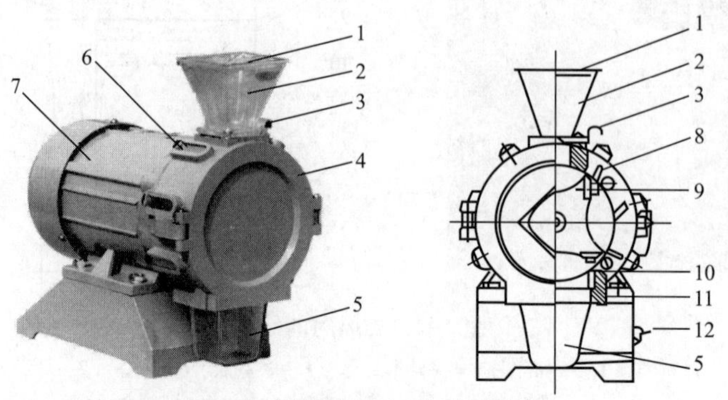

图 2-5 电动粉碎机外形及结构

1—料斗盖 2—料斗 3—料斗门 4—机体端盖 5—接料斗 6—插片 7—电机 8—调节刀片 9—固定刀片 10—筛网 11—筛框 12—开关

（3）使用方法 把试样倒入料斗中，盖上料斗盖，接通电源，当电机正常运转后，抽开料斗样板，使试样慢慢落入粉碎机内，被粉碎后试样经筛网自行落入盛料器内。待全部试样粉碎后关闭电机开关，待电机停稳后，打开粉碎机门，取下接料斗，将样品置于广口瓶中混匀后待用。

（4）注意事项

①粉碎机在粉碎过程中，需避免样品中有金属、砂石之类硬物，否则易损坏刀片。

②一次投料不宜超过 50g。

③使用时应注意安全，粉碎完毕后先关闭电源，待电机停稳后方可打开机门，防止误伤手指。

④当长时间使用机体发热时，应立即停止使用，待冷却后才可继续使用。

⑤切不可任意调节刀距。

⑥工作室必须保持清洁干燥，粉碎完毕后应将工作室刷扫干净。

（五）分光光度计

基于物质分子对光的选择性吸收，而对物质进行定性和定量分析的方法称为分光光度法。按所用光谱的不同可分为：紫外分光光度法，光谱范围在 200～400nm；可见分光光度法，光谱范围在 400～780nm；红外光谱法，通常光谱范围在 2.5～50μm。可见分光光度计由于灵敏度高、操作简单、快速和价廉，在分析中应用非常广泛，是粮油质量检验必备的检测仪器之一。

1. 基本原理

分光光度计是采用一个可以产生多个波长的光源，通过系列分光装置，从而产生特定波长的光源，光源透过测试的样品后，部分光源被吸收，计算样品的吸光度，从而转化成样品的浓度。样品的吸光度与样品的浓度成正比。

物质对光的选择性吸收波长，以及相应的吸收系数是该物质的物理常数。当已知某纯物质在一定条件下的吸收系数后可用同样条件将待测样品配成溶液，测定其吸光度，即可计算待测样品中该物质的含量。在可见光区，除某些物质对光有吸收外，很多物质本身并没有吸收，但可在一定条件下加入显色试剂或经过处理使其显色后再测定，故又称比色分析。由于显色时影响呈色深浅的因素较多，且常使用单色光纯度较差的仪器，故测定时应用标准品或对照品同时操作。

2. 分光光度计的结构和组成

分光光度计的型号很多，但无论哪种型号的仪器，它们的最基本构造是相同的，都是由光源、单色器、样品池、检测器、记录器或数据处理机组成。

（1）光源　分光光度计用钨灯或卤钨灯作光源，工作波长范围为320~880nm。

（2）单色器　它的作用是将光源发射复合光分解成单色光，并可从中选出一任意波长单色光以供选用。单色器一般由狭缝、色散元件和透镜组成，通常用棱镜或光栅作色散元件。它关系到仪器的分辨率以及杂散光的多少。

（3）样品池　盛放待测样品的容器，也称比色皿，按材质可分为玻璃和石英两种，形状一般为长方体，厚度有0.5cm、1cm、2cm、3cm、5cm等，可根据需要进行选择。

（4）检测器　检测器是将光信号转变成电信号的装置，可见分光光度计通常为光电管和光电倍增管。在721型、751型光度计等仪器上使用光电管，紫外可见分光光度计上通常使用光电倍增管。

（5）记录器或数据处理机　包括放大器和结果显示系统。721型分光光度计用表头读数，722型分光光度计采用数显装置。现代的一些分光光度计在主机上装有微处理机或能外接微机，可控制仪器的操作和数据处理。

3. 分光光度计的使用

（1）检查仪器　开启电源前，首先检查仪器的各个调节旋钮是否处于起始位置，电源线和接地线是否牢固。

（2）预热　打开电源开关，将选择开关置于透光度（T）处，开启样品池暗盒盖子，预热20min。

（3）选定波长　将波长调到测试用波长。

（4）校正　用参比液（蒸馏水、空白溶液、纯溶剂等）冲洗样品池后，装入高度于样品池的2/3或3/4处，放入样品池座架的第一个格子中，对准光路，盖上试样室的盖子。反复几次调整透光度“0”及“100%”，直至不变。

（5）测定吸光度　将选择开关置于吸光度（A）处，盖上试样室的盖子，再把空白液放于光路之中，调节吸光度为0。将装有待测液的样品池放入样品池座架的其他格子中，盖上试样室盖，拉动试样架拉手，使待测溶液进入光路，进行测定，读取吸光度A。

（6）重复实验　重复做实验1~2次，方法同上。读出每次的实验数值，最后求取平均。

（7）关机　实验完毕切断电源，将样品池取出洗净并用软纸把样品池的座架擦拭干净。

4. 分光光度计的维护保养

分光光度计作为一种精密仪器，在运行工作过程中由于工作环境、操作方法等种种原因，其技术状况必然会发生某些变化，可能影响设备的性能，甚至诱发设备故障及事故。因此，分析工作者必须了解分光光度计的基本原理和使用说明，并能及时发现和排除这些隐患，对已产生的故障及时维修才能保证仪器设备的正常运行。

（1）分光光度计要安装于大小适宜、便于操作、远离阳光照射、牢固的台面上，远离发生高频波的电器设备，不用时盖上防尘罩。避免在有 SO_2 等腐蚀气体的环境下使用，分光光度计室应与化学分析室分开。室温保持在15~28℃，相对湿度<85%，最好控制在45%~65%为宜。

（2）光源的寿命是有限的。不使用仪器时尽量不要开光源灯，以减少开和关的次数，延长光源的使用寿命。若工作时间很短，则在其工作间隔内可以不关灯。注意：刚关闭的光源灯不能立即开启。

（3）要保持分光光度计内的干燥。单色器是仪器的核心部分，装在密封的盒子内，要经常更换盒子内的干燥剂，保持单色器的干燥；另外在样品池盒内，也要装入和经常更换硅胶干燥剂，防止光路系统受潮、生霉。

（4）样品池在使用后及时洗净，避免有腐蚀作用的液体对样品池产生腐蚀，有色物质的污染可用3mol/L的盐酸和等体积乙醇的混合液浸泡洗涤。其光学面尽量少用擦镜纸或柔软的绒布擦拭，防止划伤。如果透镜表面附有灰尘，可用干净的吹气球吹除；如果发现透镜表面有手印或其他污迹，可用清洁的擦镜纸或用蘸有乙醇、乙醚混合液的脱脂棉轻擦。

（5）对于镀铝反射镜，应按下列不同情况分别进行保养维护：

①如果表面落有灰尘，可用干净的吹气球吹除。

②如发现表面有手印或其他污迹，则应区分反射镜表面是否镀有保护膜。对于未镀保护膜的反射镜，则不能用任何物品擦拭（此种情况一般是直接更换反射镜）。污迹较少时，有保养光学元件经验的使用者可采取涂覆火棉胶粘揭的方法。但事前一定要用其他玻璃器件检验火棉胶涂覆成膜的质量，不能成膜的绝对不能使用。对于镀保护膜（有些会在器件表面镀一层 SiO_2）的反射镜，则可用蘸有乙醇、乙醚混合液的脱脂棉轻擦。

（6）分光系统是仪器中制造精度、洁净程度要求最高的光学元件与机械构件，为确保其工作性能与质量，在安装与运行正常情况下，切勿随意打开密封机罩。绝对禁止用手触及光栅与反射镜表面；为排除故障需要使用工具调节某些机械零件时，务必避免工具划伤光学元件表面。

（7）检测完毕，必须切断电源，盖上防尘罩。若仪器长期不用，则1个月内应开机1~2次，且每次的通电时间不少于20~30min，以保持光电系统的干燥，维持电子元器件的良好性能。

（8）样品池的正确使用和保护

①放入样品池内的液体不能太满，否则溶液就会溢出流到仪器内部，影响测量结果。若样品池架内有残留液体，应将其取出清洗并用滤纸擦干。

②拿取样品池时，只能用手指接触样品池两侧的毛玻璃，不可接触光学面，以免样品池受到污染。

③保持样品池的洁净。其光学面不能接触硬物或脏物，避免被刮伤和污染，要用擦镜纸轻轻擦拭或丝绸擦拭光学面。

④样品池是玻璃仪器，因此，能腐蚀玻璃的液体是不能长时间盛放在样品池中的。

⑤样品池使用完毕应立即用水冲洗干净。若样品池被有色溶液染色，可用乙醇溶液和

3mol/L 的盐酸按 1∶1 的比例配成混合液对其进行浸泡。若在样品池光学面上形成薄膜（硅胶、生物样品等），则要用适当的溶剂对其进行洗涤。

⑥不得对样品池进行加热烘烤。

（9）仪器使用完毕后应及时对其内外表面进行清洁并填写使用记录。

（10）搬动仪器时应小心轻放，避免震动对仪器造成损坏。仪器停止工作时，应盖上防尘罩，避免仪器积灰受到污染。

二、粮油检验中检测试剂的配制

在粮油检验实验中，常使用大量的水和化学试剂，而水和化学试剂的纯度对于分析结果的影响很大，因此对于水和化学试剂和纯度都有一定的要求。

（一）实验用水

1. 用水要求

实验室对水的要求在检验中是必不可少的，如洗涤器皿、配制溶液、稀释试样等，由于天然水存在很多杂质，而所含杂质对化学方程有所干扰，因此要对天然水进行提纯。纯化后的水称作纯水。根据所用提纯的方法不同，纯水又分为“蒸馏水”和“去离子水”。

（1）蒸馏水中一般不应含有 Cl^-、SO_4^{2-}、Ca^{2+}、Mg^{2+}、NH_4^+ 等离子。

（2）对于要求较高的分析项目，应使用二次蒸馏水或二次离子交换水。

（3）在未注明具体要求时，化学分析用水应符合 GB/T 6682—2008《分析实验室用水规格和试验方法》中三级水的规定，光谱分析用水应符合二级水的规定，色谱分析用水应符合一级水的规定。

分析实验室用水的原水应为饮用水或适当纯度的水。三级水可用蒸馏或用离子交换等方法制取，二级水可用多次蒸馏或离子交换等方法制取，一级水可用二级水经石英设备蒸馏或离子交换混合床处理后，再经 0.2μm 微孔滤膜过滤制取。

2. 水质检查实验方法

（1）阳离子的定性实验　取水样 10mL 于试管中，加入 2~3 滴 pH 10 的氨缓冲溶液，摇匀，再加入 2~3 滴铬黑 T 指示剂，混匀。若水呈天蓝色表明无阳离子，呈现紫红色表明有阳离子。

（2）氯离子的定性检查　取水样 10mL 于试管中，加入 2~3 滴稀硝酸和 2~3 滴 0.1mol/L 的硝酸银水溶液，摇匀。在黑色背景下看溶液是否变白色浑浊，如无氯离子应为无色透明。

（3）电导率测量　水质的纯度通常用电导仪来测定。水的电导率越低，表示其中所含杂质越少，即水的纯度越高。一级水、二级水和三级水的电导率（25℃）分别不超过 0.01mS/m、0.10mS/m 和 0.50mS/m。

（4）指示剂法检验 pH　取水样 10mL，加甲基红 pH 指示剂 2 滴不显红色。另取水样 10mL，加溴百里酚蓝 pH 指示剂 5 滴不显蓝色即符合要求。

（二）化学试剂

1. 化学试剂的分类

化学试剂种类繁多，通常按照用途分为一般试剂、基准试剂、高纯试剂、色谱试剂、生化试剂、光谱纯试剂、指示试剂等。

（1）常用的一般试剂　根据用途和杂质含量的多少可分为四级（表 2-3）。

表2-3 常用化学试剂分级表

品级	一级试剂（优级纯）保证试剂	二级试剂（分析纯）分析纯试剂	三级试剂（化学纯）化学纯试剂	四级试剂 实验试剂
表示符号	GR	AR	CP	LR
标签颜色	绿色	红色	蓝色	黄色
应用范围	纯度高、杂质低，适用于精密的科学研究和痕量分析	纯度较高、杂质较少，适用于一般科学研究及定性、定量分析	纯度低于一、二级品，适用于一般工业产品检验	纯度较低，比工业级质量高，杂质含量稍多，适用于化学实验的辅助试验

（2）基准试剂　在分析化验中，凡能够直接配制成标准溶液的纯物质或用于标定其他非基准物质的标准溶液试剂。

（3）光谱纯试剂（SP）　主要用作光谱分析中的标准物质。一般纯度较高，含量也较高，常指在用简单的光谱方法分析时，其光谱中不出现杂质元素（或出现很少）的谱线。

（4）超纯试剂（又称高纯试剂）　纯度远高于优级纯的试剂，是在通用试剂基础上发展起来的，是为了专门的使用目的而用特殊方法生产的纯度最高的试剂。

2. 干燥剂

干燥剂是指能除去潮湿物质中水分的物质，常分为两类：化学干燥剂，如硫酸钙和氯化钙等，通过与水结合生成水合物进行干燥；物理干燥剂，如硅胶与活性氧化铝等，通过物理吸附水进行干燥。

（1）氯化钙　分为无水氯化钙和工业氯化钙等。氯化钙吸潮率较高，氯化钙吸潮后，即由白色固体液化成液体。液化的氯化钙可放在容器内加热浓缩，并随时搅拌，当脱水到表面有结晶时，待冷却后，可继续使用。

（2）硅胶　是一种高活性吸附材料，主要成分是二氧化硅。硅胶理化性质稳定，吸潮后仍为固体，不变形，不液化，不溶不黏，不污染试剂，无毒，也无腐蚀性。变色硅胶一般为蓝色颗粒，当吸水后，变为粉红色。硅胶吸潮后再经130~150℃烘干脱水变成蓝色后仍可继续使用。

（三）粮油检验中常用溶液的配制

1. 配制溶液的一般要求

配制溶液的试剂及所用的溶剂，应符合分析项目的要求。一般试剂用硬质玻璃瓶存放，碱液和金属溶液用聚乙烯瓶存放，需避光试剂置于棕色瓶中。

（1）一般试剂溶液及提取用的溶剂可用分析纯试剂，如遇试剂空白高或对测定有干扰时，则需要采用更纯的试剂或纯化处理后的试剂。

（2）配制标准溶液所用的试剂，其纯度应在分析纯以上。

（3）标定标准溶液浓度所用的试剂，其纯度应在分析纯以上。

（4）溶液未指明用何种溶液配制时，均指水溶液。

2. 溶液的浓度

溶液的浓度常用下列方法表示。

（1）体积分数（%）　指 100mL 溶液中含有该物质的体积（mL）。常用于液体溶质的溶液。

（2）质量分数（%）　指 100g 溶液中含有该物质的质量（g）。

（3）溶液的比例浓度　指液体试剂与溶剂的体积之比。在试剂名称前或后附注(1∶2)符号，第一个数字表示试剂的体积，第二个数字表示溶剂的体积，如（1∶2）硫酸溶液，表示 1 体积的试剂硫酸 2 体积的试剂水混合而成。

（4）标准滴定溶液浓度　常用物质的量浓度（mol/L）和滴定度表示。

3. 普通酸碱溶液的配制

普通酸碱溶液的配制方法如表 2-4 所示。

表 2-4　　普通酸碱溶液的配制

名称（化学式）	相对密度（d）	质量分数/%	近似物质的量浓度/（mol/L）	欲配溶液的物质的量浓度/（mol/L）			
				6	3	2	1
				配制 1L 溶液所用量/mL（或 g）			
盐酸（HCl）	1.18~1.19	36~38	12	500	250	167	83
硝酸（HNO_3）	1.39~1.40	65~68	15	381	191	128	64
硫酸（H_2SO_4）	1.83~1.84	95~98	18	84	42	28	14
冰醋酸（HAc）	1.05	99.9	17	253	177	118	59
磷酸（H_3PO_4）	1.69	85	15	39	19	12	6
氨水（$NH_3 \cdot H_2O$）	0.90~0.91	28	15	400	200	134	77
氢氧化钠（NaOH）	—	—	—	(240)	(120)	(80)	(40)
氢氧化钾（KOH）	—	—	—	(339)	(170)	(113)	(56.5)

4. 标准滴定溶液的配制与标定

（1）常用的基准物质　能用于直接配制或标定滴定分析用的标准滴定溶液的化学试剂称为基准物质（基准试剂），作为滴定分析用基准试剂要求具备如下条件：

①纯度要高，含量范围一般在 99.95%~100.05%。

②试剂的实际组成与其化学式完全相符，包括结晶水也必须相符。

③性质稳定，不易与空气中的 O_2 及 CO_2 反应，不易吸收空气中的水分。

④试剂参加滴定反应时，应按化学方程式定量进行，没有副反应。

⑤有较大的摩尔质量，在配制标准溶液时可以减少称量误差。

粮油定量分析中常用的基准试剂如表 2-5 所示。

表 2-5　　粮油定量分析中常用的基准试剂

基准试剂的名称	化学式	相对分子质量	干燥条件	所标定的标准滴定溶液
邻苯二甲酸氢钾	$KHC_8H_4O_4$	204.22	105℃烘至恒质	NaOH、KOH 标准滴定溶液

续表

基准试剂的名称	化学式	相对分子质量	干燥条件	所标定的标准滴定溶液
草酸钠	$Na_2C_2O_4$	134.00	105℃烘至恒质	$KMnO_4$、$Ce(SO_4)_2$ 标准滴定溶液
重铬酸钾	$K_2Cr_2O_7$	294.18	120℃烘至恒质	$Na_2S_2O_3$ 标准滴定溶液
氯化钠	NaCl	58.44	500~600℃灼烧至恒质	$AgNO_3$ 标准滴定溶液
硝酸银	$AgNO_3$	169.87	220~250℃加热 15min	NaCl 标准滴定溶液
碳酸钠	Na_2CO_3	105.99	270~300℃烘至恒质	HCl 标准滴定溶液
氧化锌	ZnO	81.39	800~900℃灼烧至恒质	EDTA 标准滴定溶液

（2）滴定分析中标准滴定溶液的配制与标定　标准滴定溶液是一种已知准确浓度的溶液。配制标准滴定溶液通常有直接法和标定法两种。直接法是用分析天平准确称取一定量的基准试剂，溶解后配成准确体积的溶液，由基准试剂的质量和配成的溶液的准确体积，直接求出该溶液的准确浓度。标定法是首先配制一种近似的所需浓度的溶液，然后用基准试剂或已知准确浓度的另一种标准滴定溶液来标定它的准确浓度。

标准滴定溶液的准确浓度直接影响滴定分析结果的准确度，因此在配制与标定标准滴定溶液时，应按照国家标准 GB/T 601—2016《化学试剂　标准滴定溶液的制备》的要求制备标准滴定溶液。

基本要求如下。

①配制过程中所用的水没有注明其他要求时，应符合 GB/T 6682—2008《分析实验室用水规格和试验方法》中三级水的要求。

②试剂的纯度应在分析纯以上。

③所用分析天平的砝码、滴定管、容量瓶及移液管均需定期校正（或计量检定）。

④所制备的标准滴定溶液的浓度均指 20℃时的浓度，在标准滴定溶液标定、直接制备和使用时若有温度差异，应按要求进行补正。

⑤标定和使用标准滴定溶液时，滴定速度一般保持在 6~8mL/min，即 2~3 滴/s。

⑥称量的工作基准试剂的质量数值≤0.5g 时，按精确至 0.01mg 称量；数值>0.5g 时，按精确至 0.1mg 称量。

⑦制备的标准滴定溶液的浓度的值应在规定浓度值的±5%范围内。

⑧标定标准滴定溶液浓度时，平行试验不得少于 8 次，两人各做四平行，每人四平行测定结果极差的相对值不得大于重复性临界极差［CrR_{95}（4）］的相对值 0.15%，两人八平行测定结果极差的相对值不得大于重复性临界极差［CrR_{95}（8）］的相对值 0.18%，取两人八平行测定结果的平均值为测定结果。在运算过程中保留五位有效数字，浓度值报出结果取四位有效数字。

⑨配制浓度等于或低于 0.02mol/L 的标准滴定溶液，应在临用前将浓度高的标准滴定溶液用煮沸并冷却的无二氧化碳的水稀释，必要时重新标定。

⑩除另有规定外，标准滴定溶液在 10~30℃下，密封保存时间一般不超过 6 个月；开封

使用过的标准滴定溶液保存时间一般不超过 2 个月（倾出溶液后立即盖紧）；当标准滴定溶液出现浑浊、沉淀、颜色变化等现象时，应重新制备。

（3）粮油分析中常用标准滴定溶液的制备与标定

①盐酸标准滴定溶液：一般配制盐酸标准滴定溶液的浓度为：1mol/L、0.5mol/L 和 0.1mol/L。标定盐酸标准滴定溶液的化学方程式及基本单元如表 2-6 所示。

表 2-6　　标定盐酸标准滴定溶液的化学方程式及基本单元

名称（化学式）	反应的基本单元	摩尔质量/（g/mol）	化学方程式
盐酸（HCl）	HCl	36.46	$2HCl+Na_2CO_3 = 2NaCl+H_2O+CO_2\uparrow$
碳酸钠（Na_2CO_3）	1/2 Na_2CO_3	52.994	

a. 配制。按表 2-7 的规定量取盐酸，注入 1000mL 水中，摇匀。

表 2-7　　盐酸标准滴定溶液配制体积表

盐酸标准滴定溶液的浓度［c（HCl）］/（mol/L）	盐酸的体积/mL
1	90
0.5	45
0.1	9

b. 标定。按表 2-8 的规定称取于 270~300℃高温炉中灼烧至恒重的工作基准试剂无水碳酸钠，溶于 50mL 水中，加 10 滴溴甲酚绿-甲基红指示液，用配制好的盐酸溶液滴定至溶液由绿色变为暗红色，煮沸 2min，冷却后继续滴定至溶液呈暗红色。同时做空白试验。

表 2-8　　盐酸标准滴定溶液基准物质用量表

盐酸标准滴定溶液的浓度［c（HCl）］/（mol/L）	工作基准试剂无水碳酸钠的质量/g
1	1.9
0.5	0.95
0.1	0.2

盐酸标准滴定溶液的浓度［c（HCl）］按式（2-1）计算：

$$c(\mathrm{HCl}) = \frac{m\times 1000}{(V_1-V_2)M} \tag{2-1}$$

式中　c（HCl）——盐酸标准滴定溶液的物质的量浓度，mol/L；

m——无水碳酸钠的质量，g；

V_1——盐酸溶液的体积，mL；

V_2——空白试验盐酸溶液的体积，mL；

M——无水碳酸钠的摩尔质量，其值为 M（$1/2Na_2CO_3$）= 52.994g/mol。

②硫酸标准滴定溶液：一般配制硫酸标准滴定溶液的浓度为：1mol/L、0.5mol/L 和 0.1mol/L。标定硫酸标准滴定溶液的化学方程式及基本单元如表 2-9 所示。

表 2-9　　标定硫酸标准滴定溶液的化学方程式及基本单元

名称（化学式）	反应的基本单元	摩尔质量/（g/mol）	化学方程式
硫酸（H_2SO_4）	1/2 H_2SO_4	49.04	$H_2SO_4+Na_2CO_3 = Na_2SO_4+H_2O+CO_2\uparrow$
碳酸钠（Na_2CO_3）	1/2 Na_2CO_3	52.994	

a. 配制。按表 2-10 的规定量取硫酸，缓慢注入 1000mL 水中，冷却，摇匀。

表 2-10　　硫酸标准滴定溶液配制体积表

硫酸标准滴定溶液的浓度［c（1/2 H_2SO_4）］/（mol/L）	硫酸的体积/mL
1	30
0.5	15
0.1	3

b. 标定。按表 2-11 的规定称取于 270~300℃高温炉中灼烧至恒重的工作基准试剂无水碳酸钠，溶于 50mL 水中，加 10 滴溴甲酚绿-甲基红指示液，用配制好的硫酸溶液滴定至溶液由绿色变为暗红色，煮沸 2min，冷却后继续滴定至溶液呈暗红色。同时做空白试验。

表 2-11　　硫酸标准滴定溶液基准物质用量表

硫酸标准滴定溶液的浓度［c（1/2 H_2SO_4）］/（mol/L）	工作基准试剂无水碳酸钠的质量/g
1	1.9
0.5	0.95
0.1	0.2

硫酸标准滴定溶液的浓度［c（$1/2H_2SO_4$）］按式（2-2）计算：

$$c(1/2H_2SO_4)=\frac{m\times1000}{(V_1-V_2)M} \tag{2-2}$$

式中　c（$1/2H_2SO_4$）——硫酸标准滴定溶液的物质的量浓度，mol/L；

m——无水碳酸钠的质量，g；

V_1——硫酸溶液的体积，mL；

V_2——空白试验硫酸溶液的体积，mL；

M——无水碳酸钠的摩尔质量，其值为 M（$1/2Na_2CO_3$）= 52.994g/mol。

③硫代硫酸钠标准滴定溶液：标定硫代硫酸钠标准滴定溶液的化学方程式及基本单元如表 2-12 所示。

c（$Na_2S_2O_3$）= 0.1mol/L。

表 2-12　　标定硫代硫酸钠标准滴定溶液的化学方程式及基本单元

名称（化学式）	反应的基本单元	摩尔质量/（g/mol）	化学方程式
硫代硫酸钠（$Na_2S_2O_3$）	$Na_2S_2O_3$	158.10	$K_2Cr_2O_7+6KI+7H_2SO_4 = 4K_2SO_4+Cr_2(SO_4)_3+3I_2+7H_2O$
重铬酸钾（$K_2Cr_2O_7$）	$1/6K_2Cr_2O_7$	49.031	$I_2+2Na_2S_2O_3 = 2NaI+Na_2S_4O_6$

a. 配制。称取 26g 五水硫代硫酸钠（$Na_2S_2O_3 \cdot 5H_2O$）或 16g 无水硫代硫酸钠，加 0.2g 无水碳酸钠，溶于 1000mL 水中，缓慢煮沸 10min，冷却，放置两周后过滤备用。

b. 标定。称取 0.18g 于（120±2）℃烘至恒重的工作基准试剂重铬酸钾，置于碘量瓶中，溶于 25mL 水中，加 2g 碘化钾及 20mL 20%硫酸溶液，摇匀，于暗处放置 10min。后加入 150mL 水中，水温和滴定的环境温度应控制在 15~20℃，用配制好的硫代硫酸钠溶液滴定。近终点时加 2mL 淀粉指示液（10g/L），继续滴定至溶液由蓝色变为亮绿色。同时做空白试验。

硫代硫酸钠标准滴定溶液的浓度［$c(Na_2S_2O_3)$］按式（2-3）计算：

$$c(Na_2S_2O_3) = \frac{m \times 1000}{(V_1 - V_2)M} \tag{2-3}$$

式中　$c(Na_2S_2O_3)$——硫代硫酸钠标准滴定溶液的物质的量浓度，mol/L；

m——重铬酸钾的质量，g；

V_1——硫代硫酸钠溶液的体积，mL；

V_2——空白试验硫代硫酸钠溶液的体积，mL；

M——重铬酸钾的摩尔质量，其值为 $M(1/6K_2Cr_2O_7) = 49.031$g/mol。

④高锰酸钾标准滴定溶液：标定高锰酸钾标准滴定溶液的化学方程式及基本单元如表 2-13所示。

$c(1/5KMnO_4) = 0.1$mol/L。

表 2-13　　标定高锰酸钾标准滴定溶液的化学方程式及基本单元

名称（化学式）	反应的基本单元	摩尔质量/（g/mol）	化学方程式
高锰酸钾（$KMnO_4$）	$1/5KMnO_4$	31.61	$5Na_2C_2O_4+2KMnO_4+8H_2SO_4 = 5Na_2SO_4+$
草酸钠（$Na_2C_2O_4$）	$1/2Na_2C_2O_4$	66.999	$K_2SO_4+2MnSO_4+10CO_2\uparrow+8H_2O$

a. 配制。称取 3.3g 高锰酸钾，溶于 1050mL 水中，缓缓煮沸 15min，冷却后置于暗处放置两周。用已处理过的 4 号玻璃滤埚过滤，贮存于干燥的棕色瓶中。

过滤高锰酸钾溶液所用的玻璃滤坩埚预先应以同样的高锰酸钾溶液缓缓煮沸 5min。收集瓶也要用此高锰酸钾溶液洗涤 2~3 次。

b. 标定。称取 0.25g 已于 105~110℃烘至恒重的工作基准试剂草酸钠，溶于 100mL（8+92）硫酸溶液中，用配制好的高锰酸钾溶液［$c(1/5KMnO_4)$］滴定。近终点时加热至 65℃，继续滴定至溶液呈粉红色，保持 30s。同时做空白试验。

高锰酸钾标准滴定溶液的浓度［$c(1/5KMnO_4)$］按式（2-4）计算：

$$c(1/5KMnO_4) = \frac{m \times 1000}{(V_1 - V_2)M} \tag{2-4}$$

式中　$c(1/5KMnO_4)$——高锰酸钾标准滴定溶液的物质的量浓度，mol/L；

m——草酸钠的质量，g；

V_1——高锰酸钾溶液的体积，mL；

V_2——空白试验高锰酸钾溶液的体积，mL；

M——草酸钠的摩尔质量，其值为 $M(1/2Na_2C_2O_4) = 66.999$g/mol。

⑤氢氧化钾-乙醇标准滴定溶液［c（KOH）=0.1mol/L］。标定氢氧化钾-乙醇标准滴定溶液的化学方程式及基本单元如表2-14所示。

表2-14　　标定氢氧化钾-乙醇标准滴定溶液的化学方程式及基本单元

名称（化学式）	反应的基本单元	摩尔质量/（g/mol）	化学方程式
氢氧化钾（KOH）	KOH	56.1	$KOH+KHC_8H_4O_4 = K_2C_8H_4O_4+H_2O$
邻苯二甲酸氢钾（$KHC_8H_4O_4$）	$KHC_8H_4O_4$	204.22	

a. 配制。称取约500g氢氧化钾，置于烧杯中，加约420mL水溶解，冷却，移入聚乙烯容器中，放置。用塑料管量取7mL上层清液，用乙醇（95%）稀释至1000mL，密闭避光放置2~4d至溶液清凉后，用塑料管虹吸上层清液至另一聚乙烯容器中（避光保存或用深色聚乙烯容器）。

b. 标定。称取0.75g于105~110℃烘至恒重的工作基准试剂邻苯二甲酸氢钾，溶于50mL无二氧化碳的水中，加2滴酚酞指示液（10g/L），用配制好的氢氧化钾-乙醇溶液滴定至溶液呈粉红色，并保持30s。同时做空白试验。临用前标定。

氢氧化钾-乙醇标准滴定溶液的浓度［c（KOH）］按式（2-5）计算：

$$c(KOH)=\frac{m\times 1000}{(V_1-V_2)M} \tag{2-5}$$

式中　c（KOH）——氢氧化钾标准滴定溶液的物质的量浓度，mol/L；

m——邻苯二甲酸氢钾的质量，g；

V_1——氢氧化钾溶液的体积，mL；

V_2——空白试验氢氧化钾溶液的体积，mL；

M——邻苯二甲酸氢钾的摩尔质量，其值为M（$KHC_8H_4O_4$）=204.22g/mol。

（4）标准滴定溶液体积的补正　标准滴定溶液的浓度应为20℃下的浓度，但在标定和使用时温度不一定都在20℃，所以要对标准滴定溶液的体积进行补正，例如，在25℃时，滴定用去40mL 1.0mol/L硫酸标准滴定溶液，1L的1.0mol/L硫酸标准滴定溶液由25℃换算为20℃时，其体积补正值为-1.5mL/L，故40mL 1.0mol/L硫酸标准滴定溶液换算成20℃时的体积为：

$$V_{20}=40.00-\frac{1.5}{1000}\times 40.00=39.94\ (mL)$$

不同温度下标准滴定溶液的体积的补正值参照GB/T 601—2016《化学试剂　标准滴定溶液的制备》附录A。

三、常用玻璃器皿洗涤液的配制

实验中所使用的玻璃器皿清洁与否直接影响实验结果。由于器皿的不清洁或被污染，往往造成较大的实验误差，甚至会出现相反的实验结果。因此，玻璃器皿的洗涤清洁工作是非常重要的。

（1）铬酸洗液　铬酸洗液是一种强氧化剂，去污能力很强，用于去除玻璃或瓷质器皿壁残留的有机物，用少量洗液刷洗或浸泡一夜，洗液可重复使用但不可用于洗涤金属器皿。常用的铬酸洗液配制方法有4种。

①取100mL工业浓硫酸置于烧杯内，小心加热，然后慢慢地加入重铬酸钾粉末，边加边搅拌，待全部溶解后冷却，贮于带玻璃塞的细口瓶内。

②称取5g重铬酸钾粉末置于250mL烧杯中，加水5mL，尽量使其溶解。慢慢加入100mL浓硫酸，边加边搅拌，冷却后贮存备用。

③浓配方：称取60g重铬酸钾（工业用），加水300mL于烧杯中，加热溶解，冷却后慢慢加入工业浓硫酸460mL，边加边搅拌，配好的溶液呈红色。

④稀配方：称取30g重铬酸钾（工业用），加水500mL于烧杯中，加热溶解，冷却后慢慢加入工业浓硫酸30mL，边加边搅拌。

（2）50g/L草酸洗液　称取草酸5~10g溶于1000mL水中，加少量浓HCl。用于洗去高锰酸钾等有色物质。

（3）碱性高锰酸钾洗液　称取4g高锰酸钾溶解于40mL水中，加10g氢氧化钠稀释至100mL。用于清洗油污及其他有机物。若有MnO_2析出，可再用浓盐酸或草酸洗液等还原去除。

（4）浓盐酸（工业用）　可洗去水垢或某些无机盐沉淀。

（5）5%~10%磷酸三钠（$Na_3PO_4 \cdot 12H_2O$）溶液　可洗涤油污物。

（6）30%硝酸溶液　洗涤CO_2测定仪器及微量滴管。

（7）5%~10%乙二铵四乙酸二钠（EDTA）溶液　加热煮沸可洗去玻璃器皿内壁的白色沉淀物。

（8）尿素洗涤液　为蛋白质的良好溶剂，适用于洗涤盛蛋白质制剂及血样的容器。

（9）乙醇与浓硝酸混合液　最适合于洗净滴定管，在滴定管中加入3mL乙醇，然后沿管壁慢慢加入4mL浓硝酸（相对密度1.4），盖住滴定管管口。利用所产生的氧化氮洗净滴定管。

（10）有机溶液　如丙酮、乙醇、乙醚等可用于洗脱油脂、脂溶性染料等污痕。二甲苯可洗去油漆污垢。

（11）氢氧化钾-乙醇溶液和含有高锰酸钾的氢氧化钠溶液　两种强碱性的洗涤液，对玻璃器皿的侵蚀性很强，清除容器内壁污垢，洗涤时间不宜过长。使用时应小心谨慎。

上述洗涤液可多次使用，但使用前必须将待洗涤的玻璃器皿先用水冲洗多次，除去肥皂液、去污粉或各种废液。若仪器上有凡士林或羊毛脂时，应先用软纸擦去，然后再用乙醇或乙醚擦净，否则会使洗涤液迅速失效。例如肥皂水、有机溶剂（乙醇、甲醛等）及少量油污物均会使重铬酸钾-硫酸液变绿，降低洗涤能力。

第三节　检测数据的处理与结果表示

一、实验数据的记录与处理

（一）实验数据的记录

实验数据的可靠性是分析与阐明实验结果并作出必要结论的关键，在整个实验过程中都应注意将实验误差控制在尽可能小的范围内，因此，对每一个实验步骤的操作、读数、记录都应认真对待，一丝不苟。

1. 实验数据记录要求

（1）用钢笔或档案圆珠笔及时填写在原始记录表格中，不得记在纸片或其他本子上再誊抄。

（2）填写实验记录时字迹应端正，内容真实、准确、完整，不得随意涂改。

（3）改正时应在原数据上画一横线，再将正确数据填写在其上方，并签名，不得涂擦、挖补。

（4）对带数据自动记录和处理功能的仪器，将测试数据转抄在原始记录表上，并同时附上仪器记录纸；若记录纸不能长期保存（如热敏纸），可采用复印件，并做注解。

（5）记录内容应包括检测过程中出现的问题、异常现象及处理方法等说明。

2. 数据记录中有效位数的确定

正确记录测量观察值首先要正确理解有效数字的概念，它是指测量中实际测得的数字，包括全部准确值和一位可疑值。其次，记录测定结果的有效数字位数应与所用计量器具、仪器设备的测定精度（包括标准物质的有效示值）一致，不能任意多取或少取。下面对分析中常用的几类仪器、量具、标准物质举例说明。

（1）用万分之一天平（最小分度值为0.0001g）进行称量时，有效数字应记录到小数点后面第四位，用百分之一天平（最小分度值为0.01g）时有效数字应记录到小数点后面第二位，如称取25g试样，万分之一和百分之一天平应分别记录为25.0000g和25.00g。

（2）常量滴定管和移液管记录至以毫升为单位的小数点后2位数字；2mL以下的微量滴定管，其读数应记录至以毫升为单位的小数点后3位数字。100~1000mL容量瓶应记录至小数点后1位数字；50mL以下的容量瓶应记录至小数点后2位数字。如单标线A级50mL容量瓶，准确容积为50.00mL，有效数字为四位。比色管在检验中稀释至刻度的操作可视同容量瓶的定容，可取4位有效数字，但要注意的是其精度不如容量瓶。

（3）分光光度计最小分度值为0.005，因此，吸光度一般可记录到小数点后3位数字，有效数字一般最多也只有3位。

（4）带有计算机处理系统的分析仪器，根据计算机自身的设定，打印或显示结果，可能会很多位数，但这并不增加仪器的精度和可读的有效位数，在实际操作中，使用多种计量仪器时，有效数字以最少的一种记录仪器的位数表示。因此，色谱类的数据一般取3位有效数字，最多取4位，如气相类的FID检测器，就是电流检测器，尽管仪器给出的信号值很多位，但其有效数与一般的电流表一样，同时色谱的有效数字又受制于进样针的有效位数，如气相的1.00μL，液相的20.00μL。

（5）购买的标准溶液的浓度值一般是4位有效数字，在稀释后特别是高倍数稀释后，一般要降低其有效位数。如是自己配制的标液，还要注意原配试剂的含量示值的有效位数，如其纯度标明为大于等于99.5%，可取4位，如为大于等于99.9%，则只能取3位。

3. 数据记录中有效位数的确定原则

（1）根据计量器具的精度和仪器刻度来确定，不得任意增删。

（2）根据所用分析方法最低检出浓度的有效位数确定。

（3）极差、平均偏差、标准偏差根据方法最低检出浓度确定有效数字的位数。

（4）相对平均偏差、相对标准偏差、检出率、超标率等以百分数表示，视标准要求取至小数点后 1~2 位。

（二）实验数据的修约与运算

粮油质量检验结果的误差包括测量误差和运算误差。为了取得准确的分析结果，不仅要精确测量、正确记录，而且要按运算规则进行运算。首先，检测人员对检测方法中的计算公式应正确理解，保证检测数据的计算和计量单位之间转换不出差错，对计算结果进行自校和复核。其次，检测结果的有效位数应与检测方法中的规定相符，计算中间所得数据的有效位数应多保留一位。

1. 有效数字的保留

有效数字保留的位数，应根据分析方法和仪器的准确度来确定，测得的数值只保留最末一位可疑值，其余数字均为准确值。对于可疑值，除非有特别说明，通常理解为末位数有±1或±0.5 单位的误差。

2. 有效数字的确认

（1）在确定有效数字的位数时，数字“0”是否为有效数字，取决于它在数据中所处的位置。在小数点前面的“0”只起定位作用，不是有效数字；数据中间和最后一位的“0”是有效数字。

（2）在分析化学中常遇到 pH、pM、pC 等对数值，这些数值的有效数字的位数只取决于小数点后数字的位数，而与整数部分无关，整数部分只起定位作用，不是有效数字。如 pH 4.70，其有效数字的位数为 2，即小数点后数字（对数尾数）的位数，因其整数的位数（对数首数）只与 10 的次方有关，将 pH 4.70 换算为 H^+浓度时，H^+浓度也只能保留 2 位有效数字，即 $c(H^+) = 2.0\times10^{-5}$mol/L。

3. 数值修约

数值修约是指通过省略原数值的最后若干位数字，调整所保留的末位数字，使最后所得到的值最接近原数值的过程，经数值修约后的数值称为（原数值的）修约值。

（1）修约间隔　修约值的最小数值单位称为修约间隔。修约间隔的数值一经确认，修约值即应为该数值的整数倍。

若指定修约间隔为 0.1，修约值应在 0.1 的整数倍中选取，相当于将数值修约到一位小数；若指定修约间隔为 100，修约值应在 100 的整数倍中选取，相当于将数值修约到“百”位数。

（2）指定位数

①指定修约间隔：

a. 指定修约间隔为 10^{-n}（n 为正整数），或指明将数值修约到 n 位小数。

b. 指定修约间隔为 1，或指明将数值修约到个位数。

c. 指定修约间隔为 10^{n}（n 为正整数），或指明将数值修约到“十”“百”“千”……位数。

②指定将数值修约成 n 位（n 为正整数）有效位数。

（3）数值修约规则　数值修约规则又称数字的进舍规则。GB/T 8170—2008《数值修约规则与极限数值的表示和判定》规定对数值修约的规则、极限数值的表示和判定方法，以及将测定值或计算值与标准规定的极限值作比较的方法。有效数字确定后，对多余的位数按“四舍六入五留双”原则进行修约，即当尾数左边一个数为 5，其右的数字不为 0 时则进一，其右边数字为0时，以保留数的末位的奇偶决定进舍，奇进偶（含零）舍，不能连续进行修约。其口诀为“四舍六进一，遇五看仔细，五后非零则进一，五后为零看偶奇；五前为奇则进一，五前为偶应舍弃。”

4. 数据的运算

（1）当数据加减时，其结果的小数点后保留位数与各数中小数位数最少者相同。

（2）当各数相乘、除时，其结果的小数点后保留位数与各数中有效数字最少者相同。

（3）尾数的取舍按“四舍六入五留双”原则处理。

（4）数据的修约只能进行一次，计算过程中的中间结果不必修约。

二、检测数据的处理

数据处理是指运用数学方法，对测量、检验、试验、度量所取得的数据进行归纳、分析、计算等处理，以找出被测量（被检验量、被试验量或被度量）、影响量和干扰量的相互关系，从而给出正确的测量（检验、试验或度量）结果及其评价。

（一）数据处理相关概念

误差是测量值与真实结果之间的差异，要想知道误差的大小，必须知道真实的结果，这个真实的值，我们称之为“真值”。

1. 真值

从理论上讲，样品中某一组分的含量必须有一个客观存在的真实数值，即被测物质的真实量，也称“真值”。但实际上，对于客观存在的真值，人们不可能精确地知道，只能随着测量技术的不断进步而逐渐接近真值。实际工作中，经过不同实验室、不同人员反复进行测定，用数理统计方法，最后得出公认的测量值一般被用来代表被测物的真值。

2. 给出值

给出值是指某给定的特定量的量值。在粮油质量检验中，它可以是测量结果、计量仪器的示值、量具的标称值、计算近似值等。

3. 准确度

准确度指在一定实验条件下多次测定的平均值与真值相符合的程度，通常用误差表示，误差越小，表示分析结果准确度越高，反之亦然。

4. 精密度

精密度是指在重复性条件下，多次平行测定结果之间的一致程度，即测得值与平均值之间相符合的程度。在实际分析中，真值往往是不知道的。因此，分析结果的可靠性常用精密度表示。精密度的大小用偏差来表示，偏差越小，精密度越高，反之亦然。偏差有绝对偏差和相对偏差之分。

5. 准确度和精密度的关系

准确度是由系统误差和偶然误差决定的，而精密度仅由偶然误差所决定。如果 n 次分析结果的数据彼此非常接近，说明测定的精密度很高。但精密度高不一定准确度高。只有在消除了系统误差的前提下，精密度高的分析结果才是可靠的。

所以准确度高的分析结果必然要求精密度高，而精密度高的分析结果准确度不一定高。精密度高是保证准确度高的前提条件，高精密度不一定保证高准确度，如果精密度差，所测结果就谈不上准确度。因此，在评定分析结果时，必须综合考虑系统误差、偶然误差、精密度和准确度，才能得出正确的评判结果。

6. 误差

个别测定结果 X_1、X_2……X_n 与真实值 μ 之差称为个别测定的误差，简称误差。各次测定结果误差分别表示为 $X_1-\mu$、$X_2-\mu$……$X_n-\mu$。

（1）绝对误差 是指给出值与真值的差值。其数学表达式为：

$$E_i=X_i-X_T \tag{2-6}$$

式中 E_i——绝对误差；

X_i——给出值；

X_T——约定真值。

（2）相对误差 某特定量的绝对误差与真值之比，其数学表达式为：

$$\delta\ (\%)=\frac{E_i}{X_T}\times 100\% \tag{2-7}$$

式中 δ——相对误差；

E_i——绝对误差；

X_T——约定真值。

对于绝对误差，测定值大于真值，误差为正值；测定值小于真值，误差为负值。相对误差反映误差在测定结果中所占百分率，更具实际意义。

（3）相对误差 应用相对误差可以对不同量值、不同物质、不同测定方法进行比较，但需要先找出（约定）真值，真值的测定方法比实际测定时采用的方法更加精确。在实际检验过程中，常用两个或多个平行样品进行精密度测定得出平均值，报告检测结果。这时常采用相对误差来评定测定精密度。

相对误差是指某特定量的两次测量值之差与其算术平均值之比，即

$$\varphi\ (\%)=\frac{2\ (x_1-x_2)}{x_1+x_2}\times 100\% \tag{2-8}$$

在对同一量的两次等精度（重复条件下）测定时引入相对误差来限定测定的精密度。目前，我国 5009 系列国家标准方法中精密度要求不得超过±10%，这就是相对误差。如两次测量值相对误差小于±10%，可以用算术平均值报告检验结果，如两次测量值相对误差大于±10%，应重新测定。

（二）误差的分类

按照误差的来源可将其分为系统误差、随机误差和疏失误差三类。

1. 系统误差

系统误差是由某种固定原因造成的误差，也称可测误差。其特点是具有单向性、可测性、重复性，即正负、大小都有一定的规律，重复测定时会重复出现。系统误差产生的原因主要有以下三种：

第一，方法误差。由于某一分析方法本身不够完善造成的误差，如分析过程中，干扰离子的影响没有消除。

第二，操作误差。由操作人员的主观原因造成，如滴定分析时，不同的人对滴定终点颜色变化的敏感程度不同，导致对终点的判断不同。

第三，仪器和试剂误差。仪器误差来源于仪器本身不够精确，例如天平的砝码长期使用

后质量改变。试剂误差来源于试剂不纯。

需要特别注意的是系统误差是重复地以固定形式出现，增加平行测定次数也不能消除。正确地使用测量设备，根据具体的测量要求和条件，采取相应的方法，尽量消除可能产生误差的根源，以保证测量结果的可靠性。减少系统误差，可采用对照试验、回收率试验、空白试验、计量器具检定、强化操作人员基本功等方法。

（1）对照试验　标准样品与试验样品对照。将已知准确含量的标准样品和被测样品，在试验条件完全相同的情况下，用同一分析方法进行平行测定，以检查分析方法的可靠性。

（2）回收率试验　称取两份质量相同的试样，其中一份加入已知量的被测组分（加入量与估计的试样中的含量接近），这个试样称为加标试样，另一份样品称为未加标试样。然后用同种方法对两个样品进行测定，并计算回收率。如果测量结果的相对误差控制在10%以下，则回收率应为90%~110%。否则，方法的可靠性尚需研究。

（3）空白试验　空白试验是指在不加试样的情况下，按照测定试样相同的操作程序和实验条件进行实验，实验所得结果称为空白值。空白值是由试剂和器皿等含有的杂质或者本底带来的误差。从试样测得值中扣除空白值，即可消除杂质和本底产生的影响。

（4）计量器具的检定　计量器具不准确所引起的误差，可以通过计量器具的检定降低其影响。计量检定具有强制性，各级粮油检验机构和企业化验室使用的计量器具，必须定期进行计量检定。凡列入国家强制检定目录的计量器具，实行定点定期检定，不允许任何人以任何方式加以变更和违反；对于非强制检定的计量器具，由使用单位自检或委托具有社会公用计量标准或授权的计量检定机构依法进行检定。

（5）强化操作人员基本功和技能培训　可将一部分试样重复安排不同分析人员分别试验，进行实验室内操作人员之间的比对，这种方法称为“内检”；也可将部分已检样品分送权威的实验室检验，进行实验室间的比对，这种方法称为“外检”。还可参与国家、省、市质量技术监督局和行业主管部门组织的比对试验，以减少操作误差。

2. 随机误差

随机误差也称偶然误差，是指在同一量的多次测定过程中，由不固定因素引起的，以不可预知的方式变化的测量误差的分量，这种误差多数情况下是由对测量值影响微小且相互独立的多种变化因素导致的综合结果。如实验环境的温度、湿度、气压、振动、重力场、电磁场、电源电压等随时都可能发生变化，这些变化可能影响计量器具的误差，也可能影响样品的误差。

随机误差的特点是大小、正负都不固定，不能通过校正来减小或消除，可以根据随机误差的对称性和抵偿性，采用增加重复性试验的次数或“多次测定取平均值”的方法减小随机误差。

3. 疏失误差

疏失误差是由于测量者粗心大意造成的，这种测量结果应该剔除。

（三）标准偏差及其计算

1. 偏差

测得值与平均值之差称为偏差。测得值大于平均值时为正偏差，测得值小于平均值时为负偏差。

设一组测得值为 x_1、x_2、x_3、…、x_n，则其算术平均值 $\bar{x}$ 等于：

$$\bar{x} = \frac{1}{n}\sum_{i=1}^{n} x_i \tag{2-9}$$

各单次测定结果 x_i 与平均值 $\bar{x}$ 的差称为个别偏差（d_i）。即：

$$d_i = x_i - \bar{x} \quad (i = 1, 2, \cdots, n) \tag{2-10}$$

在这些偏差中，其值有正、有负，还有的可能为零。如果将个别偏差相加，则：

$$\sum_{i=1}^{n} d_i = \sum_{i=1}^{n} (x_i - \bar{x}) = \sum_{i=1}^{n} x_i - n\bar{x} = 0 \tag{2-11}$$

由于个别偏差之和等于零，故不能用偏差之和来表示一组测得值的精密度。通常用个别偏差的绝对值的平均值，即用绝对平均偏差（$\bar{d}$）来表示其精密度。

$$\bar{d} = \frac{|d_1| + |d_2| + |d_3| + \cdots + |d_n|}{n} = \frac{1}{n}\sum_{i=1}^{n} |d_i| \tag{2-12}$$

绝对平均偏差没有正、负之分。

相对平均偏差（Rd）等于绝对平均偏差 $\bar{d}$ 与平均值（$\bar{x}$）的比值，即：

$$Rd\ (\%) = \frac{\bar{d}}{\bar{x}} \times 100\% \tag{2-13}$$

用统计方法处理数据时，广泛采用标准偏差来衡量测得值的离散程度。总体标准差（σ）按式（2-14）计算：

$$\sigma = \sqrt{\frac{\sum_{i=1}^{n} (x_i - \mu)^2}{n}} \tag{2-14}$$

式中，μ 为总体平均值，在消除了系统误差的前提下，总体平均值 μ 就是真值。在粮油检测中，由于测定次数较少，总体平均值也未知，故只能用样本标准差（S）来衡量一组测得值的离散程度。

$$S = \sqrt{\frac{\sum_{i=1}^{n} (x_i - \bar{x})^2}{n - 1}} \tag{2-15}$$

相对标准偏差又称变异系数（CV），可按式（2-16）计算：

$$CV\ (\%) = \frac{s}{\bar{x}} \times 100\% \tag{2-16}$$

计算标准偏差时，将个别偏差加以平方，既避免了偏差相加时相互抵消，又使较大的偏差能更显著地反映出来，故能更好地反映数据的离散程度。标准偏差与变异系数的性质与用途如表 2-15 所示。

表 2-15　　标准偏差与变异系数的性质与用途

标准偏差	变异系数
标准偏差是一个绝对值，其单位与给出值相同 同类量、单位相同、平均值接近时，才能比较两个样本的离散程度 各变数加上或减少一个常数，其标准差不变 各变数乘上或除以一个常数 n，其标准差即扩大或缩小 n 倍	变异系数是相对值，用%表示 单位不同、平均值差异大的两组数据，可用变异系数比较其离散程度 变异系数的大小受标准偏差及平均数两个指标的影响

2. 标准偏差

按照上面的介绍计算标准偏差时，要先求出 $\bar{x}$，再求出 d_i 及 $\sum d_i^2$，然后再求标准差。这种计算方法既麻烦，又在计算 $\bar{x}$ 及 d_i 时引入新的误差。如能将“偏差平方和 $\left(\sum d_i^2\right)$”变成“测量值平方和(x_i^2)，减去测量值的和的平方值的 1/n，即 $\left(\sum x_i\right)^2/n$”，同时将测得值经过适当变化，计算就变得简单了。公式变换：

$$\sum(x_i-\bar{x})^2=\sum(x_i^2-2x_i\bar{x}+\overline{x^2})=\sum x_i^2-2\left(\sum x_i\right)\bar{x}+n\overline{x^2}$$

$$=\sum x_i^2-2\left(\sum x_i\right)\frac{\sum x_i}{n}+n\left(\frac{\sum x_i}{n}\right)^2$$

$$=\sum x_i^2-\frac{\left(\sum x_i\right)^2}{n}$$

则

$$S=\sqrt{\frac{\sum(x_i-x)^2}{n-1}}=\sqrt{\frac{\sum x_i^2-\left(\sum x_i\right)^2/n}{n-1}} \tag{2-17}$$

（四）重复性和再现性条件下测试结果的确定

1. 相关定义

（1）重复性　同一实验室，同一分析人员用相同的分析方法在短时间内对同一样品重复测定结果之间的相对标准偏差。

（2）重复性条件　在同一实验室，由同一操作员使用相同的设备，按相同的测试方法在短时间内对同一被测对象相互独立进行的测试条件。

（3）重复性标准差　在重复性条件下所得测试结果的标准差，用符号 S_r 表示，下标 r 被称为“重复性限”。假定多次测量所得结果呈正态分布，而且算得的 S_r 充分可靠（自由度充分大），则可求得 $r=2\sqrt{2}S_r=2.8S_r$，即重复性限约为重复性标准差的 2.8 倍。

（4）重复性限　一个数值，在重复性条件下，两个测试结果的绝对差小于或等于此数的概率为 95%，用符号 r 表示。

（5）再现性　不同实验室的不同分析人员用相同分析方法对同一被测对象测定结果之间的相对标准偏差。

（6）再现性条件　在不同的实验室，由不同的操作员使用不同设备，按相同的测试方法，对同一被测对象相互独立进行的测试条件。

（7）再现性标准差　在再现性条件下所得测试结果的标准差，用符号 S_R 表示。

（8）再现性限　一个数值，在再现性条件下，两个测试结果的绝对差小于或等于此数的概率为 95%，用符号 R 表示。

（9）重复性临界极差［$CrR_{95}(n)$］　一个数值，在重复性条件下，几个测试结果的极差以 95%的概率不超过此数值。

（10）中位数　将 n 个数值按其代数值大小递增的顺序排列，并加以编号 1 至 n：

当 n 为奇数时，则 n 个值的中位数为其中第 $\frac{n+1}{2}$ 个数值；

当 n 为偶数时，则中位数为第$\frac{n}{2}$个数值与第$\frac{n}{2}+1$ 个数值的算术平均值，即中位数等于第$\frac{\frac{n}{2}+\left(\frac{n}{2}+1\right)}{2}$个数值。

（11）再现性临界极差（CrR_{95}）　一个数值，在再现性条件下，两个测试结果或由两组测试结果计算所得的最后结果（如平均值、中位数等）之差的绝对值以 95%的概率不超过此数值。

2. 重复性条件下测试结果的确定

重复性条件下测试结果的确定，首先将双实验的两个测试结果之差的绝对值与重复性限 r 值进行比较，如果不大于 r 值，则这两个结果为可以接受的测定结果，最终测试结果 $\hat{u}$ 等于两测定结果的平均值。如果两结果之差的绝对值大于 r 值，必须再进行 2 次重复性测试。然后对 4 个结果的极差（$X_{max}-X_{min}$）进行计算。如果等于或小于 $n=4$ 的临界极差 CrR_{95}（4），则取 4 个结果的平均值作为最终测试结果 $\hat{u}$。如果 4 个结果的极差大于$n=4$的临界极差 CrR_{95}（4）时，则取 4 个结果的中位数作为最终测试结果，临界极差 CrR_{95}（4）的表达式为：

$$CrR_{95}(4)=f(n)\ \sigma_r$$

重复性条件下测试结果的确定按图 2-6 的流程进行。

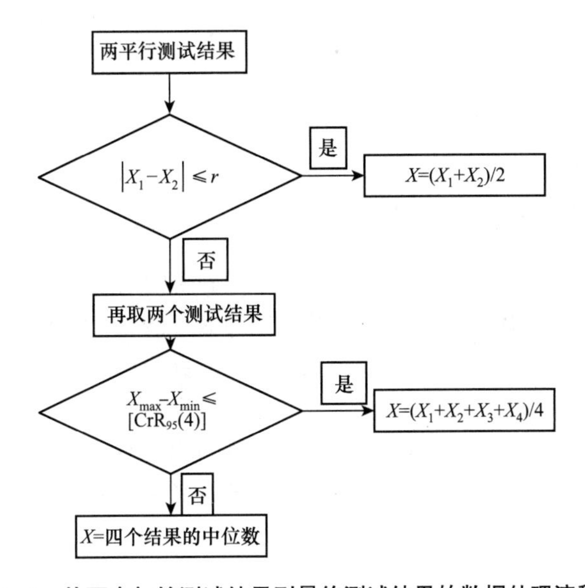

图 2-6　从两个初始测试结果到最终测试结果的数据处理流程图

3. 再现性条件下测试结果的确定

再现性条件下测试结果的确定一般是应用于两个实验室参加实验，其测试结果或结果的平均值有差异的情形下。应像重复性一样，用给定的再现性标准差做统计检验。

首先对同一检验条件下的检测结果进行重复性条件下的确定，然后用两结果之差的绝对值与临界极差 CrR_{95}相比较，以检验两实验室的结果是否一致。检验方法如下。

两结果均为平均值（重复次数分别为 n_1，n_2），临界极差 CrR_{95}表达式为：

$$CrR_{95}=\sqrt{R^2-r^2\left(1-\frac{1}{2n_1}-\frac{1}{2n_2}\right)}$$

两结果一个为平均值，一个为中位数（重复次数分别为 n_1，n_2）时，临界极差 CrR_{95} 表达式为：

$$CrR_{95}=\sqrt{R^2-r^2\left\{1-\frac{1}{2n_1}-\frac{[C(n_2)]^2}{2n_2}\right\}}$$

$C(n)$ 为中位数标准差与平均值标准差之比，其值如表 2-16 所示。

两结果为中位数（重复次数分别为 n_1，n_2）时，临界差 CrR_{95} 表达式为：

$$CrR_{95}=\sqrt{R^2-r^2\left\{1-\frac{[C(n_2)]^2}{2n_1}-\frac{[C(n_2)]^2}{2n_2}\right\}}$$

表 2-16　$C(n)$ 值

测试结果次数（n）	$C(n)$	测试结果次数（n）	$C(n)$
1	1	11	1.22833
2	1	12	1.18752
3	1.16018	13	1.23223
4	1.09215	14	1.19597
5	1.19757	15	1.23508
6	1.13510	16	1.20250
7	1.21372	17	1.23725
8	1.15993	18	1.20769
9	1.22267	19	1.23896
10	1.17612	20	1.21192

如果两结果之差的绝对值小于临界差，则两个实验室的最终测试结果均可接受，取两结果的总平均值作为最终测试结果。如果两结果之差的绝对值大于临界差，则需各实验室用另外的样品进行测试，以判断是否存在系统误差的存在与否及其偏离程度。条件允许时应相互交换试样和（或）用标定过的基准材料进行测试。如无此可能，应当对普遍试样（最好是已知值的样品）加以测试。如果用这种方法也不能发现系统误差，两实验室应参考第三个实验室的结果达成协议。当差异来自试样不一致时，两实验室应当共同制作试样或委托第三方制作试样。

（五）可疑数值的判断方法

在定量分析时，对同一样品进行多次重复测定时，发现个别数据出现显著性差异，即有的数值特别大或特别小，这样的数据是值得怀疑的，通常称为可疑值，又称异常值、极端值或离群值。

对于可疑值的处理，按以下原则进行：

①在分析过程中已知是可疑值的，计算平均值时予以舍弃；

②复查分析结果时，已查明可疑值的出现是由实验技术上的失误引起的，该值应予舍弃，不必进行统计检验；

③无法从技术上找出可疑值出现的原因时，既不能轻易地保留，也不能随意地舍弃，应对其进行统计检验，以判明可疑值是否为异常值。若统计检验表明它确为异常值，应从这组

测定值中将其舍弃；反之应该将其保留。

检验可疑值的基本思想是，根据被检验的一组测定值是由同一正态总体随机取样得到的假设，给定一个合理的误差界限 $2s$（偏差大于两倍标准差的测定值出现的概率只有约 5%）或 $3s$（偏差大于三倍标准差的测定值出现的概率只有约 0.3%），相应于误差界限的某一特定小的概率出现的测定值，在统计上称为随机因素效应的临界限，凡其偏差超过误差界限的可疑值，就认为它不属于随机误差范畴，而是来自不同的总体，于是就可以将其作为异常值舍弃。统计检验处理可疑值的方法有 $4\bar{d}$ 法、3σ 准则、格鲁布斯法、狄克逊检验法和 Q 检验法，这些方法各有特点。

1. $4\bar{d}$ 法

$4\bar{d}$ 法是先求出除可疑值以外的其余数据的平均值 $\bar{x}$ 及平均偏差 $\bar{d}$，然后将可疑值与平均值之差的绝对值与 $4\bar{d}$ 比较，若其绝对值大于或等于 $4\bar{d}$，则应舍弃该可疑值，反之应予以保留。

例：一组分析数据为 3.25、3.12、3.15、3.13、3.10、3.11、3.11，试判断 3.25 是否应舍弃。

解：计算（除 3.25 以外的）平均值 $\bar{x}$ 及平均偏差 $\bar{d}$

$$\bar{x} = \frac{1}{n}\sum x_i = \frac{1}{6}(3.12 + 3.15 + 3.13 + 3.10 + 3.11 + 3.11) = 3.12$$

$$\bar{d} = \frac{1}{n}\sum |x_i - x| = \frac{1}{6}(0 + 0.03 + 0.01 + 0.02 + 0.01 + 0.01) = 0.013$$

判断：$3.25-3.12=0.13>4\bar{d}$　　所以 3.25 应予以舍弃。

2. 3σ 准则

若对被测量 x 作 n 次重复测量，得到的结果为 x_1、x_2、x_3、…、x_n，则测量结果的平均值、标准偏差和各测量结果的残差分别为 $\bar{x}$、s 和（$x_i-\bar{x}$），当某一残差满足条件 $|u_i|>3s$ 时，则认为该测量结果应予以舍弃，反之应保留。

例：一组分析数据为 3.25、3.12、3.15、3.13、3.10、3.11、3.11，试用 3σ 准则判断 3.25 是否应舍弃。

解：计算平均值 $\bar{x}$、准偏差 s 和最大残差 $u_1=x_i-\bar{x}$

$$\bar{x} = \frac{1}{n}\sum x_i = \frac{1}{7}(3.25 + 3.12 + 3.15 + 3.13 + 3.10 + 3.11 + 3.11) = 3.14$$

$$s = \sqrt{\frac{\sum x_i^2 - \left(\sum x_i\right)^2/n}{n - 1}} = 0.052$$

$$|u_1| = 3.25 - 3.14 = 0.11$$

判断：$|u_1|=0.11<3\sigma=0.16$　　所以 3.25 应予以保留。

3. Q 检验法

Q 检验法又称舍弃商法，是迪克森（W. J. Dixon）在 1951 年专为分析化学中少量观测次数（$n<10$）提出的一种简易的可疑值处理方法，可按以下步骤来确定可疑值的取舍：

（1）将测得值按大小顺序排列　即 x_1、x_2、x_3、…、x_n。

（2）计算 Q 值　即可疑值与相邻数之差除以极大值与极小值之差。

由于测得值是大小顺序排列的，所以可疑值可能出现在首项或末项。

假若可疑值出现在首项，则：$Q=\frac{x_2-x_1}{x_n-x_1}$；假若可疑值出现在末项，则：$Q=\frac{x_n-x_{n-1}}{x_n-x_1}$。

（3）查 Q 值表　表 2-17 所示为置信度（真值落在平均值的一个指定范围内的可靠程度）为 90%和 95%时的 Q 值。当计算 Q 值比从表中查得 $Q_{表}$ 值大时，则可疑值应弃去；当计算的 Q 值比 $Q_{表}$ 值小时，则可疑值应保留。即：

$$Q \geqslant Q_{表}\quad 弃去$$

$$Q<Q_{表}\quad 保留$$

表 2-17　　Q 值表（置信度 90%和 95%）

测定次数（n）	2	3	4	5	6	7	8	9	10
$Q_{0.90}$	…	0.94	0.76	0.64	0.56	0.51	0.47	0.44	0.41
$Q_{0.95}$	…	1.53	1.05	0.86	0.76	0.69	0.64	0.60	0.58

例 1：测定试样某组分含量（%）如下：12.5、12.7、13.5、14.0、12.6、12.9。试判断 14.0 这个数据应否保留（置信度 90%）。

解：排序：12.5、12.6、12.7、12.9、13.5、14.0

计算 Q 值：$Q=\frac{14.0-13.5}{14.0-12.5}=0.33$

查 Q 值表：当 $n=6$，置信度为 90%时，$Q_{表}=0.56$

判断：$Q<Q_{表}$　1.40 应保留

例 2：一组测得值为 2.00、2.20、2.30、2.40、2.50，如第 6 次测定结果不被 Q 检验法所弃去（$n=6$ 时，$Q_{0.90}=0.56$），最大值不应超过（　　）。

A. 3.10　　B. 3.12　　C. 3.13　　D. 3.14

解：排序：2.00、2.20、2.30、2.40、2.50、x_6

计算 Q 值：$Q=\frac{x_6-2.50}{x_6-2.00}$

由题中知，当 $n=6$，$Q_{0.90}=0.56$，代入上式：

$$0.56=\frac{x_6-2.50}{x_6-2.00}$$

计算得到 $x_6=3.1363$，取值 3.13（注：取极大值时，只保留所需小数位，对后面的数字无论是多少，均舍去，即只舍不入）。

该题的正确选项为 C。

三、检测结果的表示

检验分析结果作为评价产品质量、监督执法的重要依据，经常要用“未检出”“阴性”“阳性”“合格”等术语来表述。尤其是对于粮食检验分析，样品种类繁多，涉及范围较广，分析项目较多，因此，要正确理解和应用表述方法对检测结果的评定。

（1）在常量组分分析中，含量≥10%的结果用 4 位有效数字表示；含量在 1%~10%的用 3 位有效数字表示；含量≤1%微量组分分析通常用 2~3 位有效数字表示分析结果。例如，用滴定法或质量法检验，当被测物的浓度（含量）较高且取样量较大时，测量的相对误差可低至千分之一，则检测结果可报告 4 位有效数字。使用各类仪器分析法检验时，检验结果的有效位数一般为 2~3 位，在检测限附近时常为 1 位，所以实验室审核者应注意检测报告中不应出现 5 位及以上有效数字的检测结果。

（2）测定结果的计量单位应采用中华人民共和国法定计量单位，并且一般要求与判定标准（如产品标准或限量标准）保持一致，以便比较和评判。

（3）分析结果在检出限以下，可以用“未检出”表述，并注明检出限数值，或以最低检出限报告测定结果，如<0. 02mg/kg。

（4）平行样测定结果在允许偏差范围之内时，报告用其平均值表示测定结果，并报告计算结果表示到小数点后的位数或有效位数。首先，结果要保留到检测方法要求的有效数字，其次测定值的有效位数应能满足卫生标准的要求。如 GB 2716—2018《食品安全国家标准　植物油》中对食物植物油溶剂残留卫生标准要求是≤20mg/kg，而检测方法 GB/T 5009. 262—2016《食品安全国家标准　食品中溶剂残留量的测定》要求保留3 位有效数字，假如检测的数值是 19. 34mg/kg，报告结果应为 19. 3mg/kg，结论为合格。

（5）当被测物浓度（含量）过高或过低时，应使用科学计数法，因有效数字来源于测量仪器，反映了测量仪器的测量精确程度，所以单位的变换不应改变有效数字的位数。如检测数据 12. 2g/kg，若标准中要用 mg/kg 或 μg/kg 作单位时，虽然从数学角度来看，可记为 12200mg/kg 或 12200000μg/kg，但从测量角度来看，这一做法改变了有效数字的位数，是错误的。采用科学计数法可以保证在单位变换下，有效数字位数不变，如 12. 2g/kg = 1.22×10^{4}mg/kg = 1.22×10^{5}μg/kg。因此，检测报告中要求尽量使用科学计数法表示实验数据。

（6）通常情况下，实验做双实验，平行样测定结果在允许偏差范围之内时，报告用其平均值表示测定结果。但检测分析也有一些特例，如油脂的色泽、小麦粉的磁性金属物等测定要以高值作为测定结果，而不是平均值。不能按习惯处理数据，否则将导致检验结论错误。

国家卫生标准规定无量化指标的分析结果表述较为复杂，感官指标有特殊的表示形式，部分项目的指标用“不得检出”“阴性”“合格”等术语来进行表述。虽然从字义上理解它只是一个定性的概念，但对于个别产品或分析项目来说，有时会具有特殊的含义和意义。例如，植物油中非食用油，食用油中甲拌磷、杀螟硫磷等，国家卫生标准规定指标均是“不得检出”，即不论量多量少，只要检出就视为不合格产品，报告值都可以用“未检出”来表示，但此时虽然表达的含义是一样的，但是在理解和解释上均有差异。前者植物油中非食用油不得检出只是一个定性概念，后者食用油中甲拌磷、杀螟硫磷不得检出既有定性，又有定量的含义。假如检验结果均为阳性，各自的表述就会有所不同，非食用油需要指出具体名称，不需要再进行定量，而农药残留只报告检出“阳性”。

总而言之，对于粮食类产品有标准可依的，要根据产品的相关国家标准、行业标准或企业标准规定的指标来表述，当同一产品的指标与国家卫生标准的规定相抵触时，应以国家卫生标准为准。国家既无标准也无标准检验方法的产品，会给结果的判定带来很大难度，因此分析检验结果的表述一定要慎重。

第四节　检验报告的编制

一、原始记录的编制

（一）原始记录

粮油质量检验的原始记录，作为实验室的第一手资料，是检验工作的原始性记载，是检验活动的再现性记录，是撰写试验报告、判定产品质量的重要依据，是执行粮油技术标准和产品质量法的具体体现，是质量保证体系运行有效性的重要客观证据，同时也是分析人员技术水平高低的一种反映。认真做好原始记录，是保证检验数据准确可靠的重要条件，使报出的检验结果具有可追溯性。

（二）原始记录的原始性、真实性和可追溯性

原始记录的本质特征是原始性、真实性和可追溯性，即全部数据应是第一手资料。因此，原始记录应真实地记录试验现象、数据及情况，不允许转抄、篡改等。有的检验人员将滴定结果、天平称量结果等先写在一张小纸片上或手心（背）上，然后再转抄到原始记录表（本）上，实际上已经不是第一手数据了。还有的将写错的数据用橡皮擦、小刀刮、涂改液抹掉或干脆撕掉重抄等，这些做法只是为了保持原始记录的表面整洁，却忽略了原始记录的原始性、真实性和可追溯性，是一种原则性的错误，在检验过程中应杜绝上述现象的发生。

（三）原始记录的填写规范

（1）原始记录应采用统一印制的记录纸、实验记录本和各类专用检验记录表，并用钢笔或中性笔书写，不允许使用圆珠笔或铅笔填写。字迹要端正、清晰、易于辨认。

（2）凡用计算机采集打印的数据与图谱，应附于原始记录之后，并有检验人员和校核人员签名；如用热敏纸打印的数据，为防止日久褪色难以识别，应以钢笔或中性笔将主要数据记录于记录纸上，并签上日期。

（3）原始检验记录，应写明检验的依据，凡按国家标准、地方标准或企业标准检验者，应列出标准名称；凡按送检者所附检验资料或有关文献检验者，应先检查其是否符合要求，若符合要求，需将前述有关资料的复印件附于检验记录之后，或标明归档编码。

（4）检验过程中，可按检验顺序依次记录各检验项目，内容包括：项目名称、检验日期、操作方法、实验条件（如温湿度、仪器名称型号、标准物质及标准溶液编号等）、实验步骤、实验数据、计算和结果判断等，均应及时、完整地记录，严禁事后补记或转抄。

（5）检验中使用的标准品或对照品，应记录其来源、批号和使用前的处理等。

（6）记录测定结果的有效数字位数应与所用计量器具的测定精度一致，即保留一位不确定数字。

（7）测定结果的计算值比标准的指标值多保留一位有效数字。报出的结果应是经数据处理和修约后的最终特定值，其数值与标准的指标值有效数字位数保持一致。

（8）原始记录必须使用法定计量单位，已废除的或非法定计量单位严禁在原始记录中出现。

（9）原始记录表中所有空格均应填写，如有空白，应在空格中画一斜线。

（10）书写出现错误时，应按规定方法进行改正，即在要更改的数据上用单线划去，并保持原有的字迹可辨，不得擦抹涂改，再在其上方或近旁书写正确的数字或信息，同时应在修改处签名或盖章，以示负责。按月统计更改率，每人每月不得超过1%。

（四）原始记录的编制

1. 原始记录表（簿）的格式

原始记录必须填写在专用的原始记录表（簿）上面，以便于保存和管理。各级粮油检验机构和企业可根据实验室产品或岗位的不同情况和特点，印制不同格式的原始记录表（簿）。原始记录表可以是装订成册的，也可以是活页的。原始记录的格式，应能记录实验的全部原始情况，便于分析人员填写。

2. 原始记录的内容

原始记录的内容应包括该岗位分析工作和实验过程的全部信息。各级粮油质量监测站或粮油质量检验中心的原始记录，主要内容应包括：样品（产品）名称、样品编号、检验依据（产品质量标准或相关的法律、法规）、检验日期、环境条件（温度、湿度等）、主要仪器设备型号及编号、检验项目及检验方法标准、原始数据、计算公式及计算结果，以及检测人和校核人。

科研项目的原始实验记录还应包括科研课题相关信息，如课题名称、样品来源、实验中的异常现象，必要时做分析结果的统计处理。

3. 原始记录的编号

检验性质和检验目的不同的实验，各实验室可自己确定编号的方式、代码和数字的含义。可按不同样品（产品）编顺序号，也可按时间顺序（如十位编码法：1、2、3、4位代表年代，5、6位代表月份，7、8位代表日期，9、10位代表当日样品顺序号，2005080312表示2005年8月3日的第12号样品）。不管采用何种编号法，编号必须是唯一的，绝不允许重复。

为便于原始记录格式的设计，表2-18、表2-19分别列举了《标准滴定溶液标定的原始记录》《稻谷品质分析原始记录》的样表，以供参考。

表2-18　　标准滴定溶液标定的原始记录

编号：　　标定日期：　　指示剂：　　原标定记录编号：

<table>
<tr><td>拟标定溶液浓度
c（　　）= mol/L</td><td colspan="2">标定方法依据
GB/T 601—2002</td><td colspan="2">温度：℃　湿度：%
温度补正值K：mL/L</td></tr>
<tr><td>配制日期或原标定日期
年　月　日</td><td colspan="2">原标定结果
c（　　）= mol/L</td><td colspan="2">基准物质：
M（　　）= g/mol</td></tr>
<tr><td>基准物质含量：　%</td><td colspan="2">基准物质干燥条件：</td><td colspan="2">天平型号：　编号：</td></tr>
<tr><td>序　号</td><td>Ⅰ</td><td>Ⅱ</td><td>Ⅲ</td><td>Ⅳ</td></tr>
<tr><td>称量瓶+基准物质质量（前）/g</td><td></td><td></td><td></td><td></td></tr>
<tr><td>称量瓶+基准物质质量（后）/g</td><td></td><td></td><td></td><td></td></tr>
<tr><td>基准物质质量（m）/g</td><td></td><td></td><td></td><td></td></tr>
<tr><td>滴定管末读数/mL</td><td></td><td></td><td></td><td></td></tr>
<tr><td>滴定管初读数/mL</td><td></td><td></td><td></td><td></td></tr>
</table>

续表

拟标定溶液浓度 c（ ）= mol/L	标定方法依据 GB/T 601—2002		温度： ℃ 湿度： % 温度补正值 K： mL/L	
配制日期或原标定日期 年 月 日	原标定结果 c（ ）= mol/L		基准物质： M（ ）= g/mol	
基准物质含量： %	基准物质干燥条件：		天平型号： 编号：	
序 号	Ⅰ	Ⅱ	Ⅲ	Ⅳ
滴定溶液体积（V_1）/mL				
经补正后20℃时 滴定液体积（V）/mL				
空白试验（均值）（V_0）/mL				
c（ ）/（mol/L）				
四平行浓度的平均值/（mol/L）				
$K=\frac{X_{max}-X_{min}}{\overline{X}}\times 100/\%$			［CrR_{95}（4）］	0.15%
计算公式	$V=V_1 \pm V_1\times\frac{K}{1000}$		c（ ）$=\frac{m}{(V-V_0)\ M}\times 1000$	

校核者： 复标者： 标定者：

表2-19 稻谷质量品质分析原始记录

样品编号	样品名称	检验依据	天平型号、编号	环境条件	检测地点	检测日期
		GB 1350—2009		温度： 湿度：		

水 分（GB/T 5497—1985）

器皿编号	烘盒质量（m_1）/g	样品质量（m）/g	烘后质量（m_2）/g		计算结果/%	平均值/%	双试验允许差
							≤0.2
计算公式	水分（%）= 100×（m_1+m−m_2）/m						

杂 质（GB/T 5494—2019）

大样质量（m）/g	大样杂质质量（m_1）/g	大样杂质（M）/%	小样质量（m_2）/g	小样杂质质量（m_3）/g	小样杂质（N）/%	杂质总量/g	平均值/%	双试验允许差
								≤0.3
计算公式	$M=100\times m_1/m$			$N=$（100−M）$\times m_3/m_2$		杂质总量（%）$=M+N$		

续表

样品编号	样品名称	检验依据	天平型号、编号	环境条件	检测地点	检测日期
		GB 1350—2009		温度： 湿度：		

出　　糙　　率（GB/T 5495—2008）

试样质量（m）/g	完善粒质量（m_1）/g	不完善粒质量（m_2）/g	计算结果/%	平均值/%	双试验允许差
					≤0.5
计算公式	出糙率% = $100\times(m_1+m_2/2)/m$				

整　　精　　米　　率（GB/T 21719—2008）

试样质量（m_0）/g	糙米总质量（m_1）/g	最佳碾磨质量（m_2）/g	整精米质量（m_3）/g	计算结果/%	平均值/%	双试验允许差
						≤1.5
计算公式	$H=100\times m_3 m_1/m_0 m_2$					

黄　粒　米（GB/T 5496—1985）

试样质量（m）/g	黄粒米质量（m_1）/g	计算结果/%	平均值/%	双试验允许差
				≤0.3
计算公式	黄粒米（%）= $100\times m_1/m$			

谷　外　糙　米（GB/T 5494—2019）

试样质量（m）/g	谷外糙米质量（m_1）/g	计算结果/%	平均值/%	双试验允许差
				≤0.3
计算公式	谷外糙米（%）= $100\times m_1/m$			

色泽、气味（GB/T 5492—2008）

结果表示	

检测：　　　　　　　　　　　　　　　　校核：

4. 原始记录的校核

原始记录除检测人员签字外，还需经校核人校核并签字，同时要求校核人员必须具备检测该项目的能力。校核的主要内容如下。

（1）检验依据和检验方法是否正确，是否现行有效。

（2）使用的计量仪器与检验所要求的测量精度是否一致。

（3）环境条件、仪器设备型号及编号是否记录。

（4）样品编号、产品名称等与扦样单及样品登记表的记录是否一致。

（5）检验项目与委托书的内容是否一致。

（6）原始数据的有效数字位数是否与计量仪器的测量精度相吻合，计算结果是否符合有效数字修约规则。

（7）原始数据是否清晰可辨，原始记录的更改是否规范。

（8）计算公式是否正确，计算结果是否有误。

（9）是否使用法定计量单位。

（10）双试验结果是否超差。如超差，不能取平均值，应重做。

（11）检验结果是否超标，或在临界值时数据是否已复检。如果超标，在不影响判定结论的情况下，该结果可以采用；如影响判定结论，应对原样或保留样品进行再检验，以示慎重。临界值数据，必须坚持复检。

（12）检查原始记录的书面质量，原始记录应按原始记录规范填写，原始记录书写应工整，字迹应清晰，无脏污，无涂抹痕迹。

二、检验报告的编制

检验报告是实验室检测结果数据的最终成品。实验室应准确、清晰、明确和客观地报告每一项检测结果，并符合检测方法中规定的要求。检验报告的质量，不仅与原始记录数据的整理、分析、编辑有关，而且与报告的编制、校核、审查、批准等环节也有关系。检验报告的实质问题是数据和检验结论是否准确、可靠。

检验报告的内容应包括客户要求的、说明检测结果所必需的以及说明所用方法要求的全部信息。检验报告一般应在检验结束后三日内编制完成。检验报告各项内容一般采用计算机打印。

1. 检验报告的内容

检验报告示例如表 2-20 所示。

（1）标题及检验报告编号。

（2）实验室名称、地址、邮编、电话、传真等。

（3）唯一性识别号、页码、表示隶属的页码及结束的标识。

（4）客户（委托检验单位和受检单位）名称和地址。

（5）所用实验方法的标识。

（6）样品描述、样品状态、样品的唯一性标识。

（7）样品接收日期和检验日期。

（8）检验结果和检验结论。

（9）检验报告编制人、审核人、批准人的签字或等效标识。

（10）适用时，作出检测结果仅对样品有效的声明。

（11）检验类别。

当检验报告中包含由分包方出具的检验结果时，这些结果应予以清晰标明。在为企业内部客户（如生产车间、仓储科或采购部等）进行检测时，可用简化的方式报告结果。

2. 编制检验报告时的注意事项

（1）检验报告中的各项内容应据实填写，如产品名称应与质量标准的定义一致，不得简化或用俗名。

（2）受检单位名称应根据工商营业执照认可的名称填写，不得简化。

（3）检验类别栏为监督检验、委托检验、仲裁检验、新产品鉴定检验、考核、比对检验等。

（4）检验依据指现行产品质量标准或卫生检验标准、相关的法规、客户委托书等。

表 2-20 检验报告

<table>
<tr><td>

检 验 报 告

×××（ ）字第（ ）号

委 托 单 位________________
受 检 单 位________________
产 品 名 称________________
检 验 类 别________________

××××××××××××（盖章）
年 月 日

</td><td>

×××××××××××××
检 验 报 告
×××（ ）字第（ ）号 共 2 页
第 1 页

<table>
<tr><td rowspan="2">样品名称</td><td rowspan="2"></td><td>商标/品种</td><td rowspan="2"></td></tr>
<tr><td>型号规格/等级</td></tr>
<tr><td>样品编号</td><td></td><td>检验类别</td><td></td></tr>
<tr><td>委托协议书号</td><td></td><td>生产（或入库）时间</td><td></td></tr>
<tr><td rowspan="2">委托单位</td><td rowspan="2"></td><td>□扦样日期</td><td rowspan="2">年 月 日</td></tr>
<tr><td>□接样日期</td></tr>
<tr><td rowspan="2">受检单位</td><td rowspan="2"></td><td>□扦样人</td><td rowspan="2"></td></tr>
<tr><td>□送样人</td></tr>
<tr><td>样品数量</td><td></td><td>扦样地点</td><td></td></tr>
<tr><td>代表数量</td><td></td><td>扦样方法</td><td></td></tr>
<tr><td>样品状态</td><td></td><td>检验项目</td><td></td></tr>
<tr><td>检验依据</td><td></td><td>检验日期</td><td></td></tr>
<tr><td>主要仪器设备</td><td colspan="3"></td></tr>
<tr><td>检验结论</td><td colspan="3">（检验报告专用章）
签发日期：
年 月 日</td></tr>
<tr><td>备 注</td><td colspan="3"></td></tr>
</table>

批准： 审核： 编制：

</td></tr>
</table>

续表

检 验 报 告

×××（ ）字第（ ）号 共2页

第2页

检验项目	标准要求	检验结果	检验方法
以下空白			
备注			

注意事项

1. 报告由封面、结论页、数据页和声明页合订而成。

2. 报告无检验报告专用章或检验单位公章及骑缝章无效。

3. 复制报告未重新加盖“检验报告专用章”或“检验公章”无效。

4. 报告无编制、审核、批准人签字无效。

5. 报告涂改无效。

6. 对检验报告若有异议：

监督检验：应于收到报告之日起十五日内向下达检验任务的行政管理部门申请复验，逾期不予受理。

委托检验：应于收到报告之日起十五日内向检验单位申请复验，逾期不予受理。

7. 送样委托检验，本单位的检验结果仅对来样负责。

8. 未经同意，报告不得作为商品广告用。

地址：××××××××

电话：××××××××

传真：××××××××

邮编：××××××

（5）检验方法依据指现行国家标准、经有关部门批准认可的检验细则等。

（6）检验结果应是经数据处理和修约后的特定值，其数据处理应符合相应标准规定。

3. 检验结论

（1）如果对样品按标准进行全项目检验，检验结论为：

①自扦样或监督检验。依据××××××标准，该批产品合格或不合格。

②委托检验。检验单位只对来样负责。检验结论可表述为：该样品符合（或不符合）××××××标准的要求；或只出具检验结果，不作结论。

（2）如果对样品按标准只进行了部分项目检验，检验结论为：

①自扦样或监督检验。依据××××××标准，该批产品所检项目合格或不合格。

②委托检验。一般只出具检验结果，不作结论。如要下结论，则为：该样品所检项目符合或不符合××××××标准的要求。

4. 检验报告的审核

检验报告审核的内容如下。

（1）采用标准和依据的正确性。

（2）检验报告内容的完整性。

（3）检验报告结论的正确性。

（4）数据处理及数字修约的正确性。

（5）检验报告相关内容与扦样单、委托书、原始记录的一致性。

思考题

1. 标准、标准化与规范性文件的定义是什么？
2. 标准化的主要作用是什么？
3. 标准、标准化的基本特性有哪些？
4. 标准的分类依据和分类方法有哪些？
5. 我国各级（类）标准的代号和表示方法是什么？
6. 我国粮油技术标准的内容包括哪些？
7. 标准制定、修订应遵守的基本原则是什么？
8. 标准构成的要素包括哪些？
9. 标准制定的程序有哪些？
10. 国际标准主要是指哪些标准？采用国际标准和国外先进标准的原则是什么？
11. 采用国际标准的程度有哪几种？代号是什么？采用国际标准的我国标准的编写方法有哪些？
12. GB/T 19000 族标准核心标准有哪几个？
13. GB/T 19000 族标准提出的质量管理原则是什么？
14. 粮油流通环节的质量管理工作主要包括哪些？
15. 实验数据记录应符合哪些要求？
16. 实验数据记录时有效位数如何确定？
17. 数据记录中有效位数的确定原则是什么？
18. 数值修约规则是什么？
19. 什么是误差、精密度、准确度、偏差？
20. 误差的分类依据有哪些？如何进行分类？
21. 重复性条件和再现性条件下测试结果将如何确定？
22. 原始记录填写内容和要求是什么？原始记录校核内容包括哪些？
23. 检验报告的编制内容和校核内容主要包括哪些？

CHAPTER 3

第三章

粮油检验技术概论

学习指导

粮油检验实验是一个系统过程，实验任何步骤出现问题都会导致最终结果出现偏差，影响后续粮油品质判定。在实验过程中应该贯彻“科学实验、精益求精”的理念，培养动手能力、思考能力，培养精益求精、实事求是的职业精神。通过本章的学习，熟悉和掌握粮油检验技术相关内容，重点包括粮油检验的分类，粮油检验的一般程序、一般规则；熟悉粮油检验中正确取样的意义，掌握样品的定义、分类及要求；熟悉样品采集的类型，学会如何根据粮油的包装形式、储藏方式进行样品采集及样品制备；学会如何根据检测指标进行样品预处理。本章的学习内容对于提升相关工作者的检验技术，保障粮油食品安全具有重要意义。

第一节　粮油检验的一般规则

一、 粮油检验的分类

根据粮油检验的目的、内容和所应用的技术，粮油检验方法分为：物理检验、化学检验、生物学检验、感官检验。

（一）物理检验

物理检验是指通过物理方法进行的，反映粮油及其制品的商品外观、物理特性和工艺品质特性的检验，其测定方法相对来说简便易行、快速、设备简单、容易普及。在现行粮油质量标准中，有很多物理检验项目，是粮油检验的重要内容。物理检验项目在质量标准中的应用既能较好地贯彻依质论价的政策，又有利于广大基层单位采用和广大粮油生产者接受。物理检验与粮油加工、食品加工关系非常密切，对改进工艺操作、指导生产、保证产品质量、提高经济效益具有重要的作用。

（二）化学检验

化学检验是指依据待测物质的化学性质或其本身化学组成成分特性，通过化学分析技术或仪器分析技术，完成样品中营养物质、有害物质或添加物质等组分的分析。这类方法往往准确度较高，对评价粮油及产品的品质、指导生产有重要意义。

（三）生物学检验

生物学检验包括利用待测组分的生物活性采用生化技术以及免疫学、组织形态学、微生物学进行测定的方法。生物学方法一般操作烦琐，技术要求较高，测定周期长，准确性常不如理化方法，但它也是其他方法不可替代的测定技术。

（四）感官检验

感官检验是利用人的视觉、嗅觉、味觉、触觉等感觉对食品的外观及嗜好性进行检验的方法。粮油及产品的色泽、气味、口感、蒸煮品质、烘焙品质的测定方法，都属于此类方法。感官分析方法简便，无需专门设备和仪器，但这类方法对检验者和物理环境有独特的要求，虽然这种方法主观因素影响大、结果准确性差，但由于数据统计和评定的科学性，使其成为一个完整的检测手段，是粮油检验中独特而不可缺少的分析技术。感官检验主要是根据长期工作积累的经验，用眼看、手摸、耳听、鼻嗅、牙咬等方法，来检验粮食的成熟度或者饱满程度，以及水分、杂质、不完善粒、虫蚀、霉变、色泽、气味等。

二、　粮油检验的一般规则

（一）粮油检验程序

为了评价一批粮油的质量（如等级、营养情况）以及是否符合卫生标准等，必须对所调查的对象进行检验。检验的一般程序是：由检验的目的决定其任务，根据目的及任务制定周密的采样计划，使用适当的工具及正确的采样方法采样，将所采集的样品送到实验室制样，按照国家或相关的标准方法对样品进行检验，然后处理数据得到检验结果，并对结果的可靠性进行判断，得出正确的结论，再根据所得出的结论作出决策以达到检验的目的。具体过程可以表示为：

目的→任务→采样→检验→数据处理→结果评价、作出结论→决策。

实际工作中，检验部门经常遇到的目的和任务有两种情况，一种是由上级部门提出检验的目的与任务，实验室按照目的与任务进行“采样”至“作出结论”这一部分工作，而由上级部门根据结论做出决策。另一种是由委托单位提出目的与任务，委托单位送样或由实验室采样进行检验，将结论提供给委托单位，由委托单位根据测定结果来作出决策。

目的与任务的不同决定了采样的方法、检测方法、数据处理、结果评价等可能不同。例如，在市场的管理中，为了防止不合格的产品在市场中流通，损害消费者的利益，检验的任务是发现存在的问题，这就决定了采样的方法通常是采用选择性采样的方法，检测的内容也常是检测某几项或某一项指标来确定产品是否合格，数据处理也往往比较简单。而对于质量检查，其任务是了解产品的一般质量情况，采样必须采用随机采样的方法，根据产品的情况决定采样的方法、数量，检测的项目也可能比较多，数据处理及结果的评价也复杂一些。对于大规模的普查，采样的方法是很复杂的，必须制定科学、周密的计划，保证所采取的样品具有代表性，并选择适当的检测项目，不至于因工作量太大造成采样、检测、经费或时间方面的困难，保证普查工作有序、顺利地进行。在数据处理及结果的评价方面必须要做到能从大量的数据中找寻出规律性的东西，达到普查的目的。又如，对霉菌毒素的检测，以及对于样品中熏蒸剂残留的测定，采样与一般项目测定的采样是不同的，其样品的采集及制备也是与一般样品不同的。

实验室的工作主要是由“采样”到“结果评价，作出结论”，结果是上级或委托单位处理问题的重要依据，因此结论的正确性至关重要。目的、任务、采样、检测、数据处理、结论、决策等各个环节是密切相关、有机统一的，忽视其中任何一步都是错误的。对于检验环节的每一步骤都必须正确对待，这是得到正确结论的前提。检验环节中不论其余各步做得多么正确，花费多大的劳动，任何一步的错误都会使结论错误，因而造成决策错误。检验人员的责任是重大的，我们对检验的各个步骤都应该有所了解，正确对待及处理，保证我们所作出的结论的正确性。

（二）粮油检验的一般规则

1. 检验方法选择

（1）一个检验项目有多个标准检验方法时，可根据检验方法的适用范围和实验室的条件选择使用。

（2）对于委托检验按委托方指定的检验方法或双方协商的检验方法进行检验。

（3）仲裁检验时，以标准中规定的仲裁方法进行检验；没有规定仲裁方法时，一个检验项目只有一个方法标准，以该方法标准标明的第一法为仲裁方法；未标明第一法或一个检验项目有多个方法标准时，则由有关方协商确定仲裁方法。

2. 试剂要求

（1）检验用水，未注明其他要求时，一般指蒸馏水或去离子水。未指明溶液用何种溶剂配制时，均为水溶液。

（2）检验中需用的试剂，除基准物质和特别注明试剂纯度要求外，均为分析纯；未指明具体浓度的硫酸、硝酸、盐酸、氨水，均指市售试剂规格的浓度。

（3）标准滴定溶液的制备按GB/T 601—2016《化学试剂　标准滴定溶液的制备》执行，杂质测定用标准溶液的制备按GB/T 602—2002《化学试剂　杂质测定用标准溶液的制备》执行，实验中所使用的制剂及制品的制备按GB/T 603—2002《化学试剂　试验方法中所用制剂及制品的制备》执行。

（4）液体的滴是指蒸馏水自标准滴管流下一滴的量，在20℃时，20滴约1mL。

3. 仪器设备要求

（1）所选仪器设备应符合标准中规定的量程、精度和性能要求。

（2）对涉及计量的仪器设备及量具应按国家有关规定进行检定或校准。

（3）玻璃量具和玻璃器皿应按有关要求洗净后使用。

（4）检验方法中所列仪器为主要仪器，实验室常用仪器可不列入。

4. 检验要求

（1）按照标准方法中规定的分析步骤进行检验。

①称取：用天平进行的称量操作，其准确度要求用数值的有效位数表示，如“称取20.0g……”指称量准确至±0.1g；“称取20.00g……”指称量准确至±0.01g。

②准确称取：用天平进行的称量操作，其准确度为±0.0001g。

③恒重：在规定条件下，连续两次干燥或灼烧后的质量差不超过规定的范围。

④量取：用量筒或量杯移取液体物质的操作。

⑤吸取：用移液管、刻度吸量管移取液体物质的操作。

（2）为减少随机误差的影响，测试应进行平行试验，以获得相互独立的测定值，由相互独立的测定值得到可靠的最终测试结果。

（3）对测试存在本底以及需要计算检验方法的检出限时，应进行空白试验。

（4）判断分析过程是否存在系统误差，以及验证测试方法的可靠性、准确性时，应进行回收试验。

（5）对检验中可能存在的不安全因素（如中毒、爆炸、腐蚀、燃烧等）应有防护措施。

5. 原始记录和检验单

（1）试样检验必须有完整的原始记录。原始记录应具有原始性、真实性和可追溯性。

（2）原始记录的内容包括（但不限于）样品编号、样品名称（种类、品种）、检验依据、检验项目、检验方法、环境温度、湿度、主要仪器设备（名称、型号、编号）、测试数据、计算公式和计算结果、检测人及校核人、检验日期。

（3）检验人员应按照原始记录正确填写质量检验单。

6. 结果计算与处理

（1）测定值的运算和有效数字的修约应符合 GB/T 8170—2008《数值修约规则与极限数值的表示和判定》的规定。

（2）最终测试结果的确定按重复性条件和再现性条件下测试结果的处理方法进行。

（3）如果测试结果在方法的检出限以下，可用“未检出”表述测试结果，但应注明检出限数值。

（4）测试报告应包括（但不限于）以下内容：最终测试结果，并说明测试次数；样品的全部信息；采样方法（如果已知）；测试方法。

第二节　样品及样品处理

粮油品质检验与分析是对样品的检验与分析。而样品是从被分析、检验的物料中采集的一小部分，作为分析、检验的对象，它是决定被分析、检验物料质量的主要依据。因此，样品必须具有代表性。只有对具有代表性的样品进行分析与检验，得到的结果才是比较真实可靠的。不然，即使结果再准确，所用仪器设备再精密，分析和检验也将失去其意义，甚至还会给生产者和消费者带来不应有的损失。因此，样品的正确采集与制备至关重要。

一、样品

（一）样品的意义

样品是检验工作的对象，是一批粮油的代表，其检验结果是决定一批粮油质量的重要依据。

由于粮油数量大，种子成熟度不同，运输和入库过程中存在自动分级、油脂杂质沉降等诸多因素的影响，往往在质量上存在着不均匀性，因此，需要正确扦取具有代表性的样品，对不具有代表性的样品，检验员有权拒绝检验并要求重新扦样。要使样品具有代表性，必须严格按标准及相关法规规定扦样、分样和制样，同时必须对扦取的样品进行登记，妥善保管，防止丢失、混淆、污染或变质。

正确取样的意义如下。

（1）正确取样是采集样品是否具有代表性的关键，而样品是否具有代表性又是是否能反映出该批受检粮食质量的真实性的关键。

（2）由于检验的结果是上级以及委托单位处理问题和进行贸易的重要依据，因此结果的正确性至关重要。

（3）不正确的采样可能给国家和人民造成不应有的经济损失，也可能导致有危险的粮食及食品、饲料进入市场，危害人们的身体健康。

（二）样品的分类

样品是指能够代表被检粮油质量的少量实物。

（1）按照扦样、分样和检验过程的不同，可将样品分为点样、集合样、实验样品和试样四类。

①点样：按规定的方法，使用规定的扦样工具，从被检粮油的一个采样点扦取的少量样品。

②集合样：按规定的代表数量，把扦取所得的全部点样聚集、混匀得到的样品。

③实验样品：按规定的方法，使用分样工具，将集合样充分混匀并缩分到一定数量，送至实验室的样品。

④试样：按规定方法制备的用于实验室检验的样品。

（2）按照样品的用途，可将样品分为送检样品（供检样品）、保留样品（复检样品）、标准样品和标本样品（陈列样品）四类。

①送检样品：按规定的方法，使用分样工具，将集合样充分混匀并缩分到一定数量，送至实验室的样品。

②保留样品：按规定保留，以备复检用的样品，又称复检样品。

③标准样品：标准样品是实物标准，是保证标准在不同时间和空间实施结果一致性的参照物，具有均匀性、稳定性、准确性和溯源性。标准样品是实施文字标准的重要技术基础，是标准化工作中不可或缺的组成部分。如由主管部门制备或复制的成品粮加工精度标准样品。

④标本样品：将名贵品种、优良品种制成标本陈列于实验室内，以作研究或供参观用的样品。

（三）样品登记

样品必须登记。登记项目包括（但不限于）样品编号、样品名称（种类、品种）、产地、代表数量、生产年度、储存时间、扦样地点（车、船、仓库、堆垛）、包装或散装、扦样单位及人员姓名、扦样日期等。

（四）样品要求

（1）扦样应按有关规定执行。

（2）送检样品数量应能满足检验项目的要求，原则上不少于2kg。

（3）根据检验项目的要求，选用适当的容器或包装运送和保存样品。

（4）运送、保存过程中必须采用适当措施（如密封、低温等），防止样品损坏、丢失，避免可能发生的霉变、生虫、氧化、挥发成分的逸散及污染等。

（5）检验后的样品在检验结束后应妥善保存至少一个月，以备复检。对易发生变化的检验项目不予复检。对检验项目易发生变化和易变质的样品不予保存，但事前应对送检方声明。

二、样品采集

从被检测的对象中，按照规定的方法及使用适当的工具，采集一定数量的具有代表整体质量供分析检验用的部分称为样品，采集样品的过程称为采样、扦样、取样或抽样。采集样品是粮油品质分析工作的第一步，也是最关键的一步。因此，当检验目的和任务确定后，首先应制定一套科学的、切实可行的样品采集计划（包括采集点的分布、采集点样的量），选择科学合理的样品采集方法和适当的工具进行样品的采集，保证采集的少量样品能够反映被调查对象的总体情况，又不至于采集的样品过多，造成采样及样品处理困难和浪费。

为了获得有代表性的样品，扦样过程中的每一操作步骤都必须遵守以下原则。

（1）被扦样品均匀一致。这是扦样的前提，只有当样品质量足够均匀时，才有可能从中扦到有代表性的样品。如果样品存在异质性，则无论如何都不可能扦到有代表性的样品。

（2）按照预定的扦样方案选取适宜的扦样器具和扦样技术扦取样品。为了扦取有代表性的样品，扦样方案应结合扦样对象的堆装方式和现状，按标准规定对所涉及的三要素即扦样频率、扦样点分布以及各个扦样点的扦样数量做明确的规定。扦样时必须按照这些规定的要求，并选择适当的扦样器具和扦样技术扦取样品。

（3）按照国家标准对样品进行分取。分样时必须按照国家标准规定的原则和程序，并选择适当的分样工具和分样技术分取样品。

（4）保证样品的可溯性和原始性。样品必须进行密封和标识，能溯源到样品批，并在包装、运输、贮藏过程中采取措施尽量保持其原有特性。

采样的过程是由点样到集合样，再到实验室样品（送检样品）和保留样品的过程。

（一）采样类型

采样的类型可分为客观性采样、选择性采样及特殊目的的采样。一般情况下，采用客观性采样。

1. 客观性采样

客观性采样是指在采样时，对一批粮食或食品、饲料的每一部分都具有均等被抽取机会的采样，又称随机采样。常规检测工作采用客观性采样。

客观性采样的目的：监督管理、为某一特殊目的搜集数据。

采样数应遵循的原则是：对一批欲采样的包装对象，按包装数目的平方根采集样品。

2. 选择性采样

选择性采样是指在采样过程中有选择性地采集样品。选择性采样的方法是通过增加发现问题的概率的办法寻求存在问题的证据。选择性采样的方法随检验内容的不同而异。如当某部分检验对象与一般情况不一致时或怀疑有掺假的情况时，便采取选择性采样。

3. 特殊目的的采样

特殊目的的采样是指对粮情的检查，加工机械效能的测定，出品率的试验，污染情况的调查等，按检验的目的，保证采样的代表性，根据需要采样。如对某一地区粮食污染的调查，由于面积广、品种多、数量大，如何采取具有代表性的样品是一个较为困难的问题，必须运用统计学上的原理进行。

（二）采样要求

（1）采样时必须注意样品的生产日期、批号、代表性和均匀性，采样数量应能反映粮油食品的卫生质量和满足检验项目的试样量的需要，一式三份，供检验、复检与备查或仲裁用，每一份不少于1kg。

（2）在加工厂、仓库或市场采样时，应了解粮油食品的批号、生产日期、厂方检验记录及现场卫生状况，同时应注意粮油食品的运输和保管条件、外观、包装容器等情况。

（3）发现包装不符合要求以致影响粮油食品质量时，应将包装打开进行检查，必要时进行单独采样分析。包装完整又没有发现可疑之处时，则按常规，打开部分包装进行常规扦样分析。

（4）小包装粮油食品可取其中一小部分作为送检样品。送检样品应有完整无损的包装。

（5）数量较大的粮油食品生产原料，按规定划分检验单位后按其堆装或包装形式采取一定的方法采样。

（6）确定某粮油食品污染、腐败的程度，需选择性采样，即对污染部位或可疑部分单独进行采样，使所取样品具有充分的典型性。

（7）采样工具应清洁、干燥、无虫、无异味，供微生物检验用的样品应无菌采样。采样器具和盛放样品的容器应不受雨水、灰尘等外来物的污染。粘在采样器外部的物质应在采样前去除。

（8）要认真填写采样记录，写明采样单位、地址、日期、样品批号、采样条件、包装情况、采样数量、检验项目标准依据及采样人。无采样记录的样品，不得接受检验。样品应按不同检验项目妥善包装、运输、保管，送实验室后应立即检验。

（三）粮食、油料扦样用具

在扦样前需了解扦样目的、扦样对象的种类、堆装方式、包装形式、批量及质量状况等，以便准备适当的扦样用具，选择正确的扦样方法。

扦样用具包括扦样器、取样铲、样品容器、扦样单等。

1. 包装扦样器

包装扦样器又称粮探子（图 3-1），是由一根具有凹槽的金属管切制而成的，一端呈锥形便于插入粮包，另一端有中空的木手柄，便于样品流出。根据探口长度和宽度，可将其分成大粒粮食扦样器，中、小粒粮食扦样器和粉状粮食扦样器三种。

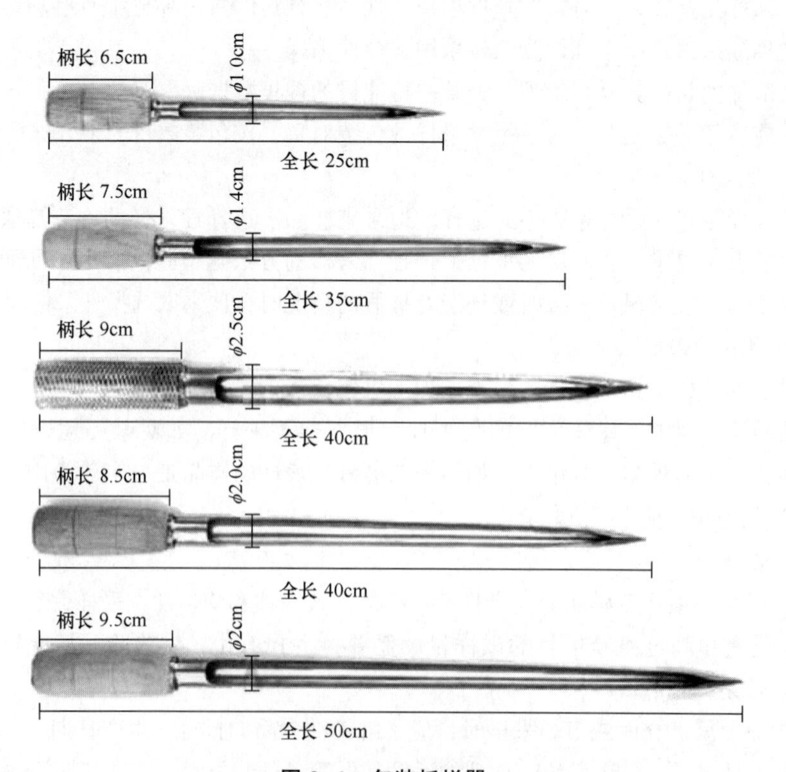

图 3-1 包装扦样器

（1）大粒粮食扦样器　全长75cm，探口长55cm，口宽1.5~1.8cm，头分尖形或鸭嘴形，最大外径1.7~2.2cm。

（2）中、小粒粮食扦样器　全长70cm，探口长45cm，口宽约1cm，头尖形，最大外径约1.5cm。

（3）粉状粮食扦样器　全长55cm，探口长约35cm，口宽0.6~0.7cm，头尖形，最大外径约1cm。

扦取包装粮食和油料的样品时，手握器柄，探口向下，从袋口一角沿对角线插入包中，转动器柄使探口向上，粮食、油料即落入槽内，平直地抽出扦样器，将器柄下端对着样品容器倒出样品。然后用扦样器尖端拨打包装袋，使扦样口恢复原状。注意扦样时不能抖动，每包粮食扦取次数要一致。

2. 散装扦样器

散装扦样器按照结构不同，可分为粗套管扦样器、细套管扦样器和电动吸式扦样器三种。

（1）粗、细套管扦样器　均由内外两薄金属管套制而成，内外两管均匀切开位置相同的槽口数处，内套管连接手柄，转动手柄可使槽口打开或关闭（图3-2）。

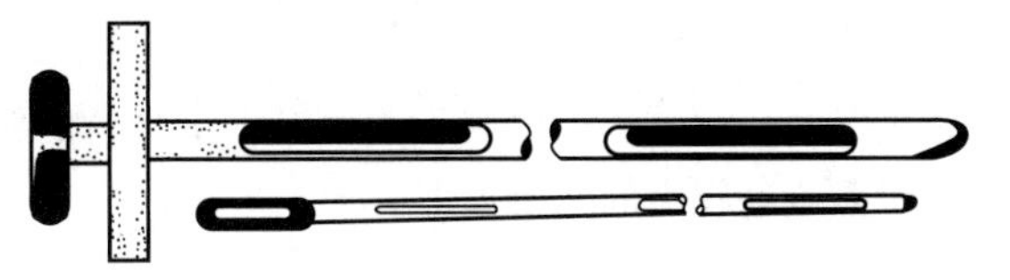

图3-2　双套管扦样器

粗、细套管扦样器全长分1m、2m、4m三种，一般开三个孔，每孔口长约15cm，头长约7cm。细套管口宽约1.5cm，外径约2.2cm。粗套管口宽约1.8cm，外径约2.8cm。

粗、细套管扦样器的使用方法相同，扦样时将扦样器槽口关闭稍倾斜地插入粮堆，旋转手柄使槽口开启，轻轻抖动器身，待样品进入槽口后，向相反方向转动手柄使槽口关闭，抽出扦样器，在平面放置的承样布上倒出样品即可。以上三种手动扦样器均可同时扦取上、中、下三层的综合样品。注意每次检查各取样点的质量情况。这三种扦样器，其共同缺点是：扦样时费力、效率低、易夹碎粮粒、不能进行深层粮堆的扦样。

（2）电动吸式扦样器由动力装置（电机、风机）、传送装置（直导管、软导管）和容器三个主要部分组成（图3-3）。其工作原理是根据风力输送的原理，由风机产生具一定压力和流速的气流，通过导管吸取粮食。根据电动机功率大小，扦样深度可达5~18m。该扦样器省力、省时、扦取数量大，但气流在吸取粮食、油料的同时也带走了细小杂质，因此用该扦样器扦取的样品不适于杂质检验。另外在使用电动吸式扦样器时，也可能会造成不完善粒测定结果误差。

使用方法：首先把扦样器的各部件连接好，软管两端分别接分离室和直导管。接通电源，开机后排料口自动关闭，检查各接口处有无漏气现象。然后关闭电源，将直导管全部插入粮堆，导管插入粮堆时不宜太快，需边插边抖动，否则容易堵塞导管。连接软管，打开电源开关，粮粒随气流从导管进入分离室，分离室内的粮粒会自然由排料口流出，注意承接。

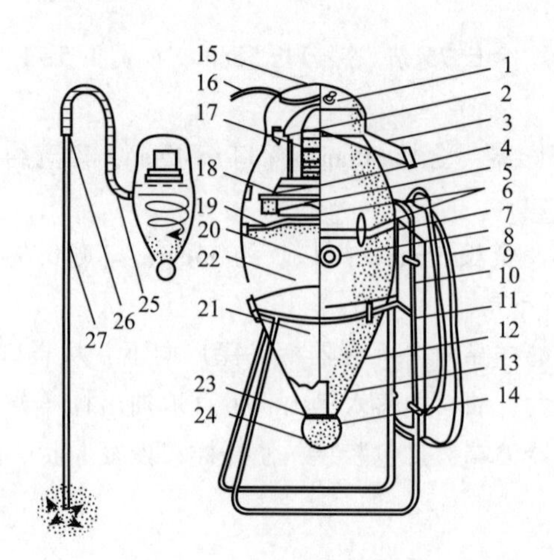

图 3-3　电动吸式扦样器

1—电源开关　2—电机固定架　3—提把　4—风机架　5—风机垫圈　6—壳垫圈　7—拉扣　8—进料口　9—背带　10—背板　11—支架　12—壳体　13—拉簧　14—堵头轴　15—排风口　16—电线　17—电机　18—风机　19—滤网　20—接口　21—分离室　22—容器　23—堵头　24—橡皮球头　25—软导管　26—接头　27—直导管

3. 取样铲

取样铲由白铁皮敲制或用木料制成。主要用于流动或零星收付的粮食、油料的取样，以及特大粒粮食、油料倒包和拆包过程中的随机取样。

4. 样品容器

样品容器应具备的条件：密闭性良好，清洁无虫，不漏，不污染，其容量以 2kg 为宜。常用的样品容器有样品筒、样品袋、样品瓶等。样品筒一般由白铁皮制成圆筒状，有盖和提手。样品袋多采用质量较好的聚乙烯塑料袋。样品瓶可采用磨口的广口瓶。对于粮食、油料样品数量较大时，还应准备大型样品袋、混样布和分样板等，以便现场混样用。

5. 扦样单

为掌握样品来源的基本情况，为品质检验和下一次扦样做参考，扦取的样品必须登记。

扦样单的项目包括扦样日期、样品编号、样品名称、代表数量、产地、生产年代、扦样处所（车、船、仓库堆垛号码）、包装或散装、加工工艺（等级）、扦样员姓名等，在填写时可以根据需要增减相关信息项目。

（四）扦样方法

1. 检验批与代表数量的确定

检验批及代表数量一般以同种类、同批次、同等级、同货位、同车船（舱）为一个检验批。一个检验批的代表数量视具体情况而定。

（1）普通仓房　按 GB/T 5491—1985《粮食、油料检验　扦样、分样法》规定，中、小粒粮食和油料一般不超过 200t，特大粒粮食和油料一般不超过 50t。

（2）储备粮质量抽查　结合新建高大平房仓、浅圆仓等新型仓房条件好、储粮数量大的特点，《政府储备粮油质量检查扦样检验管理办法》（国粮标规〔2023〕60 号）规定，大型仓房和圆仓（含筒式仓）等均以不超过 2000t 为一个检验单位，分区扦样，每增加 2000t 应增加一个检验单位。圆仓以扦样器能够达到的深度为准计算粮食代表数量。

小型仓房（货位）可在同品种、同等级、同批次、同生产年份、同储存条件下，以代表数量不超过2000t为原则，按权重比例从各仓房扦取适量样品合并，充分混合均匀后分样，形成检验样品。不能合并扦样的，应当分别扦样、分样形成检验样品。

（3）特殊目的扦样　如安全检查、机械效能测试、成品粮出品率等，可根据需要确定检验批，代表数量不限。

2. 采样点的设置

粮食、油料的扦样方法，按不同的仓型、不同的储存形式、不同的运输方式，可分为散装扦样法、包装扦样法、流动扦样法、零星收付扦样法以及特殊目的扦样法。其中普通仓房按GB/T 5491—1985《粮食、油料检验　扦样、分样法》规定进行设点，对于新建高大平房仓、浅圆仓等新型仓房则按《政府储备粮油质量检查扦样检验管理办法》（国粮标规〔2023〕60号）规定进行设点。

（1）散装扦样法　凡是散存于房式仓房、圆仓或散垛中的粮食和油料均称为散装。散装扦样法根据仓型的不同，可分为房式仓扦样法与圆仓（囤）扦样法。

①房式仓扦样：对房式仓中散装的中、小粒粮食和油料，根据堆形和面积大小分区设点，按粮堆高度分层扦样。

分区设点：根据粮堆面积大小分区，普通房式仓每区面积不超过50m²。各区设中心和四角五个点。区数在两个和两个以上的，相邻两区交界线上的2个点共用，粮堆边缘的点应设在距墙面50cm处（图3-4）。

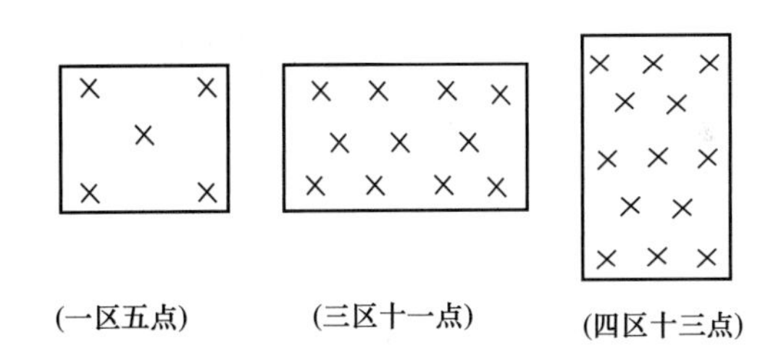

图3-4　散装粮食、油料分区设点示意图

《政府储备粮油质量检查扦样检验管理办法》规定，对于粮面面积较大的仓房，按200~350m²面积分区，划分扦样区域时，应按照长宽比值最小原则进行划分，避免出现扦样区域过于狭长。各区设中心、四角共5个点，中心点与四角点的扦样质量比为1∶1。在一个检验单位内，区数在两个和两个以上的，两区界线上的两个点为共用点。分区数量较多时，可按仓房走向由南至北、由东至西的顺序分布。粮堆边缘的点设在距边缘约0.5~1m处（如受仓房条件限制，按此距离布点扦样难于实施时，粮堆边缘扦样点的布置距离可适当调整）。

分层：按粮堆高度分层，堆高在2m以下的，分上、下两层；堆高在2~3m的，分上、中、下三层，上层在粮面以下10~20cm处，中层在粮堆中间，下层在距底部20cm处；如遇堆高在3~5m时，应分四层；堆高在5m以上的酌情增加层数。

《政府储备粮油质量检查扦样检验管理办法》规定，对堆高在5m（含）以下的平房仓，扦样层数按GB/T 5491—1985《粮食、油料检验　扦样、分样法》规定执行，对堆高在5m以上的平房仓，扦样层数设五层，第一层距粮面0.2m左右，第二层为堆高的3/4处左右，第三层为堆高的 1/2 处左右，第四层为堆高的 1/3 处，第五层距底部 0.2m 左右。

扦样：按区、按点，先上后下逐点扦样，各点扦样数量应一致。

②圆仓（囤）扦样：对圆仓粮食的质量检查以扦样器能够达到深度的粮食数量计，不超过 2000t 的为一个检验单位，每增加 2000t 应增加一个检验单位，一般不超过四个检验单位。

分区设点：圆仓分区布点可按截面分为 8 个外圆点、8 个内圆点和 1 个中心点，其中外圆点、内圆点均设在圆仓截面径向的 4 条等分线上，外圆点距圆仓的内壁 1m 处，内圆点在半径中心处，中心点为圆仓的中心点。内圆点、外圆点扦样质量比为 2∶1。具体布点如图 3-5 所示 。对不超过 2000t 的圆仓，按 1 个区进行布点取样，取样点为外圆点 A2、A4、A6、A8，内圆点 B1、B5 和中心点共 7 个点。对超过 2000t 的圆仓，可按 2 区或 4 区进行布点。其中，2 区布点方法为：以南北轴线划分为两个半圆，1 个半圆为 1 个检验单位，分别设外圆点 A1、A3、A5，内圆点 B2、B4、中心点共 6 个点；4 区布点办法为：以南北、东西轴线划分为四个 1/4 圆形，1 个 1/4 圆为 1 个检验单位，分别设外圆点 A1、A2、A3，内圆点 B1、B3，中心点共 6 个点。采用 2 区或 4 区布点的，边界上的点和中心点为共用点，共用点取样量应相应加倍，均分给各区。

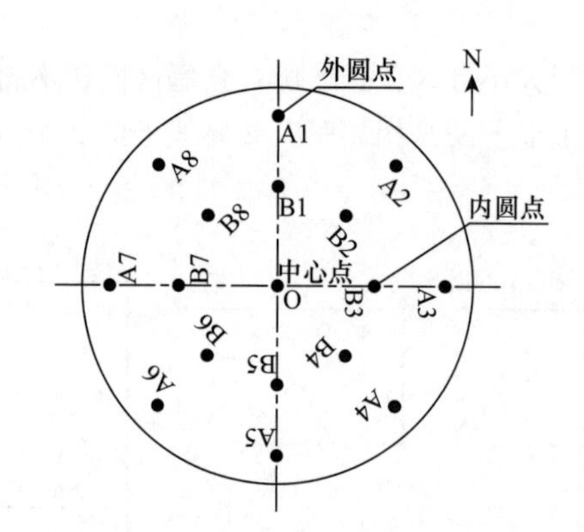

图 3-5　圆仓（囤）扦样设点示意图

分层取样：对装粮高度在 5m（含）以下的，分层要求同房式仓；装粮高度在 5m 以上的，原则上分五层扦样，第一层距粮面 0.2m，其余各层等距离分布；装粮高度在 8m 以上的，高度每增加 3m，应增加一层；对于装粮较高，现有的扦样设备达不到深度的圆仓，第一层距粮面 0.2m，其余各层以扦样器能达到的深度等距离分布，该样品的代表数量应以扦样器能达到深度的粮食数量为准。扦样时同一布点位置按照先下后上逐层扦样，各点扦样数量应保持一致。

③对散装的特大粮食、油料（如花生果、桐籽、大粒蚕豆、甘薯片等），均采取扒推的方法，参照“分区设点”的原则，在若干个点的粮面下 10～20cm 处，不加挑选地用取样铲取出具有代表性的样品。

（2）包装扦样法

①中小粒粮食、油料及粉状粮，首先按照一批受检的粮食和油料的总包数来确定应扦取包数。中小粒粮食、油料的扦取包数不少于总包数的 5%，小麦粉和其他粉状粮扦取包数不少于总包数的 3%。按照扦包数均匀地设定扦样包点。

扦样时，将包装扦样器槽口向下，从包的一端斜对角插入包的另一端，然后槽口向上取出，每包扦样次数应保持一致。

②特大粒粮食和油料（如花生果、花生仁、葵花籽、蓖麻籽、大粒蚕豆、甘薯片等），扦样包数200包以下的扦样不少于10包；200包以上的每增加100包增取1包。扦样包点应分布均匀。

取样时，采取倒包与拆包相结合的方法。取样比例：倒包的包数不少于应扦包数的20%，拆包的包数为应扦包数的80%。

倒包法：先将取样包放在洁净的塑料布或地面上，拆去包口缝线，慢慢地放倒，双手紧握袋底两角，提起约50cm高，拖倒约1.5m，全部倒出后，从相当于袋的中部和底部用取样铲取出样品。每包、每点取样数量应一致。

拆包法：将袋口缝线拆开3~5针，用取样铲从上部不加挑选地取出所需样品，每包取样数量应一致。

（3）流动扦样法　对于机械传送的粮食和油料的扦样，首先根据受检粮食和油料的数量和传送时间，确定出取样次数和每次取样的数量，然后定时定量从粮流的终点横断面处接取样品（严禁在输送带上或绞龙中取样）。

（4）零星收付扦样法　零星收付（包括征购）粮食和油料的扦样，可参照以上方法，结合具体情况，灵活掌握，但扦取的样品应具有代表性。在扦样过程中，如发现个别包或部位的质量变动较大时，应对其单独进行处理。

（5）特殊目的扦样法　特殊目的扦样，如粮情检查、害虫调查、加工机械效能的测试和加工出品率试验等，可根据需要扦取样品。

（五）油脂扦样用具及扦样方法

1. 扦样用具

油脂扦样装置、辅助器具和样品容器应选用对被扦油脂具有化学惰性的材料制作，并且不催化油脂化学方程。扦样装置最合适的材质是不锈钢。当油脂的酸性很低时也可选用铝材，但铝制装置不适用于储存样品。在常温下也可以选用对被扦油脂具有化学惰性的塑料，如聚乙烯对苯二甲酸酯（PET），但不能采用铜和铜合金以及任何有毒材料。由于特殊原因需要使用玻璃仪器扦取样品，应小心以防玻璃破碎，但不得在盛放油脂的罐内使用玻璃仪器。

（1）扦样器　油脂扦样器有多种类型和型号，下面是几种常见扦样器。

①简易配重扦样罐：简易配重扦样罐（图3-6）适宜于各种规格储存罐中不同深度油脂的扦样。它由不锈钢筒体（容量约500mL）、底部隔离开的配重器和锥形筒颈组成。固定在锥形筒颈两侧上的金属圈，在其最高点上有一圆环，绳索穿过该圆环系在锥形筒颈的软木塞上。

当带软木塞的空扦样罐下落至液态油脂的指定深度，急拉绳索拔去软木塞，罐内就充满了样品。

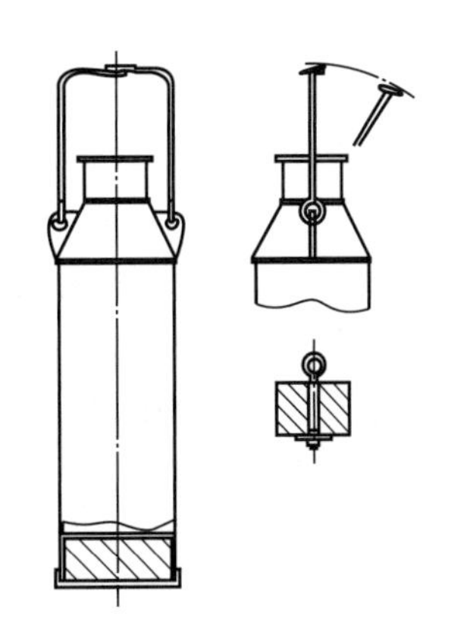

图3-6　简易配重扦样罐

②盛放扦样瓶的配重笼：配重笼（图3-7）用于盛放适宜的塑料扦样瓶（容量约500mL），适宜于各种规格储存罐中不同深度的扦样。它由一个底部配重器、固定在上面的三根直立金

属片和它们最上端的一个圆形箍组成，其中两根金属片上有呈一定角度固定的金属圈，金属圈最高点上有一圆环。另外，这两根金属片上还固定有一圆形箍，其另一端固定在第三根金属片上以确保固定好扦样瓶。用一根绳索穿过金属圈上的圆环系在瓶颈上的软木塞上。

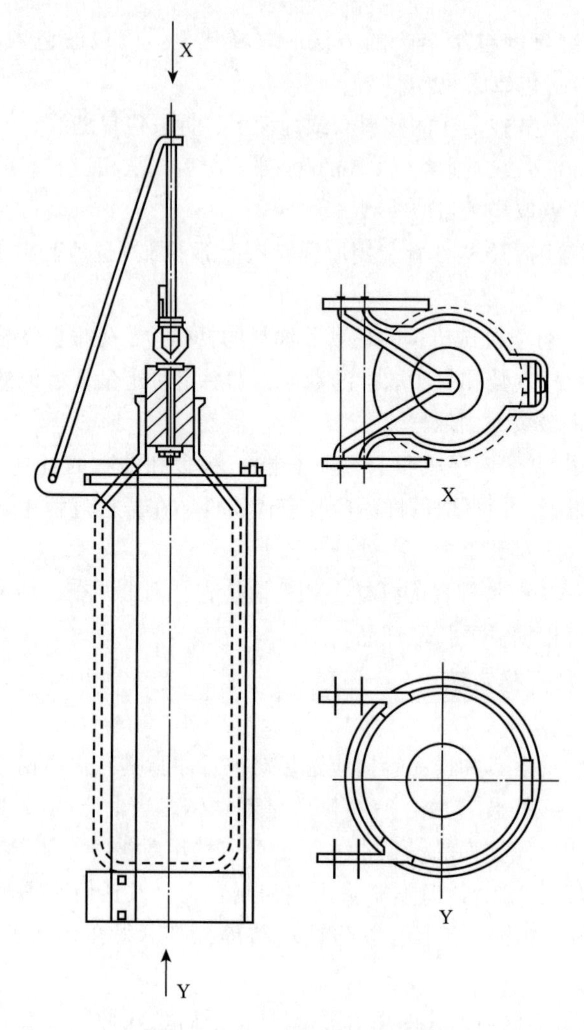

图 3-7 盛放扦样瓶的配重笼

该扦样装置的操作同简易配重扦样罐。

③带底阀的扦样筒（下沉采样器）：带底阀的扦样筒（图 3-8）分为上下两部分，上部顶端敞口，下部在筒体外侧装有较重的螺旋机构，其底端固定一轻型自重阀，以确保扦样装置自底部到顶部的稳固。当扦样筒在液体油脂中下落时，油脂对阀的压力使底阀一直处于打开状态，以确保油脂均匀地流入筒体。当停止下落时，底阀关闭，油脂从扦样筒所达的深度被抽出。

该类型的一些扦样装置还在其顶端装有一轻型止回阀，当采过样的扦样装置被提起时，阀关闭。

④底部扦样器

a. 带有弹簧承载阀门的底部扦样器。这种底部扦样器（图 3-9）为不锈钢制结构。它由筒体（容量约 500mL）、筒体底部和筒体顶部各自的螺旋机构组成。其中，底部螺旋机构上装有一片状阀，允许样品从采样器底部进入，而顶部螺旋机构上也装有一片状阀，允许空气从采样器排出。顶部螺旋机构上有一固定挂圈，用于绳索悬挂扦样器，并为中心阀轴提供桥接和弹簧承座。阀轴从扦样器底部伸出，当扦样器置于储存罐底时，轴就被推进筒体而压缩弹簧，使得底阀首先开启，稍停片刻开启顶阀，阀门的开启受筒体顶部轴套间隙的影响。在进、出口阀开启之间稍停片刻是为了确保样品先从筒底进入而引起筒体内部压力的轻微升高，以防顶阀开启时，样品从顶端进入。

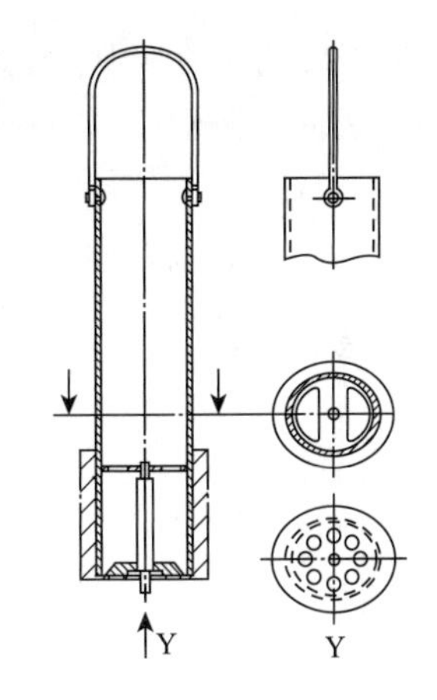

图 3-8 带底阀的扦样筒（下沉采样器）

可以通过配重来克服弹性回复力，可将不锈钢圈套在扦样器筒体外，用底部螺旋机构调整到适当的位置。

b. 带有自重阀的底部扦样器。这种底部扦样器（图 3-10）除了底阀通过自重关闭，以及空气通过阀轴顶端排出外，在设计和操作上与带有弹簧承载阀门的底部扦样器基本相似。

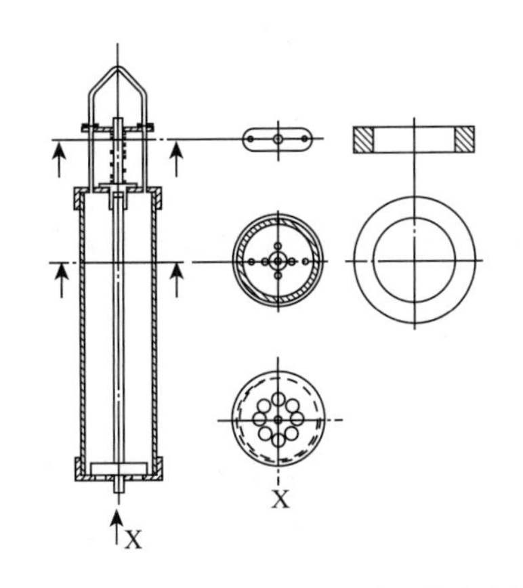

图 3-9 带有弹簧承载阀门的底部扦样器

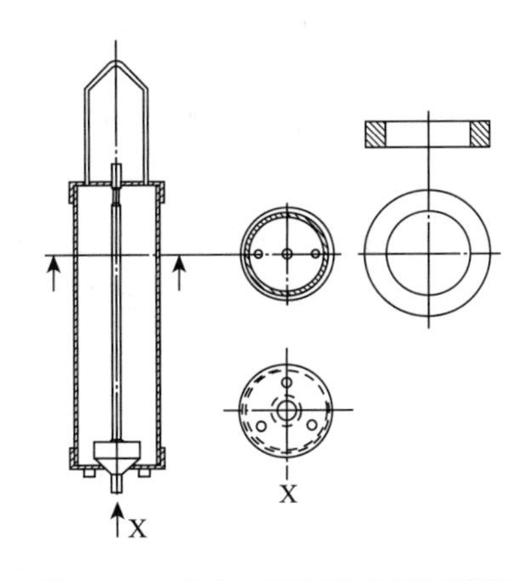

图 3-10 带有自重阀的底部扦样器

⑤扦样管：如图 3-11 所示，扦样管是一个不锈钢装置，它由两个长度相同且紧密靠在一起的同心管组成，其中一个管可在另一个管中转动。每个管上都有纵向开口。在某一位置，管开启使油流入，通过转动内管而使管封闭。

内管直径为 20~40mm，整个长度上直径相同。当排空扦样管时，因两管上都分布有小孔，所以当纵向开口关闭时，管中的油能够从小孔排出。

扦样管可由对被扦油脂具有化学惰性的材料制作，如不锈钢、铝或塑料。将扦样管插入油样中，可将手指放在管顶随意地控制开关，吸入样品。必要时，也可移开手指而使管顶打开，再用手指按住管顶并将扦样管抽出。

该扦样管适用于圆筒中不同深度的扦样，扦样时，可以按住管顶直到指定深度。

⑥扦样铲：扦样铲（图 3-12）用于硬脂的扦样，由不锈钢制成，具有半圆形或 C 形的

横截面。将其扭转插入油脂中，便取得一份油样。

（2）辅助器具　测水尺、测液尺、温度计、测量尺，以及贴标机等。

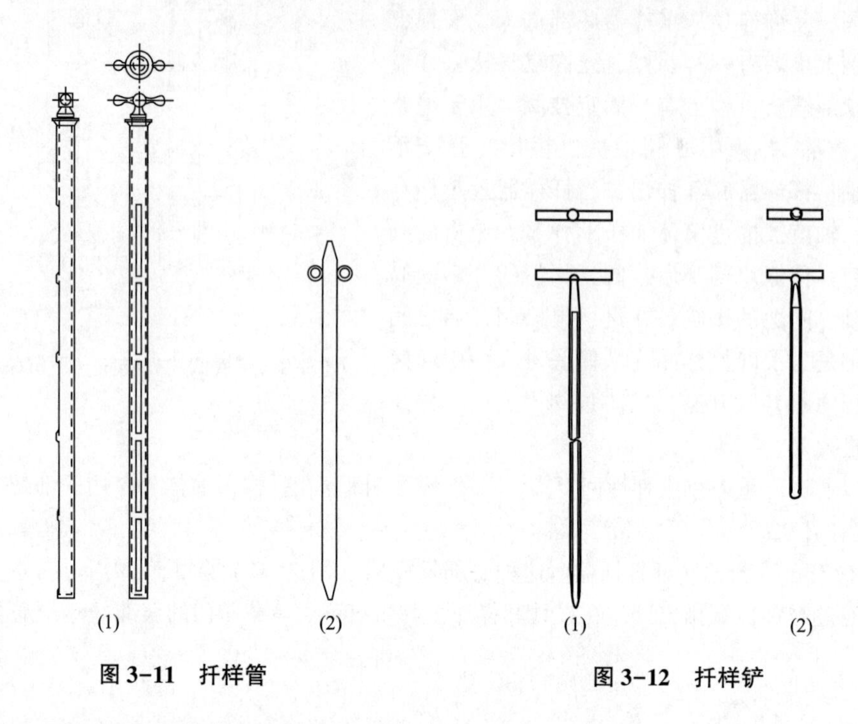

图 3-11　扦样管

图 3-12　扦样铲

（3）样品容器　材质要求与扦样器相同，用于盛放扦取的样品。

2. 扦样方法

从不同的容器中采集样品，需要采取不同的扦样方法。下面介绍几种容器的扦样方法。

（1）立式筒形陆地油罐的扦样

①准备工作

a. 扦样前，应确定罐底是否有沉淀、乳液层或游离水。可采用底部采样器或各类测水器测定罐底是否有沉淀、乳液层或游离水。扦样前尽可能地除去游离水，并根据合同要求和有关各方的协议测量水量。对于悬浮层中的水，可通过加热后静置，使水澄清出来。

b. 扦样前，应保证整个样品是均相的，且尽可能为液相。可以通过测定采自不同位置的点样，检测罐中的油脂是否均相。从不同高度采样，可以使用简易配重扦样罐、盛放扦样瓶的配重笼或带底阀的扦样筒；从罐底采样，使用底部采样器。

如果各层的相态组成有差异，通常情况下可通过加热将油脂均质后再扦样。加热时要特别注意防止油脂过热。根据实践经验，建议储存罐中的油脂每天温度升高应不超过 5℃。加热环的加热面积应与油脂的体积相配，并且加热环应尽量保持低温以避免局部过热。当采用蒸汽加热时，其最大压力计读数为 150kPa，相当于 128℃蒸汽。或使用热水加热（当加热环是自动排水时才允许采用）。同时要避免蒸汽或水带来的污染。

如果油脂的性能不允许加热、或没必要加热、或因其他原因而不能加热，则可以向油脂中吹入氮气使其均质。

如果测得油脂是非均相的且没有氮气可用，可以在有关各方同意的前提下，向油脂中吹入干空气（但此方法可能会引起油脂特别是海产动物脂肪的氧化酸败）。上述操作应在呈交实验室的扦样报告中详细注明。

②扦样步骤

a. 基本要求。每罐分别扦样。

b. 非均相油脂。当罐中的油脂是非均相的且难以均相，通常使用简易配重扦样罐（图3-6）、盛放扦样瓶的配重笼（图3-7）或带底阀的扦样筒（图3-8）加上底部扦样器（图3-9）来扦样。

从罐顶至罐底，每隔300mm的深度扦取检样，直到不同相态层。在这层上，扦取较多的点样（例如每隔100mm的深度扦样）。同时扦取罐底样品。

将所扦得的相同相态的点样混合，得到清油样品和分层样品。

将清油样品和分层样品，依据在两层中各自的代表量按比例混合制备实验样品，并仔细操作确保比例尽可能精确。

每罐至少制备1个实验样品，需要制备的实验样品数如表3-1所示。

表3-1 从每艘油船或每个储油罐中采集的实验样品数目

油船或油罐储量/t	每罐制备的实验样品数目
≤500	1
500~1000	2
>1000	500t/份，剩余部分1份

c. 均相油脂。如果罐中的油脂是均相的，选用简易配重扦样罐、盛放扦样瓶的配重笼或带底阀的扦样筒、底部扦样器中的1种扦样器，至少需在“顶部”“中部”和“底部”采集3份检样。

“顶部”点样在总深度的1/10处采集；“中部”点样在总深度的1/2处采集；“底部”点样在总深度的9/10处采集。

从“顶部”和“底部”点样中各取1份，从“中部”点样中取3份，混合起来制备成实验样品。应制备的实验样品数如表3-1所示，每罐至少制备1个实验样品。

（2）从油船上扦样　由于油船的形状和布置不规则，油船上扦样较从立式筒形陆地油罐中扦样更为困难。通常，在输送过程中完成扦样，即在输送过程中的管道中扦样。如果从油船上扦样，尽可能地采用立式筒形陆地油罐扦样中描述的步骤，包括诸如加热这类准备工作。

每罐分别扦样。制备实验样品的数目如表3-1所示，在从油船中采集样品制备实验样品时，要考虑油船的形状，将样品尽可能按相应的比例来混合。

驳船油舱注满后应立刻扦样。

（3）从油罐货车、汽车以及包括储油槽的卧式储油罐中扦样　油罐注满后应尽快扦样。即在油开始沉淀并可能引起分级或分层之前扦样。

使用简易配重扦样罐、盛放扦样瓶的配重笼或带底阀的扦样筒，按立式筒形陆地油罐扦样中描述的步骤扦取检样。

如果在油罐注满后不能立刻采样，要先测底层是否存在游离水。如果存在游离水，征得有关各方同意后，打开底部旋塞排水。测定排出的水量并呈报给买卖双方或其代表。

然后通过充氮气或加热使罐中油脂充分均质，直到完全液化。但此方法不适用于特殊油脂的扦样。

如果要求在油罐车或卧式油罐的静止油脂中扦样，不做上述的混合，但需要认真确定样品相对于液体深度的正确比例。

如果使用带底阀的扦样筒从油罐车中每隔300mm深度扦样，参照图3-13确定检样的比例。每300mm深度平面上的样品混合在一起，形成实验样品。这个简单的方法（在坐标纸上画出任何形状或尺寸的油罐的横截面草图）可以用来显示实验样品的混合比例。

从倾斜油罐中扦样采用油船上扦样的方法。上述的油罐形状校正不适用于倾斜油罐和不规则油罐。

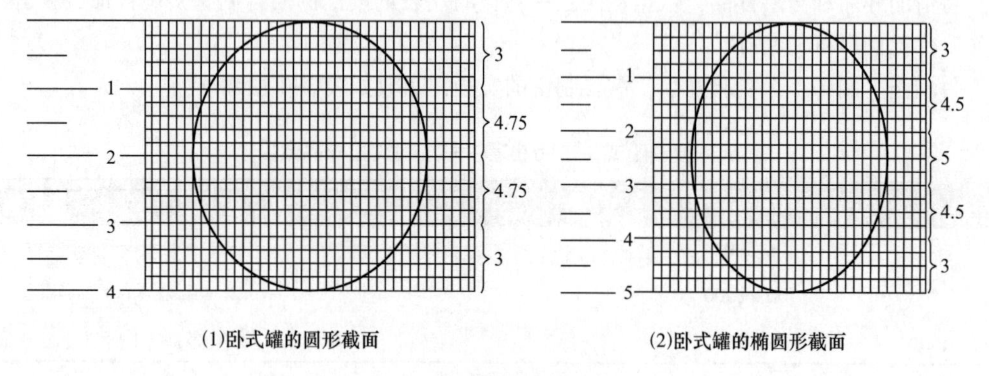

图3-13 典型罐的截面图

依据油罐截面图的比例由检样制备实验样品。

（4）从计量罐中扦样　计量罐注满后，应在产生沉淀之前尽快扦样。

将扦样装置沉入油罐中部并灌满扦取样品。如果发生不可避免的扦样时间延迟，可能会引起油罐底部产生沉淀物，因此扦样前要搅动罐中的油脂，也可以在每隔300mm深处扦样。

如果油罐是密闭的，则在注满油后应立即从水平出油口处扦样。

依据油罐截面图的比例由检样制备实验样品。

（5）输送过程中从管道中扦样　本方法仅适用于油脂完全是液态且其中不含堵塞出油口或阀门的成分。应除去油脂中的一切含水乳浊液（如泵前油），并将其分别储存、扦样和称量。

从数量很大的散装油脂中扦样，可以采用输送时按固定时间间隔从管道中截取点样的方式。取样的同时油罐正在被排空。该方式特别适用于从配有计量仪的油罐中输出油的场合。

另外，还可以从旁管或支管中扦样，但此法难以确保扦样的准确性。

①出油口或阀门：出油口或阀门应连接在直径不小于9.5mm的喷嘴上，要迎着油流方向插在主排油管的中心或直径的1/3处。出油口不可以安置在管道的侧面或底部。如果可能的话，应将出油口或阀门装在主管的水平部分，尽量远离弯头和三通，且最好装在距泵压一端10~50m的范围以内。建议不要采用泄油小阀门。扦样管直径应不小于9.5mm并使油样能从管口连续流出。设计出油口或阀门时，应该考虑到出油口或阀门堵塞时能够容易而迅速地清理。

清理管道堵塞物和使用主管线中的清管器清理时，须拆除小孔管。

对高黏度或高熔点油脂，应该采用加热和保温装置。

②扦样步骤：调整主管线中油脂的流速以确保管道中的油脂充分湍动而完全混合。尽可能保持该流速恒定。

在整个仪器和扦样容器上，应加盖罩以防外界污染。

扦样完成后，立即小心地混合所有采集到的样品，形成实验样品。扦样过程中一些污垢和流程中不可避免出现的各种变化，可能引起阀门堵塞等故障，所以在整个扦样过程中，必须始终有一名专业扦样人员在现场。

输送过程中，从每罐中制备实验样品的最小量如表 3-2 所示。

表 3-2　　从管道中扦样时实验样品的最小量

油罐储量/t	实验样品的最小量/L
≤20	1
20~50（含 50）	5
50~500（含 500）	10

（6）包装（包括消费者购买的小包装产品）的扦样　如果某批油脂由大量的独立单元构成，例如桶、圆筒、箱、听（独立的或包装在硬纸箱中）、瓶或袋，对每个独立单元扦样几乎是不可能的。在这种情况下，应完全随机地从该批中抽取适当数量的独立单元，尽可能地使这些独立单元能作为整体代表该批油脂的平均特性。

如果认为某个检验批是均匀的，应随机选择包装物扦样。对于不同规格的包装，采样数可按表 3-3 的推荐值。

表 3-3　　不同规格包装采样数的推荐值

包装规格	商品批的包装数	扦样包装数
>20kg，最大为 5t	1~5	全部
	6~50	6
	51~75	8
	76~100	10
	101~250	15
	251~500	20
	501~1000	25
	>1000	30
>5kg 且≤20kg	1~20	全部
	21~200	20
	201~800	25
	801~1600	35
	1601~3200	45
	3201~8000	60

续表

包装规格	商品批的包装数	扦样包装数
>5kg 且≤20kg	8001～16000	72
	16001～24000	84
	24001～32000	96
	>32000	108
≤5kg	1～20	全部
	21～1500	20
	1501～5000	25
	5001～15000	35
	15001～35000	45
	35001～60000	60
	60001～90000	72
	90001～130000	84
	130001～170000	96
	>170000	108

包装液态油脂的扦样步骤：转动并翻转装满液态油脂的桶或罐，采用手工或机械的方式，用桨叶或搅拌器将油脂搅匀。从桶的封塞孔或其他容器的方便开口处插入适当的扦样装置，从被扦样的每一容器中采集一份小样，从尽可能多的内容物部位采样。按等同分量充分混合这些扦取的样品形成实验样品（送检样品）。

（六）扦样的注意事项

（1）扦样时应根据扦样原则和规定扦取有代表性的样品。

（2）扦样人员必须是有资质的检验人员。

（3）包装的粮食要根据扦样的包数均匀布点，不能在一个部位集中扦取。汽车上的包装粮食，应打开车箱板扦样。

（4）在扦样时要特别注意各点各袋的质量是否基本相同，是否有掺杂掺假，有无生霉变质、生虫及杂质聚堆等现象，如发现某一部位的质量与其他部位有明显差异，则扦取的样品应该分开盛放，并记录质量差异部位和大约数量，单独进行检验。

（5）扦样的数量要以能够满足标准规定和检验项目需要为准，不能少扦，以确保样品具有代表性。

（6）扦样所用器具要保证清洁、干燥、无异味、无污染。

（7）扦样应在尽量短的时间内完成，以避免样品的组分发生变化。

（8）扦取的样品应保存在密闭的容器内并尽快送至实验室，防止因水分逸散及其他物质的污染而改变样品的品质，使样品失去其代表性。

（9）储备粮储藏安全情况的扦样，按照《粮油储藏技术规范》的要求，对容易发生问题的部位单独扦样、单独存放、单独记录、单独评定，其中粮温需现场测定并详细记录。

三、 样品制备

（一）样品制备的概念

样品的制备是指将所扦取的实验样品混合、缩分、分取及粉碎制成试验样品（简称试样）的过程。

由于实验样品的数量较大，实际测定时，只需取一部分样品进行分析，这就要求这部分样品必须能代表原检测对象。因此，样品制备的目的在于保证样品的均匀性和代表性。

制备原则：不得改变样品的组成；不得使样品受到污染和损失；分析时随意取其任何部分都能代表全部被检验样品的成分，以保证分析结果的准确性；分取出的试样应在数量上满足检验项目的需要。

（二）粮油样品的分样

将实验样品充分混合均匀，缩分分取试样的过程称为分样。实验样品是一批受检粮油的代表，为了满足检验的需要，又要保证样品的均匀性，所分取的样品也必须具有代表性。因此，对分样的要求是充分混合，均匀分取。

按国家标准 GB/T 5491—1985《粮食、油料检验　扦样、分样法》规定，分样的方法有四分法和分样器分样法两种。在保证粮油原始质量不改变的情况下，可选择适当的分样方法。

1. 四分法

用分样板将样品充分混合，按 2/4 的比例分样的方法称为四分法。

四分法适用于原粮、油料和成品粮，也适用于特大粒粮食、油料（如甘薯片、花生果、蚕豆等），但对散落性大的粮食、油料（如大豆、豌豆、油菜籽、薯类）不宜用四分法分样。

分样时，将样品倒在光滑平坦的桌面上或玻璃板上，用两块分样板（图 3-14）将样品摊成正方形，然后从样品左右两边铲起样品约 10cm 高，对准中心同时倒落。再换一个方向同样操作（中心点不动），如此反复混合四五次，将样品摊成等厚的正方形。用分样板在样品上划两条对角线，划分成四个三角形。取出其中两个对顶三角形的样品，剩下的样品再按上述方法反复分取，直至最后剩下的两个对顶三角形的样品接近所需试样质量为止（图 3-15）。

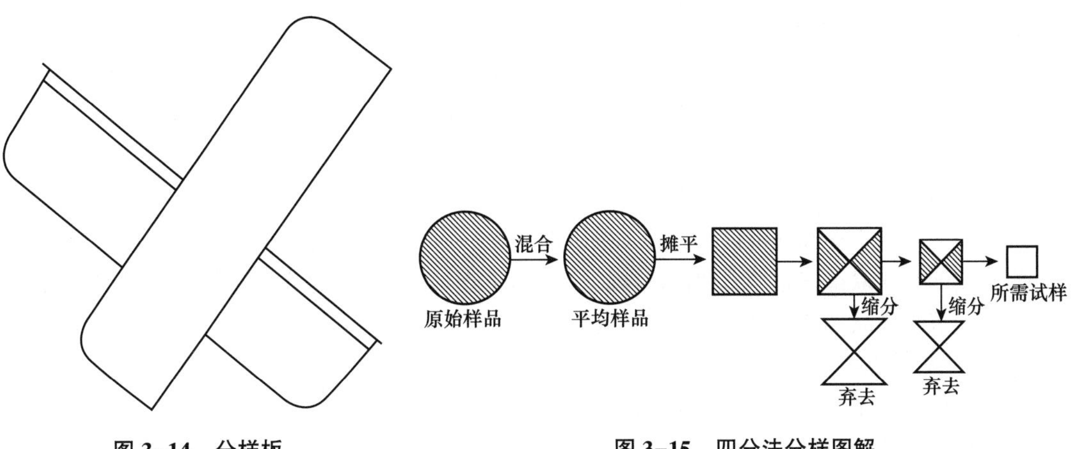

图 3-14　分样板　　图 3-15　四分法分样图解

2. 分样器分样法

使用分样器混合分取样品的过程称为分样器分样法。

分样器可分为钟鼎式、横格式和加拿大式三种，常用的为钟鼎式分样器，它由漏斗、漏斗开关、圆锥体、分样格、流样口和接样斗等部件组成（图3-16）。其分样原理是利用样品自身重力自然下落，样品经过圆锥体混合而进入分样器的分样格后被分成两部分，分别进入两个接样斗。

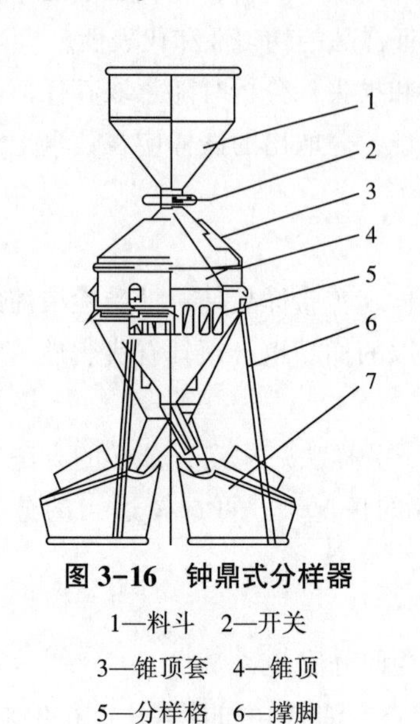

图3-16　钟鼎式分样器

1—料斗　2—开关
3—锥顶套　4—锥顶
5—分样格　6—撑脚
7—接样斗

分样器分样法适合于中小粒原粮和油料的分样。而原粮中的长芒稻谷、成品粮（如大米、小麦粉）、特大粒粮食和油料以及50g以下的样品不宜用分样器分样。

分样时，先拍打分样器外壳以清除分样器内部灰渣，然后安放平稳，关闭漏斗开关，放好接样斗，将样品从高于漏斗口约5cm处倒入漏斗内，刮平样品，打开漏斗开关，待样品流尽后，轻拍分样器的外壳，关闭漏斗开关，再将两个接样斗内的样品同时倒入漏斗内，继续依照上述方法重复混合两次。以后每次用一个接样斗内的样品按照上述方法继续分样，直至一个接样斗内的样品接近所需试样质量为止。

分样注意事项如下。

（1）分样前一定要将分样器清理干净，否则将影响检验结果的准确性。

（2）分样器一定要放平稳，样品要从高于分样器漏斗上口约5cm处倒入漏斗内，不能过高或过低。样品要刮平，待样品流尽后，双手轻拍外壳，震下器壁上的残留物，立即关闭开关，再进行分样。

3. 油脂的分样

对液体油脂的分样，可将扦取的样品经充分摇动、混合均匀后，分取1kg作为平均样品备用。对固体油脂的分样，需先将其缓慢加热至刚好熔化，然后混合均匀，分取1kg作为平均样品备用。

（三）样品制备的方法

样品制备应根据样品的成分、水分含量、物理性质和混匀操作之间的关系，在保证不破坏或损失待测成分的前提下，选用适当方法。不同的样品制备方法不同，常用的制备方法有以下几种。

1. 机械混匀

对粉末状或中小粒的粮食或食品，采用机械混匀的方法使实验样品混匀，然后用分样器分样法或四分法取得试验样品和保留样品（以便备查）。四分法和分样器分样法也用于缩分样品，在减少样品量的同时，保证样品的均匀性和代表性。

2. 粉碎、过筛

这种方法适用于粮食及水分含量低的固体物料。常用的粉碎设备有粉碎机、旋风磨、咖啡磨、球磨机等。

对硬度高的样品，可用实验室粉碎机粉碎。

对大粒的粮食样品应采取逐步粉碎的方法，先将大粒试样捣碎或预粉碎成粗粒样品，再顺次粉碎到所需细度，每次粉碎量要少一些，重复操作直到全部试样粉碎到一定细度。在进行粉碎时要注意防止样品间的交叉污染。

对小麦等其他类样品，一次粉碎很难将麸皮磨成粉，如果将麸皮除去，则样品会失去代表性，这时应将麸皮单独粉碎，并与已粉碎的小麦混匀，制得小麦试样。经过粉碎的样品，通常要过筛（一般通过孔径 0.45mm 筛孔），一方面保证得到一定细度的样品，另一方面使样品混合均匀。

对于水分含量较高的样品，直接粉碎较为困难。在待测成分不会因干燥而发生变化时，可先进行预干燥。这种方法对分析易挥发性物质及维生素是不适宜的，因为在干燥过程中，这些成分会发生变化，使样品失去代表性。

高脂肪的样品，如花生、芝麻等，很难磨成粉末，对这类样品，除分析油脂和脂溶性成分外，应将样品预先进行脱脂处理，如将试样用研钵粗破碎（分析金属元素时，不能用金属研钵），然后放入容器中，加乙醚浸泡过夜，弃去乙醚层，再用少量乙醚洗涤，倾斜倒去乙醚层，再将样品铺在滤纸上风干，风干至无乙醚味后，再放入 60℃电烘箱中干燥，然后粉碎。操作前后都应称量样品，以便分析时进行换算。

3. 研磨

高脂肪的样品（如花生），还可用缩分、研磨或捣碎的方法进行混匀与破碎。这时往往将研磨与预处理结合进行，如加入适当的提取液，然后进行研磨。这样在制得均匀样品的同时，也进行了提取的操作，使操作简化。研磨时常用研钵、组织捣碎机、均化器、家用捣碎机等，对大量样品可用自动研钵。

在样品磨匀前，需要进行缩分。在缩分时需要注意，有的样品部位不同，成分可能差别较大，缩分时必须取能代表总体的样品。

4. 搅拌

液态样品（如油脂）及易溶于水或适当溶剂的样品，将样品溶解于适当的溶剂中，搅拌均匀制样。对加热熔化的样品（如棕榈油），用加热法使其成为液体，然后混合均匀。对膏状的样品，可在聚乙烯袋中用捏挤的方法混匀。

四、 样品保存

样品是检验工作的对象，所以对样品妥善保管是不容忽视的。凡是进入化验室的样品，都必须建立保管与处理制度，逐样进行编号、登记，并妥善保管。对于高水分的样品可在扦样后立即取一部分先测其水分，对其余样品可在低温、干燥条件下保存。粉碎样品当日不能测定的，应置于 4~6℃冰箱中存放，存放期一般不超过 24h。为真实反映各测定指标间的关系，同一样品的各项指标应在同一时间（≤3d）内完成（发芽率测定除外）。对已检验的样品，如无须保留则应及时处理。该深埋的有毒样品要深埋，以防止污染和避免造成有害事故发生。

标本样品和标准样品的保管期较长，必须用干燥的样品容器进行防虫、防霉处理后进行保管。

保留样品是为了研究、复检或制作标本等而留下的，必须妥善保管，对于调拨、出口的粮油要保存不少于 1kg 的平均样品，经登记、密封、加盖公章和经手人签字后置于干燥低温处（水分超过安全水分者应于 15℃以下）保管，油脂样品应避光保存。样品妥善保存期为 1

个月，以备复查。

对有特殊要求的粮食样品按相关规定执行，储备粮检验样品保留 2 个月。保留样品应存放在适当的容器及阴凉干燥的环境中，尽可能保持原状，当易变质的粮油不能保存时应事先对送检单位说明后不保留。

第三节　样品的预处理

粮油预处理技术是指用化学或物理的方法对样品进行适当的处理，将待测物从粮油食品样品中分离、提取出来，再经过净化除杂，最后浓缩富集或稀释，使待测成分符合分析方法所要求的状态浓度要求。样品的预处理技术，已经形成了自身的科学体系，它是粮油及其加工产品质量分析过程中的一个重要环节，直接关系着粮油品质指标检验的成败。从它的定义已经看出，样品的预处理技术主要包括分离、净化和浓缩三部分。

常用的样品预处理方法较多，应用时应根据样品的种类（基体组成和性质）、分析对象及其理化性质、分析目的及所选用的分析方法选用合适的预处理方法。总的原则：一是消除干扰因素；二是完整保留被测组分，调整被测组分浓度，以获得可靠的分析结果。

一、样品的分离技术

粮油及其制品的成分复杂，既含有大分子的有机化合物，如蛋白质、糖、脂肪、维生素等，也含有多种无机元素，如钾、钠、钙、镁、铁、锌等，还会有一些农药残留、虫霉的代谢产物以及其他污染物等，这些组分往往以复杂的结合态或络合态形式存在。当采用某种物理方法、化学方法或仪器方法对其中某一种或几种组分的含量进行测定时，其他组分的存在，常会影响目标组分的响应值，给测定带来干扰。因此，为了确保分析工作的顺利进行，得到准确的分析结果，必须在测定前排除干扰组分，通过物理的、化学的或物理化学的方法将被测组分从混合体系中提取出来的过程称为分离。常用的分离方法有抽提法、蒸馏法、干法灰化法、湿法消化法和微波消解法等。

（一）抽提法

抽提法的原理是利用待测有机组分易溶于有机溶剂的特性，用有机溶剂（抽提剂）浸渍或连续循环抽提样品，将待测组分从样品基质中分离出来。抽提法一般用作有机待测组分的提取，但在分析某些元素时，为保证其价态不变化，也常采用无机溶剂（一般采用盐酸溶液）进行提取，如无机砷的测定，在使用此方法时，应做回收实验。

在抽提过程中应做到将目标待测物尽可能完全提取出来，同时应尽量使基质中的一些干扰物质不进入抽提剂中，以免干扰测定。因此，正确选择抽提剂是非常重要的。

1. 抽提剂的选择

（1）抽提剂的极性　抽提剂的极性是由抽提剂中分子的极性决定的，是其分子内正负电荷重心不重合而产生的，极性溶剂分子中一般含有羟基或羰基等极性基团。常用提取剂的极性顺序：石油醚（低沸点<高沸点）<二硫化碳<四氯化碳<三氯乙烷<苯<二氯甲烷<氯仿<乙醚<乙酸乙酯<丙酮<乙醇<甲醇<乙腈<水<吡啶<乙酸。

作为抽提剂应满足以下要求：

①溶剂对所需成分的溶解度要大，对杂质溶解度要小，或反之；

②溶剂不能与所提取的成分产生化学方程，即使反应属于可逆性的；

③溶剂要经济易得，并具有一定的安全性；

④沸点宜适中，便于回收反复使用。

通常按极性化合物易溶于极性溶剂，非极性化合物易溶于非极性溶剂，同类分子或官能团相似的彼此互溶的规律来选择，即根据相似相溶的原则。例如极性较弱的农药（如有机氯农药等）可选用极性小的有机溶剂如正己烷、石油醚作为抽提剂；极性较强的农药（如乐果、敌百虫等）常用极性较强的有机溶剂如二氯甲烷、三氯甲烷、丙酮、二甲亚砜的溶剂系统来提取；对于极性强的黄曲霉毒素则用极性强的甲醇水溶液与极性弱的石油醚组成的抽提溶剂系统来提取。

（2）抽提剂的沸点　抽提剂的沸点一般以45~80℃为宜。沸点太低，在抽提过程中容易挥发，造成浪费和污染；而沸点太高，则不易浓缩，对热稳定性差的被提取成分不利。

（3）抽提剂体积　增大抽提剂的体积可增加提取率，但也引起提取液中待测组分的浓度降低，增加浓缩处理的工作量和溶剂的消耗。因此，一般常采用少量多次提取的操作方式。

（4）其他条件　溶剂的稳定性，即溶剂不能与样品发生作用；所用仪器要求，如使用电子捕获检测器，则不能使用含氯的溶剂；此外，还要考虑溶剂的纯度、毒性、腐蚀性、价格等。

2. 抽提方法

随着技术的进步，目前用于物质分离的抽提方法很多，但常用的方法主要有振荡浸提法、组织捣碎法、索氏抽提法。

（1）振荡浸提法　振荡浸提法是一种常用的方法，适用于谷物样品。其操作是将粉碎后的试样置于磨口锥形瓶中，用选定的溶剂浸泡、振荡，增加两相之间的接触面积，以提高提取效率，然后过滤，分离提取液和残渣，再用溶剂洗涤过滤残渣一次或数次，合并提取液即完成抽提操作。此法的优点是操作简单、快速、提取率较高，若提取时辅助超声波可大大强化提取效率。

（2）组织捣碎法　先将样品进行初步粉碎或适当切碎，再放入组织捣碎机或球磨机中，加入适当、适量的溶剂，快速捣碎1~2min，过滤，用溶剂洗涤残渣数次，直至完全分离。此法的优点是提取率高、快速、操作简便。

（3）索氏抽提法　该方法是采用索氏提取器（或称脂肪抽提器）将被测物从试样中提取出来。先将试样置于索氏抽提器中，溶剂在抽提器中经加热、蒸发、冷凝、抽提、回流等流程反复循环提取，直至样品中的待测成分完全被抽提到烧瓶中。此方法的优点是提取较为完全，但操作费时，且不能使用高沸点溶剂提取，也不适于易热分解的物质。

（二）有机物破坏法

在分析粮油、食品样品中无机元素含量时，由于无机元素是以不同的形式存在于粮食、油料籽粒中，且与有机物结合成稳定而牢固的难溶、难离解的化合物，从而失去其原有无机元素所特有的性质，一般不能通过常规化学方程进行检测。因此，在分析和测定这些元素时，需将这些元素从有机物中游离出来，或者根据被测样品的性质，选择合适的有机物破坏法，破坏样品中有机物，使被测定元素释放出来，才可供测定用。目前常用的有机物破坏法有采用高温和在加热条件下加强氧化的方法使有机物质分解，呈气态逸散，而待测组分残留下来。

根据具体操作条件不同可将其分为干法灰化法和湿法消化法两大类。

1. 干法灰化法

干法灰化法是利用高温将有机物氧化分解，使被测定成分以氧化物或盐的形式存在于灰分中的方法。凡是在灰化温度下不能挥发的金属和类金属毒害物都可以采用灰化法处理。

（1）直接灰化法　利用高温（一般为500~600℃）进行灼烧分解除去样品中的有机物，而被测成分以无机物形式残留在灰分中，用适当的溶剂溶解被测物，定容后可供试验用。

（2）加助剂灰化法　为了缩短灰化时间，促进灰化完全，防止被测组分挥发损失，常采用加助灰化剂的方法，目前使用的助灰化剂有硝酸镁、氧化镁、硝酸铵等，主要目的是提高无机物的熔点，使样品呈疏松状态、利于氧化并促使灰化迅速进行，其中硝酸镁还可提高碱度，防止类金属元素砷形成酸性挥发物，避免灰化时砷的损失。

干法灰化法具有试剂消耗量小、空白值低、样品分解彻底、处理样品量大、操作简单等优点。其缺点为方法费时；处理不当时，易造成某些有害元素挥发损失；坩埚对待测组分有吸留作用，致使回收率和测定结果偏低。

（3）注意事项

①灰化前样品应进行预炭化。主要是由于不经炭化而直接将样品放入高温炉内进行灰化，会因急剧灼烧，使一部分残灰飞散，造成待测元素的损失。

②灰化时不要将坩埚置于炉口部分。主要是由于高温炉内各区的温度有较大的差别，尤其是炉前面部分的温度要比设定的温度低。

③从高温炉中取出坩埚时，要用较长的坩埚钳，并套好厚质劳保手套，以免高温灼伤。

④坩埚从炉内取出前，先放置于炉口冷却，并在耐火板上冷却至室温。切忌直接置于木制台面、有机合成台面上，以免烫坏台面，也不宜直接置于热导率较高的台面上，以免陡然遇冷引起坩埚破裂。

⑤采用瓷坩埚灰化时，不宜使用新的瓷坩埚，因为新瓷坩埚要比使用过的坩埚吸附更多金属元素，造成实验误差。

⑥湿润或溶解残渣时，需待坩埚冷却至室温方可进行。不能将溶剂直接滴加在残渣上，否则易引起残渣飞扬，应沿坩埚壁注入，使残渣充分湿润。

⑦如样品较难灰化，可将坩埚取出，冷却后，加入少量硝酸或水湿润残渣，加热处理，干燥后再移入高温炉内灰化。

⑧样品炭化应在通风橱内进行。加硝酸溶解残渣等操作也应在通风橱内进行。

⑨应根据待测组分的性质，采用适宜的灰化温度。

2. 湿法消化法

湿法消化是采用强氧化剂如浓硝酸、浓硫酸、高氯酸、高锰酸钾等，在加热条件下氧化分解有机物，使待测元素呈离子状态保存于溶液中的过程。常用的湿法消化法有混合酸消化法（如硝酸-硫酸消化法、硝酸-高氯酸消化法）和单一酸消化法（如硝酸消化法、硫酸消化法等）等。其中沸点在120℃以上的硝酸是广泛使用的预氧化剂，它可破坏样品中的有机质；硫酸具有强脱水能力，可使有机物炭化，使难溶物质部分降解并提高混合酸的沸点；热的高氯酸是最强的氧化剂和脱水剂，由于其沸点较高，可在除去硝酸以后继续氧化样品。

（1）硝酸-硫酸消化法　在酸性溶液中，样品与氧化剂——硝酸、硫酸共热，硝酸和硫酸释放出初生态氧，将有机物分解成二氧化碳和水等物质，而金属元素则形成盐类溶于溶液中，定容后供试验用。加入硫酸的优点是由于硫酸沸点高（338℃），并具有强烈的氧化性和脱水能力，加强了氧化性，缩短了分解样品的时间，破坏较完全，还可减少挥发性金属的损失以及吸附的损失，缺点是试剂消耗量大，空白值高。铅和一部分稀土金属的硫酸盐溶解度较小，其他的硫酸盐溶解度也比相应的硝酸盐或氯化物小，因此在铅的测定中大多避免使用硫酸。

（2）硝酸-高氯酸消化法　该方法主要是利用硝酸和高氯酸均为强氧化介质这一特性，可加速和提高分解有机物能力，另外，热的浓高氯酸具有强烈的氧化性和脱水能力，分解样品能力强，同时还可加快氧化速度。它对能形成不溶性硫酸盐的铅等金属元素的回收特别有用。但是热的浓高氯酸与有机物反应易发生爆炸，操作时应先用浓硝酸分解有机物，然后加入高氯酸。消化过程中应有足够的硝酸存在，因此应不断补充硝酸，并且应在常温下才能将高氯酸加入样品中，高氯酸的用量也应严格控制，一般在5mL以下。其他操作同硝酸-硫酸消化法。

干法灰化法和湿法消化法的比较如表3-4所示。

表3-4　干法灰化法与湿法消化法比较

湿法消化法	干法灰化法	湿法消化法	干法灰化法
消化时间短	消化时间很长	较多的监视	不需监视
需温度低，挥发少，时间短	要求温度高，挥发快，时间长	试剂空白大	试剂空白小
对样品性质不敏感	对样品有选择性	不能处理大量样品	能处理大量样品

（三）微波消解法

微波消解通常是指利用微波加热封闭容器中的消解液（各种酸、部分碱液以及盐类）和试样，在高温增压条件下使各种样品快速溶解的消化方法。其原理为在电磁场作用下，样品中的极性分子从原来的随机分布状态转向按照电场的极性排列取向。在高频电磁作用下，这些取向按交变电磁场的变化而变化，极性分子在微波电磁场中快速旋转和离子在微波场中的快速迁移、相互摩擦，迅速提高反应物温度，激发分子高速旋转和振动，使之处于反应的准备状态或亚稳态，促使物质与酸等试剂发生反应被消解。微波消解中常使用的混合酸有硝酸-盐酸、硝酸-氢氟酸等。

由于样品的消解是在密封条件下进行的，所用的试样量、试剂量较少，同时避免了挥发损失和样品的污染，因而空白值低，准确度和精密度高，同时消解的时间也大大缩短了，因此微波消解技术近年来得到较快的发展。但并非所有的样品都适合微波消解，对具有突发性反应和含有爆炸组分的样品不能放入密闭系统中消解。

（四）高压消解罐消解法

高压消解罐是利用罐体内高温高压密封体系（强酸或强碱）的环境来达到快速消解难溶物质的目的，可使消解过程大为缩短，且使被测组分的挥发损失降到较小；提高测定的准确性，是测定微量元素及痕量元素时消解样品的得力助手。高压消解罐广泛应用于光谱质谱（ICP-MS）、原子吸收和原子荧光等化学分析方法的样品前处理，在食品、地质、冶金、商检、核工等系统，消解农残、药品、食品、稀土、水产品各类有机物中Pb、Cu、Cr、Zn、Fe、Ga、Rb、Hg、Sn等重金属。

（五）蒸馏法

蒸馏法是利用待测物质与其他物质的蒸气压不同而进行分离的一种方法。常用的蒸馏法有常压蒸馏法、减压蒸馏法、水蒸气蒸馏法等。

（1）常压蒸馏法　当共存成分不挥发或很难挥发，而待测成分沸点不是很高，并且受热不发生分解时，可用常压蒸馏的方法。常压蒸馏的装置操作均比较简单，加热方法要根据待测成分沸点来确定，可用水浴（待测成分沸点 90℃以下）、油浴（待测成分沸点 90~120℃）、沙浴（待测成分沸点 200℃以上）或盐浴、金属浴及直接加热等方法。蒸馏时应注意控制蒸馏速度（以 1~2 滴/s 为宜），以及冷却水温度及流速（沸点 150℃以上的组分用空气冷凝管），防止暴沸（加入少量沸石）以及注意安全。

（2）减压蒸馏法　当常压蒸馏容易使蒸馏物质分解，或其沸点较高时，可以采用减压蒸馏。在减压的条件下，温度较低时，物质的蒸气压容易达到与外界压力相等而沸腾，从而可使样品不发生部分或全部分解而达到分离的目的。减压的装置通常由蒸馏烧瓶、波氏吸收管、洗气瓶和减压泵组成。减压蒸馏的装置要能耐受压力，否则进行减压时会发生危险。同时，在装配装置时应注意保证各接头不漏气，最好使用磨口装置。

（3）水蒸气蒸馏法　水蒸气蒸馏法是将水蒸气通入不溶或难溶于水但有一定挥发性的有机物质（近 100℃时其蒸气压至少为 1333. 9Pa）中，使该有机物质在低于 100℃的温度下，随着水蒸气一起蒸馏出来的一种分离方法。原理是根据道尔顿分压定律，对于两种互不相溶的液体混合物当总蒸气压等于大气压时，混合物沸腾（此时的温度为共沸点），这样，高沸点的有机物进行水蒸气蒸馏时，在低于 100℃就可和水一起被蒸馏出来。

水蒸气蒸馏是分离和提纯有机化合物的重要方法之一，常用于下列各种情况：

①从大量树脂状杂质或不挥发性杂质中分离有机物；

②除去不挥发性的有机杂质；

③从固体反应混合物中分离被吸附的液体产物；

④常用于沸点很高且高温易分解、变色的挥发性液体，除去不挥发性的杂质。

采用水蒸气蒸馏法分离的物质必须具备以下条件：

①不溶或难溶于水。

②共沸腾下不与水发生化学方程。

③在 100℃左右时，必须具有一定的蒸气压（一般不小于 1333. 22Pa）。

二、样品的净化技术

净化是指通过物理或化学方法除去提取物中对测定有干扰作用杂质的过程，主要是利用分析物与基体中干扰物质的理化特性差异，将干扰物质的量减少到能正常检测目标要求的水平。由于样品在提取操作后，待测组分从试样中被分离出来的同时一些性质与待测物质相同的其他物质也被分离出来，这些物质称为共提物，例如，用抽提法提取试样中的残留农药时，抽提液中除有农药外，试样中的一些易溶于有机溶剂的脂肪、色素、蜡质等组分一并被抽提出来，共提物的存在，对残留农药的测定将会造成严重的干扰，甚至无法测定。因此，还需通过净化操作将这些干扰物从提取液中分离除去。这种分离和浓缩技术，主要是基于混合物中各组分不同的理化性质，如挥发性、溶解度、电荷、分子大小、分子极性的不同，在两个物相间转移。但对于多组分样品，需要较复杂的分离技术，通常从互不相溶的两相中进行选择性转移。常用的净化方法有：过滤、液-液萃取法、层析法（如柱层析、纸层析、薄层层析等）、化学净化法等。

主要的干扰物质有脂类、色素、蜡质、肽和氨基酸、碳水化合物、木质素等，其各类干扰物的性质如表 3-5 所示。

表 3-5 主要干扰杂质及性质

干扰杂质类别	化合物及其性质
脂类	脂肪、油脂（动物样品），不溶于水，溶于多种有机溶剂
色素	叶绿素、叶黄素、胡萝卜素等（植物样品），不溶于水，能溶于乙醇、丙酮和石油醚
蜡质	蜡质（许多蔬菜），易溶于有机剂
肽、氨基酸	含氮，对 NPD、FPD 检测器有干扰
碳水化合物	糖、淀粉等，对低挥发性和高水溶性农药有干扰
木质素	酚类及其衍生物，影响氨基甲酸酯类和苯氧羧酸类农药酚代谢物的分析

（一）过滤

过滤一般指分离悬浮在液体中的固体颗粒的操作，有时也指用于洗涤物质的操作。过滤方法多种多样，在粮油品质分析中应用最多的是常压过滤和减压过滤。

（1）常压过滤　常压过滤常用仪器是玻璃制的锥形漏斗。过滤操作时应注意，滤纸不要高于漏斗，以免结晶物质经纸的毛细作用结到纸上端不易取下；倒入溶液时要沿玻璃棒引流到滤纸的壁上，不要冲起沉淀，且不要超过滤纸的高度，沉淀物的高度不应超过滤器 1/3 以上。

（2）减压过滤　减压过滤又称抽滤，是指利用抽气泵或真空泵使抽滤瓶中的压强降低，滤液在内外压差作用下快速透过滤纸或砂芯流下，以达到固液分离的目的。优点：过滤速度快，且沉淀经抽吸作用后含水量低。缺点：不宜过滤胶状沉淀和颗粒太小的沉淀，因为胶状沉淀易穿透滤纸，颗粒太小的沉淀易在滤纸上形成一层密实的沉淀，溶液不易透过滤纸。

（二）液-液萃取法

液-液萃取法（LLE）是一种简单而且应用最广泛的净化分离技术。根据相似相溶原理，当将样品添加在互不相溶的两相溶剂中充分混合后，要分离的物质溶于其中一个溶剂中，而样品中其他的物质仅溶于另一个溶剂中，静置后将两层溶液分开，即达到净化的目的。因此，进行液-液萃取时要想获得好的净化效果，关键是选择一种与样品溶液互不相溶，又对待测组分有较大分配系数的溶剂（通常称为萃取剂）。例如，农药、霉菌毒素、苯并［a］芘等物质在极性溶剂中有较大的分配系数，而脂肪、色素、蜡质等干扰物在非极性溶剂中有较大的分配系数。可选用如三氯甲烷、甲醇、二甲亚砜、二甲基甲酰胺等极性溶剂作为萃取剂，从石油醚或己烷等样品液中，将农药、霉菌毒素、苯并［a］芘等萃取出来，而脂肪、色素、蜡质等干扰物则留在样品溶液中。

选用极性溶剂将被测物从提取液中萃取后，可以达到净化的目的，但是，极性溶剂一般沸点高，不易浓缩，影响痕量分析测定方法的灵敏度。这就需要将被测物质从极性溶剂中转移到低沸点的溶剂中，这种用与萃取剂不溶解的溶剂从萃取液中提取被测物的方法称为反萃取。具体操作为：向萃取液中（极性溶剂）加入一定量的水相溶液，与极性溶剂互溶，再加入低沸点溶剂如石油醚、正己烷等，这样就可以将萃取中不溶于水的待测物被石油醚、正己烷反萃取出来，同时将极性溶剂萃取的极性杂质保留在极性溶剂中，进一步达到净化的目的。

为了提高反萃取效果，在水中加入某些盐类，如氯化钠、硫酸钠等，可以加大水相的极性，降低被测物质在水相中的分配率，还能促进两相分层清晰，易于分离。

1. 常用的溶剂系统

（1）含水量高的样品　先用极性溶剂提取，再转入非极性溶剂中。

①净化有机磷、氨基甲酸酯等极性稍强农药溶剂：水-二氯甲烷；丙酮、水-二氯甲烷；甲醇、水-二氯甲烷；乙腈、水-二氯甲烷。

②净化非极性农药的溶剂：水-石油醚；丙酮、水-石油醚；甲醇、水-石油醚。

（2）含水量少、含油量较高的样品　净化的主要目的是除去样品中的油和脂肪等杂质。

①净化极性农药时，先用乙腈、丙酮或二甲亚砜、二甲基甲酰胺提取样品，然后用正己烷或石油醚进行分配，提取出其中的油脂干扰物，弃去正己烷或石油醚层，农药留在极性溶剂中，加食盐水溶液于其中，再用二氯甲烷或正己烷反提取其中农药。常用的溶剂对有：乙腈-正己烷，二甲亚砜-正己烷，二甲基甲酰胺-正己烷。

②净化非极性农药时，用正己烷（或石油醚）提取样品后，再用极性溶剂乙腈（或二甲基甲酰胺）多次提取，农药转入极性溶剂中，弃去正己烷（石油醚）层，在极性溶剂中加食盐水溶液，再用石油醚或二氯甲烷提取农药。

2. 常见问题和注意事项

（1）分液漏斗在使用前应用水和溶剂依次检查塞子和活塞是否严密，以防在使用过程中发生漏液，影响测定的准确性。

（2）分液漏斗中液体的总体积不应超过分液漏斗容积的3/4。因为装得过满，振摇时不能使溶剂和样品液分散成为小液滴，影响溶剂相互充分接触，妨碍了物质在相间的分配过程，因而使萃取效率降低。

（3）振摇分液漏斗时，应多次打开活塞排气，否则会使分液漏斗内压力增大，易造成溶液从塞缝处渗出，或者在分液漏斗静置时，玻璃活塞会突然跳落，造成损失。

（4）振摇完毕，应充分静置，只有当萃取剂与样品液分层清晰后才能分液，如未待两液清晰分层，急于分液，不但没有达到很好的萃取目的，反将干扰杂质混入。

（5）有时振摇静置后，常在两液界面之间形成乳浊层很难分开，或者振摇时萃取剂与样品液易形成稳定的乳浊液，不能迅速分层，造成这些现象的原因可能是：

①两相界面之间存在少量轻质的沉淀；

②两液相之间界面张力小，或二者的相对密度相差较小；

③萃取液中含有表面活性物质如蛋白质、长链脂肪等。

遇到上述情况，可以采取下列措施解决：

①滴加数滴醇类，改变表面张力；

②改变溶液的 pH；

③加入氯化钠，以降低乳浊液的稳定性；

④应避免剧烈振摇，防止乳浊液的形成。

(6) 萃取操作中的上、下两层液体都应保留到试验完毕。否则，中间操作中如发生错误，便无法补救和检查。

（三）柱层析法

柱层析法（column chromatography）是利用色谱原理在开放式柱中将农药与杂质分离的净化方法，也称柱色谱法，是一种广泛应用的物理化学分离分析方法。在分离混合物时，色谱法比结晶、蒸馏、萃取、沉淀等方法有明显的优越性，主要是分离效率高、灵敏、准确、便捷，能够将物理化学性质极相似而结构又有微小差异的各组分彼此分离。常用于样品提取液通过液液分配处理后再次净化。

在柱层析法中，混合物的分离是在装有吸附剂如氧化铝、硅胶、硅镁型吸附剂等的玻璃柱中进行的。混合物加到柱上后，用适当溶剂（称为洗脱剂）冲洗，溶剂连续适量地通过色谱柱称为“柱的展开”或“洗脱”。由于混合物中各种物质在吸附剂表面吸附力的不同，以及它们在洗脱中溶解度的不同，使得它们在吸附剂与洗脱剂之间的分配系数不同，从而达到分离的目的。例如，要净化含有苯并［a］芘和脂肪、色素、蜡质等杂质的提取液，就将此提取液加到装有硅镁型吸附剂的色谱柱上，最初它们都被吸附在柱的顶端，形成一个色圈。当提取液全部流入色谱柱之后，用极性溶剂作为洗脱液进行冲洗，这时苯并［a］芘和脂肪、色素、蜡质溶解（即解吸），随着洗脱剂向下流动而移动，在移动的过程中，它们又遇到新的吸附剂，又把它们从溶液中吸附出来，如此反复进行，即连续不断地发生吸附、溶解（解吸），再吸附、再溶解的过程。由于苯并［a］芘在极性溶剂中溶解度大，而硅镁型吸附剂对它的吸附力弱，所以它在柱中移动得快；而脂肪、色素、蜡质等杂质较易被硅镁型吸附剂吸附，又较不容易溶解在极性溶剂中，在柱中移动得慢。有了这种差速移动，就能随着溶剂的不断冲洗而逐步分离，最后达到完全分离，分成苯并［a］芘和脂肪、色素、蜡质的“色圈”（又称谱带或色区），从而达到净化的目的。苯并［a］芘先被洗脱下来，脂肪、色素、蜡质等杂质仍留在柱中。

柱层析法对吸附剂的基本要求：①表面积大，内部是多孔颗粒状的固体物。②具有较大的吸附表面和吸附性，而且其吸附性是可逆的。③吸附剂应具化学惰性，即与样品中各组分不起化学方程，在展开剂中不溶解。④含有杂质的吸附剂，需在500~600℃重新活化3h，放在干燥器中避光保存。

最常用的吸附剂有非极性吸附剂如活性炭；极性吸附剂如硅镁型吸附剂、硅胶、氧化铝等，它们能很好地吸附非极性溶剂中的溶质。

吸附剂和淋洗剂的选择：①极性物质易被极性吸附剂吸附，非极性物质易被非极性吸附剂吸附。②氧化铝、弗罗里硅土对脂肪和蜡质的吸附力较强，活性炭对色素的吸附力强，硅藻土本身对各种物质的吸附力弱，但酸性硅藻土对样品中的色素、脂肪和蜡质净化效果好。③改变淋洗溶剂的组成，可以获得特异的选择性，如在一根柱上用不同极性溶剂配比进行淋洗，可将各种农药以不同次序先后淋洗下来。应用于柱层析法的有机溶剂按其洗脱能力的大小排列为（常用溶剂的极性次序）：石油醚<环已烷<苯<乙醚<氯仿及醇类。在这一系列有机溶剂中前者能被后者所置换。为了很好地达到净化的目的，必须选择适宜的溶剂或混合溶剂。

（四）化学净化法

化学净化法是通过化学方程处理样品，改变其中某些组分的亲水、亲脂及挥发性质，并利用改变的性质进行分离，以排除和抑制干扰物质干扰的方法。

1. 磺化法

在农药的提取中，脂肪、色素等杂质是最主要的干扰物质，如果待测组分对酸稳定，则可以利用脂肪、色素等杂质分子中含有的双键、羟基等，与硫酸作用，能形成极性很大的易溶于水的加成物，从而实现与待测组分的良好分离。操作时可以将提取液置于分液漏斗中，按提取液与浓硫酸体积 10∶1 的比例加入浓硫酸，振摇、静置分层后，弃除下层酸液即可。如果提取液中的脂类等物质含量高，可经过多次重复处理，以达到净化要求。

此种方法简单、快速，净化效果好，但用于农药分析时，仅限于强酸介质中稳定的待测成分才能使用，例如有机氯农药中的六六六、DDT 提取液的净化处理，而易为浓硫酸分解的有机磷、氨基甲酸酯类农药以及能溶于浓硫酸的苯并［a］芘等不能使用该方法。

2. 皂化法

本法是利用酯类杂质与碱能发生皂化反应的原理，通过氢氧化钾加热回流，使酯类皂化而除去，达到净化的目的。此法适用于那些不宜用磺化法，但对碱稳定的组分，如苯并［a］芘、艾氏剂、狄氏剂农药等，操作时可采用索氏抽提法，选择合适的溶剂将脂肪等及待测组分提取到接收瓶中，加入氢氧化钾回流 2~3h，即可使样品中的脂肪等杂质皂化而除去。也可在接受瓶中加入一定量的乙醇作为媒介，以促进氢氧化钾充分皂化脂肪。

3. 掩蔽法

掩蔽法是基于化学方程的一类称为“假分离”的净化方法，主要用于测定有害元素时，对消化后的试样溶液净化处理。经消化后的样品溶液中常有多种有害金属元素混合存在，其他金属元素的存在往往对于待测定的有害元素有干扰，为了消除这些元素的干扰，常加入一种络合配位体和控制溶液的 pH，以使干扰的元素离子被束缚或掩蔽起来，从而消除干扰。这种方法可不经过分离操作就可消除干扰作用，因此，具有操作简单、选择性强、结果准确的特点。该法在粮油食品质量安全检测方面得到了广泛应用。

（1）调节溶液的 pH　在测定粮油食品中的铅、汞、镉等有害金属元素时，常用双硫腙与之配位显色，然后比色测定。双硫腙是一种常用的显色剂，它能与 20 多种金属元素生成各种不同的有色配合物，干扰被测物的测定，但是，各种金属元素与双硫腙形成配合物的稳定程度随着溶液的 pH 变化而异，例如，pH 在 2 以下时，汞与双硫腙配位形成稳定的橙色配合物；pH 在 3~4 时与铜生成稳定的红紫色配合物；pH 在 8~9 时与铅、镉生成稳定的红色配合物，而其他一些金属元素在此 pH 条件下与双硫腙的配位反应受到阻止。因此，可根据被测元素与双硫腙配位时所需 pH，向溶液中加入酸或碱调节 pH，而将其他一些金属元素掩蔽。同时，还可利用被测物的配合物易溶于三氯甲烷、四氯化碳等有机溶剂，而未配位的金属离子溶于水的特性，用水和三氯甲烷（四氯化碳）进行液-液分配，就可将干扰离子除去。

（2）使用掩蔽剂　在被测溶液中加入一种配位剂，将干扰离子掩蔽起来，从而消除干扰。例如，双硫腙比色法测定铅时，在溶液中加入氨水，调节 pH 为 8~9，然后加入掩蔽剂氰化钾，它与铜、锌、镍、钴、金、汞等金属离子配位为稳定的无色配合物，阻止了它们与双硫腙的配位，消除了干扰。

使用掩蔽剂时应注意，掩蔽剂不是在任何条件下都可掩蔽所有干扰金属离子，能否掩蔽及掩蔽程度，取决于该测定条件下干扰元素与掩蔽剂所形成络合物的稳定性和掩蔽剂的浓度。此外，掩蔽剂氰化钾是剧毒物质，使用时应注意安全，应使用专用移液管吸取，勿使其接触人体，如接触了氰化钾溶液，可用1%铁矾溶液消毒处理，然后倒入废液中，实验结束后所用仪器和容器也应用铁矾溶液消毒。

三、 样品的浓缩技术

粮油食品中的被测物经分离、净化后，所得样液的体积通常都比较大，当被测定成分含量较低时，尤其是痕量测定，在测定前常常需要将样液进行浓缩来提高样液的浓度，以满足测定方法灵敏度的要求。但是一些性质不稳定且易氧化分解的待测物质在浓缩过程应注意防止氧化分解，尤其是在浓缩至近干的情况下，更容易发生氧化分解，这时往往需要在氮气流保护下进行浓缩，常用的浓缩方法有以下几种。

1. 气流吹蒸法

气流吹蒸法是将空气或氮气吹入盛有净化液的容器中，不断降低液体表面蒸气压，使溶剂不断蒸发而达到浓缩的目的。此法操作简单，但效率低，主要用于体积较小、溶剂沸点较低的溶液浓缩，但蒸气压较高的组分易损失。对于残留分析，由于多数待测组分易氧化不稳定，所以一般是用氮气作为吹扫气体。如需在热水浴中加热促使溶剂挥发，应控制水浴温度，防止被测物氧化分解或挥发，对于蒸气压高的农药，必须在50℃以下操作，最后残留的溶液只能在室温下缓和的氮气流中除去，以免造成农药的损失。

2. 减压浓缩法

减压浓缩法通过抽真空的方式降低溶剂的沸点，从而使样品迅速浓缩至所需体积，同时又可避免被测物分解。该方法主要用于待测组分对热不稳定，在较高温度下容易分解的样品。常用的减压浓缩装置为全玻璃减压浓缩器，又称KD浓缩器，这种仪器是一种常用的减压蒸馏装置，其浓缩净化液时具有浓缩温度低、速度快、损失少以及容易控制所需要体积的特点，适合对热不稳定被测物提取液的浓缩，特别适用于农药残留分析中样品溶液的浓缩。此外，还可用于溶剂的净化蒸馏。

3. 旋转蒸发器浓缩法

旋转蒸发器是通过电子控制，使烧瓶在适宜的速度下旋转以增大蒸发面积。浓缩时还可通过真空泵使蒸发烧瓶处于负压状态。盛装在蒸发烧瓶内的提取液，在水浴或油浴中加热的条件下，因在减压下边旋转边加热，使蒸发瓶内的溶液黏附于内壁形成一层薄的液膜，进行扩散，增大了蒸发面积，并且由于负压作用，溶剂的沸点降低，进一步提高了蒸发效率，同时，被蒸发的溶剂在冷凝器中被冷凝、回流至接收瓶。因此，该法较一般蒸发装置蒸发效率成倍提高，并且可防止暴沸、被测组分氧化分解。蒸发的溶剂在冷凝器中被冷凝，回流至溶剂接收瓶中，使溶剂回收十分方便。旋转蒸发浓缩器由机械部件、电控箱和玻璃仪器三大部分组成。目前旋转蒸发器的生产厂家较多，型号多种。使用前，按照产品说明书进行安装即可。使用时，将安装好的旋转蒸发器用橡皮软管接好真空泵，打开真空泵测试负压，用于检测气密性；接好冷凝管，打开冷凝水阀门；调节升降杆，使蒸发瓶置于事先准备好的水浴中；加样至蒸发瓶的1/2~2/3处，关闭进样口阀门，开启旋转控制，当浓缩到一定体积时，停止旋转，取下蒸发瓶倒出浓缩液，取下溶剂接收瓶，将回收液倒入回收桶中，再接好旋转瓶和接受瓶，继续加样蒸发，重复上述过程直至净化液浓缩完毕。

4. 真空离心浓缩法

真空离心浓缩是指采用由真空离心浓缩仪、冷阱、真空泵三部分组成的真空离心浓缩系统，通过综合利用离心力、加热和外接真空泵提供的真空作用来进行溶剂蒸发。可同时处理多个样品而不会导致交叉污染，同时通过超低温的冷阱捕捉溶剂，冷阱能有效捕捉大部分对真空泵有损害的溶剂蒸气，对高真空油泵提供有效保护，从而将溶剂快速蒸发达到浓缩或干燥样品的目的。操作时，按照仪器产品说明书进行。

思考题

1. 粮油检验是如何进行分类的？各有什么特点？
2. 粮油检验的一般程序有哪些？
3. 粮油在检验过程中如何对检验方法进行选择？
4. 样品的意义是什么？
5. 样品的分类有哪些？
6. 样品的基本要求包括哪些？
7. 样品采集需要遵循的原则是什么？
8. 采样的基本要求是什么？
9. 粮食、油料及油脂扦样的工具分别有哪些？
10. 分别叙述粮食、油料及油脂扦样的方法。
11. 采样的注意事项有哪些？
12. 采样类型有哪些？
13. 样品制备的概念是什么？
14. 粮油样品的分样包括哪些内容？
15. 样品制备的方法有哪些？
16. 简述样品预处理的定义。
17. 常用的样品预处理方法有哪些？
18. 常用的分离方法有哪些？
19. 常用的净化方法有哪些？
20. 常用的浓缩方法有哪些？

下篇

粮油品质检验与流通过程品质控制技术

第四章 小麦及小麦粉品质检验与流通过程品质控制

CHAPTER 4

学习指导

小麦及小麦粉品质检验与流通过程品质控制是保障粮食安全的重要组成部分，最终可以为社会提供最为基础通用的小麦粉，满足广大人民群众日益增长的自然、安全、营养消费需求，引导消费者健康消费，也可以引导企业适度加工，助力节粮减损，进而推动小麦粉产业高质量发展。通过本章的学习，熟悉小麦及小麦粉品质检验与流通过程的品质控制，重点掌握小麦及小麦粉分类及质量评价方法，熟悉小麦及小麦粉质量标准和术语，了解小麦收购和出入库检验项目及程序、储藏期间检验项目及程序，重点掌握小麦质量检验和储藏品质检验标准和各指标的检验方法，了解小麦粉加工过程中的检验程序及内容，掌握加工前样品、中间产品、成品及副产品和下脚料检验程序、检验指标和方法；熟悉小麦粉品质检验与流通过程品质控制所包括的内容，理解各指标检测的方法和原理。

小麦是世界上分布范围最广、贸易额最多的粮食作物之一，世界上以小麦为主食的人口占40%。无论从营养价值还是加工性能来看，小麦都是世界公认的最具有加工优势的粮食作物。在我国小麦栽培历史悠久，主要为冬小麦和春小麦，冬小麦主要分布在长城以南，大约占全国小麦总面积的84%，春小麦主要分布在长城以北，大约占全国小麦总面积的16%。小麦总产量约占粮食总产量的22%。因此我国作为小麦消费大国，统筹做好小麦及小麦粉的品质检验与品质控制，对粮食原料的应急保障能力建设非常重要。

第一节　小麦原粮质量检验

小麦国家标准最早制定于1978年，是在原商业部行业标准的基础上制定的，并于同年6月颁布实施（GB 1351—1978《小麦》）。该质量检验标准适用范围为国家征购、销售、调拨、储存、加工和出口的商品小麦。最新修订的GB 1351—2023《小麦》于2023年12月1日起实施。小麦质量按容重定等，其指标有容重、不完善粒、杂质、水分、色泽、气味。为了促进粮食流通体制的改革和在商品小麦收购及市场流通过程中以质论价提供依据，我国制定了优质小麦国家标准 GB/T 17892—1999《优质小麦 强筋小麦》及 GB/T 17893—1999《优质小麦 弱筋小麦》，其中规定小麦质量指标有容重、水分、不完善粒、杂质、色泽、气味、降落数值、粗蛋白、湿面筋含量等。

一、小麦质量标准

（一）主要国家标准

GB 1351—2023《小麦》

GB/T 17892—1999《优质小麦 强筋小麦》

GB/T 17893—1999《优质小麦 弱筋小麦》

GB/T 17320—2013《小麦品种品质分类》

（二）质量指标

国家小麦标准 GB 1351—2023 中规定：各类小麦按容重定等，3 等为中等，且对小麦杂质、水分、不完善粒作了最高限量规定。其质量指标要求如表 4-1 所示。

表 4-1 小麦质量等级指标

等级	容重/（g/L）	不完善粒/%	杂质/%		水分/%	色泽、气味
			总量	其中：无机杂质		
1	≥790	≤6.0	≤1.0	≤0.5	≤12.5	正常
2	≥770	≤6.0	≤1.0	≤0.5	≤12.5	正常
3	≥750	≤8.0	≤1.0	≤0.5	≤12.5	正常
4	≥730	≤8.0	≤1.0	≤0.5	≤12.5	正常
5	≥710	≤10.0	≤1.0	≤0.5	≤12.5	正常
等外	<710	—	≤1.0	≤0.5	≤12.5	正常

为了适应市场经济发展的需要，促进粮食种植结构调整、促进优质专用粮食生产的发展，满足市场和广大消费者对优质专用粮食的要求，使优质粮的收购及经营活动更加规范，有标准可依，国家制定了优质小麦标准 GB/T 17892—1999《优质小麦 强筋小麦》和 GB/T 17893—1999《优质小麦 弱筋小麦》，表 4-2 和表 4-3 分别列出了强筋小麦和弱筋小麦的品质指标。

表 4-2 强筋小麦品质指标

项目		指标	
		一等	二等
籽粒	容重/（g/L）	≥770	
	水分/%	≤12.5	
	不完善粒/%	≤6.0	
	杂质/%		
	总量	≤1.0	

续表

项目		指标	
		一等	二等
籽粒	矿物质	≤0.5	
	色泽、气味	正常	
	降落数值/s	≥300	
	粗蛋白质（干基）/%	≥15.0	≥14.0
小麦粉	湿面筋（14%水分基）/%	≥35.0	≥32.0
	面团稳定时间/min	≥10.0	≥7.0
	烘焙品质评分值	≥80	

表 4-3　弱筋小麦品质指标

项目		指标
籽粒	容重/（g/L）	≥750
	水分/%	≤12.5
	不完善粒/%	≤6.0
	杂质/%	
	总量	≤1.0
	矿物质	≤0.5
	色泽、气味	正常
	降落数值/s	≥300
	粗蛋白质（干基）/%	≤11.5
小麦粉	湿面筋（14%水分基）/%	≥22.0
	面团稳定时间/min	≥2.5

二、 小麦质量标准相关指标检测方法

小麦作为主要的粮食消费产品，主要用于制粉及食品工业，种用量占4%，出口量占2.2%。小麦的颖果是人类的主食之一，富含淀粉、蛋白质、脂肪、矿物质、钙、铁、维生素 B_1、核黄素、烟酸及维生素 A 等。因品种和环境条件不同，其营养成分的差别较大。小麦质量标准是评定小麦质量的技术规范，是小麦收购、加工、流通等环节的技术依据，是开展小麦检验工作的技术法规。开展质量指标的检测与分析是贯彻国家小麦质量标准的技术手段，也是评价小麦质量品质的依据。

（一）检验标准

（1）小麦样品的扦样和分样　按 GB/T 5491—1985《粮食、油料检验　扦样、分样法》进行。

（2）小麦色泽、气味、口味　按 GB/T 5492—2008《粮油检验　粮食、油料的色泽、气味、口味鉴定》进行。

（3）小麦分类　按 GB/T 5493—2008《粮油检验　类型及互混检验》和 GB/T 21304—2007《小麦硬度测定　硬度指数法》进行。

（4）小麦杂质、不完善粒　按 GB/T 5494—2019《粮油检验　粮食、油料的杂质、不完善粒检验》进行。

（5）小麦水分　按 GB/T 5497—1985《粮食、油料检验　水分测定法》和 GB 5009.3—2016《食品安全国家标准　食品中水分的测定》进行。

（6）小麦容重　按 GB/T 5498—2013《粮油检验　容重测定》进行。

（7）小麦湿面筋含量　按 GB/T 5506.1—2008《小麦和小麦粉　面筋含量　第 1 部分：手洗法测定湿面筋》和 GB/T 5506.2—2008《小麦和小麦粉　面筋含量　第 2 部分：仪器法测定湿面筋》进行。

（8）小麦降落数值　按 GB/T 10361—2008《小麦、黑麦及其面粉，杜伦麦及其粗粒粉　降落数值的测定　Hagberg-Perten 法》进行。

（9）小麦粗蛋白质含量　按 GB 5009.5—2016《食品安全国家标准　食品中蛋白质的测定》进行。

（二）检验方法

扦样和分样按上篇第三章中所描述的方法进行。

1. 小麦硬度指数测定

小麦硬度是由胚乳细胞中蛋白质基质和淀粉之间结合强度决定的，其结合强度又受遗传控制。小麦籽粒抵抗外力作用下发生变形和破碎的能力即为小麦的硬度。小麦硬度指数是在规定条件下粉碎小麦样品，留存在筛网上的样品占试样的质量百分数。硬度指数越大，表明小麦硬度越高，反之表明小麦硬度越低，其测定方法按 GB/T 21304—2007《小麦硬度测定　硬度指数法》进行。

（1）原理　硬度不同的小麦具有不同的抗机械粉碎能力。在粉碎时，粒质较硬的小麦不易被粉碎成粉状，粒质较软的小麦易被粉碎成粉状。在规定条件下粉碎样品时，留存在筛网上的样品越多，小麦的硬度越高，反之小麦的硬度越低。

（2）仪器和用具　小麦硬度指数测定仪；天平：分度值 0.01g。

（3）样品制备

①样品预处理：将小麦样品置于与硬度指数测定仪相同的工作环境中，使其温度与环境温度基本一致，环境温度控制在 5~45℃。样品水分应控制在 9%~15%，不符合要求的，应根据其水分含量，将样品置于湿度较低或较高的环境中适当时间，使其水分调节到规定的范围内。然后，除去样品中的杂质和破碎粒。

②水分测定：按 GB 5009.3—2016《食品安全国家标准　食品中水分的测定》规定测定样品水分，并将测定值输入仪器称量计算系统中。

（4）硬度测定

①仪器检查：每次测定前应检查硬度指数测定仪的筛网。如筛网网眼有破损，及时更换。仪器长期不用或连续使用 120 次以上时，使用小麦硬度指数标准样品，按仪器说明书的规定对仪器进行检查。不符合规定要求的仪器，不得用于样品测定。

②接料斗与筛网系统称量：每次测定前应称量接料斗、筛网系统（包括筛网、筛网座）的质量，并输入仪器称量计算系统中。仪器无称量计算系统的，应在计算结果时将其扣除。

③仪器预热：用约25g小麦，按测定步骤④进行操作，试机5~7次，使仪器预热。将仪器粉碎系统、接料斗、筛网系统等清扫干净备用。

④样品测定：准确称取制备好的样品（25.00±0.01）g。打开硬度测定仪端盖，将粉碎系统转子的一个型腔（两刀之间的凹部）向上对准进料口，关闭并锁好端盖。打开进料斗盖，将称取好的样品全部倒入进料斗中，关闭进料斗盖。开启测定仪，样品粉碎50s后，自动停机。待仪器停稳后打开端盖，小心将接料斗、筛网系统一起取出，按照仪器说明书的规定，将筛网上的留存物清扫干净。清扫中要防止筛网系统与接料斗分离，以免筛网上的留存物掉入接料斗中或接料斗中的物质撒出。连同接料斗、筛网系统一起称量筛下物，扣除接料斗、筛网系统质量后得到筛下物质量 m_1，精确至0.01g。

最后将仪器粉碎系统、接料斗、筛网系统等清扫干净，以备下次测定用。

（5）结果计算与表示　配备称量计算系统的仪器，称量后自动计算并打印出结果。

2. 小麦杂质与不完善粒检测

小麦的杂质主要是指除小麦以外的其他物质及无使用价值的小麦粒，其中包括筛下物、无机杂质和有机杂质。筛下物是指通过直径1.5mm圆孔筛的物质。无机杂质是指砂石、砖瓦块及其他无机类物质。有机杂质是指异种粮粒、无使用价值的小麦、除小麦以外其他有机类物质，无使用价值的小麦为不能作为小麦原料进行利用的籽粒，包括完全变色变质的小麦、超过本颗粒长度的小麦、线虫病小麦、腥黑穗病小麦等。

小麦的不完善粒是指受到损伤但尚有使用价值的小麦籽粒。包括虫蚀粒、病斑粒、热损伤粒、破损粒、生芽粒、生霉粒。

虫蚀粒：被虫蛀蚀，伤及胚或胚乳的籽粒。

病斑粒：粒面带有病斑，伤及胚或胚乳的籽粒。包括黑胚粒及赤霉病粒。

黑胚粒：胚部或其他部位的种皮呈明显的深褐色或黑色，伤及胚或胚乳的籽粒。

赤霉病粒：籽粒皱缩、呆白，或粒面呈紫色，或有明显的粉红色霉状物，间有黑色子囊壳的籽粒。

热损伤粒：由于微生物或其他原因产热或受热而改变了正常颜色或受到损伤的籽粒。

破损粒：压扁、破碎，伤及胚或胚乳的籽粒。

生芽粒：芽或幼根虽未突破种皮但胚部种皮已破裂，或芽或幼根突破种皮但不超过本颗粒长度的籽粒。

生霉粒：籽粒生霉的颗粒。

杂质和不完善粒含量高低直接影响小麦粉的质量，不完善粒含量过高会使小麦粉的灰分超标、面筋含量下降以及对小麦硬度等产生影响。

我国现行检测小麦杂质、不完善粒的标准是GB/T 5494—2019《粮油检验　粮食、油料的杂质、不完善粒检验》。

（1）仪器和用具　天平分度值0.01g、0.1g；谷物选筛：上筛层 Φ4.5mm，下筛层 Φ1.5mm；电动筛选器；分样器和分样板；分析盘、毛刷、镊子等。

（2）操作步骤

①杂质检验

a. 试样制备。检验杂质的试样分为大样、小样两种。

大样：用于检验大样杂质，包括大型杂质和绝对筛层的筛下物，其样品量为500g。

小样：从检验过大样杂质的样品中分出的少量试样，检验与粮粒大小相似的杂质，其样品量为50g。

b. 筛选。电动筛选器法：按质量标准中规定的筛层套好（大孔筛在上，小孔筛在下，套上筛底）。按规定称取试样放入筛上，盖上筛盖，放在电动筛选器上，接通电源，选筛自动地向左、向右各筛1min，110~120r/min，筛后静置片刻，将筛上物和筛下物分别倒入分析盘，卡在筛孔中间的颗粒属于筛上物。

手筛法：按照上法将筛层套好，倒入试样，盖好筛盖，然后将选筛放在光滑的桌面上，用双手以110~120r/min的速度，按顺时针方向和反时针方向各筛动1min，筛动的范围，掌握选筛直径扩大至8~10cm。筛后的操作与上法同。

c. 大样杂质检验。从实验样品中，按规定称取试样约500g（m），按筛选法分两次进行筛选（特大粒粮食、油料分四次筛选），然后拣出上筛层的大型杂质和筛下物合并称量（m_1），并计算。

$$A\ (\%) = \frac{m_1}{m} \times 100 \tag{4-1}$$

式中 A——大样杂质百分率，%；

m_1——大样杂质质量，g；

m——大样质量，g。

双试验结果允许差不超过0.3%，求其平均数即为检验结果，检验结果取小数点后1位。

d. 小样杂质检验。从检验过大样杂质的试样中，按照规定用量分取试样约50g（m_2），倒入分析盘中，按质量标准的规定拣出杂质，称量（m_3），并计算。

$$B\ (\%) = (100-A) \times \frac{m_3}{m_2} \tag{4-2}$$

式中 B——小样杂质百分率，%；

m_3——小样杂质质量，g；

m_2——小样质量，g；

A——大样杂质百分率，%。

双试验结果允许差不超过0.3%，求其平均数即为检验结果，检验结果取小数点后1位。

e. 矿物质检验。从拣出的小样杂质中拣出矿物质，称量（m_4），并计算。

$$K\ (\%) = (100-A) \times \frac{m_4}{m_2} \tag{4-3}$$

式中 K——矿物质百分率，%；

m_4——矿物质质量，g；

m_2——小样质量，g；

A——大样杂质百分率，%。

双试验结果允许差不超过0.1%，求其平均数即为检验结果，检验结果取小数点后3位。

f. 杂质总量计算。小麦的杂质总量按式（4-4）计算。

$$C\ (\%) = A+B \tag{4-4}$$

式中 C——杂质总量，%；

A——大样杂质百分率，%；

B——小样杂质百分率，%。

计算结果取小数点后1位。

②不完善粒检验：在检验小样杂质的同时，按质量标准的规定拣出不完善粒，称量（m_5）。不完善粒百分率按式（4-5）计算。

$$D\ (\%) = (100-A) \times \frac{m_5}{m_2} \tag{4-5}$$

式中 D——不完善粒百分率，%；

m_5——不完善粒质量，g；

m_2——小样质量，g；

A——大样杂质百分率，%。

双试验结果允许差：大粒、特大粒粮不超过1.0%；中、小粒粮不超过0.5%。求其平均数即为检验结果，检验结果取小数点后1位。

（3）注意事项

①无使用价值的小麦是指严重病害、热损伤、霉变或其他原因造成的变色变质的籽粒，生芽粒中芽超过本颗粒长度的籽粒（如芽已掉应注意辨别是否有使用价值），线虫病籽粒，散黑穗病籽粒等均为杂质。

②在大样杂质和小样杂质检验中，应将带壳麦粒剥离出来，分别归属。

③病斑粒、黑胚粒须进行剖粒检验。深褐色或黑色斑块可能发生在籽粒任何部位，但常出现在胚部和麦沟处。不论斑块在何处，斑块明显并伤及胚或胚乳的都应归属黑胚粒。

④虫蚀粒应特别注意是否伤及胚和胚乳，未伤及胚和胚乳的籽粒归属为完善粒。同时应细致观察粒面是否有细小蛀孔，以免漏检。

⑤生芽粒检验时应注意观察发芽的痕迹，以免漏检芽已经断落的籽粒。

⑥赤霉病粒在实际鉴别中按呆白并皱缩掌握。

⑦籽粒有裂纹未伤及胚或胚乳的不属于破损粒。

⑧肉眼可见粒面生霉且伤及胚和胚乳的籽粒，才归属于生霉粒。

3. 小麦色泽、气味鉴定

正常的小麦籽粒因品种不同而具有各自特有的颜色和光泽。如硬麦的色泽有琥珀色、深琥珀色和浅琥珀色；软麦除了红白两个基本色泽外，红软麦还有深红色、红色、浅红色、黄红色和黄色等。但是在不良条件的影响下就会失去光泽，甚至改变颜色。正常的小麦籽粒具有小麦特有的香味，如果气味不正常说明小麦变质或吸收了其他有异味的气体。引起小麦气味不正常的原因有发热霉变，使小麦带有霉味；小麦发芽，带有类似黄瓜的气味；感染黑穗病，散发类似青鱼的气味；包装和运输工具不干净，使小麦带有煤油、卫生球或煤焦油等气味。

（1）原理 取一定量的小麦样品，去除其中杂质，在规定条件下，按照规定方法借助感觉器官鉴定其色泽、气味、口味，以正常或不正常表示。

（2）仪器和用具 天平，分度值1g；谷物选筛（上筛层Φ4.5mm，下筛层Φ1.5mm）；贴有黑纸的平板；广口瓶；水浴锅。

（3）操作步骤

①试样准备：试样的扦样、分样按GB/T 5491—1985《粮食、油料检验 扦样、分样

法》执行，样品应去除杂质。

②小麦色泽鉴定：分取20~50g小麦样品，放在手掌中均匀地摊平，在散射光线下仔细观察样品的整体颜色和光泽。对色泽不易鉴定的样品，根据不同的粮种，取100~150g样品，在黑色平板上均匀地摊成15cm×20cm薄层，在散射光线下仔细观察样品的整体颜色和光泽。

③气味鉴定：分取试样20~50g，放在手掌中用哈气或摩擦的方法，提高样品的温度，立即嗅辨气味是否正常。对气味不易鉴定的样品，分取20g试样，放入广口瓶，置于60~70℃的水浴锅中，盖上瓶塞，保温8~10min，小麦粉样品则保温3~5min，开盖嗅辨气味。

④结果表示：色泽、气味检验的鉴定结果均以“正常”和“不正常”表示，对不正常的要加以说明。

（4）注意事项

①环境应符合GB/T 10220—2012《感官分析　方法学总论》和GB/T 22505—2008《粮油检验　感官检验环境照明》的规定，实验室应符合GB/T 13868—2009《感官分析　建立感官分析实验室的一般导则》的规定。

②实验室应保持通风良好，无异味，避免阳光直射，应在散射光线条件下操作。

③检验者视觉、嗅觉应正常，检验前严禁吸烟、喝酒和使用化妆品等。人员搭配应合理，对于色泽、气味不正常的样品，至少应经5人以上检验确认。

4. 小麦容重检测

粮食籽粒在一定容积内的质量称为容重，其单位用g/L表示。容重是粮食质量的综合标志。它与粮食籽粒的组织结构、化学成分、籽粒的形状大小、含水量、相对密度以及含杂质等均有密切关系。同类粮食，如籽粒饱满、结构紧密则容重大；反之则容重小。容重是评定粮食品质好坏的重要指标。在一些标准中，小麦、玉米等都以容重作为定等的基础项目，容重与加工出品率呈正相关。通过容重还可以推算出粮食仓容，估算粮食的质量。现行我国检测小麦容重的标准是GB/T 5498—2013《粮油检验　容重测定》。

（1）原理　用特定的容重器按规定的方法测定固定容器（1L）内可盛入粮食、油料籽粒的质量。

（2）仪器和用具　谷物容重器（HGT-1000型或GHCS-1000型）（图4-1，图4-2），测定小麦容重。谷物筒漏斗口直径选择30mm；谷物选筛（上筛层Φ4.5mm，下筛层Φ1.5mm），并带有筛底和筛盖；分样器或分样板。

图4-1　HGT-1000型谷物容重器

图4-2　GHCS-1000型谷物容重器

（3）试样制备 从实验样品中分出两份各约 1000g。按规定的筛层分 4 次进行筛选，每次筛选数量约 250g，拣出上层筛上的大型杂质并弃除下层筛筛下物，合并上、下层筛上的粮食籽粒，混匀作为测定容重的试样。

（4）容重器安装与测定

①HGT-1000 型谷物容重器

安装：打开箱盖，取出所有部件，盖好箱盖。在箱盖的插座（或单独的插座）上安装支撑立柱，将横梁支架安装在立柱上，并用螺丝固定，再将不等臂式横梁安装在支架上。

调零：将放有排气砣的容量筒挂在吊钩上，并将横梁上的大、小游码移至零刻度处，检查空载时的平衡点，如横梁上的指针不指在零位，则调整平衡砣位置使横梁上的指针指在零位。

测定：取下容量筒，倒出排气砣，将容量筒安装在铁板座上，插上插片，并将排气砣放在插片上，套上中间筒。关闭谷物筒下部的漏斗开关，将制备好的试样倒入谷物筒内，装满后用刮板填平。再将谷物筒套在中间筒上，打开漏斗开关，待试样全部落入中间筒后关闭漏斗开关。握住谷物筒与中间筒接合处，平稳迅速地抽出插片，使试样与排气砣一同落入容量筒内，再将插片准确、快速地插入容量筒豁口槽中，依次取下谷物筒，拿起中间筒和容量筒，倒净插片上多余的试样，取下中间筒，抽出容量筒上的插片。

称量：将容量筒（含筒内试样）挂在容重器的吊钩上称量，称量的质量即为试样容重（g/L）。

平行试验：从实验样品分出的两份试样按上面步骤分别进行测定。

②GHCS-1000 型谷物容重器

安装：打开箱盖，取出所有部件，放稳铁板底座。

电子秤校准、调零：接通电子秤电源，打开电子秤开关预热，并按照 GHCS-1000 型谷物容重器使用说明书进行校准。然后，将带有排气砣的容量筒放在电子秤上，将电子秤清零。

测定：同 HGT-1000 型谷物容重器。

称量：将容量筒（含试样及排气砣）放在电子秤上称量，称量的质量即为试样容重（g/L）。

平行试验：从实验样品分出的两份试样按以上步骤分别进行测定。

（5）结果表示 两次测定结果的允许差不超过 3g/L，求其平均数即为测定结果，测定结果取整数。

（6）注意事项

①容重器应按说明书检查空载时零点。

②每次测定，谷物筒中试样应装满，用分样板刮平。

③分取试样约 1000g 为检测用样，按标准规定的筛层，根据 GB/T 5494—2019《粮油检验 粮食、油料的杂质、不完善粒检验》中大样杂质检验法，分 2~4 次进行筛选，去除筛上大型杂质，合并上、下层筛层的粮粒，混匀作为测定容重的试样。

④插片插拔应迅速，不能停顿。

⑤容重器每年应进行计量检定，测定结果应加、减修正值。

5. 小麦水分的测定

小麦中水分不仅是籽粒细胞的组成部分，还是维持小麦本身生命活动和保持其食用品质不可缺少的成分。国家标准规定小麦质量指标中水分含量限度为≤12.5%。水分含量是小麦收购、储藏、运输及加工过程中需严格控制的指标之一，可以直接反映出粮食的稳定性和安全性。水分含量过高可促使小麦生命活动旺盛，易引起小麦霉变、生虫及其他变化；水分含量过低，不仅能破坏自身的有机质，还能对干物质造成破坏，减少小麦的质量。目前，国内采用 GB 5009.3—2016《食品安全国家标准　食品中水分的测定》和 GB/T 5497—1985《粮食、油料检验　水分测定法》来检测小麦的水分含量。

（1）直接干燥法（GB 5009.3）

①原理：利用样品中的游离水和部分结晶水在 101.3kPa（一个大气压），101～105℃条件下能挥发的特性，采用挥发方法，在上述条件下对样品进行干燥，测定其干燥减失的质量，通过干燥前后的称量数值计算出水分的含量。

②仪器和设备：扁形铝盒或玻璃制称量瓶；电热恒温干燥箱；干燥器：内附变色硅胶干燥剂；天平：分度值 0.1mg；实验室用电动粉碎机；测水专用磨。

③测定步骤：取洁净铝盒，置于 101～105℃干燥箱中，盖斜支于铝盒边，加热 1.0 h，取出盖好，置干燥器内冷却 0.5h，称量，并重复干燥至前后两次质量差不超过 2mg，即为恒重。称取 3g 试样（精确至 0.0001g），放入铝盒中，精密称量后，置于 101～105℃干燥箱中，盖斜支于铝盒边，干燥 2h～4h 后，盖好取出，放入干燥器内冷却 0.5h 后称量。然后再放入 101～105℃干燥箱中干燥 1h 左右，取出，放入干燥器内冷却 0.5h 后再称量。并重复以上操作至前后两次质量差不超过 2mg，即为恒重。

注：两次恒重值在最后计算中，取质量较小的一次称量值。

④分析结果的表述：试样中的水分含量，按式（4-6）进行计算：

$$X = \frac{m_1 - m_2}{m_1 - m_3} \times 100 \tag{4-6}$$

式中　X——试样中水分的含量，g/100g；

m_1——铝盒和试样的质量，g；

m_2——铝盒和试样干燥后的质量，g；

m_3——铝盒的质量，g；

100——单位换算系数。

计算结果保留三位有效数字。在重复性条件下获得的两次独立测定结果的绝对差值不得超过算术平均值的 10%。

（2）定温定时烘干法（GB 5497）

①原理：在一定规格的铝盒内称取经过粉碎的试样，在规定的加热温度的烘箱内烘干一定时间，烘干前后质量差即为水分含量。

②仪器和用具：同直接干燥法。

③试样制备：从实验样品中分取一定量的样品，按表 4-4 中规定的方法制备试样。

表 4-4　试样制备方法

粮种	分样数量/g	制备方法
粒状原粮或成品粮	30～50	除去大样杂质和矿物质，粉碎细度通过 1.5mm 圆孔筛的不少于 90%，装入磨口瓶内备用

续表

粮种	分样数量/g	制备方法
大豆	30~50	除去大样杂质和矿物质，粉碎细度通过 2.0mm 圆孔筛的不少于 90%，装入磨口瓶内备用
花生仁，桐仁等	约 50	取净仁切成 0.5mm 以下的薄片或剪碎，装入磨口瓶内备用
带壳果实（花生果，菜籽，桐籽，蓖麻籽，文冠果等）	约 100	取净果（籽）剥壳，分别称量，计算壳、仁百分比，将壳磨碎或研碎，将仁切成薄片，分别装入磨口瓶内备用
棉籽，葵花籽等	约 30	取净籽剪碎或用研钵敲碎，装入磨口瓶内备用
油菜籽，芝麻等	约 30	除去大样杂质的整粒试样，装入磨口瓶内备用
甘薯片，甘薯丝，甘薯条	约 100	取净片（丝、条）粉碎，细度同粒状粮，装入磨口瓶内备用

④试样用量计算：本法用定量试样，先计算铝盒底面积，再按每平方厘米为 0.126g 计算试样用量（底面积×0.126）。如用直径 4.5cm 的铝盒，试样用量为 2g；用直径 5.5cm 的铝盒，试样用量为 3g。

⑤操作方法：用已烘至恒重的铝盒称取定量试样（准确至 0.001g），待烘箱温度升至（135±2）℃，将盛有试样的铝盒送入烘箱内温度计周围的烘网上，在 5min 内，将烘箱温度调到（130±2）℃，开始计时，烘 40min 后取出放干燥器内冷却，称重。

⑥结果计算：定温定时法的含水量计算与直接干燥法相同。

（3）注意事项

①样品粉碎应使用检测水分含量的专用水分磨，每份样品粉碎前应将磨膛清理干净。样品粉碎过程中磨膛温度明显高于室温时，应停止粉碎，待温度降至室温继续操作。粉碎细度应达到标准规定的要求。称量时应用牛角匙将样品充分混合。

②称量前应将天平调平，称量时应将样品放置于天平托盘中心，读数时天平门应关闭，称量过程中应避免震动，天平、干燥器中的变色硅胶保持蓝色。

③称样量应尽量一致，铝盒规格应一致。

④烘箱有各种形式，常用的有普通电烘箱和鼓风电烘箱。鼓风电烘箱风量较大，烘干效率高，但质轻的试样会飞散，因此，测定水分时，宜采用普通电烘箱。

⑤普通电烘箱内部温度不均匀，铝盒放入烘箱时，应放在温度计水银球下方同一烘网上，占烘网 1/3~1/2 面积排列，与门、壁应有一定的距离，烘箱内一次烘干的铝盒不宜太多，一次测定的铝盒最多 8~12 个。

⑥为了减少取出过程中因吸湿而产生误差，烘干后的铝盒要加盖。

⑦干燥器大小以内径 20~22cm 较好。变色硅胶干燥剂置于干燥器底部，占底部容积的 1/3~1/2。

⑧变色硅胶呈现红色就不能继续使用，应在 130℃左右温度下烘至全部呈蓝色后再用。

⑨对待测样品的要求：粮食水分含量低于 18%，油料水分含量低于 13%。

6. 小麦面筋含量测定

面筋主要由面筋蛋白构成，成分是醇溶蛋白和谷蛋白，它们的含量随小麦品种的不同而有一定的变化。面筋蛋白赋予小麦粉一定的加工特性，使面团具有黏着性、湿润性、膨胀性、弹性、韧性和延展性等流变学特性，这样才能通过发酵制作馒头、面包等食品，同时也使食品具有柔软的质地、网状的结构、均匀的空隙和耐咀嚼等特性。而在小麦储藏过程中，小麦面筋蛋白会发生变化，直接影响小麦粉的食用品质，因此，测定和研究小麦的面筋含量和质量，对小麦储藏品质和小麦粉质量具有重要的意义。

（1）原理　小麦粉、颗粒粉或全麦粉加入氯化钠溶液湿润并揉和成面团，静置一段时间，以麦醇溶蛋白和麦谷蛋白为主要成分的面筋蛋白吸水膨胀，黏结以形成面筋网络结构。用氯化钠溶液洗涤面团，并辅以机械的或手工的方法揉搓面团时，面团中淀粉、糖、纤维素及可溶性蛋白质等被洗脱；剩余胶状的、具有弹塑性的水合物质即为湿面筋。

湿面筋的测定方法有手洗法和机洗法两种。

（2）仪器和用具　洗面筋仪（用于机洗法）；塑料杯或玻璃杯（用于机洗法接洗涤液），容量为500~600mL；离心排水机：带对称筛板，转速（6000±5）r/min，加速度为2000*g*，并有孔径为500μm的筛盒；天平：分度值0.01g；塑料容器或带下口的玻璃瓶：容量为5L或10L，用于储存氯化钠溶液；搪瓷碗：Φ10~15cm；玻璃棒或牛角匙；挤压板：9cm×16cm，厚3~5mm的玻璃板或不锈钢板，周围贴0.3~0.4mm胶布（纸），共两块，用于面筋排水；带筛绢的筛具：约30cm×40cm、底部绷紧CQ20筛绢，筛框用木制或金属制均可，用于手洗法；毛玻璃板：约40cm×40cm；金属镊子；可调移液器（可加样3~10mL，精度为±0.1mL，用于加氯化钠溶液）；小型实验磨；解剖刀或小刀；金属或塑料盘：5cm×5cm；烘箱：温度能够保持（130±2）℃；干燥器：带有有效干燥剂；电子加热干燥器：由表面涂有防黏材料的两个金属盘和能够加热达到工作温度（150~200℃）的阻抗线圈组成。

（3）试剂

①碘化钾/碘酒溶液：将2.54g碘化钾溶解于水中，加入1.27g碘，完全溶解后定容至100mL。

②20g/L氯化钠溶液：将200g氯化钠溶于水中，用水稀释至10L。

（4）样品制备及水分测定

①小麦粉（小麦胚乳经充分碾磨而成的颗粒小于250μm的粉）：从平均样品分取约100g，备用。

②全麦粉（整粒小麦经小型磨制备而成的颗粒大小分布符合表4-5的产品）：分取小麦试样100g，用粉碎机粉碎，细度符合要求。

表4-5　筛网与样品粗细度要求

筛网/μm	过筛比例/%
710	100
500	95~100
200~210	≤80

③颗粒粉（小麦胚乳经粗磨而成的粉）：从平均样品分取约100g，备用。

④水分测定：按照 GB 5009.3—2016《食品安全国家标准　食品中水分的测定》的方法测定样品水分。

（5）仪器法测定湿面筋含量

①仪器准备及调整：调整制备面团的混合时间，厂家预设混合时间为 20s，可根据需要进行调整，洗涤时间厂家预设为 5min，流速为 50~56mL/min。选择正确的清洁筛网，将其清洗干净。用少许氯化钠溶液湿润筛网，放好接液杯。

②制备面团：称取（10.00±0.01）g 待测样品于细网洗涤皿中，用可调移液器加入 4.8mL 氯化钠溶液。移液器流出的水流应直接对着洗涤室壁，避免其直接穿过筛网。轻轻摇动洗涤室，使溶液均匀分布在样品的表面。

③洗涤

a. 小麦粉和颗粒粉的测试。启动仪器，搅拌 20s 和成面团后自动进行洗涤，仪器预设的洗涤时间为 5min，在操作过程中通常需要 250~280mL 氯化钠洗涤液。洗涤液通过仪器以预先设置的恒定流量自动传输，根据仪器的不同，流量设置为 50~56mL/min。

b. 全麦粉测试。洗涤 2min 后停止，取下洗涤室，在水龙头下用冷水流小心地把全部已经洗涤的包括麸皮的面筋，转移到另一个粗筛网洗涤皿中。建议把两个洗涤皿口对口，细筛网的洗涤皿在上进行转移。

将盛有面筋的粗筛网洗涤皿放在仪器的工作位置，继续洗涤面筋直至洗涤程序完成。

洗涤过程中应注意观察洗涤皿中排出液的清澈度。当排出液变得清澈时可认为洗涤完成。利用碘化钾溶液检查排出液中是否还有淀粉。如果自动洗涤程序无法完成面团的充分洗涤，可以在洗涤过程中，手工加入氯化钠洗涤液进行洗涤，或调整仪器重复进行洗涤。

（6）手洗法测湿面筋

①称样：称取待测样品（10.00±0.01）g（换算成 14% 水分含量），放入小搪瓷碗或 100mL 烧杯中，用移液管一滴一滴地加入 4.6~5.2mL 氯化钠溶液，同时用牛角匙或玻璃棒不停地搅拌样品和成面团球，注意避免造成粉样损失，同时黏附在器皿壁上或玻璃棒或牛角匙上的残余面团也应收到面团球上。面团样品制备时间不能长于 3min。

②洗涤：将面团放在手心中，从盛有氯化钠溶液的容器中放出氯化钠溶液滴入面团，以约 50mL/min 流量，洗涤 8min，洗涤过程中用另一只手的拇指不停地揉搓面团。洗涤时为防止面团及碎面筋损失，操作应在绷有筛绢的筛具上进行，用氯化钠液洗涤后，再用自来水揉洗 2min 以上（测定全麦粉面筋须适当延长时间），至面筋挤出液用碘液检查不变色时，洗涤即可结束。

（7）排水

①离心排水：用镊子将湿面筋从洗涤室中取出，确保洗涤室中不留有任何湿面筋，或手洗法将洗涤好的面筋分成近似相等的两份，分别置于离心机的两个筛片上，6000r/min 下离心 1min 脱水。

②挤压板排水：将洗出的面筋球放在挤压板上，压上另一块挤压板压挤面筋（约 5s），球每压一次后取下一块挤压板用干纱布擦干，再压挤，再擦干，反复挤压直到稍感面筋粘手或粘板为止（重复压挤约 15 次）。

（8）湿面筋称量　用镊子取出离心排水或挤压排水后的湿面筋，称量湿面筋质量，精确至 0.01g。

（9）结果计算

$$X\ (\%) = \frac{m_1}{m} \times 100 \tag{4-7}$$

式中 X——湿面筋含量，%；

m_1——湿面筋质量，g；

m——试样质量，g。

用同一试样进行两次测定。两次测定结果的重复性满足要求时，以两次试验结果的算术平均值为测定结果，保留一位小数。

（10）重复性

①采用机洗法时：同一分析者在同一实验室，在短时间内，使用同一仪器和方法对同一试样进行分析，所得的两次测定结果的绝对差值，大于下列给定数值的情况不应超过5%：

小麦籽粒：r=1.9g/100g

小麦粉：r=1.0g/100g

硬粒小麦：r=1.6g/100g

硬粒小麦粗粒粉：r=1.6g/100g

②采用手洗法时：双试验允许差不得超过1.0%。

（11）注意事项

①仪器法制备面团时，加入氯化钠的量可根据待测样品面筋含量的高低或者面筋的强弱进行调整。如果混合时面团很黏（洗涤室的水溢出），应减少盐溶液的用量（最低4.2mL），若混合过程中形成了很强很坚实的面团，氯化钠溶液的加入量可增加到5.2mL。

②仪器自动按50~56mL/min的流量用氯化钠溶液洗涤5min，自动停机，卸下洗涤皿，取出面筋。需用溶液250~280mL。

③清洗仪器：每天实验结束后，须用蒸馏水洗涤仪器。

④测定面筋含量时，洗涤面团用水温度对面筋形成及面筋出率影响较大，温度低，面筋膨胀过程慢，面筋出率低，一般水温在40℃时，面筋出率最高。弱酸、弱碱均能溶解麦谷蛋白，故洗面筋最好用中性水。低浓度中性盐有促进麦醇溶蛋白凝结的作用，可减少面筋损失。

⑤洗面筋时，洗涤时间、搅拌或揉和速度、洗涤用量等操作条件不同，对面筋出率都有较大的影响。

⑥手洗面筋洗涤时，为防止面团及碎面筋损失，操作应在绷有筛绢的筛具上进行。

⑦机洗面筋时，需检查筛网是否压紧，以免将金属筛网损坏。

7. 小麦中蛋白质含量测定

蛋白质是小麦中的重要组成成分之一，也是小麦的重要营养指标，蛋白质的测定常用方法是以凯氏定氮法为代表的氮含量测定方法，其操作简单，测定结果的重现性好，是蛋白质含量测定的经典方法之一，迄今为止一直为国内外法定的标准检测方法。

（1）原理　将含有蛋白质的粮油及其制品与硫酸、硫酸钾和催化剂硫酸铜一起加热消化，粮油及其制品中有机物的碳和氢被氧化为二氧化碳和水逸出，蛋白质被分解为氨，氨与硫酸结合成硫酸铵，硫酸铵与浓氢氧化钠溶液作用释放出氨，氨用硼酸溶液吸收，然后用盐酸标准溶液滴定，计算出试样含氮量再乘以相应的蛋白质换算系数，即可计算出试样中蛋白质含量。

① 消化：蛋白质与浓硫酸混合加热，蛋白质被分解，其中的碳被氧化成二氧化碳，所含的氮则转变成氨，并与硫酸化合形成硫酸铵残留于消化液中。

$$有机物（含 N、C、H、O、P、S 等元素）+H_2SO_4 \xrightarrow{\triangle} CO_2\uparrow + (NH_4)_2SO_4 + H_3PO_4 + SO_2\uparrow + SO_3\uparrow$$

由于上述反应进行得很慢，消化需要很长时间，加入催化剂可加速反应，硫酸铜是常用的催化剂，硫酸钾能提高硫酸的沸点，常将它们混合使用，起加速氧化、促进有机物分解的作用。

②蒸馏：消化所得的硫酸铵加碱蒸馏，氨又被释放出来。

$$(NH_4)_2SO_4 + 2NaOH \xrightarrow{\triangle} 2NH_3 \cdot H_2O + Na_2SO_4$$

$$NH_3 \cdot H_2O \xrightarrow{\triangle} NH_3\uparrow + H_2O$$

③滴定：生成的氨用硼酸溶液吸收。硼酸吸收氨后，指示剂颜色发生变化，再用盐酸滴定至终点，用去盐酸的量即相当于样品中氨的量。

$$2NH_3 + 4H_3BO_4 = (NH_4)_2B_4O_7 + 5H_2O$$

$$(NH_4)_2B_4O_7 + 2HCl + 5H_2O = 2NH_4Cl + 4H_3BO_3$$

将含氮量乘以蛋白质系数，即为粗蛋白质含量。

（2）仪器与设备　凯氏烧瓶（50mL）；圆底烧瓶（1000mL）；锥形瓶（100mL）；微量滴定管（5mL，刻度 0.01mL）；容量瓶（50mL）；移液管（5mL）；凯氏蒸馏装置；半自动定氮仪。

（3）试剂　所有试剂应是无氮化合物，其纯度为分析纯，所用的水应是蒸馏水。

①浓硫酸混合液：在 100mL 水中缓慢加入浓硫酸 200mL，冷却后加入 30%过氧化氢 300mL，混合均匀。

②混合催化剂：硫酸铜 10g；硫酸钾 100g；硒粉 0.2g，在研钵中研细过孔径 0.45mm（40 目筛），混匀备用。

③混合指示剂：2 份甲基红乙醇溶液（称取 0.1g 甲基红置于研钵中，加入少许 95%乙醇，研磨溶解后，加入 75mL 95%乙醇）与 1 份次甲基蓝乙醇溶液（0.1g 次甲基蓝溶于 80mL 95%乙醇中）临用时混合。或使用由 0.2%甲基红乙醇溶液 1 份和 0.2%溴甲酚绿乙醇溶液 5 份配制的混合指示剂，终点为灰红色。

④20g/L 硼酸溶液：称取 20g 硼酸溶解于 1000mL 水中［临用前取 100mL 20g/L 的硼酸溶液，滴加 1mL 混合指示剂，摇匀后，溶液应呈紫红色（葡萄紫），若不为此色，可用稀酸或稀碱小心调节］。

⑤400g/L 氢氧化钠溶液：称取 40g 氢氧化钠溶于 100mL 水中。

⑥0.01mol/L 盐酸溶液：先配制 0.1mol/L 盐酸，量取 9mL 浓盐酸，加水定容至 1000mL。再配制 0.01mol/L 盐酸标准溶液，量取已配制的 0.1mol/L 盐酸 100mL 加水定容至 1000mL。

（4）试样制备　如果需要，样品要进行研磨，使其完全通过 0.8mm 孔径的筛子。对于粮食，至少要研磨 200g 样品，研磨后的样品要充分混匀。

（5）人工法

①试样消化：用长条光滑纸精确称取通过 0.45mm 孔径筛片的粉碎试样 0.2~0.3g（相当于氮 30~40mg），移入干燥洁净的凯氏烧瓶底部，加入混合催化剂 1g，同时加入 3~5mL 浓硫

酸混合液，稍加振摇，将瓶以45°角斜放在有石棉网的电炉上，在通风橱内加热消化。开始时用低温加热，切勿使瓶中泡沫超过瓶肚的2/3，待泡沫减少和烟雾变白后再增加温度保持微沸，直至消化液呈浅蓝绿色的透明状时，再继续加热沸腾10min，取下放冷，小心加10~20mL水，放冷后，移入50mL容量瓶中，并用少量水将凯氏烧瓶冲洗3~4次，洗液并入容量瓶中，再加水至刻度，混匀备用。同时做试剂空白试验。

②半微量蒸馏法：安装好蒸馏装置，在水蒸气发生瓶内装水400mL和少量碎玻璃片（或数粒玻璃珠），加5滴混合指示剂，加几滴浓硫酸，使水呈紫红色，盖紧瓶塞。连接其他装置并检查有无漏气。量取30mL 20g/L的硼酸溶液，注入100mL的锥形瓶中，作为承接器，加混合指示剂1~2滴（溶液呈灰紫红色），置于冷凝管下，并使冷凝管的下端插入液面1cm处，用移液管吸取5mL样品消化稀释液由加样口流入反应室，并以10mL水洗涤加样口并一同流入反应室内，塞紧棒状玻塞，将1mL 400g/L氢氧化钠溶液倒入加样口，提起玻塞使其缓缓流入反应室，立即将玻塞盖紧，并加少量水以防漏气。夹紧螺旋夹，开始蒸馏。待接收瓶内液体呈绿色时，开始计时，经2~3min后，将接收瓶放低，使冷凝管下端离开液面，继续蒸馏1min，然后用无CO_2蒸馏水冲洗冷凝管下部。

③滴定：用盐酸标准溶液滴定吸收液，溶液由蓝绿色变成灰红色为终点。

（6）仪器法（自动定氮仪）

①试样的消煮：称取0.5~1g试样（含氮量5~80mg），准确至0.0002g，放入消化管中，加2片消化片（仪器自备）或6.4g混合催化剂和12mL硫酸，于420℃下的消煮炉上消化至消化液呈透明的蓝绿色，然后再继续加热，至少0.5~1h，取出冷却后加入30mL蒸馏水。

②试样蒸馏：采用半自动定氮仪时，将带消化液的管子插在蒸馏装置上，用25mL硼酸溶液为吸收液，加入2滴混合指示剂，蒸馏装置的冷凝管末端要浸入装有吸收液的收集瓶内，然后向消煮管中加入50mL氢氧化钠溶液进行蒸馏。蒸馏时间以吸收液体积达到100mL时为宜。降下收集瓶，用蒸馏水冲洗冷凝管末端，洗液均需流入收集瓶内。

③滴定：用盐酸标准溶液滴定吸收液，溶液由蓝绿色变成灰红色为终点。

同时做空白试验。

（7）结果计算

$$X=(V_1-V_0)\times c\times 14\times P\times\frac{50}{V}\times\frac{10000}{m(100-M)} \tag{4-8}$$

式中 X——样品中粗蛋白质干基的含量，%；

V——蒸馏时所用消化液体积，mL；

V_1——样品消耗盐酸标准溶液体积，mL；

V_0——试剂空白消耗盐酸标准溶液体积，mL；

c——盐酸标准滴定溶液的浓度，mol/L；

14——氮的毫摩尔质量，mg/mmol；

M——试样水分含量，%；

P——蛋白质的系数；

m——试样质量，mg。

（8）注意事项

①消化过程中，若硫酸损失过多时，可酌量补加硫酸，勿使瓶内干涸。

②消化液加水稀释后，应及时进行蒸馏，否则应保存消化液，临用时加水稀释。

③蒸馏时加入的碱液必须过量。

④也可使用由0.2%甲基红乙醇溶液1份和0.2%溴甲酚绿乙醇溶液5份配制的混合指示剂（临用时混合），终点为灰红色。

⑤空白测定时，消耗盐酸标准溶液的体积不得超过0.2mL。

8. 小麦降落数值测定

降落数值是对小麦中α-淀粉酶的活力进行测定的方法，可准确评价小麦发芽损伤的程度，反映的是α-淀粉酶的活力。小麦粉悬浮液在沸水浴中迅速糊化，并因其中α-淀粉酶活力的不同而使糊化物中的淀粉不同程度地被液化，液化程度不同，搅拌器在糊化物中的下降速度也不同，降落数值的高低表明了相应的α-淀粉酶活力的差异，降落数值越高其样品的α-淀粉酶的活力越低，反之表明α-淀粉酶活力越高。

（1）原理　将一定量的小麦粉和水的混合物置于特定黏度管内并浸入沸水浴中，然后以一种特定的方式搅拌混合物，并使搅拌器在糊化物中从一定高度下降一段特定距离，自黏度管浸入水浴开始至搅拌器自由降落一段特定距离的全过程所需要的时间（s）即为降落数值。

（2）试剂　蒸馏水或去离子水，应符合GB/T 6682—2008《分析实验室用水规格和试验方法》中三级水的标准。

（3）仪器与设备　降落数值仪；自动加液器，容量为（25.0±0.2）mL；分析天平，分度值0.01g；锤式旋风磨，孔径为0.8mm；检验筛，孔径800μm、700μm、500μm、200~210μm。

（4）样品制备

①整粒谷物

a. 除杂。从实验室样品中分出300g有代表性的样品。清除样品中的杂质（例如，砂石、尘土、皮壳和其他谷物）。

b. 粉碎样品。将样品加入到锤式旋风磨中，应注意避免过热和负荷过大。向磨中添加物料可以由自动加样装置控制。当样品全部加入到磨中后要继续粉碎30~40s。若残留在磨膛中的麸皮颗粒不超过总质量的1%，就可放弃这些麸皮。在使用前完全混合所有的粉碎样品。

建议在进行测试前将粉碎的样品冷却1h（特别是在连续粉碎的情况下）。

c. 全麦粉粒度要求。粉碎后的产品应符合表4-6的粒度要求。

表4-6　谷物粉碎粒度要求

筛孔/μm	筛下物/%
700	100
500	95~100
210~200	≤80

②小麦粉和粗粒小麦粉样品：小麦粉中不应含有团块，用800μm检验筛筛选，以便把粉块分离出来。

对市售全麦粉或粗粒小麦粉，可将样品用锤式旋风磨粉碎，制备出符合表4-6中粒度要求的测试样品。在使用前应将粉碎后的样品完全混合均匀。

（5）水分含量测定　按 GB 5009.3—2016《食品安全国家标准　食品中水分的测定》测定样品的水分含量，也可以使用经 GB 5009.3—2016《食品安全国家标准　食品中水分的测定》校准过的快速仪器（近红外反射）方法。

（6）称样　降落数值法以 15.0%水分含量为基准对小麦粉或粉碎材料进行称量。

①称样量必须按试样水分含量进行计算。在试样含水量为 15.0%时，试样量为 7.00g，精确至 0.05g，试样含水量高于或低于 15.0%时需计算其称样量。

②需要区别有较高 α-淀粉酶活力的样品（如黑麦）的降落数值的差异，可将称样量改为相当于含水量为 15.0%时试样量 9.00g 的量，称量精确到 0.05g。

（7）降落数值测定

①向降落数值仪水浴桶内加水至标定的溢出线。开启冷却系统，确保冷水流过冷却盖。打开降落数值仪的电源开关，加热水浴桶直至水沸腾。在测定前和整个测定过程中要保证水浴桶内是剧烈沸腾的。

②将称好的试样加到干燥、洁净的黏度管内。准确加入（25±0.2）mL 温度为（22±2）℃的蒸馏水。

③立即盖紧橡皮塞，上下充分振荡 20~30 下，得到均匀的悬浮液，确保黏度管靠近橡皮塞的地方没有干的小麦粉或粉碎的物料。如有干粉，微向上移动橡皮塞，重新摇动。

④拔出橡皮塞，将残留在橡皮塞底部的所有残留物都刮进黏度管，使用一支清洁、干燥的黏度搅拌器，把附着在试管壁的所有残留物刮进悬浮液中后，将黏度搅拌器放在试管中。双试管的仪器，应于 30s 内完成②~④的操作，然后同时进行两个黏度管的测试。

⑤立即把带黏度搅拌器的黏度管套入黏度管架，然后通过冷却盖上的孔放到沸水浴中。按照仪器说明书的要求，开启搅拌头（单个或两个），仪器将自动进行操作完成测试。当黏度搅拌器到达凝胶悬浮液的底部时测定全部结束。记录电子计时器上显示的时间，就是降落数值（FN）。

⑥转动搅拌头或按压“停止”键，缩回搅拌头，小心地将热黏度管连同搅拌器从沸水浴中取出。彻底清洗黏度管和搅拌器并使其干燥。确保橡胶塞顶部的凹窝里没有残留物质，否则在下个实验中会影响搅拌器的下降，要保证黏度搅拌器在下次使用时是干燥的。

（8）结果计算

①降落数值（FN）：降落数值受水的沸点影响，水的沸点和实验室的大气压与海拔相关。未校准水沸点会导致错误的结果。

实验室位于海拔 600m 以下，全麦粉样品降落数值可不需校正；海拔 750m 以下，小麦粉或粗粒小麦粉样品的降落数值测定结果可不需要校正。

若实验室海拔位于上述海拔以上时，应根据样品类型选择以下合适的校正公式使用。

a. 全麦粉样品。实验室位于海拔 600m（2000ft）以上，此时水浴的沸点低于 98℃，可用式（4-9）校正降落数值：

$$FN=10^{X} \tag{4-9}$$

其中

$$X=1.0\times\lg F_{\mathrm{alt}}-1.63093\times10^{-4}\times A+2.63576\times10^{-8}\times A^{2}+5.75030\times10^{-5}\times$$

$$\lg F_{alt} \times A - 1.069223 \times 10^{-8} \times \lg F_{alt} \times A^2$$

式中 FN——根据海平面值计算的降落数值；

F_{alt}——在给定的海拔所测定的原始降落数值；

A——实验室的海拔，即海平面以上的英尺数。如果海拔用米表示，则使用换算系数 3.28，将米换算为英尺。

b. 小麦粉和粗粒小麦粉

实验室位于海拔 750m（2500ft）以上，此时水浴的沸点低于 98℃，可用式（4-10）校正降落数值：

$$FN = 10^X \tag{4-10}$$

其中，

$$X = -849.41 + 0.4256 \times 10^{-5} \times A^2 + 454.19 \times \lg F_{alt} \times A - 0.2129 \times 10^{-5} \times \lg F_{alt} \times A^2$$

式中 FN——根据海平面值计算的降落数值；

F_{alt}——在给定的海拔所测定的原始降落数值；

A——实验室的海拔，即海平面以上的英尺数。如果海拔用米表示，则使用换算系数 3.28，将米换算为英尺。

用式（4-9）、式（4-10）计算的降落数值也可用一个换算表表示，在换算表中有实际的海拔高度和降落数值，通过查表，得到校正后的降落数值。

②液化数（LN）：降落数值和 α-淀粉酶活力之间的关系不呈线性，因此降落数值不能用来计算谷物、小麦粉和粗粒粉混合物的成分。非线性关系可以转变成线性关系，变成线性关系后就能计算小麦、小麦粉和粗粒粉混合物的理论降落数值。用式（4-11）将降落数值换算为液化数：

$$LN = \frac{6000}{FN - 50} \tag{4-11}$$

式中 FN——降落数值；

6000——常数；

50——常数，对时间的大概估计，单位为秒，淀粉完全凝胶成易被酶分解的样品所需要的时间。

在商业市售小麦粉中液化数与 α-淀粉酶活力在正常值范围内是成正比的。

第二节 小麦粉检验

一、 小麦粉质量标准

小麦粉是人们生活的必需成品粮，其质量是否合格，不仅关系人民群众的利益，还关系到人类身体健康。1986 年国家标准局发布了小麦粉标准（GB 1355—1986），将小麦粉分为：特制一等、特制二等、标准粉、普通粉四个等级。为了适应食品生产需要，1988 年又发布了高筋粉和低筋粉两个标准（GB/T 8607—1988 和 GB/T 8608—1988）。1993 年，为了发展食品工业，国家有关部门又发布了面包用、面条用、饺子用、馒头用、发酵饼干用、酥性饼干用、蛋糕用、糕点用等专用粉及自发小麦粉九个标准（LS/T 3201 至 LS/T 3209）。为了引导人民健康消费和企业适度加工，助力节粮减损，2021 年发布了小麦粉国家标准（GB/T 1355—2021），将小麦粉分为：精制粉、标准粉、普通粉三个等级。

（一）我国小麦粉的分类

我国小麦粉可分为等级小麦粉、高低筋小麦粉和专用小麦粉三大类。等级小麦粉依据小麦粉标准（GB/T 1355—2021）执行；高低筋小麦粉依据高筋小麦粉标准（GB/T 8607—1988）和低筋小麦粉标准（GB/T 8608—1988）执行，分别适用于制作某类食品；专用小麦粉为制作某种或某类食品专用，比如面包粉、蛋糕粉、饼干粉等主要依据 LS/T 3201 至 LS/T 3209 执行。

1. 等级小麦粉

在制粉过程中，按照小麦粉的加工精度和灰分作为分类指标，利用各系统生产出的小麦粉，按照一定的等级标准，进行粉流配粉，得到质量不同的小麦粉，为等级小麦粉。

2. 高低筋小麦粉

利用高筋小麦（高面筋质小麦），通过一定的制粉工艺生产出高面筋质的小麦粉，为高筋小麦粉；利用低筋小麦（低面筋质小麦），采取相应的制粉工艺生产出一定质量的低面筋质的小麦粉，为低筋小麦粉。

3. 专用小麦粉

采用品质较好的优质小麦，依据不同用途对小麦粉质量品质的要求，采取合理的小麦搭配，通过清理、制粉和配粉，得到具有一定质量指标、并能满足制品和食品工艺特性和食用效果要求的专一用途小麦粉，为专用小麦粉。

（二）我国小麦粉的质量等级标准

1. 小麦粉质量指标

小麦粉的质量评价是依据 GB/T 1355—2021《小麦粉》进行的，主要是以加工精度和灰分为分类指标。小麦粉分为精制粉、标准粉、普通粉三个类别，其评价指标要求如表 4-7 所示。

表 4-7 小麦粉质量指标

质量指标		类别		
		精制粉	标准粉	普通粉
加工精度		按标准样品或仪器测定值对照检验麸星		
灰分含量（以干基计）/%	≤	0.70	1.10	1.60
脂肪酸值（以湿基，KOH 计）/（mg/100 g）	≤	80		
水分含量/%	≤	14.5		
含砂量/%	≤	0.02		
磁性金属物/（g/kg）	≤	0.003		
色泽、气味		正常		
外观形态		粉状或微粒状，无结块		
湿面筋含量/%	≥	22.0		

产品经检验，加工精度和灰分有1项及以上不符合表4-7中等级要求的，判为不符合本类别产品。其他指标中有一项及以上不符合表中要求的，判为不符合本标准产品。

2. 不同筋力的小麦粉标准

不同筋力的小麦粉按照其筋力的不同可分强筋小麦粉、中筋小麦粉和弱筋小麦粉。中筋小麦粉又分为南方型中筋小麦粉和北方型中筋小麦粉，每个品种仍可分为一级粉、二级粉、三级粉和四级粉四个等级。而强筋和弱筋小麦粉分为一级粉、二级粉、三级粉三个等级。具体指标要求如表4-8和表4-9所示。

表4-8　　中筋小麦粉质量要求

项目		南方型中筋小麦粉				北方型中筋小麦粉			
		一级	二级	三级	四级	一级	二级	三级	四级
灰分（干基）/%	≤	0.55	0.70	0.85	1.10	0.55	0.70	0.85	1.10
气味、口味		**正常**							
含砂量/%	≤	**0.02**							
磁性金属物/（g/kg）	≤	**0.003**							
水分/%	≤	**14.5**							
脂肪酸值（干基，KOH）/（mg/100g）	≤	**60**							
湿面筋含量（14%水分基）/%	≥	24.0				28.0			
稳定时间/min	≥	2.5				4.5			
降落数值/s	≥	200							
粗细度		全部通过CB30号筛，留存在CB36号筛的不超过10%							
加工精度		按实物标准样品对照粉色、麸星							

注：黑体部分指标强制。

表4-9　　强筋小麦粉、弱筋小麦粉质量要求

项目		强筋小麦粉			弱筋小麦粉		
		一级	二级	三级	一级	二级	三级
灰分（干基）/%	≤	0.55	0.70	0.85	0.50	0.60	0.70
气味、口味		**正常**					
含砂量/%	≤	**0.02**					
磁性金属物/（g/kg）	≤	**0.003**					
水分/%	≤	**14.5**					
脂肪酸值（干基，KOH）/（mg/100g）	≤	**60**					
湿面筋含量（14%水分基）/%		≥32.0			<24.0		
面筋指数/%		≥70			—		
稳定时间/min		≥70			<2.5		
降落数值/s	≥	250			200		
粗细度		全部通过CB30号筛，留存在CB36号筛的不超过10%					

注：①表中划有“—”的项目不检验。

②黑体部分指标强制。

3. 专用粉的标准

随着国内经济不断向好，人民生活水平的提高，对于专用粉加工产品的消费能力不断增加。专用粉是指专用于加工某种食品的小麦粉。按照专用粉的用途，可分为以下几种：面包粉、面条粉、馒头粉、饺子粉、饼干粉、蛋糕粉和自发粉等。表 4-10 至表 4-17 所示为专用粉的质量标准。对于专用粉而言，加工精度不是其划分等级的唯一指标，灰分含量、湿面筋含量、面筋筋力稳定时间以及降落数值等面团流变特性指数在划分等级中占有重要作用。

表 4-10 面包粉质量标准

项目		精制级	普通级
水分/%	≤	14.5	
灰分（以干基计）/%	≤	0.60	0.75
粗细度			
CB30 号筛		全部通过	
CB36 号筛		留存量不超过 15.0%	
湿面筋/%	≥	33	30
粉质曲线稳定时间/min	≥	10	7
降落数值/s		250~350	
含砂量/%	≥	0.02	
磁性金属物/（g/kg）	≤	0.003	
气味		无异味	

表 4-11 面条粉质量标准

项目		精制级	普通级
水分/%	≤	14.5	
灰分（以干基计）/%	≤	0.55	0.70
粗细度			
CB36 号筛		全部通过	
CB42 号筛		留存量不超过 15.0%	
湿面筋/%	≥	28	26
粉质曲线稳定时间/min	≥	4.0	3.0
降落数值/s	≥	200	
含砂量/%	≤	0.02	
磁性金属物/（g/kg）	≤	0.003	
气味		无异味	

表 4-12 馒头粉质量标准

项目		精制级	普通级
水分/%	≤	14.5	
灰分（以干基计）/%	≤	0.55	0.70
粗细度		全通 CB36 号筛	
湿面筋/%	≥	25~30	
粉质曲线稳定时间/min	≥	3.0	
降落数值/s	≥	250	

表 4-13 饺子粉质量标准

项目		精制级	普通级
水分/%	≤	14.5	
灰分（以干基计）/%	≤	0.55	0.70
粗细度			
CB36 号筛		全部通过	
CB42 号筛		留存量不超过 10.0%	
湿面筋/%		28~32	
粉质曲线稳定时间/min	≥	3.5	
降落数值/s	≥	200	
含砂量/%	≤	0.02	
磁性金属物/（g/kg）	≤	0.003	
气味		无异味	

表 4-14 酥性饼干粉质量标准

项目		精制级	普通级
水分/%	≤	14.0	
灰分（以干基计）/%	≤	0.55	0.7
粗细度			
CB36 号筛		全部通过	
CB42 号筛		留存量不超过 10.0%	
湿面筋/%		22~26	22~26
粉质曲线稳定时间/min	≤	2.5	3.5
降落数值/s	≥	150	
含砂量/%	≤	0.02	

表 4-15　　发酵饼干粉质量标准

项目		精制级	普通级
水分/%	≤	14.0	
灰分（以干基计）/%	≤	0.55	0.7
粗细度			
CB36 号筛		全部通过	
CB42 号筛		留存量不超过 10.0%	
湿面筋/%		24~30	24~30
粉质曲线稳定时间/min	≤	3.5	
降落数值/s		250~350	
含砂量/%	≤	0.02	
磁性金属物/（g/kg）	≤	0.003	
气味		无异味	

表 4-16　　蛋糕粉质量标准

项目		精制级	普通级
水分/%	≤	14.0	
灰分（以干基计）/%	≤	0.55	0.70
粗细度		全部通过 CB 36 号筛，留存 CB42 号筛不超过 10.0%	
湿面筋/%		22.0~24.0	
粉质曲线稳定时间/min	≤	1.5	2.0
降落数值/s	≥	160	
含砂量/%	≤	0.02	
磁性金属物/（g/kg）	≤	0.003	
气味		无异常	

表 4-17　　自发粉质量标准

项目		指标
水分/%	≤	14.0
酸度/（碱液 mL/10g 粮食）		0~6
混合均匀度		变异系数≤7.0%
馒头比体积/（mL/g）	≥	1.7

二、小麦粉质量标准相关指标检测方法

小麦粉的质量指标有加工精度、灰分、面筋质、水分、含砂量、粗细度、脂肪酸值、磁性金属物、气味、口味。

（一）检验标准

（1）加工精度检验 按 GB/T 5504—2011《粮油检验 小麦粉加工精度检验》进行。

（2）灰分检验 按 GB 5009.4—2016《食品安全国家标准 食品中灰分的测定》进行。

（3）湿面筋检验 按 GB/T 5506.1—2008《小麦和小麦粉 面筋含量 第1部分：手洗法测定湿面筋》和 GB/T 5506.2—2008《小麦和小麦粉 面筋含量 第2部分：仪器法测定湿面筋》进行。

（4）粗细度检验 按 GB/T 5507—2008《粮油检验 粉类粗细度测定》进行。

（5）含砂量检验 按 GB/T 5508—2011《粮油检验 粉类粮食含砂量测定》进行。

（6）磁性金属物检验 按 GB/T 5509—2008《粮油检验 粉类磁性金属物测定》进行。

（7）脂肪酸值检验 按 GB/T 5510—2011《粮油检验 粮食、油料脂肪酸值测定》进行。

（8）水分检验 按 GB 5009.3—2016《食品安全国家标准 食品中水分的测定》进行。

（9）气味、口味检验 按 GB/T 5492—2008《粮油检验 粮食油料的色泽、气味、口味鉴定》进行。

（10）蛋白质含量检验 按 GB 5009.5—2016《食品安全国家标准 食品中蛋白质的测定》进行。

（11）稳定时间 按 GB/T 14614—2019《粮油检验 小麦粉面团流变学特性测试 粉质仪法》进行。

（12）降落数值 按 GB/T 10361—2008《小麦、黑麦及其面粉，杜伦麦及其粗粒粉 降落数值的测定 Hagberg-Perten 法》进行。

（二）检验方法

1. 小麦粉加工精度的检验

小麦粉加工精度是以粉色、麸星来表示的。粉色指小麦粉的颜色，麸星指小麦粉中麸皮碎片的量。检验时按实物标准样品对照，粉色是最低标准，麸星是最大限度。国家标准规定的方法有干样法、湿样法、湿烫法、干烫法及蒸馒头法五种。以干烫法和湿烫法为标准方法，仲裁时以湿烫法对比粉色，干烫法对比麸星；制定标准样品时除按仲裁法外，也可用蒸馒头法对比粉色、麸星。

（1）原理 将小麦粉试样与标准样品置于同一条件下，以目测方法比较两者的粉色和麸星大小及分布状态，确定试样的加工精度等级。

（2）仪器和用具 搭粉板（5cm×30cm）；粉刀；天平（分度值 0.1g）；电炉；烧杯 100mL；铝制蒸锅、白瓷碗、玻璃棒等。

（3）试剂 酵母液：称取 5g 鲜酵母或 2g 干酵母，加入 100mL 温水（35℃左右），搅拌均匀备用。

（4）样品制备 将试样置于广口瓶中，用样品匙或玻璃棒充分搅拌，使试样混合均匀。

（5）操作方法

①干样法：用洁净的粉刀取少量小麦粉加工精度标准样品置于粉板上，用粉刀压平，将右边切齐，刮净粉刀右侧的粉末。再取少量试样置于标准样品右侧压平，将左边切齐，并刮净粉刀左侧的粉末。用粉刀将试样慢慢向左移动，使试样与标准样品相连接。再用粉刀把两个粉样紧紧压平（标准样品与试样不得互混），打成上厚下薄的坡度（上厚约 6mm，下与粉

板拉平），切齐各边，刮去标准样品左上角，目测比较试样表面与标准样品表面的颜色与麸星大小及密集度。按上述方法，可同时在一粉板上检验多个试样。

②干烫样法：按干样法的操作步骤，制备试样和标准样品粉板。将制备好的粉板倾斜插入加热的沸水浴中，约1min后取出，用粉刀轻轻刮去粉样表面受烫浮起部分，目测比较试样表面与标准样品表面的颜色与麸星大小及密集度。

如果干样法和干烫样法判定比较困难，可采用湿样法和湿烫样法。

③湿样法：按干样法的操作步骤，制备试样和标准样品粉板。将制备好的粉板倾斜插入常温水中，直至不起气泡为止，取出粉板，待粉样表面微干时，目测比较试样表面与标准样品表面的颜色与麸星大小及密集度。

④湿烫样法：按湿样法的操作步骤，制备湿状试样和标准样品粉板。将制备好的粉板倾斜插入加热的沸水浴中，约1min后取出，用粉刀轻轻刮去粉样表面受烫浮起部分，目测比较试样表面与标准样品表面的颜色与麸星大小及密集度。

⑤蒸馒头法：分别称取30g试样和小麦粉加工精度标准样品于不同瓷碗中，各加入15mL酵母液，和成面团，并揉至无干面，表面光滑后为止，碗上盖一块干净的湿布，放在38℃左右的保温箱内发酵至面团内部略呈蜂窝状（约30min）。将已发酵的面团用少许干面揉和至软硬适度后，做成圆形馒头放入碗中，用干布盖上，置38℃左右的保温箱内醒发约20min，取出并放入沸水蒸锅内蒸15min。从蒸锅中取出馒头后，目测比较试样和标准样品馒头表皮颜色和麸星大小及密集度。

（6）结果表示　若试样粉色、麸星与标准样品相当，则试样加工精度与该等级标准样品加工精度相同。

若试样或麸星大小或数量大于或多于标准样品，则试样加工精度低于该等级标准样品加工精度。反之，则试样加工精度高于该等级标准样品的加工精度。若需进一步确定该试样的加工精度等级，可选择不同的标准样品，按上述的任何一种或几种方法进行检验，直到确定该试样的加工精度等级为止。

（7）注意事项

①在前四种检测方法中，操作过程中动作要轻微、仔细，切不可将标准样与试样互混。

②在干烫与湿烫方法中，掌握好搭粉板浸入沸水中的时间，如果过长，会使标样与试样全部受烫浮起。

2. 小麦粉灰分的检验

灰分的测定是小麦粉加工精度高低和品质优劣的重要依据之一。它是指小麦粉经过高温灼烧后，有机物氧化燃烧变成气体逸出，剩下不能氧化燃烧的残渣总量。依据GB 5009.4中规定的方法进行测定。

（1）原理　样品经灼烧后所残留的无机物质称为灰分。灰分数值是用灼烧、称重后计算得出。

（2）仪器和用具　高温炉：最高使用温度≥950℃；分析天平：分度值分别为0.1mg、1mg、0.1g；石英坩埚或瓷坩埚；干燥器（内有干燥剂）；电热板。

（3）试剂　乙酸镁［$(CH_3COO)_2Mg \cdot 4H_2O$］；浓盐酸（HCl）。

（4）操作方法

①坩埚预处理：先用沸腾的稀盐酸洗涤，再用大量自来水洗涤，最后用蒸馏水冲洗。将

洗净的坩埚置于高温炉内，在（900±25）℃下灼烧30min，并在干燥器内冷却至室温，称重，精确至0.0001g。

②称样：称取样品2~10g（马铃薯淀粉、小麦淀粉以及大米淀粉至少称5g，玉米淀粉和木薯淀粉称10g），精确至0.0001g。将样品均匀分布在坩埚内，不要压紧。

③测定：将坩埚置于高温炉口或电热板上，半盖坩埚盖，小心加热使样品在通气情况下完全炭化至无烟，即刻将坩埚放入高温炉内，将温度升高至（900±25）℃，保持此温度直至剩余的炭全部消失为止，一般1h可灰化完毕，冷却至200℃左右，取出，放入干燥器中冷却30min，称量前如发现灼烧残渣有炭粒时，应向试样中滴入少许水湿润，使结块松散，蒸干水分再次灼烧至无炭粒即表示灰化完全，方可称量。重复灼烧至前后两次称量相差不超过0.5mg为恒重。

④分析结果的表述

a. 以试样质量计。

试样中灰分的含量，加了乙酸镁溶液的试样按式（4-12）计算：

$$X_1 = \frac{m_1 - m_2 - m_0}{m_3 - m_2} \times 100 \tag{4-12}$$

式中　X_1——加了乙酸镁溶液试样中灰分的含量，g/100g；

m_1——坩埚和灰分的质量，g；

m_2——坩埚的质量，g；

m_0——氧化镁（乙酸镁灼烧后生成物）的质量，g；

m_3——坩埚和试样的质量，g；

100——单位换算系数。

试样中灰分的含量，未加乙酸镁溶液的试样按式（4-13）计算：

$$X_2 = \frac{m_1 - m_2}{m_3 - m_2} \times 100 \tag{4-13}$$

式中　X_2——未加乙酸镁溶液试样中灰分的含量，g/100g；

m_1——坩埚和灰分的质量，g；

m_2——坩埚的质量，g；

m_3——坩埚和试样的质量，g；

100——单位换算系数。

b. 以干物质计。

加了乙酸镁溶液的试样中灰分的含量按式（4-14）计算：

$$X_1 = \frac{m_1 - m_2 - m_0}{(m_3 - m_4) \times \omega} \times 100 \tag{4-14}$$

式中　X_1——加了乙酸镁溶液试样中灰分的含量，g/100g；

m_1——坩埚和灰分的质量，g；

m_2——坩埚的质量，g；

m_0——氧化镁（乙酸镁灼烧后生成物）的质量，g；

m_3——坩埚和试样的质量，g；

ω——试样干物质含量（质量分数），%；

100——单位换算系数。

未加乙酸镁溶液的试样中灰分的含量按式（4-15）计算：

$$X_2 = \frac{m_1 - m_2}{(m_3 - m_2) \times \omega} \times 100 \tag{4-15}$$

式中 X_2——未加乙酸镁溶液的试样中灰分的含量，g/100g；

m_1——坩埚和灰分的质量，g；

m_2——坩埚的质量，g；

m_3——坩埚和试样的质量，g；

ω——试样干物质含量（质量分数），%；

100——单位换算系数。

试样中灰分含量≥10g/100g时，保留三位有效数字；试样中灰分含量<10g/100g时，保留两位有效数字。

在重复性条件下获得的两次独立测定结果的绝对差值不得超过算术平均值的5%。

（5）注意事项

①为了防止在灼烧时，因温度高试样中的水分急剧蒸发使试样飞扬和防止糖、蛋白质、淀粉等易发泡膨胀的物质在高温下发泡膨胀而溢出坩埚，灰化前对样品应先进行炭化。

②易发泡的粉、淀粉、蛋白质等样品，在炭化之前可在样品上酌加数滴纯植物油，炭化时不允许有燃烧现象发生。

③使用坩埚时应注意：由于温度骤升或骤降，常使坩埚破裂，最好将坩埚放入冷的（未加热）的炉膛中逐渐升高温度。灰化完毕后，应使炉温度降到200℃以下，才打开炉门。坩埚钳在钳热坩埚时，要在电炉上预热。

④样品灼烧前加入乙酸镁溶液，可润湿和分散样品，在高温下变为氧化镁，提高了灰分的熔点，可避免熔融现象，缩短灰化时间。

3. 小麦粉水分的检验

小麦粉中的水分包括游离水和结合水。游离水具有一般水的性质，在常温下，其含量易发生变化。结合水不具有一般水的性质，在常温下，其含量比较稳定。小麦粉水分检测主要是测定小麦粉中的游离水。按照GB 5009.3和GB/T 5497进行测定，具体操作见上一节。

4. 小麦粉的粗细度检测

粗细度是指小麦粉碎的粗细程度，测定结果通常以留存在特定筛层上的粉类数量占试样的百分率表示。小麦粉的粗细度表示小麦加工过程研磨的程度。一般来说，小麦粉越细，其损伤程度也越大。目前，我国不少小麦粉厂为了降低灰分，增加白度，配备筛绢较密，所生产的小麦粉细度高，因此淀粉损伤程度也随之上升，高损伤淀粉的小麦粉的特性会明显改变，应引起我们的注意。

（1）原理　样品在不同规格的筛子上筛理，不同颗粒大小的样品彼此分离。根据筛上物残留量计算出粉类粮食的粗细度。

（2）仪器和用具　天平：分度值0.1g；电动验粉筛：回转直径50mm，回转速度260r/min，形状为圆形，直径300mm，高度30mm；筛绢：规格主要包括CQ10、CQ16、CQ20、CQ27、CB30、CB36、CB42等；表面皿；取样铲；称样勺；毛刷；清理块等。

（3）操作步骤

①安装：根据测定目的，选择符合要求的一定规格的筛子，用毛刷把每个筛子的筛绢上面、下面分别刷一遍，然后按大孔筛在上，小孔筛在下，最下层是筛底，最上层是筛盖的顺序安装。

②测定：从混匀的样品中称取试样 50.0g（m），放入上层筛，同时放入清理块，盖好筛盖，按要求固定筛子，定时 10min，打开电源开关，验粉筛自动筛理。

（4）称量　验粉筛停止后，用双手轻拍筛框的不同方位各三次，取下各筛层，将每一筛层倾斜，用毛刷把筛面上的残留物刷到表面皿中。称量上层筛残留物（m_1），低于 0.1g 时忽略不计；合并称量由测定目的所规定的筛层残留物（m_2）。

（5）结果计算　粗细度以残留在规定筛层上的粉类占试样的质量分数表示，按式（4-16）、式（4-17）计算：

$$X_1 = \frac{m_1}{m} \times 100\% \tag{4-16}$$

$$X_2 = \frac{m_2}{m} \times 100\% \tag{4-17}$$

式中　X_1、X_2——试样粗细度（以质量分数表示），%；

m_1——上层筛残留物质量，g；

m_2——规定筛层上残留物质量之和，g；

m——试样质量，g。

在重复性条件下，获得的两次独立测试结果的绝对差值不大于 0.5%，求其平均数，即为测试结果，测试结果保留到小数点后一位。

（6）注意事项

①分析人员同时或迅速连续进行两次测定，绝对差值不超过 0.5%。

②取两次测定的算术平均值为粗细度测定值，结果保留一位小数。

5. 小麦粉中脂肪酸值的测定

小麦粉在储藏期间，尤其是在水分含量大和温度较高的情况下，脂肪容易水解，脂肪酸增加比较显著，因而对储存期的小麦粉需及时监测其脂肪酸值的变化情况，以确保小麦粉的储藏安全。小麦粉中脂肪酸值是指中和 100g 干物质试样中游离脂肪酸所需氢氧化钾的质量（mg）。小麦粉中脂肪酸的测定按 GB/T 5510—2011《粮油检验　粮食、油料脂肪酸值测定》执行。

（1）原理　用苯振荡提取出小麦粉中的游离脂肪酸，以酚酞作指示剂，用氢氧化钾标准滴定溶液滴定。由消耗的氢氧化钾标准滴定溶液的体积计算脂肪酸值。

（2）试剂　苯；95%乙醇；0.01moL/L 氢氧化钾标准滴定液：先按 GB/T 601—2016《化学试剂　标准滴定溶液的制备》配制和标定 0.5mol/L 氢氧化钾标准滴定液，再用 95%乙醇稀释；0.04%酚酞乙醇溶液：称取 0.2g 酚酞溶于 500mL 95%的乙醇中。

（3）仪器用具　锤式旋风磨；天平（分度值 0.01g）；具塞磨口锥形瓶（250mL）；移液管（50mL、25mL）；振荡器（往返式，振荡频率为 100 次/min）；短颈玻璃漏斗；具塞比色管（25mL）；锥形瓶（150mL）；量筒（25mL）；滴定管（5mL，最小刻度为 0.02mL；10mL，最小刻度为 0.05mL；25mL，最小刻度为 0.1mL）。

（4）试样制备　直接取小麦粉样品约40g装入磨口瓶中备用。

（5）试样处理　称取约10g混匀的小麦粉样品，准确到0.01g（m），置于250mL锥形瓶中，用移液管加入50.00mL苯，加塞摇动几秒钟后，打开塞子放气，再盖紧瓶塞置振荡器上振摇30min。取下锥形瓶，倾斜静置1~2min，在短颈玻璃漏斗中放入滤纸过滤。弃去最初几滴滤液，用比色管收集滤液25mL以上，盖上塞备用。

（6）测定　用移液管移取25.00mL滤液于150mL锥形瓶中，用量筒加入酚酞乙醇溶液25mL，摇匀，立即用氢氧化钾标准滴定溶液滴定至呈微红色，30s不褪色为止。记下耗用的氢氧化钾标准滴定溶液体积（V_1）。

（7）空白试验　用25.00mL苯代替滤液，按步骤进行空白试验，记下耗用的氢氧化钾标准滴定液体积（V_0）。

（8）结果计算　脂肪酸值（A_K）按式（4-18）计算：

$$A_K = (V_1 - V_0)\ c \times 56.1 \times \frac{50}{25} \times \frac{100}{m\ (100-M)} \tag{4-18}$$

式中　A_K——脂肪酸值（KOH），mg/100g；

V_1——滴定试样滤液所耗氢氧化钾标准滴定溶液体积，mL；

V_0——滴定空白液所耗氢氧化钾标准滴定溶液体积，mL；

c——氢氧化钾标准滴定溶液的浓度，mol/L；

56.1——氢氧化钾摩尔质量，g/mol；

50——提取试样所用提取液的体积，mL；

25——用于滴定的试样提取液体积，mL；

100——换算为100g干试样的质量，g；

m——试样的质量，g；

M——试样水分质量分数，即每100g试样中含水分的质量，g。

（9）结果表示　每份试样取两个平行样进行测定，两个测定结果之差的绝对值符合重复性要求时，以其平均值为测定结果，保留三位有效数字。

（10）精密度　在同一实验室，由同一操作者使用相同的设备，按相同的测试方法，在短时间内对同一份被测样品进行两次测定，当测定结果大于10mg/100g时，获得的两个独立测定结果的绝对差值应不大于2mg/100g；当测定结果小于或等于10mg/100g时，获得的两个独立测定结果的绝对差值应不大于这两个测定值的算术平均值的15%。

（11）注意事项

①收集的滤液来不及测定时，应盖紧比色管瓶塞，于4~10℃条件下保存，放置时间不宜超过24h。

②浸出液色过深，滴定终点不好观察时，改用四折滤纸，在滤纸锥头内放入约0.5g粉末活性炭，慢慢注入浸出液，边脱色边过滤。或改用0.1%麝香草酚酞乙醇溶液指示剂，滴定终点为绿色或蓝绿色。

6. 小麦粉的面筋指数测定

面筋指数是一种快速测定面筋质量的方法，它是将面筋仪离心机上的筛片改为筛盒，筛盒中有一定孔径的筛板（88μm），把洗出的面筋球放在筛盒中离心1min，在高速旋转产生的离心力作用下面筋会部分穿过筛板，面筋筋力越强穿过筛板的数量越少，面筋筋力越弱穿过筛板的数量越多，分别收集筛板前后湿面筋加以称量，计算出面筋指数值。面筋指数越大，表示面筋筋力越强，反之，面筋指数越小表示面筋筋力越弱。

湿面筋的测定按 GB/T 5506.1—2008 和 GB/T 5506.2—2008 执行，具体操作参照小麦中湿面筋含量测定方法。

（1）离心　用镊子将湿面筋从洗涤皿中取出，确保洗涤皿中不留有任何湿面筋，分别放入离心机内两个筛盒中（若用单洗涤杯面筋仪，用同样方法，洗出一份面筋，放入一个筛盒中，在离心机的另一个筛盒中加平衡物），离心 60s。

（2）湿面筋称量　离心后立即取出筛盒，用不锈钢刮匙小心刮净通过筛板下的面筋，在天平上称重。再将没有通过筛板的面筋用镊子取出，也放入天平上与通过筛板的面筋一起称量，得到总面筋量。

（3）分析结果表达

$$面筋指数=\frac{[总面筋（g）-筛下面筋（g）]\times100}{总面筋（g）}$$

（4）结果表示　双实验的测定结果用算术平均法加以平均，以平均值表示，取整数位。

双实验面筋指数值的允许差，指数在 70~100，允许差应不超过 11 个单位，指数在 70 以下，双实验允许差不超过 15 个单位，否则应作第三次，然后取三次结果的平均值，作为最后测定结果。

7. 小麦粉含砂量的测定

小麦粉的含砂量是指小麦粉中所含的无机砂尘的量，以砂尘占试样总质量的质量分数表示（%），通常指小麦粉中的牙碜现象。该项指标是评定小麦粉品质优劣的重要指标。小麦粉含砂量较高时直接影响小麦粉的食用口感和品质，而且又有害于人体健康。当含砂量超过一定限度时，既影响食用品质，又不利于人体健康，所以对小麦粉含砂量要严格控制。

（1）原理　在四氯化碳中，由于小麦粉与砂尘的相对密度不同，小麦粉悬浮于四氯化碳表层，砂尘沉于四氯化碳底层，从而将小麦粉与砂尘分开。

（2）试剂与仪器　四氯化碳法：细砂分离漏斗、漏斗架；天平（分度值 0.0001g）；量筒（10mL）；电炉（500W）；备有变色硅胶的干燥器；坩埚（30mL）；玻璃棒、石棉网等。

（3）操作方法　量取 70mL 四氯化碳注入细砂分离漏斗内，加入试样（10±0.01）g，用玻璃棒在漏斗的中上部轻搅拌后静置，然后每隔 5min 搅拌一次共搅拌三次，再静置 30min。将浮在四氯化碳表面的小麦粉用牛角勺取出，再把分离漏斗中的四氯化碳和沉于底部的砂尘放入 100mL 烧杯中，用少许四氯化碳将烧杯底部的砂尘转移至恒质（m_0±0.0001g）坩埚内，再用吸管小心将坩埚内的四氯化碳吸出，将坩埚放在电炉的石棉网上烘约 20min，然后放入干燥器，冷却至室温，得坩埚及砂尘质量（m_1±0.0001g）。

（4）结果计算　含砂量按式（4-19）计算：

$$X=\frac{m_1-m_0}{m}\times100\% \tag{4-19}$$

式中　X——含砂量，%；

m_1——坩埚和细砂质量，g；

m_0——坩埚质量，g；

m——试样质量，g。

计算结果时有效数字保留到小数点后三位。

（5）结果表示　每份样品应平行测试两次，两次测定结果符合重复性要求时，取其算术平均值作为最终测定结果，有效数字保留到小数点后两位。平行试验测定结果不符合重复性要求，应重新测定。

（6）重复性

在同一实验室，由同一操作者使用相同设备，按相同的测试方法，在短时间内对同一被测对象相互独立进行测试获得的两次独立测试结果的绝对差值不大于0.005%。

（7）注意事项

①四氯化碳有毒性，整个操作最好在通风橱内进行，以保证操作人员的健康。

②从坩埚中倾倒四氯化碳时，注意不要将泥沙带进。

③小烧杯中的沉淀物干燥时应特别小心，严防因残余溶剂沸腾而使沉淀物溅出。

8. 小麦粉中磁性物质的检测

磁性金属物是指小麦粉中混入的磁性金属物质及细铁粉，是小麦粉中的铁类物质的总称。是由于粮食加工前未清理净或机器磨损造成的，食用后会引起胃肠疾病，长度超过0.3mm的针刺状金属物，能刺破食道或胃肠壁。因此磁性金属物含量是国家规定的重要限制项目。国家标准规定，各等级小麦粉磁性金属物含量指标均为≤0.003g/kg。

（1）原理　采用电磁铁或永久磁铁，通过磁场的作用将具有磁性的金属物从试样中粗分离，再用小型永久磁铁将磁性金属物从残留试样的混合物中分离出来，计算磁性金属物的含量。

（2）仪器和材料　磁性金属物测定仪［磁感应强度应不少于120mT（毫特斯拉）］；分离板（210mm×210mm×6mm）；天平（分度值0.1g，最大称量大于1 000g）；称量纸：硫酸纸或不易吸水的纸；白纸：约200mm×300mm；毛刷、大号洗耳球、称样勺等。

（3）称样

①试样的扦样和分样按GB/T 5491—1985《粮食、油料检验　扦样、分样法》执行。

②从分取的实验样品中称取试样（m）1kg，精确至1g。

（4）测定

①测定仪分离：开启磁性金属物测定仪的电源，将试样倒入测定仪盛粉斗，按下通磁开关。调节流量控制板旋钮，控制试样流量在250g/min左右，使试样匀速通过淌样板进入储粉箱内。待试样流完后，用洗耳球将残留在淌样板上的试样吹入储粉箱，然后用干净的白纸接在测定仪淌样板下面，关闭通磁开关，立即用毛刷刷净吸附在淌样板上的磁性金属物（含有少量试样），并收集到放置的白纸上。

②分离板分离：将收集有磁性金属物和残留试样混合物的纸放在事先准备好的分离板上，用手拉住纸的两端，沿分离板前后左右移动，使磁性金属物与分离板充分接触并集中在一处，然后用洗耳球轻轻吹去纸上的残留试样，最后将留在纸上的磁性金属物收集到称量纸上。

③重复分离：将第一次分离后的试样，再按照上述操作重复分离，直至分离后在纸上观察不到磁性金属物，将每次分离的磁性金属物合并到称量纸上。

④检查：将收集有磁性金属物的称量纸放在分离板上，仔细观察是否还有试样粉粒，如有试样粉粒则用洗耳球轻轻吹去。

（5）称量　将磁性金属物和称量纸一并称量（m_1），精确至 0.0001g，然后弃去磁性金属物再称量（m_0），精确至 0.0001g。

（6）结果计算　磁性金属物含量（X），按式（4-20）计算：

$$X=\frac{m_1-m_0}{m}\times 1000 \tag{4-20}$$

式中　X——磁性金属物含量，g/kg；

m_1——磁性金属物和称量纸质量，g；

m_0——称量纸质量，g；

m——试样质量，g。

双试验测定值以高值为该试样的测定结果。

9. 小麦粉稳定时间的测定

小麦粉稳定时间是小麦粉面团揉混特性中的一个指标，面团的揉混特性反映了面团的耐揉程度，是通过粉质仪来测定的。将定量的小麦粉置于揉面钵中，用滴定管加定量的水，在一定温度下开机揉成面团，根据揉制面团过程中动力消耗情况，仪器自动绘制一条特定的曲线，即粉质曲线（图 4-3），反映揉和面团过程中混合搅拌刀所受到的综合阻力随搅拌时间的变化规律，它是分析面团、小麦粉品质的依据。

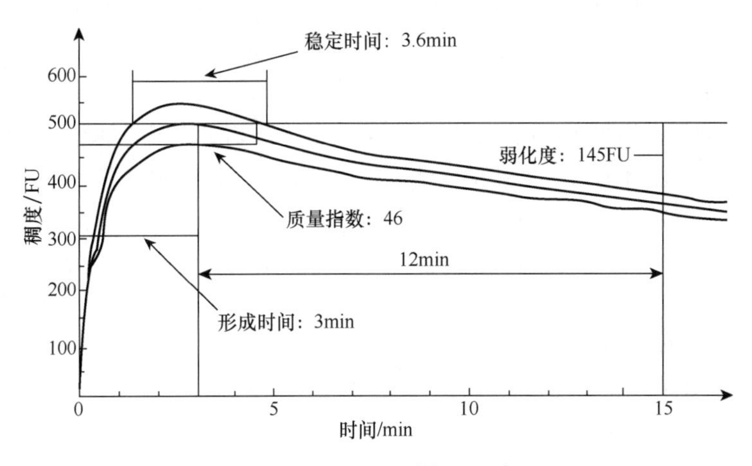

图 4-3　小麦粉粉质曲线示意图

小麦粉在粉质仪中加水揉和时随着面团经历形成、稳定、弱化 3 个过程，其黏稠度不断变化，用测力计和记录器测量和自动记录面团揉和时相应稠度的阻力变化。从加水量及记录揉和性能的粉质曲线计算小麦粉吸水量及评价面团揉和时的形成时间、稳定时间、弱化度、面团质量指数等特性，用以评价面团强度。

①小麦粉吸水量：在规定的操作条件下，面团的最大稠度达 500FU 时，所需添加水的体积。以每 100g 水分含量为 14%（质量分数）的小麦粉中所需添加水的体积表示，单位为毫升（mL）。

②面团形成时间：从加水点至粉质曲线到达最大稠度后开始下降所用时间。在极少数情况下可以观测到两个最大值，用第二个最大值计算形成时间，单位为分（min）。

③稳定性（稳定时间）：粉质曲线的上边缘首次与 500FU 标线相交至下降离开 500FU 标

线两点之间的时间差值，单位为分（min）。

④弱化度：面团到达形成时间点时曲线带宽的中间值和此点后 12min 处曲线带宽的中间值之间高度的差值，单位为 FU。

⑤粉质质量指数：沿着时间轴，从加水点至粉质曲线比最大稠度中心线衰减 30FU 处的长度，单位为毫米（mm）。

（1）原理　利用粉质仪通过调整加水量使面团的最大稠度达到固定值（500FU），由此获得一条面团稠度随时间变化的揉混曲线，该曲线的各特征值可表征小麦粉的流变学特性（面团强度）。

（2）仪器和材料　水为 GB/T 6682 规定的三级水；粉质仪，带有水浴恒温控制装置。粉质仪主机具有如下操作特性：

①慢搅拌叶片转速：(63±2) r/min；快慢搅拌叶片转速比为（1.50±0.01）：1；

②粉质仪单位的扭力矩：300g 揉混器为（9.8±0.2）mN · m/FU［(100±2) gf · cm/FU］；50g 揉混器为（1.96±0.04） mN · m/FU［(20±0.4) gf · cm/FU］。

滴定管有两种规格：用于 300g 揉混器，起止刻度线从 135mL 到 225mL，最小刻度 0.2mL；用于 50g 揉混器，起止刻度线从 22.5mL 到 37.5mL，最小刻度 0.1mL。从 0mL 到 225mL 或从 0mL 到 37.5mL 的排水时间均不超过 20s。

控温装置，循环水浴温度控制在（30±0.2）℃。天平，分度值为 0.1g。刮刀，由软塑料制成。

（3）操作步骤

①小麦粉水分含量的测定：按 GB 5009.3 规定的方法测定小麦粉的水分含量。

②准备仪器：在驱动系统上安装揉面钵。接通粉质仪恒温控制装置的电源并打开循环水开关，揉面钵达到所需温度（30±0.2）℃后方可使用仪器。揉面钵上设有测温孔，在仪器使用前和使用过程中，应随时检查恒温水浴和揉面钵的温度。打开仪器的电源开关“POWER”。

注 1：实验室温度控制在 18~30℃。

注 2：必要时在清洗擦干的揉面钵搅拌叶片的轴杆上涂抹少量硅膏。

在测试参数对话框中输入全部测试参数，按“开始”键启动仪器。点击参数对话框中的“开始测试”键，仪器自动调零，调零时揉面钵应空转。打开揉面钵的上盖，安全保护装置使驱动自动停止。在自动调零过程中，计算机将检测到的扭矩视为零，并将其作为后面测试的零点。

用温度为（30±0.5）℃的蒸馏水注满滴定管。

③称量样品：小麦粉的温度应为 25~30℃。在程序软件的测试参数窗口输入样品的水分含量，根据程序软件窗口计算并显示的小麦粉称量质量相当于 300g（300g 揉混器）或 50g（50g 揉混器）水分含量为 14%（质量分数）的小麦粉试验样品，精确至 0.1g。

④测定：打开粉质仪揉面钵的上盖。向揉面钵中加入已称量的小麦粉样品，并盖上揉面钵的上盖。点击“开始”键重新启动驱动装置。点击“确认”键开始测试。预热和搅拌小麦粉 1min。

注 1：面粉在预搅拌过程中的扭矩约为 20FU。如果扭矩偏离这一数值，需检查零点调整或揉面钵的清理状况。

加入一定量的水以使面团的最大稠度接近500FU。当面团形成时，在不停机的状态下，用刮刀将黏附在揉面钵内壁的所有碎面块刮入面团中。测试过程中，粉质曲线（测定扭矩图线的上边线、下边线和中心线）在图线视窗中同步显示。

注2：除在短时间内往揉混器里加注蒸馏水和用刮刀刮除黏附在内壁上的碎面块外，揉混器上盖在测定过程中不得移开。测试时间结束时，数据传输自动停止。点击“停止”键关闭粉质仪，清洗揉混器。

注3：揉面钵在每次测试之后需要彻底清洗，因为测试时干燥的残留面团会增大摩擦力。

注4：如“基本设置”中的“测试结束停止驱动”功能被激活，驱动在测试时间结束时将自动停止。

根据需要进行重复测定，直至两次揉混符合：在25s内完成加水操作；最大稠度在480~520FU；如果需要报告弱化度，则在到达形成时间后继续记录至少12min。

（4）结果表示　测试结果以吸水量、面团形成时间、稳定性（稳定时间）弱化度和粉质质量指数表示。取双试验测试结果的平均值作为试验结果，其中，吸水量精确到0.1mL/100g。面团形成时间、稳定性（稳定时间）精确到0.1min，弱化度精确到1FU，粉质质量指数精确到1mm。

测定结果不符合重复性要求时，应按GB/T 5490—2010《粮油检验　一般规则》的规定重新测定，计算结果。

注：粉质质量指数可以代替或与稳定性和弱化度一起报告。用粉质质量指数代替稳定性和弱化度可缩短总的揉混时间，尤其适用于由较弱的小麦粉制备面团的场合。粉质质量指数、稳定性和弱化度三者之间存在良好的相关性。

（5）精密度

①实验室间测试：本试验结果均由电子式粉质仪测试得到，可能不适用于其他数据范围、测试对象和机械式粉质仪。

②重复性：由同一位操作人员在同一实验室，使用同一台仪器，在短时间内对相同样品用相同方法进行测试，两次测试结果的绝对差值超过重复性限（r）的情况不大于5%。

重复性限r计算按下式：

$$\text{吸水量（校正至500FU）：} r=(-0.004A+0.432)\times 2.8$$

$$\text{吸水量（校正至14\%水分）：} r=(-0.005B+0.501)\times 2.8$$

$$\text{面团形成时间：} r=(0.072C+0.074)\times 2.8$$

$$\text{稳定性（稳定时间）：} r=(0.019D+0.226)\times 2.8$$

$$\text{弱化度（ICC标准/最高点后12min）：} r=(0.031E+2.729)\times 2.8$$

$$\text{粉质质量指数：} r=(0.052F+0.295)\times 2.8$$

式中　A——吸水量（校正至500FU），mL；

B——吸水量（校正至14%水分），mL；

C——面团形成时间，min；

D——稳定性（稳定时间），min；

E——弱化度（ICC标准/最高点后12min），FU；

F——粉质质量指数，mm。

③再现性：由不同操作人员在不同实验室内，使用不同仪器，在短时间内对相同样品用

相同方法进行测试，两次测试结果的绝对差值超过再现性限（R）的情况不大于5%。

再现性限R计算按下式：

$$吸水量（校正至500FU）：R=(-0.001A+0.548)\times 2.8$$

$$吸水量（校正至14\%水分）：R=(-0.004B+0.944)\times 2.8$$

$$面团形成时间：R=(0.135C+0.041)\times 2.8$$

$$稳定性（稳定时间）：R=(0.076D+0.373)\times 2.8$$

$$弱化度（ICC标准/最高点后12min）：R=(0.039E+6.518)\times 2.8$$

$$粉质质量指数：R=(0.133F-2.159)\times 2.8$$

式中 A——吸水量（校正至500FU），mL；

B——吸水量（校正至14%水分），mL；

C——面团形成时间，min；

D——稳定性（稳定时间），min；

E——弱化度（ICC标准/最高点后12min），FU；

F——粉质质量指数，mm。

（6）试验报告

试验报告需说明：样品信息、扦样方法、操作方法、揉混器规格、试验结果及误差及所有本标准未列出而可能对结果有影响的信息。

第三节　小麦收购、出入库及储藏期间的检验

一、粮库检验室管理制度

（1）认真学习粮油检化验制度，严格按照相关国家标准对出入库的粮油进行检验，正确执行国家粮油质量标准和“依质论价”的政策，认真进行操作，准确填写检验单。

（2）严格遵守库内的各项规章制度，利用时间进行业务知识学习，提高业务技能。

（3）检验室设备、仪器要经常检查、清洁和维护，并摆放整齐，选择合适地方以便操作。对室内检验器材要爱护并妥善保管，工作中要一丝不苟，严格按操作规程进行操作。

（4）所有的仪器要符合要求，每月定时维护和校准，并做好记录，对精密仪器应有专人负责管理，使用要有记录，确保测定数据的准确性。

（5）检验设备、仪器要严格管理，不准外借，经领导同意外借的，交回时要认真检查，校正后方能使用。

（6）仪器发生故障应采取措施维修，不能自己维修的，及时向主管领导汇报处理，不按操作规程操作，损坏仪器设备的照价赔偿。

（7）玻璃仪器使用时要轻拿轻放，掌握一般的洗涤、干燥和保管方法，完好率达90%以上，无故损坏的要照价赔偿。

（8）检验室所用的试剂、溶液，都要标注名称、浓度以及失效日期，以便正确使用。

（9）检验室各种记录、单据必须正确书写，对所出具的化验结果，项目要填写齐全，字迹清楚工整，有真实性和代表性。所有的登记记录都要有编号、页数，使用永久性碳素墨水书写，更改时在数据上画线标明，不准随意撕、随意扔，按时整理、装订化验单据，确保数据的安全性，对检验结果要负责，不弄虚作假、营私舞弊，要实事求是、忠于职守。

（10）检验单或检验报告都要由质检员签字，按要求报送主管科室。检验结果填制一式三份，一份检验室留存，一份报送仓储科，一份送粮食保管员。对外提供检验单时，须经粮库负责人同意。

（11）根据粮情、品质检验制度认真对储存的粮食进行常规检验，扦送的样品，按照检验程序对实验样品保留不少于3d，根据情况再做处理。

（12）整个检验工作中，要做到公正、合理，不徇私情，不谋私利，不优亲厚友，不吃拿卡要，树立良好的形象。如有违反，一经发现查实后，按造成损失的金额给予处罚。

（13）检验室要保持清洁卫生，不准在检验室做与检验无关的事。

在小麦储藏期间一般要进行4个阶段的检验：入库前的检验即收购检验和入库检验、入库过程中的检验、储存期间的检验、出库时的检验。

二、 小麦的收购检验

小麦收购检验是小麦储藏安全的保障，也是小麦储藏环节的第一关，认真做好这一环节的检验工作就要求在收购过程中必须做到如下几点。

（1）小麦收购检验要严格执行国家粮食质量、卫生标准和有关规定，按质论价，做到不损害农民和粮食生产者的利益。

（2）应当按照价格主管部门的规定明码标价，在收购场所的醒目位置公示收购小麦品种、质量标准、计价单位和收购价格等内容。按照国家小麦质量标准对收购的小麦进行检验。

（3）对于中央储备粮，在小麦收购时还应按粮食储存有关标准和技术规范的要求进行小麦储存品质相关指标的检验。

（4）严把入库质量关。入库的小麦要达到国标中等及以上质量要求，按来粮形式分批、分车对小麦入库质量、储存品质和新陈度进行检测，确保入库小麦符合中央储备粮质量和生产年限要求。对于不符合质量要求的小麦，应当及时进行整理，整理仍达不到要求的小麦不得入库，且不同收获年度的小麦不能混存。另收购的小麦不得与可能对小麦产生污染的有害物质混存，储存小麦不得使用国家禁止使用的化学药剂或者超量使用化学药剂，粮库周围不得存在有毒有害气体、粉末等污染源。

对于中央储备粮，小麦收购时除严格按照小麦国家标准规定对各项指标和储存品质指标进行检验外，还要有一个完善的检验程序，一般可按以下程序进行。

（1）检验员先要对所要收购的小麦进行感官鉴定，即从小麦新陈、水分、杂质、有无活虫等进行综合判断，对有明显掺假的车辆要标明，同时写好样品标签，内容包括：编号、品种、产地、车号、扦样日期。

（2）扦取具代表性的样品。代表性的样品直接反映了该批小麦的品质情况，如何取样至关重要，取样时进行不定点取样；对包装粮食实行不定点扒垛，扦样包装粮时，扦样数量达到总包数的15%以上，保证样品有代表性。

（3）按照标准规定的指标进行检验。检验人员一般有5人，具体分工为2人扦样、2人检验、1人登记。

（一）小麦收购检验指标

小麦收购检验项目：质量指标有容重、水分、杂质、不完善粒、色泽和气味以及硬度指数；储存品质指标有色泽和气味、面筋吸水率和品尝评分。安全指标主要有呕吐毒素和黄曲霉毒素。

（二）小麦收购检验指标的测定方法

1. 容重、水分

容重按GB/T 5498—2013《粮油检验　容重测定》进行检测，测定时需在筛选器上分3~4次筛选，除去大样杂质。同时观察有无活虫，如果有活虫，大约密度是多少，然后按本章第一节中描述的操作方法进行检验。

水分按GB 5009.3—2016《食品安全国家标准　食品中水分的测定》进行检测，测定时用直接干燥法。如果遇到特殊情况，水分在13.0%或者13.0%左右，也可采用GB/T 5497—1985《粮食、油料检验　水分测定法》中定温定时方法测定。具体操作按本章第一节中描述的操作方法进行，也可用经过GB 5009.3中的直接干燥法校核过的快速水分测定仪来测定。

2. 杂质和不完善粒的检验

杂质和不完善粒依据GB/T 5494—2019《粮油检验　粮食、油料的杂质、不完善粒检验》，按本章第一节中描述的操作方法进行检验。

3. 硬度指数的检验

小麦硬度指数检验方法依据GB/T 21304—2007《小麦硬度测定　硬度指数法》，按本章第一节中描述的操作方法检验。

4. 色泽与气味的检验

色泽与气味的检验依据GB/T 5492—2008《粮油检验　粮食、油料的色泽、气味、口味鉴定》，按本章第一节中描述的操作方法进行。

5. 小麦储存品质检验

小麦的储存品质判别主要是依据GB/T 20571—2006《小麦储存品质判定规则》，其中色泽和气味的检测按GB/T 5492—2008《粮油检验　粮食、油料的色泽、气味、口味鉴定》和GB/T 20571—2006《小麦储存品质判定规则》附录A中要求进行，面筋吸水量按GB/T 5506.2—2008《小麦和小麦粉面筋含量　第2部分：仪器法测定湿面筋》和GB/T 5506.4—2008《小麦和小麦粉　面筋含量　第4部分：快速干燥法测定干面筋》分别测定小麦湿面筋和干面筋含量，然后按公式要求计算小麦的面筋吸水量。小麦品尝评分值按GB/T 20571—2006《小麦储存品质判定规则》附录A进行检测。小麦的储存品质判定按表4-18进行。

表 4-18　　小麦储存品质指标

项目	宜存	轻度不宜存	重度不宜存
色泽、气味	正常	正常	基本正常
面筋吸水量/%	≥180	<180	—
品尝评分值/分	≥70	≥60 或<70	<60

①宜存：色泽、气味、面筋吸水量和品尝评分值均符合表中“宜存”标准的，判定为宜存小麦，适宜继续储存。

②轻度不宜存：色泽、气味正常，面筋吸水量和品尝评分值有一项符合表中“轻度不宜存”标准的，判定为轻度不宜存小麦，应尽快轮换处理。

③重度不宜存：色泽、气味和品尝评分值中有一项符合表中“重度不宜存”标准的，判定为重度不宜存小麦，应立即安排出库。因色泽、气味判定为重度不宜存的，还应报告品尝评分值检验结果。

在检验时做好原始记录，确保检测信息全面，数据真实、可靠。对符合要求的粮食，根据粮库收购标准以及扣价扣量标准，检验员将检验的结果输入电脑检验系统，内容包括：货物名称、编号、汽车号、仓号、货物等级、水分、杂质、扣水、扣杂、扣不完善粒等。对不符合标准的粮食，如果是陈粮直接退回；如果是高水分、高杂质的小麦征求客户同意经过整晒、清理、除杂等措施，经检验合格后方可入库。

6. 小麦质量安全指标检验——呕吐毒素的检测方法

呕吐毒素主体成分为 DON（脱氧雪腐镰刀菌烯醇），属于单端孢霉烯族化合物，主要由禾谷镰刀菌、尖孢镰刀菌、串珠镰刀菌、拟枝孢镰刀菌、粉红镰刀菌、雪腐镰刀菌等镰刀菌产生。由于可以引起猪的呕吐，故又称呕吐毒素。人食用含有一定量的呕吐毒素粮油食品后，会出现胃部不适、眩晕、腹胀、头痛、恶心、呕吐、手足发麻、全身乏力、颜面潮红，以及食物中毒性白细胞缺乏症。呕吐毒素可在人和动物体内蓄积，具有致畸性、神经毒性、胚胎毒性和免疫抑制作用。我国 GB 2761—2017《食品安全国家标准　食品中真菌毒素限量》中规定，小麦粉、小麦中脱氧雪腐镰刀菌烯醇限量标准为 1000μg/kg。目前对呕吐毒素国内常用的检测方法主要有以下几种：高效液相色谱法、酶联免疫检测试剂盒、胶体金免疫层析法、荧光定量免疫层析法，现场收购目前多采用胶体金快速定量法，具体操作按照 LS/T 6113—2015《粮油检验　粮食中脱氧雪腐镰刀菌烯醇测定　胶体金快速定量法》中规定进行。

（1）原理　试样提取液中脱氧雪腐镰刀菌烯醇与检测条中胶体金微粒发生呈色反应，颜色深浅与试样中脱氧雪腐镰刀菌烯醇含量相关。用读数仪测定检测条的颜色深浅，根据颜色深浅和读数仪内置曲线自动计算出试样中脱氧雪腐镰刀菌烯醇的含量。

（2）试剂　除另有说明外，所用试剂均为分析纯，实验室用水应符合 GB/T 6682—2008《分析实验室用水规格和试验方法》中三级水的要求。

稀释缓冲液：由胶体金检测条配套提供，或按照其说明书配制。

提取液：水或与胶体金检测条配套的提取液。

（3）仪器设备材料　天平：分度值 0.01g；粉碎机：可使试样粉碎后全部通过 20 目筛；

离心机：转速不低于4000r/min；涡旋振荡器；孵育器：可进行45℃恒温（控温精度±1℃）孵育，具有时间调整功能；读数仪：可测定并显示胶体金定量检测条的测定结果；ROSA脱氧雪腐镰刀菌烯醇胶体金快速定量检测条：需冷藏储存，具体储存条件参照使用说明；滤纸：采用Whatman 2V（或等效）滤纸。

（4）样品制备

①扦样与分样：按照GB/T 5491—1985《粮食、油料检验 扦样、分样法》执行。

②样品处理：取有代表性的样品500g，用粉碎机粉碎至全部通过20目筛，混匀。准确称取10.00g试样于200mL具塞锥形瓶中，加入50.0mL试样提取液，密闭，用涡旋振荡器振荡1~2min，静置后用滤纸过滤，或取1.0~1.5mL混合液于离心管中，用离心机（4000r/min）离心1min。取滤液或离心后上清液100μL于另一离心管中，加入1.0mL稀释缓冲液，充分混匀待测。

注：不同厂家的脱氧雪腐镰刀菌烯醇胶体金快速定量检测条所用的样品处理方法可能不同，应按照产品使用说明的规定方法进行操作。

（5）样品测定 将胶体金检测条从冷藏状态（2~8℃）取出放置至室温。将孵育器预热至45℃。将检测条平放在孵育器凹槽中，打开加样孔。准确移取300μL待测溶液，加入检测条加样孔中，关闭加样孔及孵育器盖。孵育5min后，取出检测条观察C线（质控线）和T线（检测线）显色情况。若出现下述情况，视为无效检测。C线不出现；C线出现，但弥散或严重不均匀；C线出现，但T_1或T_2线弥散或严重不均匀。

选择读数仪的脱氧雪腐镰刀菌烯醇检测频道并设定基质为00（MATRIX 00），开始样品测定，测定需在2min内完成，读数仪自动显示中脱氧雪腐镰刀菌烯醇的含量。

若读数仪显示“$+1500^{ppb}$”，需移取300μL待测溶液于离心管中，加入1.0mL稀释缓冲液后混匀后，按照上面的步骤进行测定，其中基质设定为01（MATRIX 01）。

注：不同厂家孵育器和读数仪的使用方法可能有所不同，应按照产品使用说明的规定进行操作。

（6）结果表述 试样中脱氧雪腐镰刀菌烯醇含量由读数仪自动计算并显示，单位为微克每千克（μg/kg）。

（7）重复性 在同一实验室，由同一操作者使用相同仪器，按相同的测定方法，并在短时间内对同一被测试对象相互独立进行测试获得的两次独立测试结果的绝对差值大于算术平均值20%的情况不超过5%。

（三）小麦收购过程的增扣量

在收购过程中按小麦标准中的等级指标容重的大小确定等级，以其余指标作为增扣量的依据。对收购中不符合质量标准的小麦可按《关于执行粮油质量国家标准有关问题的规定》（国粮发〔2010〕178号）中要求进行各项指标增扣量。

1. 水分含量

实际水分含量低于标准规定的粮油，以标准中规定的指标为基础，每低0.5个百分点增量0.75%，但低于标准规定指标2.5个百分点及以上时，不再增量。实际水分含量高于标准规定的粮油，以标准中规定的指标为基础，每高0.5个百分点扣量1.00%；低或高不足0.5个百分点的，不计增扣量。

2. 杂质含量

实际杂质含量低于标准规定的粮油，以标准中规定的指标为基础，每低 0.5 个百分点增量 0.75%。实际杂质含量高于标准规定的粮油，以标准中规定的指标为基础，每高 0.5 个百分点扣量 1.5%；低或高不足 0.5 个百分点的，不计增量。

矿物质含量指标超过标准规定的，加扣量 0.75%，低于标准规定的，不增量。

3. 不完善粒含量

不完善粒含量高于标准规定的粮油，以标准中规定的指标为基础，每高 1 个百分点，扣量 0.5%；高不足 1 个百分点的，不扣量；低于标准规定的，不增量。

对因重大自然灾害、病虫害等导致严重不符合质量标准的粮油，其收购根据管理权限，分别按国家和地方有关规定执行。

三、 小麦入库检验项目及程序

（一）入库质量检验

严格执行国家标准（质量等级必须达到国家标准中等以上质量标准）。从农民手中直接购入的新粮，主要检验指标：容重、杂质、不完善粒、水分、色泽气味以及硬度等。从农村经纪人或其他企业批量购进的粮食，在购入前应先抽取综合样品进行初验（必要时，做储存品质控制指标和小麦新陈度检测），扦样方法按 GB/T 5491—1985《粮食、油料检验　扦样、分样法》执行，初验合格后方可允许其装车，要求入库前对来粮逐车扦样检验合格后方可入库。

（二）小麦入库检验程序

1. 准备工作

（1）仪器设备准备

①准备好害虫选筛、分样器、容重器、快速水分测定仪、呕吐毒素快速检测仪、分度值 0.1g 和 0.01g 的天平各 2 套以上、样品盛样器、分析盘、镊子等。

②所用实验仪器必须经常校对，保证检验结果的准确性。容重器、天平必须经过计量检定，每天使用之前要调零点；调试自动扦样机或风动扦样器。

③制备小麦标准水分样品，入库期间，每天将快速水分测定仪与 2 个以上标准水分样品进行校对。标准水分样品每隔半月用 GB 5009.3 中直接干燥法校正一次。

（2）人员准备　入库检验收购现场要求扦样员不低于 2 名、样品登记员不低于 1 名、检验员不低于 2 名。

2. 扦样

（1）根据车辆通行卡的排号次序进行逐车扦样，分区设点、上下均匀，保证样品代表性。

（2）散装粮用散装扦样器扦样（包含手动、电动），分区设点，10t 以下散装车，扦样点不少于 5 个；10t 以上散装车，扦样点不少于 8 个，各点扦样数量一致，扦取样品数量不少于 2kg。

（3）包装粮按照不少于总包数 10%的比例扦样，扦样时，包装扦样器槽口向下，从包的一端斜对角插入包的另一端，然后槽口向上取出，每包扦样次数一致，扦样包点要分布均匀，扦取样品数量不少于 2kg。

（4）扦样完毕后，登记车辆排序号、车号，放入样品袋（或桶），对样品袋（或桶）进行封口，送到检验室。

（5）质检登记人员收到样品后，留下《入库单》；将仅登记有车辆顺序号或重新编号的《入库扦样检验原始记录单》和样品桶递交检验人员，检验人员根据排序进行检验。

3. 入库检验程序与要求

（1）检验员按照国家标准对样品进行分样、检验。检验时，一般要有 2 名以上检验员同时在场操作，严禁凭感官检验。检验结束后，检验员将结果填写在《入库扦样检验原始记录单》。

①将样品倒入害虫选筛，手筛 3min 后检查筛底害虫密度。并对小麦色泽和气味进行检测。

②将谷物选筛按规定标准套好，用电动筛选器法或手筛法除去大型杂质和麦壳，然后测量样品容重。

③用快速测水仪测量样品水分。

④将样品用分样器充分混匀分出大样后按照标准进行大样杂质检测。

⑤从检验过大样杂质的试样中均匀分出小样试样，按照标准 GB/T 5494—2019《粮油检验　粮食、油料的杂质、不完善粒检验》进行小样杂质、矿物质和不完善粒检测，计算杂质总量、矿物质含量和不完善粒含量。

（2）检验员对小麦样品检验结果进行复核无误后，将《入库扦样检验原始记录单》交样品登记人员，样品登记人员据此填写《入库单》，并签署“不合格退回”“整理后入仓”或“直接入仓”的意见交给送粮客户。样品登记人员将检验信息登录业务管理信息系统。

（3）扦样人员、样品登记人员与检验员不得是同一人。

（4）从其他企业购进或调入的，由检验员将检验结果与随车辆同行的《发货明细表》进行核对，无误后将《发货明细表》附在《入库单》后。

（5）每一个样品从扦样到出具检测结果，一般在 45min 内完成。

对于中央储备粮按国家质量标准进行检验，按《关于执行粮油质量国家标准有关问题的规定》（国粮发〔2010〕178 号）中要求进行各项指标增扣量。然后填写中央储备粮油入库登记检验检斤单（表 4-19）。

4. 入仓检验

（1）车辆到达卸粮仓房后，保管员首先要复核小麦水分，如与《入库单》基本一致，方可卸粮。

（2）卸粮过程中，要不定时抽检粮食，如发现小麦水分、杂质、不完善粒、虫情、新陈与检验结果明显不一致，要立即停止卸粮，通知检验室进行重新扦样复检，复检不合格的不得入仓；如发现车厢里外粮质不一致，查明原因，如确定是掺杂使假的，一般要退回；在雨雪天过后卸粮，如发现有水浸现象，应把这部分粮食取出晾晒后再入仓；数量较大的，应直接退回。

（3）保管员有权拒绝不达标小麦入仓。

表 4-19

中央储备粮油入库登记检验检斤单

填写单位：　　　　　　　　　　　年　　月　　日　　　　　　　　　　编号

登记	售粮企业或个人			到库时间			运输工具		车船号		发货明细表号	承运人		登记人员签字
	合同号				入库计划安排表号					顺序号				
检验	品种（代号）	产地	生产年度	等级	水分/%	杂质/%	不完善粒/%或损伤粒率/%	容重/（g/L）	出糙率/%	整精米率/%	完整粒率/%	酸值（KOH）/（mg/g）	色泽气味	检验员签字及意见
检斤	包装物					件数				入粮仓号				检斤员签字及意见
	毛重	拾	万	仟		佰	拾	kg	小写					
	皮重	拾	万	仟		佰	拾	kg	小写					
	水分扣量	拾	万	仟		佰	拾	kg	小写					（监磅员签字）
	杂质扣量	拾	万	仟		佰	拾	kg	小写					
	净重	拾	万	仟		佰	拾	kg	小写					
入仓	包装物		件数		需整理粮食毛重/kg					入粮仓号		保管员签字及意见		

注：本表一式五联，一联检验员、二联检斤员、三联保管员、四联财务结算员、五联统计员。

第一联　检验员

5. 质量验收

小麦入仓形成固定货位后，对于一般储备库要对入仓的小麦质量进行全面检测验收，并据此建立储粮账卡和质量档案。对于中央储备粮则要求由直属库中心库检验室对粮食质量进行全面检测验收，合格后申请分公司验收。并由中心库据此建立储粮账卡、填写质量控制单和建立质量档案。具体操作如下。

（1）中心库质量初检　中心库扦样人员按照 GB/T 5491—1985《粮食、油料检验　扦样、分样法》和《政府储备粮油质量检查扦样检验管理办法》扦取样品，由中心库检验室进行粮食质量指标和储存品质指标的检测，1 周内出具质检报告。初检合格的，承储企业检验员、保管员、仓储管理科科长、主管副主任、主任根据质检结果如实填写《质量控制单》。初检不达标的，中心库要责成有关承储库点分析原因，制定整改措施，限期处理，直至达标(整改时间不超过 1 个月)。

（2）申请分公司验收　中心库要在分公司轮换批复下发之日起 6 个月内，向分公司提报申请轮换验收的正式文件，并填写《中央储备粮入库质量验收申请表》和《中央储备粮轮换(分货位数量、质量）验收情况表》。

（3）分公司质量验收　分公司所在辖区质检中心收到中心库轮换验收申请后马上组织验收：扦样人员确认仓房满足扦样条件后，核对承储库《质量控制单》，查看库区平面图、检验原始单据、验收申请表等；扦样时，质检中心扦样人员（2 人）、质检负责人、保管员要同时在场并在样品封条上签字确认。一个货位扦取三份样品，一份由承储库留存，另外两份由扦样员带回辖区质检中心检验。扦样完成后，由扦样人员填写扦样单并绘制扦样图，加盖被检单位印章，扦样人员对样品的代表性负责。

（4）验收确认　扦取的样品及扦样单带回质检中心后，检验负责人安排样品管理员登记，安排检验员进行检测，并监督、控制检测过程。检验负责人对检测原始记录审核后，出具验收报告，报送分公司，并由分公司发给相关中心库。对质量不合格的，分公司向中心库下达整改通知书，督促中心库限期整改。整改完毕后，中心库要向分公司报送整改报告并且重新申请验收。

四、 小麦出库质量检验

出库小麦必须坚持推陈储新、先危后安的原则，做好推陈储新工作。禁止无计划、无目的地随意进出小麦。小麦出仓，必须经库领导书面批准后，技术部方可组织人员开仓出粮，严格计量，且必须有 2 人以上在场，相互监督。小麦出库，计量工作人员应如实开出仓数量单，实物负责人根据数量单，认真核实后，开具小麦出库通知单。门卫人员根据出库通知单的品种、数量对出库实物进行检查核实，方可放车，让小麦出库。所有进出库小麦，必须做到收有凭、支有据，做到粮动账动，日清日结，装满一仓建一仓保管卡片，出完一仓核报一仓升损，保证账实相符。

（1）出库质量检测　调拨出库或销售时，应委托有资质的粮食检验机构进行检测，检测需严格执行国家标准，及时做好全面质量检验，主要检验指标：容重、杂质、不完善粒、水分、色泽气味、硬度和小麦呕吐毒素等。

（2）出库的小麦要出具质量检验报告并与检验结果相一致；检验报告中应当标明小麦的品种、等级、代表数量、产地和收获年度等；小麦出库检验报告应当随货同行，报告有效期一般为 3 个月；检验报告复印件经销售方代表签字、加盖公章有效。

（3）储存小麦的检验项目主要为国家粮食质量标准规定的各项质量指标；在储存期间使用过化学药剂并在残效期间的粮食，应增加药剂残留量检验；色泽、气味明显异常的粮食，应增加相关卫生指标检验。

（4）严重重度不宜存的粮食，不符合食用卫生标准的小麦，严禁流入口粮市场，必须按国家有关规定管理；不符合饲料卫生标准的小麦，不得用作饲料。

检验程序同入库检验。

另对于中央储备粮还需填写中央储备粮油出库登记检验检斤单（表 4-20）。

五、 小麦储藏期间检验项目及程序

小麦是世界上 3 种最重要的谷物之一，也是我国的主要粮种。小麦在储藏过程中品质的变化，历来受世人的关注。长期以来我国小麦生产只注重产量，忽视品质，随着近年来小麦产量的逐年提高，品质问题越来越受到重视。小麦在储藏期间，其感官评定、加工品质、化学成分、生理特性的变化会因储藏期间的因素如温度、湿度、气体成分以及有害生物等的变化而或缓或急地变化。对于中央储备粮，在储藏期间要求所储存的小麦质量要达到中等及以上质量要求，质量指标综合判定合格率在 90%以上，质量指标全项合格率不低于 70%；水分一般不超过《粮食安全储存水分及配套储藏操作规程（试行)》（中储粮［2005］31 号）中推荐的入库水分值；储藏期间应保持宜存，对轻度不宜存或接近轻度不宜存的粮食要及时上报分公司安排轮换，杜绝发生小麦陈化事故；每月的月底检验员会同保管员要对所储存的每个仓的中央储备粮进行扦样和质量检测；每年的 3 月末和 9 月末由各分公司仓储处委托辖区质检中心组织对每个仓的中央储备粮进行扦样并进行质量和储存品质检测。

（一）质量检验

按国家标准 GB 1351《小麦》对小麦各项指标进行检验，其检测指标主要有：容重、水分、杂质、不完善粒、色泽与气味。

（二）储存品质检验

按国家标准 GB/T 20571—2006《小麦储存品质判定规则》执行。其检测指标主要有：色泽与气味、面筋吸水量、品尝评分值。

（三）指标检测方法

1. 面筋吸水量测定

（1）湿面筋测定　按 GB/T 5506. 2—2008《小麦和小麦粉　面筋含量　第 2 部分：仪器法测定湿面筋》进行。

（2）干面筋测定　按 GB/T 5506. 4—2008《小麦和小麦粉　面筋含量　第 4 部分：快速干燥法测定干面筋》进行。

（3）面筋吸水量计算　面筋吸水量以面筋含有水分的百分含量表示。

$$Z=\frac{m_1-m_2}{m_2}\times 100\% \tag{4-21}$$

式中　Z——面筋吸水量，%；

m_1——湿面筋质量，g；

m_2——干面筋质量，g。

表 4-20　　中央储备粮油出库登记检验检斤单

填写单位：　　　　　　年　月　日　　　　　　编号

<table>
<tr><td rowspan="4">登记</td><td colspan="5">购粮企业或个人</td><td colspan="2">到库时间</td><td colspan="2">顺序号</td><td colspan="2">运输工具</td><td colspan="2">车船号</td><td colspan="2">承运人</td><td>登记员签字</td></tr>
<tr><td colspan="5"></td><td colspan="2"></td><td colspan="2"></td><td colspan="2"></td><td colspan="2"></td><td colspan="2"></td><td rowspan="3"></td></tr>
<tr><td colspan="2">合同号</td><td colspan="3">出库计划安排表号</td><td colspan="4">品种（代号）</td><td colspan="6">出库数量/kg</td></tr>
<tr><td colspan="2"></td><td colspan="3"></td><td colspan="4"></td><td colspan="6"></td></tr>
<tr><td rowspan="4">检验</td><td>品种（代号）</td><td>出粮仓号</td><td>产地</td><td>生产年度</td><td>入库时间</td><td>等级</td><td>水分/%</td><td>杂质/%</td><td>不完善粒/%或损伤粒率/%</td><td>容重/（g/L）</td><td>出糙率/%</td><td>整精米率/%</td><td>完整粒率/%</td><td>酸值（KOH）/（mg/g）</td><td>色泽气味</td><td>检验员签字</td></tr>
<tr><td></td><td></td><td></td><td></td><td></td><td></td><td></td><td></td><td></td><td></td><td></td><td></td><td></td><td></td><td></td><td></td></tr>
<tr><td></td><td></td><td></td><td></td><td></td><td></td><td></td><td></td><td></td><td></td><td></td><td></td><td></td><td></td><td></td><td></td></tr>
<tr><td></td><td></td><td></td><td></td><td></td><td></td><td></td><td></td><td></td><td></td><td></td><td></td><td></td><td></td><td></td><td></td></tr>
<tr><td rowspan="5">出仓检斤</td><td>品种（代号）</td><td>出粮仓号</td><td>包装物</td><td>件数</td><td>等级</td><td colspan="2">计量单位</td><td colspan="2">毛重</td><td colspan="2">皮重</td><td colspan="2">净重</td><td colspan="2">发货明细表号</td><td>保管员签字</td></tr>
<tr><td></td><td></td><td></td><td></td><td></td><td colspan="2"></td><td colspan="2"></td><td colspan="2"></td><td colspan="2"></td><td colspan="2"></td><td></td></tr>
<tr><td></td><td></td><td></td><td></td><td></td><td colspan="2"></td><td colspan="2"></td><td colspan="2"></td><td colspan="2"></td><td colspan="2"></td><td>检斤员签字</td></tr>
<tr><td></td><td></td><td></td><td></td><td></td><td colspan="2"></td><td colspan="2"></td><td colspan="2"></td><td colspan="2"></td><td colspan="2"></td><td></td></tr>
<tr><td>净重合计（大写）</td><td colspan="14">拾　万　仟　佰　拾　kg</td><td>结算员签字</td></tr>
</table>

注：本表一式五联，一联检验员、二联保管员、三联检斤员、四联财务结算员、五联统计员。

用同一试验样品进行两次测定，干面筋两次测定结果差不超过0.5%，以平均值作为测定结果，取小数点后一位数。

（4）注意事项

①每份样品粉碎前应将磨膛和出料管清理干净，严格按说明书进行操作，应注意人身安全。

②粉碎后样品颗粒大小分布应同时满足100%通过710μm筛网、95%～100%通过710μm筛网、80%以下通过210～200μm筛网的要求。

③配制洗涤液的蒸馏水应检验呈中性才能使用。

④实验前应用蒸馏水瓶绕洗涤杯壁慢慢加入少量水，缓慢旋转洗涤杯，使筛网形成一层薄薄的水膜，防止样品丢失。

⑤面团制备时，氯化钠溶液的用量可以根据面筋含量的高低或者面筋强弱在4.2～5.2mL进行调整。

⑥离心完成以后，用金属镊子收集筛网正反两面和离心机内壁上的湿面筋，如湿面筋上有明水，应去除，然后立即称量。

⑦电热干燥器两个加热盘的温度应达到150～200℃，并定期检查，达不到温度要求的不得使用。

⑧加热盘内壁防黏材料应完整，防黏材料破损造成面筋粘连时不得再使用。

⑨在样品干燥前，应提前将加热盘升至工作温度。

2. 品尝评分值检验

品尝评分值检验按GB/T 20571—2006《小麦储存品质判定规则》附录A执行。

（1）制粉

①润麦：取1000g小麦，将其中的杂质挑出，水洗去除麦粒表面的灰尘，晾干；测定小麦的角质率和水分；加入适量的水，使硬麦的入磨水分达到16%，软麦达到14%，中间类型的小麦达到15%。充分搅拌10～15min直至水分完全渗入麦粒；放入密闭容器中润麦18～36h，具体润麦时间根据小麦类型的不同而定，其中，硬麦36h，软麦18h，中间类型24h。

②润麦加水：润麦加水量（V）按照式（4-22）计算，单位为mL：

$$V=\frac{m\times(M_2-M_1)}{100-M_2} \tag{4-22}$$

式中　m——样品质量，kg；

M_1——样品原始水分，%；

M_2——样品欲达到的入磨水分，%。

③制粉：将完成润麦的小麦倒入磨粉机中制粉，所得小麦粉的出粉率控制在65%～75%，粗细度全部通过CB30号筛，留存在CB36号筛的不超过10.0%。制粉实验室中不应有任何散发异味的物品。

（2）色泽、气味评定　取制备好的小麦粉样品，在符合品评试验条件的实验室内，对其整体色泽和气味进行感官检验。样品整体色泽明显发暗，并有显著异味的，判定为重度不宜存小麦。

（3）样品编号　为了客观反映样品蒸煮品质，减少感官品评误差，试样应随机编号，避免规律性编号。

（4）馒头的制备

①称样：称取200g小麦粉倒入和面机的和面钵中，将1.6g酵母溶于40mL 38℃的蒸馏水中，加入和面钵，再加入适量的蒸馏水（一般加水量为45~55mL，根据面团的吸水状况进行调整）。

②和面：启动和面机开始搅拌，至面筋初步形成取出，记录和面时间。和好的面团温度应为（30±1）℃。面团温度主要通过调整和面的水温和室内温度来调整和控制。

③发酵：将面团稍作整理，使之形成一个光滑的表面，放入醒发箱，温度为（30±1）℃，相对湿度为80%~90%，发酵时间为45min。

④压片与成型：取出面团，在压片机上依次在面辊间距为0.8cm、0.5cm、0.4cm处分别压4次、3次、3次赶气，然后平均分割成两块，手揉15~20次成型，成型高度为6cm。

⑤醒发：将已成型的馒头胚放入温度为（30±1）℃、相对湿度为80%~90%的醒发箱内醒发15min。

⑥蒸煮：向蒸锅内加入1L自来水，用电炉（或电磁炉）加热至沸腾。将醒好的馒头胚放在锅屉上汽蒸20min。取出馒头，盖上纱布冷却60min后测量。

⑦测量：用天平称量馒头质量，用体积仪测量馒头体积，按式（4-23）计算比体积λ，单位为毫升/克（mL/g）：

$$\lambda = \frac{V}{W} \tag{4-23}$$

式中　V——馒头体积，mL；

　　　W——馒头质量，g。

⑧品评：将蒸好的一组馒头样品放入锅中复蒸15min，取出，每个馒头按照品评人数平均分成小块，每人一份，放在搪瓷盘内，趁热品尝。

（5）样品品评

①品尝内容：按表4-21对馒头进行品尝评分并做记录。

表4-21　　馒头品尝评分记录表

时间：　　　　品评员：

项目	得分标准	样品编号							
		1	2	3	4	5	6	7	8
比体积/（mL/g） （15分）	比体积大于或等于2.3得满分15分； 比体积每下降0.1扣1.0分								
表面色泽 （15分）	正常12~15分； 稍暗6~11分； 灰暗0~5分								
弹性 （10分）	手指按压回弹性好，8~10分； 手指按压回弹弱，5~7分； 手指按压不回弹或按压困难，0~4分								

续表

项目	得分标准	样品编号							
		1	2	3	4	5	6	7	8
气味 （20 分）	正常发酵麦香味 16～20 分；气味平淡，无香味 13～15 分；有轻微异味 10～12 分；明显异味 1～9 分；有严重异味 0 分								
食味 （20 分）	正常小麦固有的香味 16～20 分；滋味平淡 13～15 分；有轻微异味 10～12 分；明显异味 1～9 分；有严重异味 0 分								
韧性 （10 分）	咬劲强 8～10 分； 咬劲一般 5～7 分； 咬劲差，切时掉渣或咀嚼干硬，0～4 分								
黏性 （10 分）	爽口不黏牙 8～10 分； 稍黏 5～7 分； 咀嚼不爽口，很黏 0～4 分								
品尝评分值									

②品尝顺序：按表 4-21，由测量馒头的体积和质量获得比体积分值。然后观察其表面色泽；再切开馒头，评定其弹性；用手掰开，闻其气味；放入嘴里咀嚼，评定其食味、韧性和黏性。

③评分：根据馒头的气味、色泽、食味、弹性、韧性和黏性，对照参考样品进行评分，并与比体积得分值相加，作为样品的品尝评分值。

（6）结果计算　根据每个品评人员的品尝评分结果计算平均值，个别品评误差超过平均值 10 分以上的数据应舍弃，舍弃后重新计算平均值。最后以品尝评分的平均值作为小麦蒸煮品尝评分值，计算结果取整数。

（7）参考样品　以标定品尝评分值的小麦粉为参考样品。

参考样品应密封保存在 4℃左右的冰箱中，保证其品质不发生变化。

（8）注意事项

①润麦操作注意事项：

a. 润麦期间应定期对样品进行混匀。一般前 2h 内每 0.5h 混匀 1 次，以后每隔 4h 混匀 1 次。

b. 润麦所使用的容器应便于混合。

c. 润麦温度不宜低于 15℃。

②制作馒头注意事项：

a. 制作馒头的原料、辅料、设备及整个操作过程的温度应控制在 25～30℃。

b. 和面过程中观察到面团表面光滑无明显裂纹时，即为面筋初步形成。

c. 将每次压好的面片叠成三层，开口端送入压片机中进行下一次压片。应特别注意安全操作。

d. 成型时手揉的力度要均匀一致，每个馒头的手法应一致。操作人员不能佩戴手镯、手链、戒指等首饰。

e. 为避免不同样品在蒸制过程中气味交叉，一个锅一次只能蒸一种样品。

③品评操作注意事项：

a. 每次品评前应先品尝参考样品，以统一每个品评人员的评分尺度。

b. 每个样品品评前，要用温开水漱口。

c. 品尝次序应为色泽、气味、弹性、食味、韧性、黏性。

d. 应趁热掰开馒头，仔细闻，辨别气味。

e. 弹性鉴定时，将馒头切成 4 瓣，中心尖角向上，用食指肚按压尖角中心部位，力度应均匀且不能太大，观察其回弹速度。

f. 韧性：牙咬合馒头时，牙齿感受到的弹力和耐嚼程度。

（四）小麦储藏期间的质量管理

为进一步提升中央储备粮质量管理水平，确保中央储备粮质量良好，中国储备粮管理集团有限公司下发了《关于实行中央储备粮质量控制单制度的通知》，通知规定中央储备粮在储藏期间均实行《中央储备粮质量控制单》（表 4-22 至表 4-24）制度，对所储备的粮食实行从入库到出库全过程质量控制。

表 4-22　　中央储备小麦质量控制单

（第一联）

仓（货位）号		数量/t		产地		收获年度		入库时间		保管员	

<table>
<tr><td rowspan="6">直属库质量初验结果</td><td>检测时间</td><td colspan="5">质量指标</td><td>检验结果判定</td></tr>
<tr><td rowspan="5"></td><td>容重/(g/L)</td><td>水分/%</td><td>杂质/%</td><td>不完善粒含量/%</td><td>色泽、气味</td><td rowspan="2">1. 质量指标
达标（　）
不达标（　）
不达标项目：</td></tr>
<tr><td></td><td></td><td></td><td></td><td></td></tr>
<tr><td colspan="5">储存品质指标</td><td rowspan="3">2. 储存品质
宜存（　）
轻度不宜存（　）
重度不宜存（　）
检验员签字：　　日期：</td></tr>
<tr><td>面筋吸水量/%</td><td colspan="2">品尝评分值/分</td><td colspan="2">色泽、气味</td></tr>
<tr><td></td><td colspan="2"></td><td colspan="2"></td></tr>
</table>

整改建议（保管员填写）	仓储科长意见	主管副主任意见	主任意见	整改结果（保管员填写）
签字： 日期：	签字： 日期：	签字： 日期：	签字： 日期：	签字： 日期：

表 4-23　　中央储备小麦质量控制单

（第二联）

<table>
<tr><td>仓（货位）号</td><td></td><td>数量/t</td><td></td><td>产地</td><td></td><td>收获年度</td><td></td><td>入库时间</td><td></td><td>保管员</td><td></td></tr>
</table>

<table>
<tr><td rowspan="6">分公司质检中心验收结果</td><td>检测时间</td><td colspan="5">质量指标</td><td>检验结果判定</td></tr>
<tr><td rowspan="5"></td><td>容重/(g/L)</td><td>水分/%</td><td>杂质/%</td><td>不完善粒含量/%</td><td>色泽、气味</td><td rowspan="2">1. 质量指标
达标（　　）
不达标（　　）
不达标项目：</td></tr>
<tr><td></td><td></td><td></td><td></td><td></td></tr>
<tr><td colspan="5">储存品质指标</td><td rowspan="3">2. 储存品质
宜存（　　）
轻度不宜存（　　）
重度不宜存（　　）
检验员签字：　　　　日期：</td></tr>
<tr><td>面筋吸水量/%</td><td colspan="2">品尝评分值/分</td><td colspan="2">色泽、气味</td></tr>
<tr><td></td><td colspan="2"></td><td colspan="2"></td></tr>
</table>

整改建议（保管员填写）	仓储科长意见	主管副主任意见	主任意见	整改结果（保管员填写）
签字： 日期：	签字： 日期：	签字： 日期：	签字： 日期：	签字： 日期：

表 4-24　　中央储备小麦质量控制单

（第三联）　　　　第（　　）页

<table>
<tr><td>仓(货位)号</td><td></td><td>数量/t</td><td></td><td>产地</td><td></td><td>收获年度</td><td></td><td>入库时间</td><td></td><td>保管员</td><td></td></tr>
</table>

<table>
<tr><td>检测单位</td><td>检测时间</td><td colspan="3">储存品质指标</td><td>检验结果判定（检验员填写）</td><td>整改建议（保管员填写）</td><td>仓储科长意见</td><td>主管副主任意见</td><td>主任意见</td><td></td></tr>
<tr><td rowspan="2"></td><td rowspan="2"></td><td>面筋吸水量/%</td><td>品尝评分值/分</td><td>色泽、气味</td><td rowspan="2">储存品质：
宜存（ ）
轻度不宜存（ ）
重度不宜存（ ）
签字：
日期：</td><td rowspan="2">签字：
日期：</td><td rowspan="2">签字：
日期：</td><td rowspan="2">签字：
日期：</td><td rowspan="2">签字：
日期：</td><td rowspan="2">签字：
日期：</td></tr>
<tr><td></td><td></td><td></td></tr>
</table>

续表

仓(货位)号		数量/t		产地		收获年度		入库时间		保管员	
检测单位	检测时间	储存品质指标				检验结果判定（检验员填写）	整改建议（保管员填写）	仓储科长意见	主管副主任意见	主任意见	
		面筋吸水量/%	品尝评分值/分	色泽、气味		储存品质： 宜存（ ） 轻度不宜存（ ） 重度不宜存（ ） 签字： 日期：	签字： 日期：	签字： 日期：	签字： 日期：	签字： 日期：	签字： 日期：
		面筋吸水量/%	品尝评分值/分	色泽、气味		储存品质： 宜存（ ） 轻度不宜存（ ） 重度不宜存（ ） 签字： 日期：	签字： 日期：	签字： 日期：	签字： 日期：	签字： 日期：	签字： 日期：

第四节　小麦粉加工厂质量管理与检验工作

小麦粉加工是十分复杂的系统作业，在生产加工过程中必须做好从原粮到各加工工序的质量控制和检测，才能保证小麦粉的成品质量稳定，本节将介绍小麦粉生产各相关环节的质量管理和检验技术。

一、小麦粉加工厂质量管理和检验工作的内容

（一）小麦粉加工厂质量管理

（1）负责原粮接收标准、辅料接收标准及产品质量标准的制定与修改，新产品质量标准、检验方法的制定。

（2）负责原料进厂的质量验收，包装、辅料的进货检验及出具检验报告。

（3）负责进厂原粮的分类储存；用粮计划的制定与下达。

（4）负责公司所有产品的检验，包括半成品质量的检验、产品出厂检验及出具检验报告。

（5）负责不合格品的判定和监督处理。

（6）负责小麦、小麦粉及其辅料国家质量标准、检测标准方法等技术文件的搜集和执行。

（7）负责新产品开发工作，新产品配方设计与实验、新产品生产方案的设计，协助销售对新产品进行推广。

（8）负责顾客对产品要求的评审、用粉质量的外部沟通、客户技术服务和客户投诉处理。

（9）负责小麦粉添加剂的选择、验收以及负责监督添加剂的使用管理。

（10）负责品管部工作职责、相关工作流程、控制程序、管理制度和作业指导书的制定；负责品管部员工的技能培训和业绩考核工作。

（二）小麦粉加工厂检验工作内容

小麦加工厂的检验工作内容主要包括质量体系管理、原粮扦样及检验、生产过程取样及检验、成品出厂检验、辅料及包材检验和产品研发。

（1）质量体系管理主要包括质量和食品安全管理体系相关工作，产品送检，计量检定沟通协调，生产许可申请和年检，审核接待安排和协调，企业标准申请等。

（2）原粮检验主要是按国家标准和企业相关的原粮接收标准对原粮进行质量和品质检验。

（3）产品过程检验主要是对生产过程的半成品进行理化指标检验和内在品质检验。出厂检验主要是对已入库产品进行抽样复检，判断产品是否合格和出厂。

（4）辅料包材验收是对包装版面核对，包装质量验收。

（5）产品研发主要工作是维护产品配方、开发新产品和对客户进行技术服务。

（三）小麦粉加工厂检验相关制度

1. 检验室检验制度

（1）记录检验室环境条件，填写环境条件记录单，确保环境条件符合实验设备、仪器的环境要求，确保检验室环境符合检测要求，使检验工作顺利进行，检验结果真实可靠。

（2）检验员需经培训考核合格后方可上岗。

（3）认真学习检化验操作手册和检验程序，严格按照标准要求进行检验，检验过程中，认真据实填写各项记录，严格按照检验规程检验，不得有漏检、错检等现象，并准确、及时提供检验报告。

（4）检验室各种记录、报表必须正确书写，对所出具的检验结果，要项目填写齐全，字迹清楚工整，有真实性和代表性。更改时在数据上画线标明并签字，不准随意撕、随意扔检验单据，确保数据的安全性。

（5）检验操作者必须在检验记录单和检验结果单上签字，由部门主管审核，并对记录结果负责。

（6）按时整理、装订好检验、实验单据，建立检验实验资料档案并认真保管，所有的登记记录进行编号，使用永久性碳素墨水书写，资料完整方便检索。

（7）检验室设备、仪器要经常检查，随时进行清洁和定期维护，检验设备摆放整齐，保持洁净，选择摆放在合适地方以便操作。

（8）保管好检验样品，工作结束后立即清理，以确保检验工作的顺利开展；检验中发现不合格项目按不合格品控制程序执行。

（9）不得私自代人取样、检验，因违章操作造成实验数据不正确或致使仪器损坏的追究当事人责任。

（10）建立值班制度，值班人员负责每天的日常安全、卫生监督工作，下班时切断电源，关好门窗。

（11）检验人员执行交接班制度，必须提前到岗，做好交接班工作，当班检验人员做好卫生清扫工作，检验室内外要保持清洁卫生，接班人员进行监督。

（12）检验室工作人员进入检验室要换工作服，做好个人卫生，保持工作服的整洁，不得在检验室随意摆放私人物品，生活用品应放在指定地点。

（13）上班期间不得做与工作无关的事情，严禁浏览与工作无关的网页，不准在检验室私自聊与工作无关的话题，不脱岗、不串岗。

（14）与检验无关人员，未经许可不得进入实验室。

（15）检验员在整个检验工作中，要做到公正、合理，不徇私情，不谋私利，不优亲厚友，不吃拿卡要，树立良好的形象。

2. 留样制度

为避免样品检验出现异常和每批产品质量状况的可追溯性，为复查结果提供客观依据，特制定留样制度。

对检验后的样品由检验员收集、检查，留样管理员管理，质量主管负责对留样管理工作的监督、检查。留样管理员负责留样的管理工作，并要求具有一定的专业知识，了解样品的性质和储存方法。

（1）留样分类

①常规留样：原粮样品、成品均需每批作常规留样，原料首次进货常规留样为留样备查，作为检验出现异常、产品在储存期间或销售过程中出现异常时复检用样。

②长期留样

a. 首次生产品种的前三批应作长期留样，其余正常生产品种不同规格每年留三批作长期留样。

b. 生产工艺、方法变动或供应商变更时，需作长期留样。

c. 更新设备或任何变动可能引起内在质量变化时，需作长期留样。

（2）检验周期　长期留样检验周期及项目一般按每过两个月进行一次的全项检验观察，直到产品有效期后。

（3）检验项目　按产品要求的物理性能、化学性能进行检验。

（4）留样数量　常规留样一般应不低于一次全项检验量；长期留样根据样品性质和留样时间确定，一般不低于一次全项检验量的5倍；特殊情况下根据各品种不同、采购量多少而另外制定。

（5）环境要求　留样柜存放于通风、干燥、避光处，条件与库房基本一致（相对湿度为45%~75%，温度为20℃以下），室内有温湿度计与排风设施。留样管理员每天上、下午检查温湿度，并作好《留样室温湿度表》记录（休息日除外）。

（6）样品的接收　检验员将样品交留样管理员办理样品交接，填写《收样记录》。

（7）样品保存　成品留样的包装形式应与市场销售的最小包装相同。

每个留样柜内的产品名称、规格、批号、来源、留样数量、编号及留样日期应贴在标签上，并易于识别，同时在《留样登记表》上登记。

（8）储存期限　成品：不超出产品保质期。原粮及辅料：加工使用完，且所加工产品已销售完。

(9) 留样使用权限　所有样品都是极为重要的实物档案，不得随意动用，只有在做对比试验时出现质量投诉和市场抽检出现质量问题需对其质量进行检验时方可使用。

(10) 留样的报废　留样超出储存期限或储存期间出现严重问题的每月集中报废处理一次，由留样管理员填写《留样报废单》，注明产品名称、批号、数量、报废原因等，报质量主管审核经理批准。报废要有2人以上现场监督，并有《报废记录》。

(11) 相关文件记录　《留样登记表》《留样标签》《留样报废单》《留样室温湿度表》《收样记录》《报废记录》。

二、原料小麦品质的检测、分析与评价

由于小麦的品种、类别、产地及各种物理特性、化学营养成分的不同，要求的加工工艺也不一样，加工出产品的物理化学特性及面团流变学特性也不相同，因此对进厂原粮即小麦必须进行全面的质量检验和评价。随着消费者对面制品质量的要求越来越高，不仅需要对原料小麦的各项品质指标进行分析和检测，建立企业自己的原料小麦档案，包括来源、品种、各项品质指标以及对不同面食制品的适应性等，必要时还可通过配麦的方法对配麦后的各项品质指标及对面制品的适应性进行分析。用科学合理的方法检测和评价之后，对质量存在差异较大的小麦应分类存放，在加工时根据小麦品质的不同需求进行合理配麦，以便保证产品质量的稳定和加工出满足客户需求的特定指标的产品。

（一）小麦接收流程

小麦粉加工企业来粮小麦的扦样及检测流程如图4-4所示。

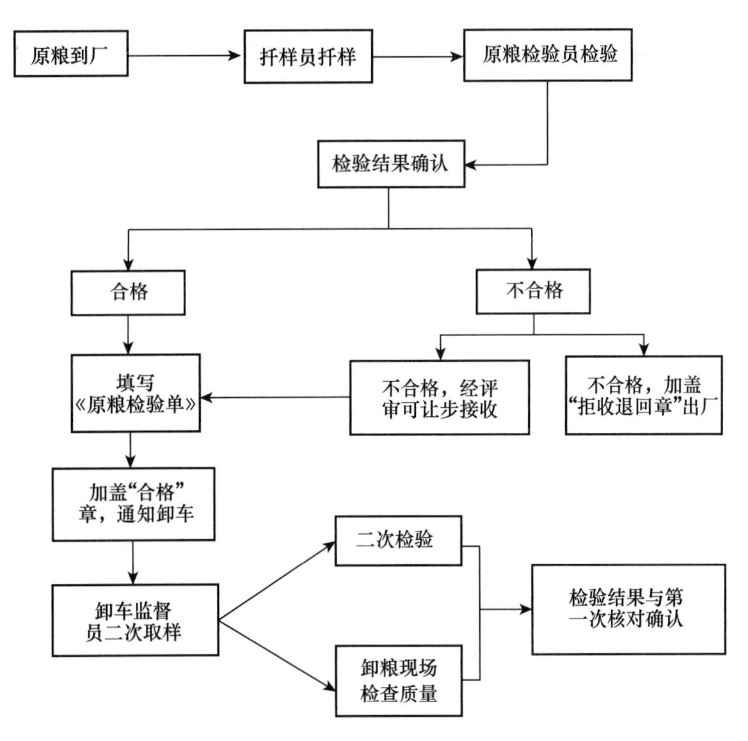

图4-4　小麦粉加工企业原粮接收检测流程图

（二）原粮小麦的检测项目和评价指标

对于原粮的检验主要包括常规检验项目（小麦的质量标准和分类）和小麦品质检验项目：皮色、粒质、硬度、容重、杂质、矿物质、不完善粒、水分、蛋白质、稳定时间等。除此以外还需对小麦的制粉品质和食品加工品质两个方面进行检验。小麦的制粉品质是指小麦籽粒在碾磨为小麦粉的过程中，加工机械、小麦粉种类、加工工艺及效益等对小麦籽粒特性和构成的要求。制粉品质好的小麦品种籽粒的出粉率高、灰分少、能耗低，经济效益好。小麦的食品加工品质是指小麦经碾磨所得到的小麦粉对制作不同食品的适应性和满足程度。不同面制品所要求的小麦品质指标是不同的，如面包粉和馒头粉对小麦品质要求不同，另外，北方馒头和南方馒头对小麦质量的要求也不一样。为了综合地评价小麦的制粉品质和食用品质，包括以下几方面的检验内容。

1. 小麦综合品质评价

（1）小麦的籽粒品质　小麦的籽粒品质指标主要有：千粒重、容重、角质率、硬度，该四项指标与小麦的制粉品质和食品加工品质密切相关，尤其是与小麦的制粉品质紧密相关。

（2）小麦的制粉品质　在检验室可通过实验磨对小麦的制粉品质进行评价，评价指标包括出粉率、小麦粉灰分和白度。目前主要有三种评价小麦制粉品质的实验磨，布拉班德实验磨、布勒实验磨和肖邦 CD1 型仿工业实验磨。灰分的测定采用国标的方法进行，小麦粉白度的测定目前常采用数字白度仪的方法进行。

（3）小麦的食品加工品质　小麦的食品加工品质包括蛋白质品质、小麦籽粒的淀粉特性和淀粉酶活力、面团流变学特性和面食制品制作品质。

①小麦蛋白质品质指标包括蛋白质的数量和质量。蛋白质的质量指标有面筋指数、沉降值、蛋白质的分子组成及不同组分的亚基组成等。

②小麦籽粒的淀粉特性和淀粉酶活力。小麦胚乳中 3/4 是淀粉，在小麦籽粒中占的比例最大，但在评价小麦及小麦粉的品质时远没被重视。研究发现，小麦粉的烘焙、蒸煮品质除与面筋的数量和质量有关外，还在很大程度上受到小麦淀粉糊化特性和淀粉酶活力的影响。淀粉的糊化特性直接影响面包、馒头的组织结构和面条的弹性和黏性，它取决于淀粉的物理结构、化学组成和 α-淀粉酶活力。采用黏度仪可测定淀粉的糊化性质，其反映的指标包括糊化温度、最高黏度、最低黏度与回生后黏度的增加值。采用降落值仪测定 α-淀粉酶活力。

③面团流变学特性。虽然小麦的蛋白质含量（或面筋含量）和质量是决定面制食品的重要因素，但是面团特性与面制食品品质的关系比面筋更直接。面团形成前后所表现的耐揉性、黏弹性、延伸性等称为流变学特性。通过测定面团的流变学特性可以评价小麦及制品的品质，可以为小麦的合理加工和利用提供更实际的科学依据。评价仪器分为粉质仪、揉混仪、拉伸仪、吹泡示功仪等。在以上测定面团特性的仪器中，粉质仪和拉伸仪测定方法已标准化，测定结果稳定，是各类标准方法中规定使用的仪器。

（4）面食制品制作品质　在对小麦品质进行评价时，除了对上述指标进行评价外，还需要对其面食制品制作品质进行评价。将小麦经实验制粉得到小麦粉，然后根据预期确定的用途进行面制品制作品质实验，如面包烘焙实验，馒头、面条的蒸煮实验等。

（5）随着人们对食品安全的逐渐重视，小麦的卫生指标也是小麦粉加工企业必须关注和控制的指标，一般小麦粉企业不具备检验能力，送国家专门检测机构进行检验。

2. 相关指标的检测方法

小麦质量指标的检测参照本章第一节，小麦粉的质量与品质指标参照本章第二节。

（三）小麦接收时检验项目及检验流程

小麦接收时现场小麦检验项目与流程如图 4-5 所示。

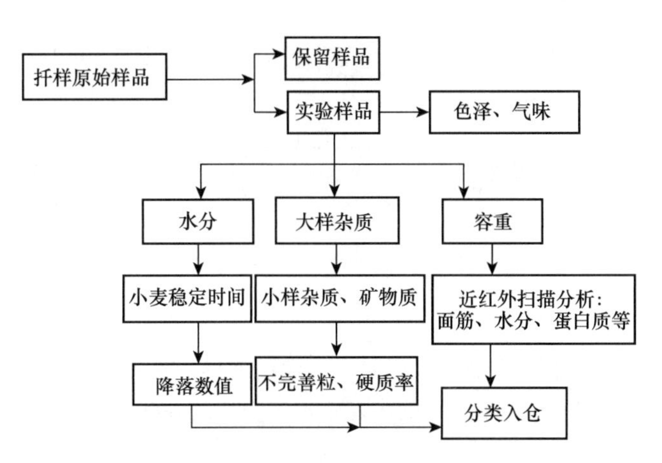

图 4-5　小麦接收时检验项目及检验流程图

三、小麦粉生产过程在线检验和成品检验

在小麦粉加工企业，除对原料小麦进行质量检测和品质分析评价外，还需要对中间在制品及小麦粉成品的品质质量进行检测，即应对加工过程中各系统的小麦粉物料流的各项指标都进行详细全面的分析和检测，对基础小麦粉和配粉打包后最终小麦粉品质的各项指标也要进行详细的检测和分析。分析指标包括小麦粉水分含量、灰分含量、蛋白质含量、面筋含量和面筋质量、淀粉的糊化特性、α-淀粉酶活力、面团的流变特性、面食制品的制作品质等。

我国的小麦粉种类较多，包括各种等级通用小麦粉、高筋粉、低筋粉、专用小麦粉等。专用小麦粉按用途不同分为面包类小麦粉、面条类小麦粉、馒头类小麦粉、饺子类小麦粉、饼干类小麦粉、糕点类小麦粉、煎炸类食品小麦粉、自发小麦粉、营养保健类小麦粉、冷冻食品用小麦粉、预混合小麦粉、颗粒粉等。各种小麦粉的质量指标及检测方法见本章第二节。

为了在激烈的市场竞争中取胜，使企业产品质量优于一般市场产品质量，小麦粉加工企业都会以国家标准为依据，制定出优于国家标准的企业内控标准，在生产过程中严格按照内控标准组织生产。

生产过程在线产品的质量控制主要是通过生产中的即时检验，发现在线半成品或产品的质量问题，然后找出原因予以解决，所以在线检验非常重要，责任重大。要求按照规定时间和项目进行取样检验。然后把检验结果反馈到制粉班长，班长根据检验数据分析可能造成产品质量的因素并予以解决，确保生产车间质量稳定。

1. 小麦粉在线检测流程

小麦粉在线检测流程如图 4-6 所示。

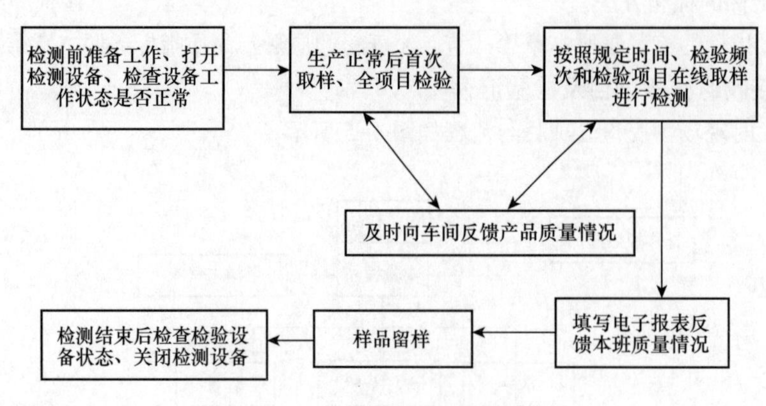

图 4-6　小麦粉在线检测流程

2. 在线产品检测

小麦粉加工企业，对在线产品的检测对象、检测项目、检测方法、检测频次、取样地点等都有详细的规定，表 4-25 所示为一般小麦粉加工企业的在线产品检测项目、方法及频次。

表 4-25　在线产品检测项目、方法及频次

检测对象	检测项目	检测方法标准	取样点	取样数量	检测频次
车间毛麦	毛麦水分/%	近红外快速法	毛麦仓出仓口处	300g 左右	4h/次
	毛麦面筋/%				
	毛麦水分/%	GB 5009. 3—2016			24h/次
	毛麦面筋/%	GB/T 5506. 2—2008			24h/次
	毛麦灰分/%	GB 5009. 4—2016			8h/次
润麦	无机杂质/%	GB/T 5494—2019	加水润麦后入仓口处	300g 左右	8h/次
	润麦水分/%	GB 5009. 3—2016			4h/次
入磨麦	入磨麦水分/%	GB 5009. 3—2016	入磨前流量秤处	300g 左右	4h/次
	入磨麦面筋/%	GB/T 5506. 2—2008			24h/次
	无机杂质/%	GB/T 5494—2019			24h/次
	入磨麦灰分/%	GB 5009. 4—2016			2h/次
在线基础粉	水分/%	GB/T 24898—2010	车间基粉检查筛下面	200g 左右	24h/次
	灰分/%	GB/T 24872—2010			
	粗蛋白/%	GB/T 24871—2010			
	水分/%	GB 5009. 3—2016			24h/次
	灰分/%	GB 5009. 4—2016			根据产品需要
	粗蛋白/%	GB 5009. 5—2016			2h/次
	粉色、麸星	GB/T 5504—2011			2h/次
	白度	白度仪法			2h/次

续表

检测对象	检验项目	检测方法标准	取样点	取样数量	检验频次
在线基础粉	粗细度	GB/T 5507—2008	车间基粉检查筛下面	200g 左右	8h/次
	湿面筋/%	GB/T 5506. 2—2008			24h/次
	含砂量/%	GB/T 5508—2011			24h/次
	磁性金属物/%	GB/T 5509—2008			24h/次
	粉质	GB/T 14614—2019		1000g	24h/次
	拉伸	GB/T 14615—2019			24h/次或每批次/次
打包粉	水分/%	GB/T 24898—2010	打包机处		24h/次
	灰分/%	GB/T 24872—2010			
	粗蛋白/%	GB/T 24871—2010			
	水分/%	GB 5009. 3—2016			
	灰分/%	GB 5009. 4—2016		200g 左右	根据产品需要
	粗蛋白/%	GB 5009. 5—2016			2h/次
	粉色、麸星	GB/T 5504—2011			2h/次
	白度	白度仪法			—
	粗细度	GB/T 5507—2008			每批次/次
	湿面筋/%	GB/T 5506. 2—2008			—
	含砂量/%	GB/T 5508—2011			—
	磁性金属物/%	GB/T 5509—2008		1000g	专用粉每批次/次
	粉质	GB/T 14614—2019			每批次/次
	拉伸	GB/T 14615—2019			根据产品需要
	黏度	GB/T 14490—2008			专用粉每批次/次
	蒸煮、烘焙检测				检验频次

（1）小麦检验

毛麦：每班至少检测两次水分、面筋，以保证每个品种、每个仓被测两次水分、面筋，小麦换品种或换仓时需重新取样测定。

润麦：正常着水润麦每班测两次水分，一般采用 130℃ 定时定温法，保证检验的及时性，确保符合标准要求，若不正常及时与当班润麦工联系，增加检验频次，直到润麦符合标准要求。

入磨麦：每班每个品种测两次水分和无机杂质检测。

（2）生产 F1、F2、F3 基粉　每班做一次标准法水分、一次湿面筋含量的测定，开机正常后（通常开机 0. 5h，具体取样时间与车间当班班长联系）取第一个样作以下项目检验：白度、水分灰分标准法、水分和灰分（近红外法）、面筋、加工精度、气味口味，中间间隔 4~6h 取样做第二次标准法，中间每 2h 取一次样，测 F1、F2、F3 基粉白度，用近红外法检测水分灰分、加工精度，每个品种做一次粗细度。

除上述检测项目外每班每个品种做一次粉质拉伸指标检测，如有不合格等特殊情况需上报主管领导，根据实情决定是否复测。

(3) 含砂量每周五夜班检测一次，磁性金属物、脂肪酸值每批次检测一次，生产车间停机两周或大修以后第一次开机要检测磁性金属物。

(4) 打包粉　打包过程前对接头粉进行粉板确认，粉色正常后取样测以下项目：白度、水分、灰分、加工精度、气味口味，根据当班检验任务情况，每 2h 测白度、加工精度、水分、灰分。其他特殊要求的专用粉，需检测粉质拉伸指标以及烘焙、蒸煮实验指标。

(5) 在线产品不合格品处理流程　在线基础粉发现有不合格项目时，立即通知当班调整，并填写不合格品通知单，及时下发至生产车间当班负责人签字，调整后需重新取样检测，直到符合质量标准；对不合格品进行隔离，相关人员进行评审后处理。

小麦粉打包工应及时配合检验员检验粉色、气味，做好感官检验工作，检验发现不合格时应立即停止打包和投放合格证，通知打包班长，已打包的产品需做出标识单独码垛，相关人员进行评审后处理。对于处理的不合格品，要进行跟踪验证。

3. 小麦粉成品检验

小麦粉成品检验，也就是小麦粉的出厂质量检验，即产品在出厂销售之前对生产合格交付仓库之后的产品，进行最后一道质量把关。为确保出厂产品 100%合格，检验项目既要对产品加工时的指标进行复检验证，还要对产品的储存品质进行检验，检验合格后由成品检验员出具《产品出库通知单》，才准予出厂。

(1) 成品检测项目　成品检测对象、检验项目、检测方法及频次如表 4-26 所示。

表 4-26　成品检测项目、方法及频次

检测对象	检验项目	检测方法标准	取样点	取样数量	检验频次
成品粉	水分/%	GB/T 24898—2010	成品仓库抽样	200g 左右	每批次/次
	灰分/%	GB/T 24872—2010			
	粗蛋白/%	GB/T 24871—2010			
	粉色、麸星	GB/T 5504—2011			每批次/次
	白度	白度仪法			每批次/次
	粗细度	GB/T 5507—2008			每批次/次
	湿面筋/%	GB/T 5506.2—2008			每批次/次
	含砂量/%	GB/T 5508—2011			每批次/次
	脂肪酸值（KOH）/（mg/100g 干基）	GB/T 15684—2015			每批次/次
	降落数值	GB/T 10361—2008		1000g	
	粉质	GB/T 14614—2019			专用粉每批次/次
	拉伸	GB/T 14615—2019			专用粉每批次/次
	磁性金属物/%	GB/T 5509—2008			每批次/次
	黏度	GB/T 14490—2008			根据产品需要
	烘焙品质检测	GB/T 14611—2008			专用粉每批次/次

（2）成品不合格产品处理　出厂检验发现不合格品，立即对不合格项目进行复检，并加大检测频率及范围，对不合格产品做出标识，并通知仓库管理人员，相关人员进行评审后处理，确定是否回机或降等销售。对于处理的不合格品，要进行跟踪验证。

4. 副产品及下脚的检验

小麦粉加工副产品主要包括小麦麸、次粉和小麦胚芽，小麦麸主要由小麦种皮、糊粉层、胚芽和少量次粉组成。小麦精制过程中可得到23%~25%的小麦麸、3%~5%的次粉和0.5%~1%的胚芽。小麦麸和次粉主要用于加工动物饲料。小麦胚芽营养丰富，可以直接食用，也可以加工成小麦胚芽油、胚芽粉等营养品。

小麦粉厂下脚主要是小麦在加工小麦粉过程中，通过不同的清理设备，清理出的麦秆、麦毛、碎麦粒、草籽及砂石等杂质。

下脚料的质量标准，一般是小麦粉企业检验清理设备的辅助方法，主要是控制下脚料里含有小麦的量。

（1）副产品的国家标准　小麦麸做饲料要达到NY/T 119—2021《饲料原料　小麦麸》标准要求，不同等级小麦麸质量标准如表4-27所示。

表4-27　小麦麸质量标准要求

等级		一级	二级
外观与性状		细碎屑状，色泽气味正常、无霉变、无结块。不得掺有小麦麸以外的物质，若加入抗氧化剂、防霉剂等添加剂时，应做相应说明	细碎屑状，色泽气味正常、无霉变、无结块。不得掺有小麦麸以外的物质，若加入抗氧化剂、防霉剂等添加剂时，应做相应说明
理化指标	粗蛋白质%	≥17.0	≥15.0
	水分/%	≤13.0	
	粗灰分/%	≤6.0	
	粗纤维/%	≤12.0	

（2）饲料级次粉应该达到标准NY/T 211—2023《饲料原料　小麦次粉》的要求　小麦次粉按粗灰分、粗蛋白质含量分为三个等级，质量标准如表4-28所示。

表4-28　小麦次粉质量标准要求

等级	一级	二级	三级
外观与性状	粉状，色泽一致，呈浅褐色。无霉变、无结块且无异味		
夹杂物	不应掺入饲料原料小麦次粉以外的物质，若加入抗氧化剂、防霉剂时，应做相应说明		

续表

等级	一级	二级	三级
粗纤维/%	≤3.5	≤5.5	≤7.0
粗灰分/%	≤2.5	≤3.0	≤4.0
粗蛋白质/%		≥13.0	
淀粉/（g/kg）		≥200	
水分/%		≤13.5	

注：各项理化指标含量除水分以原样为基础外，其他均以88%干物质为基础计算。

小麦粉加工企业麸皮和次粉质量标准一般还有含粉量，作为简单易操作的质量控制方法。

5. 小麦胚芽的质量标准

小麦麦胚的质量是按LS/T 3210—1993《小麦胚（胚片、胚粉）》进行检测的，标准中规定小麦胚（胚片、胚粉）按加工精度、粗蛋白质含量分三个等级，其质量指标如表4-29所示。

表4-29　小麦胚（胚片、胚粉）分等和质量指标

等级	一等			二等			三等		
灰分（以干基计）/%	≤4.6			≤5.2			≤5.8		
产品分类	片状	粗粒	粉状	片状	粗粒	粉状	片状	粗粒	粉状
粗细度	片状	全部通过JQ20号筛，留存在JQ23号筛的不超过10%	全部通过CB36号筛，留存在CB42号筛的不超过10%	片状	全部通过JQ20号筛，留存在JQ23号筛的不超过10%	全部通过CB30号筛，留存在CB36号筛的不超过10%	片状	全部通过JQ20号筛，留存在JQ23号筛的不超过10%	全部通过JQ20号筛，留存在CB30号筛的不超过20%
粗蛋白质/%	≥28			≥25			≥22		
水分/%	≤4.0			≤4.0			≤4.0		
含砂量/%	≤0.02			≤0.02			≤0.02		
磁性金属物/（g/kg）	≤0.003			≤0.003			≤0.003		
脂肪酸值（以干基计，KOH）/（mg/100g）	≤140			≤140			≤140		
气味、口味	正常			正常			正常		

下脚料的质量标准，一般是小麦粉企业检验清理设备的辅助方法，主要是控制下脚料里

含有小麦的量。

6. 副产品检测方法介绍

根据麸皮、次粉和麦胚的质量指标，具体操作按本章第二节相关描述进行。

7. 小麦粉相关卫生指标检验

（1）粮食卫生标准 GB 2715—2016《食品安全国家标准　粮食》与小麦粉相关的粮食卫生指标如表 4-30 所示。

表 4-30　小麦粉相关卫生指标要求

序号	类别	项目	适用范围
1	粮食的感官要求	热损伤粒/%	小麦
2		霉变粒/%	
3	有毒有害菌类/植物种子指标	麦角/%	小麦，大麦
4		毒麦/（粒/kg）	

（2）小麦粉中真菌毒素限量检测　小麦粉中真菌毒素限量检测主要对 4 种真菌毒素进行检测，如表 4-31 所示。

表 4-31　小麦粉中真菌毒素限量检测标准

序号	项目	食品类别（名称）	检验方法
1	黄曲霉毒素 B_1	小麦、大麦、其他谷物小麦粉、麦片、其他去壳谷物	按 GB 5009.22—2016 规定的方法测定
2	脱氧雪腐镰刀菌烯醇	大麦、小麦、麦片、小麦粉	按 GB 5009.111—2016 规定的方法测定
3	赭曲霉毒素 A	谷物 谷物碾磨加工品	按 GB 5009.96—2016 规定的方法测定
4	玉米赤霉烯酮	小麦、小麦粉	按 GB 5009.209—2016 规定的方法测定

（3）小麦粉中农药残留限量检测　小麦粉中农药残留限量检测主要对以下 15 种农药残留限量进行检测，如表 4-32 所示。

表 4-32　小麦粉中农药残留限量要求

序号	项目	残留物	主要用途	检测方法
1	百草枯（paraquat）	百草枯阳离子，以二氯百草枯表示	除草剂	谷物按照 SN/T 0293—2014 规定的方法测定
2	甲基毒死蜱（chlorpyrifos-methyl）	甲基毒死蜱	除草剂	谷物及制品按照 GB 23200.9—2016、SN/T 2325—2009 规定的方法测定

续表

序号	项目	残留物	主要用途	检测方法
3	艾氏剂（aldrin）	艾氏剂	杀虫剂	植物源食品（蔬菜、水果除外）按照 GB/T 5009.19—2008 规定的方法测定
4	狄氏剂（dieldrin）	狄氏剂	杀虫剂	植物源食品（蔬菜、水果除外）按照 GB/T 5009.19—2008 规定的方法测定
5	滴滴涕（DDT）	*p*，*p*′-滴滴涕、*o*，*p*′-滴滴涕、*p*，*p*′-滴滴伊和 *p*，*p*′-滴滴滴之和	杀虫剂	植物源食品（蔬菜、水果除外）按照 GB/T 5009.19—2008 规定的方法测定
6	草甘膦（glyphosate）	草甘膦	除草剂	谷物及制品、糖料按照 GB/T 23750—2009 规定的方法测定
7	敌草快（diquat）	敌草快阳离子，以二溴化合物表示	除草剂	谷物及制品按照 GB/T 5009.221—2008 规定的方法测定
8	氰戊菊酯（fenvalerate）和*S*-氰戊菊酯（esfenvalerate）	氰戊菊酯	杀虫剂	谷物及制品按照 GB/T 5009.110—2003 规定的方法测定
9	磷化铝（aluminium phosphide）	磷化氢	杀虫剂	谷物及制品、油料按照 GB/T 5009.36—2003 规定的方法测定
10	六六六（HCB）	α-六六六、β-六六六、γ-六六六和 δ-六六六之和	杀虫剂	植物源食品（蔬菜、水果除外）按照 GB/T 5009.19—2008 规定的方法测定
11	七氯（heptachlor）	七氯与环氧七氯之和	杀虫剂	植物源食品（蔬菜、水果除外）按照 GB/T 5009.19—2008 规定的方法测定
12	氯菊酯（permethrin）	氯菊酯	杀虫剂	谷物及制品按照 SN/T 2151—2008 规定的方法测定
13	溴氰菊酯（deltamethrin）	溴氰菊酯	杀虫剂	谷物及制品、油料按照 GB/T 5009.110—2008 规定的方法测定
14	杀螟硫磷（fenitrothion）	杀螟硫磷	杀虫剂	谷物及制品按照 GB/T 14553—2003、GB/T 5009.20—2003 规定的方法测定
15	甲基嘧啶磷（pirimiphos-methyl）	甲基嘧啶磷	杀虫剂	谷物及制品按照 GB/T 5009.145—2003 规定的方法测定

思考题

1. 小麦质量标准包括哪些？
2. 小麦质量指标有哪些？质量等级分为几等？如何划分？
3. 小麦杂质、不完善粒有哪些种类？容重、杂质、不完善粒分别是如何检测的？
4. 小麦湿面筋检测原理是什么？如何进行测定？
5. 小麦蛋白质检测的方法有哪些？凯氏定氮方法检测流程包括哪些？
6. 我国的小麦粉如何分类？专用粉主要包括哪些？
7. 普通小麦粉质量指标包括哪些？如何划分等级？
8. 小麦粉加工精度检验方法有哪些？如何进行检测？
9. 小麦粉粗细度检测原理是什么？粗细度如何检测？
10. 小麦收购检验指标有哪些？
11. 小麦储藏品质检验指标有哪些？储藏品质如何判定？
12. 小麦入库如何进行质量验收？
13. 小麦出库质量检测主要包括哪些指标？
14. 小麦蒸煮品质评分主要依据哪些指标？
15. 如何对小麦综合品质进行评价？
16. 小麦粉生产过程在线检验流程是什么？
17. 小麦粉加工成品检测指标有哪些？成品不合格产品如何处理？
18. 小麦粉加工生产的副产品有哪些？

第五章

CHAPTER 5

稻谷及大米品质检验与流通过程品质控制

学习指导

稻谷及大米品质检验与流通过程品质控制是从源头上控制粮食质量、保证粮食安全的需要，是维护粮食流通秩序、加强粮食市场宏观调控、推动粮食产业科技创新的重要技术手段，对优化粮食种植结构、增强粮食综合生产能力、确保国家粮食安全意义重大，是贯彻落实科学发展观的具体实践。通过本章的学习，了解稻谷及其制品在流通过程进行质量与储藏品质评价的重要性。重点掌握稻谷及大米分类及质量评价方法，熟悉稻谷和大米质量标准和术语，了解稻谷收购检验项目及程序、出入库检验项目及程序、储藏期间检验项目及程序，重点掌握稻谷质量检验和储藏品质检验标准和各指标的检验方法，了解稻谷加工过程中的检验程序及内容，掌握原粮到货检验、生产过程的原粮质量检验、入仓清理、砻谷前质量指标控制、生产中质量把关检验、副产品验查。熟悉和掌握稻谷加工环节质量控制的评定方法、检验程序及各指标的检测方法。

稻谷是我国第一大粮食作物，产量占世界第一位，大多数的省份均有栽培，在粮食生产和消费中处于主导地位。稻谷主要以籽粒形式供给人类食用消费，食用的比例占89%，是所有谷物中食用比例最高的。因此，稻谷品质的优劣与人民生活水平密切相关。目前，国内外对稻米品质的评价标准主要是根据其用途（食用、饲用和工业用途）进行评定。不同用途，评价品质标准不同，如食用要求外观品质、加工品质、食用品质和营养品质；饲用则是以营养品质而定；工业用则要求有良好的工艺品质，如制作粉丝，要求直链淀粉含量高。做好稻谷及大米品质检验工作，是关系消费者身体健康和经济社会发展稳定的大事，有利于增进民生福祉，提高人民生活品质。

第一节　稻谷原粮检验

我国的稻谷质量检验主要是依据GB 1350—2009《稻谷》规定的质量要求进行评定，在标准中依据不同品种按照出糙率将其分为五个等级，其评价指标主要有出糙率、整精米率、杂质、水分、色泽和气味。优质稻谷国家标准 GB/T 17891—2017《优质稻谷》，其中规定优质稻谷的质量指标有整精米率、垩白度、食味品质、不完善粒、水分、直链淀粉、异品种率、黄粒米、色泽和气味。

一、 稻谷质量标准

（一）主要国家标准

GB 1350—2009《稻谷》

GB/T 17891—2017《优质稻谷》

（二）质量指标

稻谷按现行的国家标准分为：早籼稻谷、晚籼稻谷、粳稻谷、籼糯稻谷和粳糯稻谷五类。各品种质量指标如表 5-1 和表 5-2 所示，其中以出糙率为定等指标。

表 5-1　　早籼稻谷、晚籼稻谷、籼糯稻谷质量指标

等级	出糙率/%	整精米率/%	杂质含量/%	水分含量/%	黄粒米含量/%	谷外糙米含量/%	互混率/%	色泽、气味
1	≥79.0	≥50.0	≤1.0	≤13.5	≤1.0	≤2.0	≤5.0	正常
2	≥77.0	≥47.0						
3	≥75.0	≥44.0						
4	≥73.0	≥41.0						
5	≥71.0	≥38.0						
等外	<71.0	—						

注：“—”为不要求。

表 5-2　　粳稻谷、粳糯稻谷质量指标

等级	出糙率/%	整精米率/%	杂质含量/%	水分含量/%	黄粒米含量/%	谷外糙米含量/%	互混率/%	色泽、气味
1	≥81.0	≥61.0	≤1.0	≤14.5	≤1.0	≤2.0	≤5.0	正常
2	≥79.0	≥58.0						
3	≥77.0	≥55.0						
4	≥75.0	≥52.0						
5	≥73.0	≥49.0						
等外	<73.0	—						

注：“—”为不要求。

为促进我国粮食生产，满足消费和新形势下流通体制的需要，保护农民种粮收益，保障粮食安全，提高粮食质量和体现优质优价、依质论价政策，使优质粮的收购及经营活动更加规范，有标准可依，国家制定了优质稻谷标准 GB/T 17891—2017《优质稻谷》。根据该标准可将优质稻谷分为两类：优质籼稻谷和优质粳稻谷。表 5-3 所示为优质稻谷的质量指标，其中以整精米率、垩白度、食味品质为定等指标，直链淀粉含量为限制性指标。

表 5-3　　优质稻谷质量指标

指标	籼稻谷			粳稻谷		
	1 等	2 等	3 等	1 等	2 等	3 等
整精米率/%						
长粒	≥56.0	≥50.0	≥44.0			
中粒	≥58.0	≥52.0	≥46.0	≥67.0	≥61.0	≥55.0
短粒	≥60.0	≥54.0	≥48.0			
垩白度	≤2.0	≤5.0	≤8.0	≤2.0	≤4.0	≤6.0
食味品质/分	≥90	≥80	≥70	≥90	≥80	≥70
不完善粒/%	≤2.0	≤3.0	≤5.0	≤2.0	≤3.0	≤5.0
水分/%		≤13.5			≤14.5	
直链淀粉（干基）/%		14.0~24.0			14.0~20.0	
异品种率/%			≤3.0			
杂质/%			≤1.0			
谷外糙米/%			≤2.0			
黄粒米/%			≤1.0			
色泽、气味	正常	正常	正常	正常	正常	正常

二、稻谷质量标准相关指标检测方法

（一）稻谷质量指标检验相关标准

（1）扦样、分样　按 GB/T 5491—1985《粮食、油料检验　扦样、分样法》进行。

（2）色泽、气味检验　按 GB/T 5492—2008《粮油检验　粮食、油料的色泽、气味、口味鉴定》进行。

（3）类型及互混检验　按 GB/T 5493—2008《粮油检验　类型及互混检验》进行。

（4）杂质及不完善粒检验　按 GB/T 5494—2019《粮油检验　粮食、油料的杂质、不完善粒检验》进行。

（5）出糙率检验　按 GB/T 5495—2008《粮油检验　稻谷出糙率检验》进行。

（6）黄粒米检验　按 GB/T 5496—1985《粮食、油料检验　黄粒米及裂纹粒检验法》进行。

（7）水分测定　按 GB 5009.3—2016《食品安全国家标准　食品中水分的测定》和 GB/T 5497—1985《粮食、油料检验　水分测定法》进行。

（8）谷外糙米检验　按 GB/T 5494—2019《粮油检验　粮食、油料的杂质、不完善粒检验》中 6.1.3 进行，拣出糙米粒称重并计算含量。

（9）整精米率检验　按 GB/T 21719—2008《稻谷整精米率检验法》进行。

（二）检验方法

扦样和分样按第三章中所描述的方法进行，色泽、气味检验、水分测定按第四章中所描述的方法进行。

1. 类型及互混检验

类型是指同一品种粮食、油料的不同类别；互混是指不同类别粮食油料互相混杂。类型及互混检验是为了保证粮食、油料的纯度，有利于食用、种用、储存、加工和经营管理。检验时须根据不同的要求分别采取不同的方法。

（1）外形特征检验　主要是根据其粒形、粒质、粒色等外形特征进行检验鉴别。

①籼、粳、糯互混检验：取净稻谷 10g，经脱壳、碾米后称量（m_a），按质量标准中有关分类的规定，拣出混有异类的粒数（m_1），并计算。

$$X = \frac{m_1}{m_a} \times 100\% \tag{5-1}$$

式中　X——互混率，即混入的异类型稻谷占试样总量的质量分数，%；

m_1——异类型稻谷的质量，g；

m_a——试样质量，g。

双试验结果允许差不超过 1%，求其平均数即为检验结果。检验结果取整数。

②异色粒互混检验：按质量标准的规定称取试样质量（m_b），在检验不完善粒的同时，按各粮种的质量标准的规定拣出混有的异色粒，称取其质量（m_2），并计算。

$$Y = \frac{m_2}{m_b} \times 100\% \tag{5-2}$$

式中　Y——异色粒率，即异色粒占试样的质量分数，%；

m_2——异色粒质量，g；

m_b——试样质量，g。

双试验结果允许差不超过 1.0%，求其平均数，即为检验结果。检验结果取小数点后一位数。

（2）异种粮粒互混检验　按表 5-4 的规定制备试样并称量（m_c），拣出粮食中混有的异种粮粒称重（m_3），并计算。

$$Z = \frac{m_3}{m_c} \times 100\% \tag{5-3}$$

式中　Z——异种粮粒的含量，即异种粮粒占试样的质量分数，%；

m_3——异种粮粒质量，g；

m_c——试样质量，g。

双试验结果允许差不超过 1.0%，求其平均数，即为检验结果。检验结果取小数点后一位数。

表 5-4　各种粮食、油料异种粮互混检验最低试样量

颗粒大小	粮食、油料名称	最低试样量/g
小粒	芝麻、小米、油菜籽等	50
中粒	稻谷、小麦、高粱、小豆等	250
大粒	大豆、玉米、豌豆等	500
特大粒	花生果、花生仁、桐籽等	1000

注：当互混的粮食颗粒大小相差较大时，可适当增加试样量。

（3）稻谷粒型检验

①随机数取完整无损的精米（精度为国家标准一等）10粒，平放于测量板上，按照头对头、尾对尾、不重叠、不留隙的方式，紧靠直尺摆成一行，读出长度。双实验误差不超过0.5mm，求其平均值即为精米长度。

②将测定过长度的10粒精米，平放于测量板上，按照同一方向肩靠肩（即宽度方向）排列，用直尺测量，读出宽度。双实验误差不超过0.3mm，求其平均值即为精米宽度。

（4）糯稻和非糯稻的染色检验　稻谷经砻谷、碾白后，制成符合国家标准三级（GB/T 1354—2018）大米样品，不加挑选地取出200粒完整粒，用清水洗涤后，再用0.1%碘-乙醇溶液浸泡1min左右，然后用蒸馏水洗净，观察米粒着色情况。糯性米粒呈棕红色，非糯性米粒呈蓝色。拣出混有异类型的粒数 n。

籼稻、粳稻、糯稻互混率计算：

$$R = \frac{n}{200} \times 100\% \tag{5-4}$$

式中　R——糯稻和非糯稻的染色检验互混率，%；

n——异类型粒数。

在重复性条件下，获得的两次独立测试结果的绝对差值不大于1%，求其平均数即为测试结果。测试结果保留到整数位。

2. 稻谷出糙率检验

稻谷出糙率是指净稻谷试样脱壳后的糙米（其中不完善粒质量折半计算）占试样质量的分数。出糙率检验用净试样的目的是增加检测结果的可比性。

稻谷的主要用途是碾米供做食用，稻谷出糙率的高低直接反映了稻谷的工艺品质。出糙率高的稻谷，籽粒成熟、饱满，极少受病、虫害的影响，加工出米率高，食用品质也较好。所以稻谷出糙率是稻谷品质优劣的重要指标，也是稻谷定等的基础项目。

（1）原理　采用实验砻谷机脱壳和手工脱壳相结合的方式进行稻谷脱壳，采用感官检验方法检验糙米不完善粒。分别称量稻谷试样、糙米和不完善粒质量，计算出糙率。

（2）仪器和用具　天平：分度值0.01g；分析器或分样板；谷物选筛：直径2.0mm圆孔筛；实验砻谷机。

（3）样品制备

①实验室样品不得少于1.0kg。

②按GB/T 5491—1985《粮食、油料检验　扦样、分样法》的方法对实验室样品进行分样，得到测试样品。

③将测试样品按GB/T 5494—2019《粮油检验　粮食、油料的杂质、不完善粒检验》的方法去除杂质和谷外糙米，得净稻谷测试样品。

（4）操作方法

①将砻谷机平稳地放在工作台上，根据稻谷的粒形，用调节螺丝调整好胶辊间距。

②从净稻谷（除去稻谷外糙米）试样中称取20~25g（m_0），精确至0.01g，先拣出生芽粒，单独剥壳，称量生芽粒糙米质量（m_1）。然后将剩余试样用实验砻谷机脱壳，除去谷壳，称量砻谷机脱壳后的糙米质量（m_2），感官检验拣出糙米中不完善粒糙米，称量不完善粒糙米质量（m_3）。

（5）结果计算　稻谷出糙率按式（5-5）计算：

$$X = \frac{(m_1 + m_2) - (m_1 + m_3)/2}{m_0} \times 100\% \quad (5-5)$$

式中　X——稻谷出糙率，%；

m_1——生芽粒糙米质量，g；

m_2——砻谷机脱壳后的糙米质量，g；

m_3——不完善粒糙米质量，g；

m_0——试样质量，g。

在重复性条件下，获得的两次独立测试结果的绝对差值不大于0.5%，求其平均数，即为测试结果，测试结果保留1位小数。

3. 整精米率检验

整精米是指糙米碾磨成加工精度为国家标准（GB/T 1354—2018）三级大米（背沟有皮，粒面皮层残留不超过1/5的占80%以上）时，长度达到试样完整米粒平均长度3/4及以上的米粒。整精米率是指整精米占净稻谷试样的质量分数。

净稻谷经实验砻谷机脱壳后得到糙米，将糙米用实验碾米机碾磨成加工精度为国家标准三级大米，除去糠粉后，分拣出整精米并称量，计算整精米占净稻谷试样的质量分数，即为整精米率。整精米率的检测按GB/T 21719—2008《稻谷整精米率检验法》进行。

稻谷的整精米率是反映稻谷食用品质、加工品质和商品价值的重要指标，与出糙率重在反映数量相比，它兼顾了数量和质量两方面的要求。通常垩白粒高，其整精米率就低；稻谷收获后，脱水不均匀，使稻谷的裂纹粒增加，在出糙及碾磨过程中均易破碎，其整精米率就低。稻谷角质率高，整精米率也高，相应米饭品质也相对较好。随着人们生活水平的提高，消费者对商品大米的要求越来越高，过多的碎米影响口感，降低商品价值，不受消费者和市场欢迎。因此，整精米率直接反映了稻谷的商品价值。

（1）仪器和用具

①天平：分度值0.01g。

②分样器。

③谷物选筛。

④实验用砻谷机：适合稻谷脱壳且不损伤糙米粒的小型实验室用砻谷机。

⑤实验碾米机：适合糙米碾磨去除皮层和胚的小型实验室用碾米机。

⑥实验砻谷机和实验碾米机须用稻谷整精米率标准样品进行测试，测试结果应符合整精米率标准样品定值的要求。

（2）样品制备

①实验室样品不应少于1kg。

②按GB/T 5491—1985《粮食、油料检验　扦样、分样法》和GB/T 5494—2019《粮油检验　粮食、油料的杂质、不完善粒检验》规定的方法对实验室样品进行分样和除去杂质，得到净稻谷测试样品。

③按GB 5009.3—2016《食品安全国家标准　食品中水分的测定》测定样品水分，样品水分含量范围为籼稻谷12.5%~14.5%、粳稻谷13.5%~15.5%。如果样品水分含量不在上述范围内，可在适当的室内温湿度条件下，将样品放置足够长的时间，使样品水分含量调节到

规定的范围内。

（3）仪器调整　整精米率检验前，应对实验砻谷机和实验碾米机进行调整，必要时应使用稻谷整精米率标准样品进行测试，测试结果应符合整精米率标准样品定值的要求。

（4）实验砻谷机调整　用待测试样或相同粒型的稻谷经实验砻谷机脱壳，以调整实验砻谷机至最佳工作条件，不应出现以下情况：

①糙米皮层的损伤。

②在分离出的稻壳中出现糙米或稻谷。

③糙米中出现稻壳。

（5）实验碾米机调整　用待测试样或相同粒型的稻谷制成的整糙米，经实验碾米机碾磨至规定加工精度，以调整实验碾米机至最佳工作条件。应达到以下要求：

①糙米碾磨后得到的精米加工精度均匀。

②试样用量 20g 左右。

③碾磨时间不超过 1min，时间可调整且调整精度高，制动迅速。

④精米碎米率≤6.0%。

（6）最佳碾磨量和最佳碾磨时间的确定　根据实验碾米机的推荐样品量和碾磨时间，用待测试样或相同粒型的稻谷制成的糙米，进行不同碾磨量和碾磨时间的碾磨试验，以得到均匀的国家标准三级加工精度大米为判定标准，确定最佳碾磨量和最佳碾磨时间。

（7）试样整精米率测定　根据实验碾米机的最佳碾磨量，从测试样品中称取一定量净稻谷试样（m_0），用经过调整的实验砻谷机脱壳，从糙米中拣出稻谷粒放入砻谷机中再次脱壳（或手工脱壳），直至全部脱净，将所得糙米全部置于经过调整的实验碾米机内，碾磨至最佳时间，使加工精度达到国家标准三级大米，除去糠粉后，分拣出整精米并称量（m）。

（8）结果计算　整精米率按式（5-6）计算：

$$H = \frac{m}{m_0} \times 100\% \tag{5-6}$$

式中　H——整精米率，%；

m_0——稻谷试样质量，g；

m——整精米质量，g。

两次平行试验测定值的绝对差不应超过 1.5%，取平均值作为检验结果。

4. 稻谷黄粒米检验

稻谷收割后因阴雨未能及时干燥，湿谷堆在一起，就会出现黄粒米。储藏中，如通风或温度不当，稻谷发热，也会出现黄粒米。即稻谷的水分越高，发热的次数越多，出现的黄粒米越多；储存的年限越久，黄粒米的数量也就越多。由于黄粒米营养成分减少，酸度、脂肪酸、葡萄糖含量增高，淀粉、氨基酸、硫胺素（维生素 B_1）、核黄素等降低，发芽率下降或丧失，黏度、出糙度明显下降，所以国家明确规定市场供应的米中黄粒米不得超过 2%。除此以外稻米霉变后颜色也会变黄，称黄变米。黄变米是稻谷在收割后和储存过程中含水量过高，被真菌污染后发生霉变所致。引起米粒黄变的霉菌如果是黄曲霉、烟曲霉、构巢曲霉、青霉等，就可能造成米粒带毒。由于黄变米中有产毒菌株，因而能使人中毒或致癌。

（1）仪器和用具　天平（分度值 0.01g）；分析盘、镊子等。

（2）实验步骤　稻谷经检验出糙率以后，将其糙米试样用小型碾米机碾磨至近似标准二等米的精度，除去糠粉称重（m），作为试样质量，再按规定拣出黄粒米，称重（m_1）。

（3）结果计算　稻谷黄粒米含量按式（5-7）计算：

$$黄粒米率(\%) = \frac{m_1}{m} \times 100 \tag{5-7}$$

式中　m_1——黄粒米质量，g；

m——试样质量，g。

双试验结果允许差不超过0.3%，求其平均数，即为检验结果。检验结果取小数点后一位数。

5. 杂质检测

（1）定义　杂质是除稻谷粒以外的其他物质及无使用价值的稻谷粒，包括筛下物、无机杂质和有机杂质。

（2）分类

①筛下物：通过直径2.0mm圆孔筛的物质。

②无机杂质：泥土、沙石、砖瓦块及其他无机物质。

③有机杂质：无使用价值的稻谷粒、异种类粮粒及其他有机物质。

（3）测定方法　杂质检测按第四章中所描述的方法进行。

6. 不完善粒检测

（1）定义　不完善粒：未成熟或受到损伤但尚有使用价值的稻谷颗粒。包括未熟粒、虫蚀粒、病斑粒、生芽粒和生霉粒。

（2）分类

①未熟粒：籽粒不饱满，糙米粒外观全部为粉质的颗粒。

②虫蚀粒：被虫蛀蚀并伤及胚或胚乳的颗粒。

③病斑粒：糙米胚或胚乳有病斑的颗粒。

④生芽粒：芽或幼根已突出稻壳，或芽或幼根已突破糙米表皮的颗粒。

⑤生霉粒：稻谷粒生霉，去壳后糙米表面有霉斑的颗粒。

（3）测定方法　不完善粒的检测按第四章中所描述的方法进行。

第二节　大米检验

一、大米质量标准

以稻谷或糙米为原料经常规加工所得成品称为大米，其各项主要质量指标应符合国家现行标准GB/T 1354—2018《大米》各种等级大米的要求。按类型分为籼米、粳米和糯米三类，糯米又分籼糯米和粳糯米；按收获季节不同，籼米又可分为早籼米和晚籼米；按食用品质分为大米和优质大米。各类大米按其碎米、加工精度和不完善粒为定等指标进行分级，籼米、粳米、籼糯米、粳糯米质量指标如表5-5所示。而各类优质大米是按碎米、加工精度、垩白度和品尝评分为定等指标进行分级，优质籼米和粳米质量指标如表5-6所示。

表 5-5　　大米质量指标

指标		籼米			粳米			籼糯米		粳糯米	
		一级	二级	三级	一级	二级	三级	一级	二级	一级	二级
碎米											
总量/%	≤	15.0	20.0	30.0	10.0	15.0	20.0	15.0	25.0	10.0	15.0
其中：小碎米含量/%	≤	1.0	1.5	2.0	1.0	1.5	2.0	2.0	2.5	1.5	2.0
加工精度		精碾	精碾	适碾	精碾	精碾	适碾	精碾	适碾	精碾	适碾
不完善粒含量/%	≤	3.0	4.0	6.0	3.0	4.0	6.0	4.0	6.0	4.0	6.0
水分含量/%	≤	14.5			15.5			14.5		15.5	
杂质											
总量/%	≤	0.25									
其中：无机杂质含量/%	≤	0.02									
黄粒米含量/%	≤	1.0									
互混率/%	≤	5.0									
色泽、气味		正常									

表 5-6　　优质大米质量指标

指标		优质籼米			优质粳米		
		一级	二级	三级	一级	二级	三级
碎米							
总量/%	≤	10	12.5	15.0	5.0	7.5	10.0
其中：小碎米含量	≤	0.2	0.5	1.0	0.1	0.3	0.5
加工精度		精碾	精碾	适碾	精碾	精碾	适碾
垩白度/%	≤	2.0	5.0	8.0	2.0	4.0	6.0
品尝评分值/分	≥	90	80	70	90	80	70
直链淀粉含量/%		13.0~22.0			13.0~20.0		
水分含量/%	≤	14.5			15.5		
不完善粒含量/%	≤	3.0					
杂质限量							
总量/%	≤	0.25					
其中：无机杂质含量/%	≤	0.02					
黄粒米含量/%	≤	0.5					
互混率/%	≤	5.0					
色泽、气味		正常					

二、大米质量标准相关指标检测方法

（一）大米质量检验相关标准

（1）感官检验　按 GB/T 5009.36—2003《粮食卫生标准的分析方法》进行。

（2）色泽、气味检验　按 GB/T 5492—2008《粮油检验　粮食、油料的色泽、气味、口味鉴定》进行。

（3）互混检验　按 GB/T 5493—2008《粮油检验　类型及互混检验》进行。

（4）杂质、不完善粒检验　按 GB/T 5494—2019《粮油检验　粮食、油料的杂质、不完善粒检验》进行。

（5）黄粒米检验　按 GB/T 5496—1985《粮食、油料检验　黄粒米及裂纹粒检验法》进行。

（6）水分检验　按 GB 5009.3—2016《食品安全国家标准　食品中水分的测定》和 GB/T 5497—1985《粮食、油料检验　水分测定法》进行。

（7）加工精度检验　按 GB/T 5502—2018《粮油检验　大米加工精度检验》进行。

（8）平均长度检验　随机取完整米粒 10 粒，平放于黑色背景的平板上，按照头对头、尾对尾、不重叠、不留隙的方式，紧靠直尺排成一行，读出长度。双实验误差不应超过 0.5mm，求其平均值即为大米的平均长度。

（9）碎米检验　按 GB/T 5503—2009《粮油检验　碎米检验》进行。

（10）品尝评分值检验　按 GB/T 15682—2008《粮油检验　稻谷、大米蒸煮食用品质感官评价方法》进行。

（11）直链淀粉含量检验　按 GB/T 15683—2008《大米　直链淀粉含量的测定》进行。

（12）垩白度检验　按 GB/T 1354—2018《大米》附录 A 进行。

（二）检验方法

扦样和分样按第三章中所描述的方法进行；色泽、气味检验、水分测定按第四章中所描述的方法进行；互混检验、黄粒米检验按本章第一节中所描述的方法进行。

1. 米类杂质、不完善粒检验

米类杂质是指夹杂在米类中的糠粉、矿物质及稻谷粒、稗粒等其他杂质。大米的不完善粒包括尚有使用价值的未熟粒、虫蚀粒、病斑粒、生霉粒以及完全未脱皮的完整糙米粒。米类中混有杂质和不完善粒不但降低食用品质，而且往往由于其含水量高，特别是糠粉营养丰富，容易导致微生物和害虫繁殖，并堵塞米粒之间的空隙，引起米类发热、霉变、生虫，影响安全储存。因此，在米类的质量指标中将杂质和不完善粒作为限制性项目加以严格控制。

（1）仪器和用具

①天平：分度值为 0.01g、0.1g、1g。

②谷物选筛。

③电动筛选器。

④分样器或分样板。

⑤分析盘、镊子等。

（2）样品制备与筛选　依据 GB/T 5491—1985《粮食、油料检验　扦样、分样法》，按第四章相关描述进行。

（3）检验步骤

①大样杂质检测：依据GB/T 5494—2019《粮油检验　粮食、油料的杂质、不完善粒检验》，按第四章相关描述进行。

②糠粉、矿物质、杂质总量检验：按照样品制备的规定分取试样约200g（m'），精确至0.1g，分两次放入直径1.0mm圆孔筛内，按上述规定的筛选法进行筛选，筛后轻拍筛子使糠粉落入筛底。全部试样筛完后，刷下留存在筛层上的糠粉，合并称量（m_1'），精确至0.01g。将筛上物倒入分析盘内（卡在筛孔中间的颗粒属于筛上物）。再从检验过糠粉的试样中分别拣出矿物质并称量（m_2'），精确至0.01g。拣出稻谷粒、带壳稗粒及其他杂质等一并称量（m_3'），精确至0.01g。

③不完善粒检验：按照上述规定分取试样至50g（m_4'）（米类小样用量与其原粮相同），精确至0.01g，将试样倒入分析盘内，按粮食、油料质量标准中的规定拣出不完善粒并称量（m_5'），精确至0.01g。

（4）结果计算

①矿物质或无机杂质含量（A）以质量分数（%）表示，计算方法如式（5-8）：

$$A(\%) = \frac{m_2'}{m'} \times 100 \tag{5-8}$$

式中　m_2'——矿物质质量，g；

m'——试样质量，g。

在重复性条件下，获得的两次独立测试结果的绝对差值不大于0.05%，求其平均数，即为测试结果，测试结果保留到小数点后两位。

②杂质总量（B）以质量分数（%）表示，计算方法如式（5-9）：

$$B(\%) = \frac{m_1' + m_2' + m_3'}{m'} \times 100 \tag{5-9}$$

式中　m_1'——糠粉质量，g；

m_2'——矿物质或无机杂质质量，g；

m_3'——有机杂质质量，g；

m'——试样质量，g。

在重复性条件下，获得的两次独立测试结果的绝对差值不大于0.04%，求其平均数，即为测试结果，测试结果保留到小数点后两位。

③不完善粒含量（C）以质量分数（%）表示，计算方法如式（5-10）：

$$C(\%) = \frac{m_4'}{m'} \times 100 \tag{5-10}$$

式中　m_4'——不完善粒质量，g；

m'——试样质量，g。

在重复性条件下，获得的两次独立测试结果的绝对差值：大粒、特大粒粮不大于1.0%，中、小粒粮不大于0.5%，求其平均数，即为测试结果，测试结果保留到小数点后一位。

2. 黄粒米检验

黄粒米是指胚乳呈黄色而与正常米粒的色泽明显不同的颗粒，一般认为米粒胚乳变黄是由于籽粒中内源酶或生物酶作用的结果。根据黄粒米的定义，用外观检验的方法，将黄粒米和裂纹粒从试样中检验出来，然后计算其百分含量。

仪器和用具同本章第一节中稻谷黄粒米检验。

（1）操作方法　分取大米试样约50g或在检验碎米的同时，按规定拣出黄粒米（小碎米中不检验黄粒米），称重（m_1）。

（2）结果计算　大米黄粒米含量按式（5-11）计算：

$$黄粒米率(\%) = \frac{m_1}{m} \times 100 \tag{5-11}$$

式中　m_1——黄粒米质量，g；

m——试样质量，g。

双试验结果允许差不超过0.3%，求其平均数，即为检验结果。检验结果取小数点后一位。

3. 加工精度检验

（1）原理

①染色：利用米粒皮层、胚与胚乳对伊红Y-亚甲基蓝染色基团分子的亲和力不同，米粒皮层、胚与胚乳分别呈现蓝绿色和紫红色。

②对比观测法：利用染色后的大米试样与染色后的大米加工精度标准样品对照比较，通过观测判定试样的加工精度与标准样品加工程度的相符程度。

③仪器辅助检测法：染色后的大米试样与染色后的大米加工精度标准样品通过图像分析方法进行测定比较，根据米粒表面残留皮层和胚的程度，人工判定大米的加工精度。

④仪器检测法：利用图像采集和图像分析法检测经过染色的大米试样的留皮度，仪器自动判定大米的加工精度。

（2）试剂和材料　除非另有规定，实验用水应符合GB/T 6682—2008《分析实验室用水规格和试验方法》中三级水的要求。伊红Y、亚甲基蓝、无水乙醇、去离子水。

①80%乙醇溶液：无水乙醇与去离子水按照8：2的体积比进行充分混合。

②染色原液：分别称取伊红Y、亚甲基蓝各1.0g，分别置于500mL具塞锥形瓶中，然后向瓶中分别加入500mL 80%乙醇溶液，并在磁力搅拌器上密闭加热搅拌30min至全部溶解，然后按实际用量将伊红Y和亚甲基蓝液按1：1比例混合，置于具塞锥形瓶中密闭搅拌数分钟，充分混匀，配制成伊红Y-亚甲基蓝染色原液（可根据实际用量调配原液的量）。室温、密封、避光保存于试剂瓶中备用。

③染色剂：量取适量的染色原液与80%乙醇溶液，按照1：1比例稀释，配制成伊红Y-亚甲基蓝染色剂。室温、密封、避光保存于试剂瓶中备用。

大米加工精度标准样品，符合LS/T 15121、LS/T 15122、LS/T 15123规定。

（3）仪器设备

①大米外观品质检测仪：具有图像采集和图像分析功能，可通过检测大米留皮度判定大米的加工精度。仪器检测标准板的双实验平均值与标准板面积标准值的误差小于0.5mm。

②蒸发皿或培养皿：Φ690mm；天平：分度值0.1g；放大镜：5~20倍；白色样品盘。

③磁力搅拌器：具备加热功能；量筒、具塞锥形瓶等。

（4）扦样与分样　样品的扦取与分样按GB/T 5491—1985《粮食、油料检验　扦样、分样法》执行。

（5）检验步骤

①染色：从试样中分取约12g整精米，放入690mm蒸发皿或培养皿内，加入适量去离子水，浸没样品1min，洗去糠粉，倒净清水。清洗后试样立即加入适量染色剂浸没样品，摇匀后静置2min，然后将染色剂倒净。染色后试样立即加入适量80%乙醇溶液，完全淹没米粒，摇匀后静置1min，然后倒净液体；再用80%乙醇溶液不间断地漂洗3次。漂洗后立即用滤纸吸干试样中的水分，自然晾干到表面无水渍。皮层和胚部分为蓝绿色，胚乳部分为紫红色。如果不能及时检测，试样可晾干后装入密封袋常温保存，保存时间不超过24h。

注1：染色剂使用前确认是否有沉淀，如果有，则加热使其完全溶解。染色环境温度控制在（25±5）℃。

注2：染色过程中加入试剂或漂洗剂后均先轻轻晃动培养皿数下，确保全部米粒分散开。

②样品检测

a. 对比观测法。将经染色后的大米试样与染色后的大米加工精度标准样品分别置于白色样品盘中，用放大镜观察，对照标准样品检验试样的留皮度。

b. 仪器辅助检测法。按仪器说明书安装、调试好仪器，分别将约12g经染色晾干的大米试样与同批染色剂染色晾干的大米加工精度标准样品放入大米外观品质检测仪的扫描底板中，检测被测样品与标准样品的留皮度，根据大米样品与标准样品留皮度的差异，人工判定试样的加工精度与标准样品精度的符合程度。

c. 仪器检测法。按仪器说明书安装、调试好仪器，并按说明书的要求，将染色晾干后的大米试样，置于大米外观品质检测仪的扫描底板中，轻微晃动致米粒平摊散开而不重叠。然后进行图像采集，仪器自动分析计算，得到大米样品留皮度，并根据GB/T 1354—2018《大米》规定的加工精度等级定义，仪器自动判定大米的加工精度等级。

③结果判定

a. 对比观测法。染色后的试样与染色后的大米加工精度标准样品对比，根据皮层蓝绿色着色范围进行判断：如半数以上试样米粒的蓝绿色着色范围小于或符合精碾大米标准样品相应的着色范围，则加工精度为精碾；如半数以上试样米粒蓝绿色着色范围大于精碾、小于或符合适碾大米标准样品相应的着色范围，则加工精度为适碾；如半数以上试样米粒蓝绿色着色范围大于适碾大米标准样品的着色范围，则加工精度为等外。

同时取两份样品检验，如果两次结果不一致时，则检查操作过程是否正确。

b. 仪器辅助检测法。大米试样的留皮度小于或等于精碾标准样品的留皮度，则加工精度为精碾；试样留皮度大于精碾、小于或等于适碾标准样品的留皮度，则加工精度为适碾；试样留皮度大于适碾大米标准样品的，则加工精度为等外。

同时取两份样品检验，留皮度测定误差满足重复性限要求时，取平均值作为检验结果，计算结果保留小数点后1位。

c. 仪器检测法。仪器根据大米样品留皮度的检测结果，自动判定大米的加工精度等级。

同时取两份样品检验，留皮度测定误差满足重复性限要求时，仪器自动计算平均值，并判定大米样品的加工精度等级。

④结果表示

检验结果表述为：加工精度为精碾、适碾或等外。

4. 碎米检验

碎米是指米类在碾制过程中产生的、其长度小于完整粒平均长度3/4的和留存在直径1.0mm圆孔筛的不完整米粒。小碎米是指通过直径2.0mm圆孔筛，留存在直径1.0mm圆孔筛的不完整米粒。碎米的产生与稻谷品质、裂纹粒等有密切关系。此外，腹白粒、发芽粒、未熟粒、生霉粒、裂纹粒、软质粒以及加工工艺不当等很多因素也是引起碎米产生的主要原因。

碎米含量是大米、小米和高粱米等米类等级标准中不可缺少的一个检验项目。碎米对米类外观品质有很大影响，既影响其整齐度，又影响米的蒸煮品质、食用品质、储藏品质，并且淘洗时米类损失率较高。各类大米碎米含量见GB/T 1354—2018《大米》标准。

（1）原理　以筛分法和人工挑选相结合的方法，分选出样品中的碎米，称量碎米质量，计算碎米含量，也可利用图像处理技术得到米粒的图像并判断米粒的大小、整米、大碎米和小碎米，自动计算大米碎米和大米小碎米的含量。

（2）仪器和用具　天平：分度值0.01g；筛选器：转速110~120r/min，可自动控制顺时针及逆时针各转动1min；谷物选筛：直径为1.0mm、2.0mm的圆孔筛，配筛盖和筛底，可配合筛选器使用；分样板：长方形平整木板或塑料板，厚约2mm，一条长边加工成斜口，便于分样；电动碎米分离器；表面皿、分析盘、毛刷、镊子等；大米碎米测定仪：具有图像采集、处理功能，图像分辨率不小于200dpi。

（3）操作步骤

①大米小碎米的检验：先由上至下将2.0mm、1.0mm筛和筛底套装好，再将试样置于直径2.0mm圆孔筛内，盖上筛盖，安装于筛选器上进行自动筛选，或将安装好的谷物选筛置于光滑平面上，用双手以约100r/min的速度，顺时针及逆时针方向各转动1min，控制转动范围在选筛直径的基础上扩大8~10cm。

将选筛静置片刻，收集留存在1.0mm圆孔筛上的碎米和卡在筛孔中的米粒，称量（m_1），精确至0.01g。

②大米碎米的检验：将检验小碎米后留存于2.0mm圆孔筛上及卡在筛孔中的米粒倒入碎米分离器，根据粒型调整碎米斗的倾斜角度，使分离效果最佳，分离2min。将初步分离出的整米和碎米分别倒入分析盘中，用木棒轻轻敲击分离筒，将残留在分离筒中的米粒并入碎米中，拣出碎米中不小于整米平均长度3/4的米粒并入整米，拣出整米中小于整米平均长度3/4的米粒并入碎米，将分离出的碎米与检出的小碎米合并称量（m_2），精确至0.01g。

如无碎米分离器，则将2.0mm圆孔筛上的米粒连同卡在筛孔中的米粒倒入分析盘，手工拣出小于整米平均长度3/4的米粒，与捡出的小碎米合并称量（m_2），精确至0.01g。

③大米碎米的图像处理测定法：打开大米碎米测定仪，按照使用说明书调整仪器至正常工作状态。取不少于10g（m）的大米样品，按照仪器操作要求进行样品测定，仪器自动分析、计算出大米小碎米率和大米碎米率。

也可待仪器自动判别并分离出大米中大碎米和小碎米后，人工称量小碎米（m_1）和大碎米与小碎米的合并物（m_2），分别计算大米小碎米率和大米碎米率。

（4）结果计算　大米小碎米率按式（5-12）计算：

$$X_1 = \frac{m_1}{m} \times 100\% \tag{5-12}$$

式中　X_1——小碎米率，%；

m_1——小碎米质量，g；

m——试样质量，g。

测定结果以双实验结果的平均值表示，保留小数点后一位，双实验结果绝对差应不超过0.5%。

大米碎米率按式（5-13）计算：

$$X_2 = \frac{m_2}{m} \times 100\% \tag{5-13}$$

式中　X_2——碎米率，%；

m_2——碎米质量，g；

m——试样质量，g。

测定结果以双实验结果的平均值表示，保留小数点后一位，双实验结果绝对差应不超过0.5%。

5. 垩白度检验

垩白是指米粒胚乳中的白色不透明部分。根据其发生部位的不同，又可分为腹白粒、心白粒、乳白粒、基白粒和背白粒等。

垩白度是指垩白米的垩白面积总和占试样米粒面积总和的百分比。

（1）垩白粒率检验　从精米试样中随机数取整精米100粒，拣出有垩白的米粒，按式（5-14）求出垩白粒率。重复一次，取两次测定的平均值，即为垩白粒率。

$$\text{垩白粒率（\%）} = \frac{\text{垩白粒数}}{\text{总粒数}} \times 100 \tag{5-14}$$

（2）垩白度检验　从拣出的垩白粒中，随机取10粒（不足10粒者，按实有数计），将米粒平放，正视观察，逐粒目测垩白面积占整个籽粒投影面积的百分率，求出垩白面积的平均值。重复一次，两次测定结果平均值为垩白大小，计算方法如式（5-15）：

$$\text{垩白度（\%）} = \text{垩白粒率} \times \text{垩白大小} \tag{5-15}$$

6. 大米直链淀粉含量检验

大米淀粉与其他谷物淀粉一样，也是由直链淀粉与支链淀粉组成的。不同类型、品种的大米其直链淀粉与支链淀粉含量有明显差异。大米食用、蒸煮品质——黏性、硬度、蒸煮时吸水量、蒸煮时间、米饭体积等在很大程度上取决于大米中直链淀粉与支链淀粉的含量变化以及直链淀粉相对分子质量的大小。直链淀粉含量高，其蒸煮膨胀率高，米饭干松，黏性差；直链淀粉含量低，其蒸煮膨胀率低，米饭黏性大。因此，淀粉中直链淀粉含量的测定具有重要意义。

（1）原理　将大米粉碎至细粉以破坏淀粉的胚乳结构，使其易于完全分散及糊化，并对粉碎试样脱脂，脱脂后的试样分散在氢氧化钠溶液中，向一定量的试样分散液中加入碘试剂，然后使用分光光度计在720nm处测定显色复合物的吸光度。

（2）试剂

①85%甲醇溶液。

②95%乙醇溶液。

③1.0mol/L氢氧化钠溶液。

④0.09mol/L 氢氧化钠溶液。

⑤3g/L 氢氧化钠溶液。

⑥1mol/L 乙酸溶液。

以上均为分析纯。

⑦20g/L 十二烷基苯磺酸钠溶液，使用前加亚硫酸钠至浓度为 2g/L。

⑧碘试剂：用具盖称量瓶称取（2.000±0.005）g 碘化钾，加适量的水以形成饱和溶液，加入（0.2000±0.001）g 碘，碘全部溶解后将溶液定量移至 100mL 容量瓶中，加蒸馏水至刻度，摇匀。现配现用，避光保存。

⑨马铃薯直链淀粉标准溶液，不含支链淀粉，浓度为 1mg/mL。

称取（100±0.5）mg 经脱脂及水分平衡后的直链淀粉于 100mL 锥形瓶中，小心加入 1.0mL 乙醇，将粘在瓶壁上的直链淀粉冲下，加入 9.0mL 1mol/L 的氢氧化钠溶液，轻摇使直链淀粉完全分散开。随后将混合物在沸水浴中加热 10min 以分散马铃薯直链淀粉。分散后取出冷却到室温，转移至 100mL 容量瓶中。加水至刻度，剧烈摇匀。1mL 此标准分散液含 1mg 直链淀粉。

⑩支链淀粉标准溶液：浓度为 1mg/mL。

用支链淀粉取代直链淀粉，制备支链淀粉标准溶液，1mL 支链淀粉标准液含 1mg 支链淀粉。支链淀粉的碘结合量应该少于 0.2%。

（3）仪器和用具

①实验室捣碎机。

②粉碎机：可将大米粉碎并通过 150~180μm（80~100 目）筛，推荐使用配置 0.5mm 筛片的旋风磨。

③筛子：150~180μm（80~100 目）筛。

④分光光度计：具有 1cm 比色皿，可在 720nm 处测量吸光度。

⑤抽提器：能采用甲醇回流抽提样品，速度为 5~6 滴/s。

⑥容量瓶：100mL；水浴锅；锥形瓶：100mL；分析天平：分度值 0.0001g。

（4）操作步骤

①试样制备：取至少 10g 精米，用旋风磨粉碎成粉末，并通过 80~100 目的筛网。采用甲醇溶液回流抽提脱脂。

②样品溶液的制备：称取（100±0.5）mg 试样于 100mL 锥形瓶中，小心加入 1mL 乙醇溶液到试样中，将粘在瓶壁上的试样冲下。移 9.0mL 1.0mol/L 氢氧化钠溶液到锥形瓶中，并轻轻摇匀，随后将混合物在沸水浴中加热 10min 以分散淀粉。取出冷却至室温，转移到 100mL 容量瓶中。加蒸馏水定容并剧烈振摇混匀。

③空白溶液的制备：采用与测定样品时相同的操作步骤及试剂，但使用 5.0mL 0.09mol/L 氢氧化钠溶液替代样品制备空白溶液。

④校正曲线的绘制

a. 系列标准溶液的制备。按照表 5-7 混合配制直链淀粉和支链淀粉标准分散液及 0.09mol/L 氢氧化钠溶液的混合液。

表5-7　　系列标准溶液

大米直链淀粉含量（干基 a）/%	马铃薯直链淀粉标准液/mL	支链淀粉标准液/mL	0.09mol/L 氢氧化钠/mL
0	0	18	2
10	2	16	2
20	4	14	2
25	5	13	2
30	6	12	2
35	7	11	2

注：上述数据是在平均淀粉含量为90%的大米干基基础上计算所得。

b. 显色和吸光度测定。准确移取5.0mL系列标准溶液到预先加入大约50mL水的100mL容量瓶中，加1.0mL乙酸溶液，摇匀，再加入2.0mL碘试剂，加水至刻度，摇匀，静置10min。分光光度计用空白溶液调零，在720nm处测定系列标准溶液的吸光度。

c. 绘制校正曲线。以吸光度为纵坐标，直链淀粉含量为横坐标，绘制校正曲线。直链淀粉含量以大米干基质量分数表示。

⑤样品液测定：准确移取5.0mL样品溶液加入到预先加入大约50mL水的100mL容量瓶中，从加入乙酸溶液开始，按照上述步骤操作。用空白溶液调零，在720nm处测定样品溶液的吸光度值。

（5）结果表示　以由吸光度在校正曲线查出相对于干基的直链淀粉质量分数表示。

以两次测定结果的算术平均值为测定结果，其结果保留一位小数。

双实验结果允许差为：直链淀粉含量在10.0%以上时不得超过1.0%，直链淀粉含量在10.0%以下时不得超过0.5%。

（6）注意事项

①该方法实际上取决于直链淀粉与碘的亲和力，在720nm测定的目的是使支链淀粉的干扰作用减少到最小。

②脂类物质会和碘争夺直链淀粉形成复合物，研究证明对米粉脱脂可以有效降低脂类物质的影响，样品脱脂后可获得较高的直链淀粉结果。脱脂后将试样在盘子或表面皿上铺成一薄层，放置2d，以挥发残余甲醇，并平衡水分。

第三节　稻谷收购、出入库及储藏期间的检验

一、稻谷的收购检验

稻谷收购检验是稻谷储藏安全的保障，也是稻谷储藏环节的第一关，认真做好这一环节的检验工作要求在收购过程中必须做到如下几点。

（1）稻谷收购检验要严格执行国家粮食质量、卫生标准和有关规定，按质论价，做到不损害粮食生产者的利益。

（2）应当按照价格主管部门的规定明码标价，在收购场所的醒目位置公示收购粮食品种、质量标准、计价单位和收购价格等内容。按照国家粮食质量标准对收购的粮食进行检验。

（3）对于中央储备粮，稻谷收购检验还应按粮食储存有关标准和技术规范的要求进行稻谷储存品质相关指标的检验。

（4）严把入库质量关。入库的稻谷要达到国标中等及以上质量要求，按来粮形式分批、分车对稻谷入库质量、储存品质和新陈度进行检测，确保入库稻谷符合中央储备粮质量和生产年限要求。

（一）稻谷的收购检验程序

稻谷收购时除严格按照稻谷国家标准规定的各项指标和储存品质指标进行检验外，还要有一个完善的检验程序，一般可按以下程序进行。

（1）检验员先对所要收购的稻谷进行感官鉴定，从稻谷新陈、水分、杂质、有无活虫等进行综合判断，对有明显掺假的车辆要标明，同时写好样品标签，内容包括：编号、品名、产地、车号、扦样日期。

（2）扦取有代表性的样品。代表性的样品直接反映了该批稻谷的品质情况，如何取样至关重要，取样时进行不定点取样；对包装粮食实行不定点扒垛，扦包装粮时，扦样数量达到总包数的15%以上，保证样品有代表性。

（3）按照标准规定的指标进行检验。

稻谷收购检验流程：扦样⟶分样（样品处理）⟶检验⟶结果判定⟶检验报告。

（二）稻谷收购检验指标及检测方法

1. 稻谷收购检验指标

稻谷收购检验项目：质量指标有色泽和气味、新陈、水分、杂质、黄粒米、出糙率、整精米率、互混率和谷外糙米含量；储存品质指标有色泽和气味、脂肪酸值和品尝评分；安全指标主要有黄曲霉毒素和重金属镉。

2. 稻谷收购检验指标的测定方法

（1）扦样　扦取具有代表性的样品是入库检验的关键。扦样时应按国家标准 GB/T 5491—1985《粮食、油料检验　扦样、分样法》进行。稻谷入库时，送粮主体一般为个体商贩，有包装运输、散装运输。由于稻谷来自千家万户，每车稻谷的质量均匀性较差。特别是近几年，稻谷收购年年形成抢购局面，送粮客户直接从田间收购的现象有增无减。因此在扦样的过程中应该注意以下几点。

①一车作为一个检验单位。

②包装粮一般采用包装扦样器，扦样时，扦样选点应兼顾车身侧面、顶部、夹层以及底层。重点关注“底层粮”“夹心粮”。夹层及底层在检验时无法扦取样品的，应在卸粮现场扦取样品。

③散装粮一般采用多孔套管扦样器和自动扦样机，扦样时应注意随机分布扦样点，不形成扦样深度一致的习惯，避免形成规律性的水平扦样盲区，防止客户针对扦样盲区掺杂使假。

④每扦取一个点的样品均应进行感官检验，发现高水分、高杂、发热、结块、生霉、严

重生虫、色泽气味异常等情况，应单独扦样。

（2）检验方法

①色泽、气味鉴定：稻谷色泽、气味检验按照国家标准 GB/T 5492—2008《粮油检验　粮食、油料的色泽、气味、口味鉴定》进行，具体操作按第四章中描述进行。质量良好的稻谷外壳呈黄色、浅黄色或金黄色，色泽鲜艳一致，具有光泽，同时具有纯正的稻香味，无其他任何异味；质量一般的稻谷色泽灰暗无光泽，稻香味微弱，稍有异味；质量不合格的稻谷色泽变暗或外壳呈褐色、黑色，肉眼可见真菌菌丝，且有霉味、酸臭味、腐败味等不良气味。

②水分检验：稻谷水分按国家标准 GB 5009.3—2016《食品安全国家标准　食品中水分的测定》和 GB/T 5497—1985《粮食、油料检验　水分测定法》进行检测，具体操作按第四章中描述进行，也可用经过 105℃标准方法校核过的快速水分测定仪来测定。

③杂质检验：稻谷杂质依据国家标准 GB/T 5494—2019《粮油检验　粮食、油料的杂质、不完善粒检验》，按第四章中描述进行检验。

④出糙率、整精米率和黄粒米检验：稻谷出糙率检验依据国家标准 GB/T 5495—2008《粮油检验　稻谷出糙率检验》，黄粒米检验依据国家标准 GB/T 5496—1985《粮食、油料检验　黄粒米及裂纹粒检验法》，整精米率检验依据国家标准 GB/T 21719—2008《稻谷整精米率检验法》，按本章第一节中描述进行检验。

⑤互混率与谷外糙米含量检验：互混率检验依据国家标准 GB/T 5493—2008《粮油检验　类型及互混检验》，谷外糙米检验按国家标准 GB/T 5494—2019《粮油检验　粮食、油料的杂质、不完善粒检验》中 6.1.3 进行，拣出糙米粒称重并计算含量。

⑥黄曲霉限量测定（LS/T 6111—2015《粮油检验　粮食中黄曲霉毒素 B_1 测定　胶体金快速定量法》）

a. 原理。试样提取液中黄曲霉毒素 B_1 与检测条中胶体金微粒发生呈色反应，颜色深浅与试样中黄曲霉毒素 B_1 含量相关。用读数仪测定检测条上检测线和质控线颜色深浅，根据颜色深浅和读数仪内置曲线自动计算出试样中黄曲霉毒素 B_1 含量。

b. 试剂。同第四章脱氧雪腐镰刀菌烯醇测定。

c. 仪器设备及材料。ROSA 黄曲霉毒素 B_1 胶体金快速定量检测条：需冷藏储存，具体储存条件参照使用说明；技术要求见 LS/T 6111 附录 A。针头式滤器：滤膜材质规格为 RC15，孔径 0.45μm。其他同第四章脱氧雪腐镰刀菌烯醇测定。

d. 样品制备。同第四章脱氧雪腐镰刀菌烯醇测定。

e. 样品处理。取有代表性的样品 500g，用粉碎机粉碎至全部通过 20 目筛，混匀。准确称取 10.00g 试样于 100mL 具塞锥形瓶中，加入 20.0mL 试样提取液，密闭，用涡旋振荡器振荡 1~2min，静置后用滤纸过滤，或取 1.0~1.5mL 混合液于离心管中，用离心机（4000r/min）离心 1min。取滤液或离心后上清液 100μL 于另一离心管中，加入 1.0mL 稀释缓冲液，充分混匀待测。

注：不同厂家黄曲霉毒素 B_1 胶体快速定量检测条所用的样品处理方法可能不同，应按照产品使用说明中规定方法进行操作。

f. 样品测定。测定步骤同第四章脱氧雪腐镰刀菌烯醇测定。其中选择读数仪的黄曲霉毒素 B_1 检测频道。

g. 结果表述。试样中黄曲霉毒素 B_1 含量由读数仪自动计算并显示，单位为微克每千克（μg/kg）。

重复性：在同一实验室，由同一操作者使用相同仪器，按相同的测定方法，对同一被测试对象进行相互独立测试获得的两次独立测试结果的绝对差值大于其算术平均值 20%的情况不超过 5%。

⑦镉含量测定（LS/T 6115—2016《粮油检验　稻谷中镉含量快速测定　X 射线荧光光谱法》）

a. 原理。样品经高能 X 射线激发，得到样品中镉（Cd）元素的特征 X 射线荧光，在一定浓度范围内，该 X 射线荧光信号强度与镉（Cd）含量成正比。采用标准曲线法定量。

b. 仪器与设备。能量色散型 X 射线荧光光谱仪：主要包括分析仪器主机和样品杯两个部分。小型粉碎机：可使试样粉碎后全部通过 20 目筛。

c. 样品前处理。取有代表性的样品 500g，稻谷样品先用实验砻谷机脱壳制备成糙米，然后用粉碎机粉碎至全部通过 20 目筛，混匀；糙米或大米样品，直接用粉碎机粉碎至全部通过 20 目筛，混匀。

d. 开机准备。仪器通电后开机预热：打开测试软件，进行自检，确认仪器运行正常，方可进行下一步工作。或按照所用仪器的使用说明书要求进行。

e. 仪器校准。按仪器使用说明书要求进行仪器校准。

f. 样品测定。用样品杯盛取足量的样品，取样量及装填方法按仪器使用说明书进行。

g. 测量。打开仪器主机的进样口盖，将装好样品的样品杯正确放置到样品测试孔中，关好进样口盖。按仪器操作软件提示，开始测量。测试过程中，进样口盖不能打开。

在 300s 内完成快速筛查，筛查结束仪器自动显示样品测定结果为“不超标”“可疑值”“超标”；对于“可疑值”可继续测试，直至定量测定结束（不超过 1200s）。

在 1200s 内完成定量测定，定量测定结束仪器自动计算并显示样品中镉（Cd）含量。

h. 结果计算和表示。X 射线荧光光谱（XRF）仪根据光谱信号强度，自动计算并显示样品中的镉（Cd）含量。

（三）稻谷收购过程的增扣量

在收购过程中按稻谷标准中的等级指标确定等级，以其余指标作为增扣量的依据。对收购中不符合质量标准的稻谷可按《关于执行粮油质量标准有关问题的规定》中要求进行各项指标增扣量。

（1）水分含量和杂质含量　参照第四章有关描述进行。

（2）整精米率　整精米率低于标准规定的粮油，以标准规定的指标为基础，每低 1 个百分点，扣量 0.75%，低不足 1 个百分点的，不扣量；高于标准规定的，不增量。整精米率低于 38%的早籼稻、中晚籼稻和整精米率低于 49%的粳稻，不列入政策性粮食收购范围。

（3）谷外糙米含量　谷外糙米含量高于标准规定的粮油，以标准中规定的指标为基础，每高 2 个百分点，扣量 1.0%，高不足 2 个百分点的，不扣量；低于标准规定的，不增量。

（4）黄粒米含量（稻谷或大米）　以标准中规定的黄粒米指标为基础，含量在1.0%~2.0%，每超过 1 个百分点，扣量 1.0%，超过不足 1 个百分点的，不扣量。含量超过 2.0%的不得作为各级储备粮移库调出。如调入方发现超过2.0%时，在双方确认的基础上，以2.0%为基础，每超过1个百分点，扣量1.5%，超过不足1个百分点的，不扣量；黄粒米低于标准规定的不增量。

（5）互混率　互混率高于标准规定的，以标准中规定的指标为基础扣量，互混率低于标准规定的，不增量。

①籼、粳谷（糙米、大米）中混入糯谷（糙米、大米），籼、粳谷（糙米、大米）互混，籼糯、粳糯谷（糙米、大米）互混，以标准中规定的指标为基础，每高5个百分点，扣量1.0%，高不足5个百分点的，不扣量。

②糯谷（糙米、大米）中混入籼、粳谷（糙米、大米），以标准中规定的指标为基础，每高2个百分点，扣量1.0%，高不足2个百分点的，不扣量。

二、稻谷出入库检验项目及程序

（一）稻谷入库检验

稻谷收购入库中，入库检验是判定稻谷是否符合收购质量标准、确保稻谷入库质量的重要环节，是确定稻谷质量等级、作为收购结算价格的依据。入库前，应逐批次抽取样品进行检验，并出具检验报告，作为入库的技术报告。一般在原粮卸货的同时进行扦样，以运输单体为单位，按照GB/T 5491—1985《粮食、油料检验　扦样、分样法》进行扦样和分样，一般扦样量为1kg左右，并标记到货日期、车号、品种、扦样员等信息，字迹要清晰，保证样品信息的准确性。扦样的同时要注意到货粮食是否有水湿、霉变、生虫、污染等异常情况，一旦发现异常情况，应做好标记并及时通知相关人员进行处理。

1. 入库质量检测

严格执行国家标准（质量等级必须达到国家标准中等及以上质量标准）。主要检验指标：色泽、气味、杂质、谷外糙米、水分、互混率、出糙率、整精米率、黄粒米等。必要时，做储存品质控制指标和粮食新陈度检测。

2. 稻谷入库检验程序

（1）仪器校准　与小麦入库检验要求一样，检验室先要对所用实验仪器进行校正，天平需经过计量检定，每天使用之前要调零点；快速水分测定仪定期与至少两个标准水分样品进行校对，标准水分样品每隔半月用国家标准GB 5009.3—2016《食品安全国家标准　食品中水分的测定》中105℃恒重法测定校正一次。

（2）扦取样品　与小麦的扦样操作相同，对入库车辆，扦样员扦样时至少要有2人在场，按照车辆停放先后顺序进行扦样。扦取样品数量1kg左右，扦样完毕填写《粮食入（出）库扦样检验原始记录单》，将样品封存移交检验室。

（3）检验程序　检验员收到样品后，按样品先后顺序逐个检验，并按以下程序进行，同时将检验结果记录到《粮食入（出）库扦样检验原始记录单》。

①将样品倒入害虫选筛，手筛3min后检查筛底害虫密度。

②将谷物选筛按规定标准套好，用电动筛选器法或手筛法除去大型杂质和稻壳，然后检测稻谷色泽、气味。

③用快速测水仪测量样品水分。

④将样品用分样器充分混匀分出大样后按照标准进行大样杂质检测。

⑤从检验过大样杂质的试样中均匀分出小样试样，按 GB/T 5494—2019《粮油检验　粮食、油料的杂质、不完善粒检验》进行小样杂质检测，计算杂质总量，同时拣出糙米粒，称量计算谷外糙米含量。

⑥从检验过小样杂质的稻谷样品中分出检验出糙率和整精米率检验所需样品，按 GB/T 5495—2008《粮油检验　稻谷出糙率检验》进行出糙率检验；按 GB/T 21719—2008《稻谷整精米率检验法》进行整精米率检验，然后按 GB/T 5496—1985《粮食、油料检验　黄粒米及裂纹粒检验法》检验黄粒米。

（4）填单流转　检验员根据《粮食入（出）库扦样检验原始记录单》填写《粮食出入库检验检斤单》，并签名加盖检验专用章。货主持盖章的《粮食出入库检验检斤单》到地平衡处过磅。

（5）粮食入仓　经检验合格的粮食，按照仓储管理的有关要求入仓储存。

（6）质量验收　按小麦质量验收操作进行。

对于中央储备粮按国家质量标准进行检验，按《关于执行粮油质量国家标准有关问题的规定》（国粮发〔2010〕178 号）中要求进行各项指标增扣量。具体操作同稻谷的收购。

（二）稻谷出库检验

稻谷的出库检验与小麦相同，禁止无计划、无目的随意进出，同时必须经库领导书面批准后，由检验人员按要求进行检验后，技术部方可组织人员开仓出粮，严格计量，且必须有 2 人以上在场，相互监督。稻谷出库，过磅员应如实开具出仓数量单，负责人根据数量单，认真核实后，开具出库通知单。门卫人员根据出库通知单的品种、数量对出库实物进行检查核实，方可放车出库。所有进出库稻谷必须做到收有凭、支有据，做到粮动账动，日账日清，装满一仓建一仓保管卡片，出完一仓核报一仓升损，保证账实相符。建立出入库粮食质量、数量档案，正确分析、指导购销工作。

（1）出库质量检测　调拨出库或销售时，严格执行国家标准，及时做好全面质量检验，主要检验指标：出糙率、整精米率、杂质、水分、色泽气味以及互混率、谷外糙米和黄粒米等。

（2）出库的稻谷要出具稻谷出库质量检验报告，并与检验结果相一致；检验报告中应当标明稻谷的品种、等级、代表数量、产地和收获年度等；稻谷出库检验报告应当随货同行，报告有效期一般为 3 个月；检验报告复印件经销售方代表签字、加盖公章有效。

（3）正常储存年限内的稻谷，检验项目主要为国家粮食质量标准规定的各项质量指标；在储存期间使用过化学药剂并在残效期间的粮食，应增加药剂残留量检验；色泽、气味明显异常的稻谷，应增加相关卫生指标检验。

（4）超过正常储存年限的稻谷销售出库时，由具有资质的粮食质检机构进行质量检测，并出具《稻谷销售出库检验报告》。

（5）重度不宜存的稻谷，不符合食用卫生标准的粮食，严禁流入口粮市场，必须按国家有关规定管理；不符合饲料卫生标准的粮食，不得用作饲料。

检验程序同入库检验。

稻谷销售出库检验报告单如表 5-8 所示。

表 5-8　　　　　　　　　　稻谷销售出库检验报告单

报告编号：

<table>
<tr><td colspan="2">检验单位</td><td colspan="5"></td></tr>
<tr><td colspan="2">受检单位</td><td colspan="5"></td></tr>
<tr><td colspan="2">样品名称</td><td></td><td>粮食性质</td><td></td><td>粮食产地</td><td></td></tr>
<tr><td colspan="2">收获年度</td><td></td><td>包装/散装</td><td></td><td>入库年度</td><td></td></tr>
<tr><td colspan="2">扦样地点</td><td colspan="5"></td></tr>
<tr><td colspan="2">代表数量</td><td></td><td>扦（送）日期</td><td></td><td>扦（送）样人</td><td></td></tr>
<tr><td colspan="2">检验依据
（标准代号）</td><td colspan="5"></td></tr>
<tr><td rowspan="13">检
验
结
果</td><td>检验项目</td><td>标准值</td><td>检验结果</td><td>检验项目</td><td>标准值</td><td>检验结果</td></tr>
<tr><td>出糙率/%</td><td></td><td></td><td rowspan="2">脂肪酸值（干基，KOH）/（mg/100g）</td><td rowspan="2"></td><td rowspan="2"></td></tr>
<tr><td>整精米率/%</td><td></td><td></td></tr>
<tr><td>杂质/%</td><td></td><td></td><td>品尝评分值/分</td><td></td><td></td></tr>
<tr><td>水分/%</td><td></td><td></td><td rowspan="2">黄曲霉毒素 B_1（以大米计）/（μg/kg）</td><td rowspan="2"></td><td rowspan="2"></td></tr>
<tr><td>色泽、气味</td><td></td><td></td></tr>
<tr><td>互混/%</td><td></td><td></td><td rowspan="2">磷化物（以 PH_3 计）/（mg/kg）</td><td rowspan="2"></td><td rowspan="2"></td></tr>
<tr><td>黄粒米/%</td><td></td><td></td></tr>
<tr><td>谷外糙米/%</td><td></td><td></td><td></td><td></td><td></td></tr>
<tr><td rowspan="4">色泽气味</td><td rowspan="4"></td><td rowspan="4"></td><td></td><td></td><td></td></tr>
<tr><td></td><td></td><td></td></tr>
<tr><td></td><td></td><td></td></tr>
<tr><td></td><td></td><td></td></tr>
<tr><td>检
验
结
论</td><td colspan="6">按上述所示检验结果，依据×××××××标准判定，××××××××××××。

年　　月　　日</td></tr>
<tr><td>备
注</td><td colspan="6"></td></tr>
</table>

调运、销售和竞价拍卖粮油，销售（出库、调出）方应当出具能够代表粮油真实质量状况的检验报告并随货同行。接收方（购入、调入）须向销售方索取质量检验报告，并对接收

的粮油进行检验验收。双方对粮油质量有争议时，按粮食质量监管办法的有关规定进行复检。

另对于中央储备粮还需填写中央储备粮油出库登记检验检斤单，参照第四章中小麦出库登记检验检斤单。

三、稻谷储藏期间检验项目及程序

随着科技的进步和人们生活水平的提高，稻谷的用途日益广泛，正越来越多地以各种形式出现在不同加工品中。由于稻谷生产的季节性和消费的连续性，为了满足人们常年的需要，必须对稻谷进行储藏；另从战略和减灾防灾的角度考虑，国家也必须实施粮食国储制度，以进行宏观调控。然而，稻谷作为一个有生命的活体，在储藏过程中不可避免地要进行新陈代谢；同时，受微生物及储藏条件的影响，稻谷会发生量的损失和质的变化，如果储存不当会发生品质劣变、活力丧失，最终失去食用、使用价值。

目前储藏期间稻谷的品质检验主要是依据国家标准 GB/T 20569—2006《稻谷储存品质判定规则》，按照标准规定稻谷在储藏过程中依据其储藏品质的好坏分为宜存、轻度不宜存和重度不宜存。

对于中央储备粮所储存的稻谷质量要达到中等及以上质量要求，质量指标综合判定合格率在 90%以上，质量指标全项合格率不低于 70%；水分一般不超过《粮食安全储存水分及配套储藏操作规程（试行）》（中储粮［2005］31 号）中推荐的入库水分值；储藏期间应保持宜存，对不宜存或接近不宜存的粮食要及时上报分公司安排轮换，杜绝发生粮食质量事故；每月的月底质检员会同保管员要对所储存的每个仓的中央储备粮进行扦样，进行质量检测；每年的 3 月末和 9 月末要将每个仓的中央储备粮扦取的样品送各分公司质检中心进行储存品质检测。

（一）质量检验

按国家标准 GB 1350—2009《稻谷》对稻谷各项指标进行检验，其检测指标主要有：出糙率、整精米率、杂质、水分、色泽、气味以及互混率、谷外糙米和黄粒米。

（二）储存品质检验

按国家标准 GB/T 20569—2006《稻谷储存品质判定规则》执行。稻谷储藏期间储存品质指标要求如表 5-9 所示。

表 5-9　　稻谷储存品质控制指标

项目	籼稻谷			粳稻谷		
	宜存	轻度不宜存	重度不宜存	宜存	轻度不宜存	重度不宜存
色泽、气味	正常	正常	基本正常	正常	正常	基本正常
脂肪酸值（干基，KOH）/（mg/100g）	≤30.0	≤37.0	>37.0	≤25.0	≤35.0	>35.0
品尝评分值/分	≥70	≥60	<60	≥70	≥60	<60

1. 稻谷储存品质检测指标

稻谷储存品质检测指标主要有：色泽与气味、脂肪酸值、品尝评分值。

2. 稻谷储藏品质判定规则

（1）宜存　色泽、气味、脂肪酸值、品尝评分值指标均符合表 5-9 规定中宜存的，判定为宜存稻谷，适宜继续储存。

（2）轻度不宜存　色泽、气味、脂肪酸值、品尝评分值指标均符合表 5-9 规定中轻度不宜存的，判定为轻度不宜存稻谷，应尽快安排出库。

（3）重度不宜存　色泽、气味、脂肪酸值、品尝评分值指标中，有一项符合表 5-9 规定中重度不宜存规定的，判定为重度不宜存稻谷，应立即安排出库。因色泽、气味判定为重度不宜存的，还应报告脂肪酸值、品尝评分值检验结果。

（三）指标检测方法

1. 色泽、气味鉴定

色泽、气味鉴定步骤同本章第一节要求。

2. 稻谷脂肪酸值测定

稻谷脂肪酸值是指中和 100g 稻谷样品中游离脂肪酸所需氢氧化钾的质量（mg）。稻谷的脂肪酸，主要是由所含脂肪水解而得。稻谷中含脂肪 2.0%~2.5%，而这些脂肪中的脂肪酸，特别是不饱和脂肪酸，很容易在外界因素的影响下发生氧化及水解反应，因而引起氧化、酸败，而稻谷在储藏过程中发热霉变，往往也使酸度增加，这些都导致稻谷香味散失，熟米饭松散无味，谷物品质下降。因此测定稻谷中脂肪酸值的含量，可以对稻谷储藏品质进行评价。

（1）测定原理　在室温下用无水乙醇提取稻谷中的脂肪酸，用标准氢氧化钾溶液滴定，计算脂肪酸值。

（2）试剂和材料

①无水乙醇。

②酚酞-乙醇溶液（10g/L）：1.0g 酚酞溶于 100mL95%（体积分数）乙醇。

③不含二氧化碳的蒸馏水：将蒸馏水煮沸，加盖冷却。

④0.5mol/L 氢氧化钾标准储备液的配制：称取 28g 氢氧化钾，置于聚乙烯容器中，先加入少量无 CO_2 的蒸馏水（约 20mL）溶解，再用体积分数为 95% 的乙醇稀释至 1000mL，密闭放置 24h。吸取上层清液至另一聚乙烯塑料瓶中。

氢氧化钾标准储备液的标定：称取在 105℃条件下烘 2h 并在干燥器中冷却后的基准邻苯二甲酸氢钾 2.04g，精确到 0.0001g，置于 150mL 锥形瓶中，加入 50mL 不含 CO_2 的蒸馏水溶解，滴加酚酞指示剂 3~5 滴，用配制的氢氧化钾标准储备液滴定至微红色，以 30s 不褪色为终点，记下所耗氢氧化钾标准储备液体积（V_1），同时做空白实验（不加邻苯二甲酸氢钾，同上操作），记下所耗氢氧化钾标准储备液体积（V_2），按式（5-16）计算氢氧化钾标准储备液浓度：

$$c(\mathrm{KOH}) = \frac{1000 \times m}{(V_1 - V_2) \times 204.22} \tag{5-16}$$

式中　$c(\mathrm{KOH})$——氢氧化钾标准储备液浓度，mol/L；

1000——换算系数；

m——称取邻苯二甲酸氢钾的质量，g；

V_1——滴定所耗氢氧化钾标准储备液体积，mL；

V_2——空白试验所耗氢氧化钾标准储备液体积，mL；

204.22——邻苯二甲酸氢钾的摩尔质量，g/mol。

注：氢氧化钾标准储备溶液按要求定时复标。

⑤0.01mol/L 氢氧化钾-95%乙醇标准滴定溶液：标准移取 20.0mL 已经标定好的 0.5mol/L 氢氧化钾标准储备液，用95%（体积分数）乙醇稀释定容至1000mL，盛放于聚乙烯塑料瓶中。临用前稀释。

注：稀释用乙醇应事先调整为中性。

（3）仪器与设备 具塞磨口锥形瓶：250mL；移液管：50.0mL、25.0mL；微量滴定管：5mL、25.0mL；天平：分度值 0.01g；振荡器：往返式，振荡频率为 100 次/min；实验室砻谷机；粉碎机：锤式旋风磨，具有风门可调和自清理功能，以避免样品残留和出样管堵塞，在粉碎样品时，磨膛不能发热；玻璃短颈漏斗；中速定性滤纸；锥形瓶：150mL；表面皿。

（4）操作步骤

①试样制备：分取稻谷试样 100g 以上，用砻谷机脱壳。再取脱壳后的糙米约 80g，用锤式旋风磨粉碎，粉碎后的样品一次通过 CQ16（相当于40目）筛的应达95%以上。收集全部粉碎样品，充分混合均匀后装入磨口瓶中备用。

②试样处理：称取制备试样约 10g，精确到 0.01g，置于 250mL 具塞磨口锥形瓶中，并用移液管准确加入 50.0mL 无水乙醇，置往返式振荡器振摇 10min，振荡频率为 100 次/min。静置 1~2min，在玻璃漏斗中放入折叠式的滤纸过滤，并加盖滤纸。弃去最初几滴滤液，收集滤液 25mL 以上。

③测定：精确移取 25.0mL 滤液于 150mL 锥形瓶中，加 50mL 不含 CO_2 的蒸馏水，滴加 3~4 滴酚酞-乙醇指示剂后，用 0.01mol/L 的氢氧化钾-95%乙醇标准滴定溶液滴定至呈微红色，30s 不消褪为止。记下耗用的氢氧化钾-95%乙醇溶液体积（V_1）。

④空白试验：取 25.0mL 无水乙醇于 150mL 锥形瓶中，加 50mL 不含 CO_2 的蒸馏水，滴加 3~4 滴酚酞-乙醇指示剂，用 0.01mol/L 的氢氧化钾-95%乙醇溶液滴定至呈微红色，30s 不消褪为止。记下耗用的氢氧化钾-95%乙醇溶液体积（V_0）。

（5）结果计算 脂肪酸值以中和 100g 干物质试样中游离脂肪酸所需氢氧化钾质量（mg）表示。计算方法如式（5-17）：

$$X = (V_1 - V_0) \times c \times 56.1 \times \frac{50}{25} \times \frac{100}{m(100 - \omega)} \times 100 \tag{5-17}$$

式中 X——试样脂肪酸值（干基，KOH），mg/100g；

V_1——滴定试样所耗氢氧化钾标准滴定溶液体积，mL；

V_0——滴定空白液所耗氢氧化钾标准滴定溶液体积，mL；

c——氢氧化钾标准滴定溶液的浓度，mol/L；

50——提取试样用无水乙醇的体积，mL；

25——用于滴定的滤液的体积，mL；

100——换算为 100g（干）试样的质量，g；

m——试样的质量，g；

ω——试样水分百分数，即每100g试样中含水分的质量，g。

同一分析者对同一试样同时进行两次测定，结果差值不超过2mg/100g。每份试样取两个平行样进行测定，两个测定结果之差的绝对值符合重复性要求时，以其平均值为测定结果；不符合重复性要求时，应再取两个平行样进行测定。若4个结果的极差不大于n=4重复性临界极差［CrR95（4）］，则取4个结果的平均值作为最终测试结果，若4个结果的极差大于n=4重复性临界极差［CrR95（4）］，则取4个结果的中位数作为最终测试结果，计算结果保留三位有效数字。

（6）注意事项

①用测定脂肪酸值的同一粉碎样品，按GB 5009.3—2016《食品安全国家标准　食品中水分的测定》中105℃恒重法测定样品水分含量，计算脂肪酸值干基结果。此水分含量结果不得作为样品水分含量结果报告。

②每份试样取两个平行进行测定，以其算术平均值为测定结果，计算结果保留小数点后一位数。同一分析者对同一试样同时进行两次测定，结果差值不超过2mg/100g。

③提取、滴定过程的环境温度应控制在15~25℃。

④按GB/T 5507—2008《粮油检验　粉类粗细度测定》检验样品粉碎细度，使用其他类型粉碎机可以达到细度要求，粉碎样品也只能选用锤式旋风磨。一次粉碎达不到细度要求的，该锤式旋风磨不能使用。

⑤粉碎样品时，应按照设备说明书要求，合理调节风门大小，并控制进样量，防止和减少出料管留存样品，为避免出料管堵塞，减少磨膛发热，引起样品中脂肪酸值的变化，每粉碎10个样品应将出料管拆下清理。

⑥制备好的样品应尽快完成测试，如需较长时间存放，应存放在冰箱中，全部过程不得超过24h。

⑦样品提取后一定要及时滴定，滴定应在散射日光型日光下对着光源方向进行，滴定终点不易判定时，可用一已加去CO_2蒸馏水后尚未滴定的提取液作参照，当被滴定颜色与参照相比有色差时，即可视为已到滴定终点。

3. 稻谷蒸煮试验品质评定

稻谷经砻谷、碾白，制备成国家标准三级精度大米，分别评定其色泽、气味；再分取一定量的大米，在一定条件下蒸煮成米饭，用感官品评米饭的色泽、气味、外观结构、滋味等，结果以品尝评分值表示。

（1）仪器和设备　实验用砻谷机；实验用碾米机；蒸锅：直径为26~28cm的单屉蒸（或不锈钢）锅；铝盒：容量为60mL以上的带盖铝（或不锈钢）盒，也可用盛放2mL注射器的铝（或不锈钢）盒；量筒：15mL；天平：分度值0.01g；电炉：220V，2kW或相同功率的电磁炉；白色瓷盘：32cm×22cm。

（2）试样制备　取混匀后的净稻谷样品500g用实验砻谷机脱壳制成糙米，取适量糙米（即实验碾米机的最佳碾磨质量）用实验碾米机制成国家标准三级精度大米（对照标准样品）。

（3）色泽、气味评定　取制备好的国家标准三级精度大米样品，在符合品评试验条件的实验室内，对试样整体色泽、气味进行感官检验。检验方法按GB/T 5492—2008《粮油检验粮食、油料的色泽、气味、口味鉴定》执行。

色泽用正常、基本正常或明显黄色、暗灰色、褐色或其他人类不能接受的非正常色泽描述。具有大米固有的颜色和光泽的试样评定为正常；颜色轻微变黄和（或）光泽轻微变灰暗的试样评定为基本正常。

气味用正常、基本正常或明显酸味、哈味或其他人类不能接受的非正常气味描述。具有大米固有的气味的试样评定为正常；有陈米味和（或）糠粉味的试样评定为基本正常。

对品评人员、品评实验室的要求与蒸煮品评试验要求相同，必要时可用参考样品校对品评人员的评定尺度。

（4）米饭的制备　为了客观反映样品蒸煮品质，减小感官品评误差，试样与制备米饭的盒号应随机编排，避免规律性编号和（或）提示性编号。

米饭的制备过程如下。

①称样：称取 10g 已制备好的大米试样于饭盒中，参加品评人员每人一盒。

②洗米：用约 30mL 水搅拌淘洗一次，再用 30mL 蒸馏水冲洗一次，尽量将余水倾尽。

③加水：籼米加入蒸馏水 15mL，粳米加入蒸馏水 12mL，糯米加入蒸馏水 10mL，将加好水的饭盒盖严备用。

④蒸煮：蒸锅内加入适量水，用电炉（或电磁炉）加热至沸腾，取下锅盖，将加好水的饭盒均匀地放于蒸屉上，盖上锅盖，继续加热并开始计时，蒸煮 40min，停止加热，焖 10min。

（5）品评　将米饭盒从蒸锅内取出放在瓷盘上（每人一盘），趁热品尝。品尝评分米饭的色、香、味、外观性状及滋味等，其中以气味、滋味为主。分值分配为气味 35 分、滋味 35 分、色泽 25 分、米粒外观结构 5 分。按表 5-10 做品尝评分记录。

（6）结果计算　根据每个品评人员的品尝品评分结果计算平均值，个别品评误差超过平均值 10 分以上的数据应舍弃，舍弃后重新计算平均值，计算结果取整数。

表 5-10　　蒸煮品尝评分记录表

项目	评分标准	样号					
		1	2	3	4	5	6
米饭气味（35 分）	清香等正常米饭味：25~35 分						
	轻微陈米味、酸味等：21~24 分						
	明显酸味、哈味等：1~20 分						
	严重酸味、哈味等：0 分						
米饭滋味（35 分）	香甜等正常米饭滋味：25~35 分						
	轻微酸味、苦味等不正常滋味：21~24 分						
	明显酸味、苦涩味等：1~20 分						
	严重酸味、哈味、苦涩味等：0 分						
米饭色泽（25 分）	色泽、光泽正常：21~25 分						
	发暗、发灰、无光泽等：16~20 分						
	黄、暗黄色等：0~15 分						

续表

<table>
<tr><td rowspan="2">项目</td><td rowspan="2">评分标准</td><td colspan="6">样号</td></tr>
<tr><td>1</td><td>2</td><td>3</td><td>4</td><td>5</td><td>6</td></tr>
<tr><td rowspan="2">米粒外观结构
（5 分）</td><td>正常，紧密：3~5 分</td><td rowspan="2"></td><td rowspan="2"></td><td rowspan="2"></td><td rowspan="2"></td><td rowspan="2"></td><td rowspan="2"></td></tr>
<tr><td>不正常，松散：0~2 分</td></tr>
<tr><td colspan="2">品尝评分值</td><td></td><td></td><td></td><td></td><td></td><td></td></tr>
<tr><td colspan="2">备注</td><td></td><td></td><td></td><td></td><td></td><td></td></tr>
</table>

（7）注意事项

①淘洗米样时，动作要快。尽量倾干盒中的水。

②蒸煮米饭停止加热后，要保温焖 10min。如果是电炉或电磁炉，只要切断电源即可，不要把锅拿离炉子。如果蒸煮米饭停止加热后，将蒸锅拿离电炉放在水泥地上焖 10min，米饭的香味会明显下降。

（四）稻谷储藏期间的质量管理

中国储备粮管理集团有限公司为进一步提升中央储备粮质量管理水平，确保中央储备粮质量良好，下发了《关于实行中央储备粮质量控制单制度的通知》，通知规定中央储备粮在储藏期间均实行《中央储备粮质量控制单》（表 5-11、表 5-12 和表 5-13）制度，对所储备的粮食实行从入库到出库全过程质量控制。

表 5-11　　中央储备稻谷质量控制单

（第一联）

<table>
<tr><td>仓(货位)号</td><td></td><td>数量/t</td><td></td><td>产地</td><td></td><td>收获年度</td><td></td><td>入库时间</td><td></td><td>保管员</td><td></td></tr>
<tr><td rowspan="7">直属库
质量初
验结果</td><td>检测时间</td><td colspan="6">质量指标</td><td colspan="4">检验结果判定</td></tr>
<tr><td rowspan="6"></td><td>出糙率/%</td><td>整精米率/%</td><td>杂质/%</td><td>水分/%</td><td>黄粒米含量/%</td><td>色泽、气味</td><td colspan="4" rowspan="2">1. 质量指标
达标（ ）
不达标（ ）
不达标项目：</td></tr>
<tr><td></td><td></td><td></td><td></td><td></td><td></td></tr>
<tr><td colspan="6">储存品质指标</td><td colspan="4" rowspan="3">2. 储存品质
宜存（ ）
轻度不宜存（ ）
重度不宜存（ ）
检验员签字：　　日期：</td></tr>
<tr><td colspan="2">脂肪酸值（干基，KOH）/（mg/100g）</td><td colspan="2">品尝评分值/分</td><td colspan="2">色泽、气味</td></tr>
<tr><td colspan="2"></td><td colspan="2"></td><td colspan="2"></td></tr>
<tr><td colspan="2">整改建议
（保管员填写）</td><td colspan="2">仓储科长意见</td><td colspan="2">主管副主任意见</td><td colspan="2">主任意见</td><td colspan="4">整改结果
（保管员填写）</td></tr>
<tr><td colspan="2">签字：
日期：</td><td colspan="2">签字：
日期：</td><td colspan="2">签字：
日期：</td><td colspan="2">签字：
日期：</td><td colspan="4">签字：
日期：</td></tr>
</table>

表 5-12　　　　　　　　　　中央储备稻谷质量控制单

（第二联）

仓(货位)号		数量/t		产地		收获年度		入库时间		保管员	
分公司质检中心验收结果	检测时间	质量指标						检验结果判定			
		出糙率/%	整精米率/%	杂质/%	水分/%	黄粒米含量/%	色泽、气味	1. 质量指标 达标（ ） 不达标（ ） 不达标项目：			
		储存品质指标						2. 储存品质 宜存（ ） 轻度不宜存（ ） 重度不宜存（ ） 检验员签字：　　　日期：			
		脂肪酸值（干基，KOH）/（mg/100g）		品尝评分值/分		色泽、气味					

整改建议（保管员填写）	仓储科长意见	主管副主任意见	主任意见	整改结果（保管员填写）
签字： 日期：	签字： 日期：	签字： 日期：	签字： 日期：	签字： 日期：

表 5-13　　　　　　　　　　中央储备稻谷质量控制单

（第三联）　　　　　　　　　　第（　）页

仓(货位)号		数量/t		产地		收获年度		入库时间		保管员	
检测单位	检测时间	储存品质指标				检验结果判定（检验员填写）	整改建议（保管员填写）	仓储科长意见	主管副主任意见	主任意见	整改结果（保管员填写）
		脂肪酸值(干基，KOH)/(mg/100g)		品尝评分值/分	色泽、气味	储存品质： 宜存（ ） 轻度不宜存（ ） 重度不宜存（ ） 签字： 日期：	签字： 日期：	签字： 日期：	签字： 日期：	签字： 日期：	签字： 日期：

续表

		脂肪酸值(干基，KOH)/(mg/100g)	品尝评分值/分	色泽、气味	储存品质： 宜存（ ） 轻度不宜存（ ） 重度不宜存（ ） 签字： 日期：	签字： 日期：	签字： 日期：	签字： 日期：	签字： 日期：	签字： 日期：
		脂肪酸值(干基，KOH)/(mg/100g)	品尝评分值/分	色泽、气味	储存品质： 宜存（ ） 轻度不宜存（ ） 重度不宜存（ ） 签字： 日期：	签字： 日期：	签字： 日期：	签字： 日期：	签字： 日期：	签字： 日期：

第四节　稻谷加工厂的生产检验

检测技术是大米加工过程不可缺少的重要技术手段，它是衡量加工设备及性能是否达到设计效果、各项技术措施采用是否得当、原料及出品是否合格的技术支撑。

稻谷加工厂的生产检验主要是原粮到货检验、生产过程的原粮质量检验、入仓清理、砻谷前质量指标控制、生产中质量把关、副产品验查等方面。

一、原粮到货检验

目前，大部分工厂原粮到货主要以火车皮或汽运为主，对原粮进行检测时，火车运粮是以一个车皮或汽车运粮的每一车作为检验批，进行扦样和检验，将所测各指标的结果整理，填写检验记录表，检验后的每批样品均需留样，对检验不合格的原料要单独存放并做好标识，便于对不合格原料进行评审及处理。

原粮入库前及卸车过程中要严格按照 GB/T 5491—1985《粮食、油料检验　扦样、分样法》进行扦样和分样。

1. 扦样

（1）扦样数量　原粮到货时使用自动扦样器进行扦样，以运输单体为单位，扦取样品约 2kg。

（2）扦样方案　为保证样品的代表性，同时也为提高扦样作业效率，作业人员可在按标准 GB/T 5491—1985《粮食、油料检验　扦样、分样法》的基础上随机选用图 5-1 中的两种方案，但每天方案 A 和 B 次数要相等。

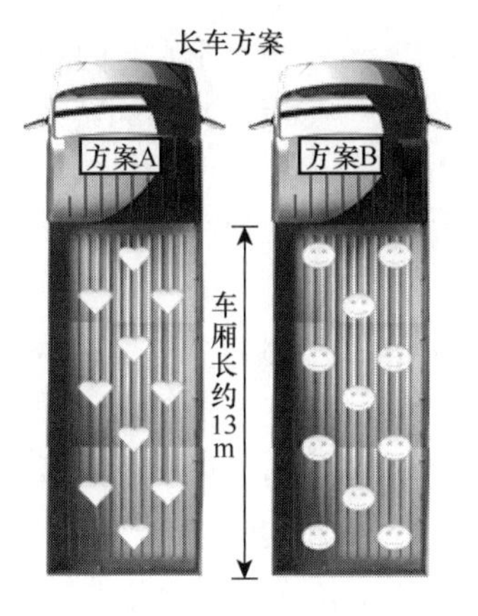

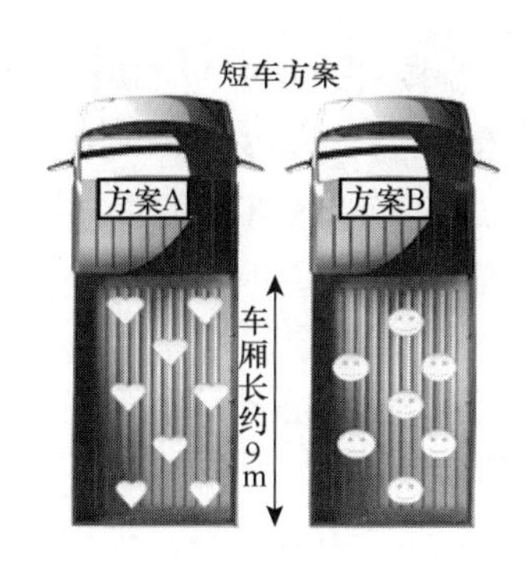

图 5-1　不同车型扦样方案

（3）样品标签　仔细填写原粮到货日期、供应商、车号、品种、扦样员等信息，字迹要清晰，保证样品信息的准确性。

2. 原粮到货检验要求

（1）根据不同原粮及运输方式选择不同的扦样方法，严格按照标准要求的检验指标进行检验。

（2）在检验过程中应同时制备保留样品，以备样品留存察看。

（3）对检验结果及检验过程数据记录要清楚，没有出具检验报告前，未经部门主管批准不得私自公布检验结果，尤其是对本公司以外企业及个人。

（4）保留原始记录，按照原始记录出具相应的检验报告。要求书写工整，不得涂改，不得私自编造数据。

（5）每批样品检验完毕后，对保留样品进行封存保留。

（6）原粮在卸货或检验过程中发现异常情况及时上报，进一步核查确定不合格，追查原因，并通知储运部标识。

3. 原粮到货检验

（1）检测指标　检验指标按国家标准 GB 1350—2009《稻谷》中质量要求的规定，一般检验项目：色泽、气味、杂质、谷外糙米、水分、互混率、出糙率、整精米率、黄粒米等。同时可根据需要增加稻谷的不完善粒（包括未熟粒、病斑粒、生霉粒、发芽粒、虫蚀粒）检测。

（2）检测标准

①扦样、分样：按 GB/T 5491—1985《粮食、油料检验　扦样、分样法》进行。

②色泽、气味检验：按 GB/T 5942—2008《粮油检验　粮食、油料的色泽、气味、口味鉴定》进行。

③类型及互混检验：按 GB/T 5493—2008《粮油检验　类型及互混检验》进行。

④杂质及不完善粒检验：按 GB/T 5494—2019《粮油检验　粮食、油料的杂质、不完善粒检验》进行。

⑤出糙率检验：按 GB/T 5495—2008《粮油检验　稻谷出糙率检验》进行。

⑥黄粒米检验：按 GB/T 5496—1985《粮食、油料检验　黄粒米及裂纹粒检验法》

进行。

⑦水分测定：按 GB 5009.3—2016《食品安全国家标准 食品中水分的测定》进行。

⑧谷外糙米检验：按 GB/T 5494—2019《粮油检验 粮食、油料的杂质、不完善粒检验》中 6.1.3 进行，拣出糙米粒称重并计算。

⑨整精米率检验：按 GB/T 21719—2008《稻谷整精米率检验法》进行。

4. 检验程序与方法

（1）按照标准规定以各个运输工具为单位（汽车单位为每车，火车为每车皮）扦取至少 2kg 实验样品。

（2）检验用的实验样品按标准规定进行分样，先按照 GB/T 5494—2019《粮油检验 粮食、油料的杂质、不完善粒检验》规定的方法进行杂质和谷外糙米的检测，按照 GB/T 5495—2008《粮油检验 稻谷出糙率检验》规定的方法制备样品并检测出糙率，再按 GB/T 21719—2008《稻谷整精米率检验法》规定的方法检测整精米率，按 GB/T 5493—2008《粮油检验 类型及互混检验》规定的方法检测互混率，按 GB/T 5496—1985《粮食、油料检验 黄粒米及裂纹粒检验法》规定的方法检测黄粒米。

（3）精确称量 50g 除去杂质和谷外糙米的净稻谷，根据 GB 5009.3—2016《食品安全国家标准 食品中水分的测定》方法进行水分测定。

5. 原粮入库各指标限值

（1）水分要求 可根据每年粮情和加工工艺要求制定相应水分标准，但要求原粮水分含量不得超过 16%。

（2）稻谷出糙率要求 粳稻的出糙率≥77%，籼稻的出糙率≥75%。等级为三等以上。

（3）稻谷整精米率要求 粳稻的整精米率>60%，籼稻的整精米率>55%。

（4）杂质要求 杂质含量<1.0%。

二、加工过程质量检测

（一）加工过程的原粮质量检测

稻谷加工厂加工的产品其质量好坏与原粮质量有着直接的关系，生产过程中通过对原粮的质量检测可为计算出米率提供依据；同时还可限制黄粒米含量，保持粮食品质；通过对整精米含量和裂纹粒的检测，可为调整加工工艺、减少碎米、提高产品的质量提供保障，从而确保了产品符合 GB/T 1354—2018《大米》国家质量标准指标。

1. 检测指标

根据大米加工生产要求，每批每班均要对原粮进行水分、杂质、出糙率、整精米率、裂纹粒、黄粒米、互混率检测。

2. 检验程序

每班按 GB/T 5491—1985《粮食、油料检验 扦样、分样法》的要求进行扦样，每批扦取实验样品 2kg，经混合分样取平均样品 1kg，分别进行检测。

（1）稻谷样品的水分、杂质、不完善粒、出糙率、整精米率的检测同原粮到货检验。

（2）裂纹粒检验 按国家标准 GB/T 5496—1985《粮食、油料检验 黄粒米及裂纹粒检验法》规定的方法进行操作，操作时一般是从测定杂质后的净稻谷样品按四分法进行混匀，分取 4 个三角形，从每个三角形不加挑选地任意数出 25 粒，用手剥去外壳，借助放大镜进行观察，凡糙米胚乳表面出现裂纹均判定为裂纹粒，拣出有裂纹的籽粒，计算百分率。

(3) 互混率检验　依据稻谷中互混的种类不同，常采用感官对比法和染色法。感官对比法：取检验黄粒米后的米样，不加挑选地任意数出 200 粒，放在黑底的检验盘内或谷物透明器上，按质量标准分类规定拣出混有异类的粒数，以粒数计算百分率；染色法：糯性米与粳性米不易鉴别时，利用淀粉特性反应，把米放入玻璃培养皿中，加 0.2%碘和碘化钾浸泡 1min 左右，用水冲洗，糯性米呈棕红色、粳性米呈蓝色，以粒数计算百分率。

(4) 出米率检测　将原粮去除杂质和谷外糙米，分样器分样。称取约 150g 净稻谷（糙米），用砻谷机砻谷、用精米机碾米，得到白米后筛掉其中带有的稻壳和糠粉，计算出米率。

(5) 将检测出米率后碾磨得到的白米称重，在白色背景下检验黄粒米、损伤粒等指标。在黑色背景下检验垩白率、碎米率等指标。

（二）稻谷加工过程效果检测

稻谷加工过程的检测主要是依据产品质量的要求，按照各工序进行过程检验，主要有杂质清理效果检测、砻谷效果检测、碾米效果检测、副产品的检测、下脚检测。

1. 杂质清理效果检测

稻谷加工的第一个工序就是清理除去原粮中的各种杂质，然后再进行砻谷和碾米。通过前面原粮的检测掌握加工前的杂质含量，了解原粮清杂效果，验证各种清理设备的运转效能，确保大米含砂及杂质指标在国家标准限度以下，为下一步加工保证出品率、提高质量提供科学指导。

(1) 检测要求　每班测定除杂后原粮样品 1~2 次，测其矿物质、含稗粒及其他杂质含量。

(2) 检验程序　分别扦取经过原粮筛筛后和去石机处理后等各种清理操作后的稻谷样品，按规定拣出矿物质和稗粒等杂质分别称重，计算百分率。

(3) 清理效果要求　清理后要求其杂质总量≤0.6%，其中金属杂质不得检出；含砂粒数≤1 粒/kg；含稗粒数≤130 粒/kg。且要求通过清理后的大型杂质、轻型杂质、小型杂质中不得含有完整谷粒。

2. 砻谷效果检测

砻谷是稻谷加工中的重要工序，脱壳程度低会增加选糙的困难而降低产量，谷糙分离不好会影响成品质量。随时掌握生产中砻谷效果及相关质量，可及时调整砻谷设备运转效能。

(1) 检测要求　每班扦取砻谷过程各机组处理后的样品，车间现场取样。

(2) 检验程序　扦取砻谷机、谷壳分离和谷糙分离设备出口的样品，按规定对样品进行脱壳率、糙米破碎率、谷壳含量、稻谷含量检测。

(3) 检验方法

①脱壳率：脱壳率是指稻谷经砻谷机一次脱壳后，已经脱壳稻谷质量占进机稻谷质量的百分比。计算方法如式（5-18）：

$$\eta_t = \frac{q_1 g_1 - q_2 g_2}{q_1 g_1} \times 100\% \tag{5-18}$$

式中　η_t——脱壳率，%；

q_1——进机物料流量，kg/h；

q_2——吸壳后出机物料流量，kg/h；

g_1——进机物料稻谷含量，%；

g_2——吸壳后出机物料稻谷含量，%。

②糙米含谷率：糙米含谷率是指经一次谷糙分离后所分离出的净糙中稻谷的质量占净糙总质量的百分比。

③选糙率：选糙率是指单位时间内选出的糙米质量与进机物料中糙米质量的百分比。

④回砻谷纯度：回砻谷纯度是指回砻谷中糙米质量的百分比。一般回砻谷中含糙不应超过 10%。

⑤稻谷提取率：稻谷提取率是指单位时间内提出稻谷的质量与进机物料中稻谷质量的百分比。

⑥糙碎率：糙碎率是指砻下谷糙混合物中所含糙碎的质量占已脱壳粮粒（包括整粒糙米和碎米）质量的百分率。

（4）砻谷效果要求　稻壳中含饱满稻谷粒不超过 30 粒/kg；谷糙混合物中含稻壳量不得超过 0.8%；糙米中含稻谷量不超过 40 粒/kg；回砻谷含糙量不超过 10%；最终脱壳效率应达 99.9%。

3. 碾米效果检测

碾米是稻谷加工工艺中非常重要的一个工序，它对成品质量、出米率都有着很大的影响，随时掌握生产过程中碾米的效果及相关质量，是保证产品质量的重要依据。

（1）检测要求　每班扦取碾米机下的样品，车间现场取样。

（2）检验程序　扦取碾米机出口的样品，按规定对样品进行加工精度、碾减率、含碎率、增碎率与完整率、糙出白率与糙出整米率和含糠率检测。

（3）检验方法

①加工精度：加工精度是评价碾米工艺效果的基本指标，如果大米精度达不到规定标准，那么碾米的质量就不符合要求。大米精度的评价，应以统一规定的精度标准或标准米样为基准，用感官鉴别法观察比较碾米机碾出的米粒与标准米样在色泽、留皮、留胚、留角等方面是否相符。

a. 色泽。加工精度越高，米粒颜色越白。评定时，首先将加工出来的米粒与标准米样比较，观察颜色是否一致。由于刚出机的米粒，色泽常常发暗，冷却后才能返白，对此需要注意。

b. 留皮。留皮是指大米表面残留的皮层。加工精度越高，留皮越少。评定时，应仔细观察米粒表面留皮是否符合标准要求。观察时，一般先看米粒腹面的留皮情况，然后再看背部和背沟的留皮情况。

c. 留胚。加工精度越高，米粒留胚越少。评定时，观察出机白米与标准米样的留胚情况是否一致。

d. 留角。留角是指米粒胚芽旁边的米尖。加工精度越高，米角越钝。评定时，观察刚出机白米与标准米样留角是否一致。

大米精度主要决定于米粒表面留皮程度。

②碾减率：糙米在碾白过程中，因皮层及胚的碾除，其体积、质量均有所减少，减少的百分率便称为碾减率，计算方法如式（5-19）：

$$H = \frac{m_1(1 - x - \beta_1) - m_2(1 - y - \beta_2)}{m_1(1 - x - \beta_1)} \times 100\% \tag{5-19}$$

式中　H——碾减率，%；

m_1——米机进机流量，kg/h；

m_2——米机出机流量，kg/h；

x——进机糙米中的含杂百分率（包括稻谷、稗子、石子以及穿过直径 2mm 圆孔筛的糠屑、米粞等），%；

y——出机米中的含杂百分率，%；

β_1——进机物料中超指标的碎米率，%；

β_2——出机物料中超指标的碎米率，%。

一般碾减率为 5%~12%，其中皮层及胚 4%~10%，胚乳碎片 0.3%~1.5%，机械损耗 0.5%~1.0%，水分损耗 0.4%~0.6%。米粒的精度越高，碾减率越大。

③含碎率：含碎率是指出机白米中含碎米的百分率，计算方法如式（5-20）：

$$S = \frac{G_S}{G_B} \times 100\% \tag{5-20}$$

式中　S——含碎率，%；

G_S——出机白米试样中碎米的质量，g；

G_B——出机白米试样质量，g。

④增碎率：增碎率是指出机白米中的碎米率比进机糙米的碎米率所增加的量，计算方法如式（5-21）：

$$S_Z = S_2 - S_1 \tag{5-21}$$

式中　S_Z——增碎率，%；

S_1——进机糙米的碎米率，%；

S_2——出机白米的碎米率，%。

⑤完整率：完整率是指出机白米中完整无损的米粒占试样质量的百分率，计算方法如式（5-22）：

$$W = \frac{G_W}{G_B} \times 100\% \tag{5-22}$$

式中　W——完整率，%；

G_W——出机白米试样中完整米粒的质量，g；

G_B——试样质量，g。

⑥糙出白率：大米加工精度越高，碾减率越大，糙出白率就越低。因此，要在精度一致的条件下评定糙出白率。糙出白率是指出机白米占进机（头道）糙米的质量百分率，计算方法如式（5-23）：

$$C_B = \frac{m_2(1 - y - \beta_2)}{m_1(1 - x - \beta_1)} \times 100\% = \frac{m_2(1 - y - \beta_2)}{(m_2 + m_3)(1 - x - \beta_1)} \times 100\% \tag{5-23}$$

式中　C_B——糙出白率，%；

m_3——糠粞混合物流量，kg/h。

⑦糙出整米率：糙出整米率是指出机白米中，完整米粒占进机糙米的百分率。完整米粒越多，则碾米机的工艺性能越好，计算方法如式（5-24）：

$$N = \frac{W}{1 - H} \times 100\% \tag{5-24}$$

式中 W——完整率，%；

H——碾减率，%；

N——糙出整米率，%。

⑧含糠率：含糠率是指在白米或成品米试样中，糠粉占试样的百分率，计算方法如式（5-25）：

$$K = \frac{G_K}{G_B} \times 100\% \tag{5-25}$$

式中 K——含糠率，%；

G_K——白米或成品米试样中糠粉的质量，g；

G_B——白米或成品米试样的质量，g。

（三）副产品的检测

1. 检测目的

大米加工过程中除制出成品外，剩余的均是副产品，包括碎米、粗细糠、壳皮、夹杂物等。检测副产品指标，可核对出品率，验证制米工艺效果。

2. 检测要求

每班扦取副产品样品进行检测。

3. 检测程序

（1）取精制过程中成品筛流下的碎米除去杂质计算碎米含量。

（2）在糠间稻壳收集设备处取稻壳 100kg，用风车过风，重复过风数次后拣出粮粒，计算百分率。

（3）细糠用 Φ1.0mm 筛孔筛选，拣出筛上的粮粒。

4. 效果要求

每 50kg 稻壳内含有正常完整稻粒、米粒不得超过 10 粒；粗糠内不应含有正常完整稻粒、米粒、未熟粒以及相似整米 1/3 以上的米粒，不足整米长度1/3的米粞不得超过 0.02%；糙粞内不得含有正常完整稻粒、米粒、未熟粒以及相似整米 1/3 以上的米粒，不足整米长度 1/3的米粞不得超过 0.05%；白粞内不得含有正常完整稻粒、米粒以及相似整米长度 1/3 的米粒。以上偶尔发现一两颗不应含有的完整和相似正常长度米粒时，也可认为符合标准，否则应重新调试加工工艺。

（四）下脚的检测

1. 检测目的

了解筛理设备配置是否合理，振动筛下的大杂、小杂、砂石是否含有粮粒，从中再找出原因。

2. 检测要求

每次工艺调整或检修后进行 1 次全面检测。

3. 检测程序

凡散积堆存的，应在下脚的下方采用 5 点散样法取样，每次取样不得少于 1kg；包装堆存的，按照包装堆放形式也按 5 点取样，取样数量同上。然后用 5.0mm 和 2.0mm 两层圆孔筛分次筛理，留存在 5.0mm 筛孔上的为大型杂质，2.0mm 筛孔上的为中型杂质，通过 2.0mm 筛孔下的为小型杂质，然后分别拣出其中的粮粒，分别称重计算百分率。从除稗设备中分离出来的下脚中，经过整理后拣出粮粒，称重计算百分率。

4. 效果要求

每 1kg 砂石中含粮粒不得超过 30 粒；除稗下脚中含粮粒不得超过 0.5%；通过 2.0mm 筛下物不得含有粮粒。

（五）在线成品的检验

1. 成品、副产品检验要求

（1）成品检验人员必须严格对照国家标准 GB/T 1354—2018《大米》以及相关法律法规进行检测。

（2）检验范围

①色选机、成品打包处在线监测 1h/次。

②成品打包前需进行一次检验，合格后方可打包。

③定量包的拆包检验为 1h/次。

④副产品每 12h 检验一次。

⑤对包装喷码、包装封口、外包纸箱及包装污染情况进行抽查，每 1h 检查一次。

2. 在线检验项目

（1）在线检验取样点及检测指标　检验项目一般为产品的色泽、气味、碎米、垩白、黄粒米、损伤、水分、杂质、带出比等指标。

一般在原料入料口，去石机、碾米机出口，色选机，抛光机，成品打包处等关键工序处设置取样点，如表 5-14 所示。

表 5-14　在线检测取样点及检验项目一览

一般取样点	一般检验项目
入料口	品种原料信息、水分、杂质等
溜筛	杂质
去石机	杂质
碾米机	碎米、加工精度等
色选机	异色粒、带出比
抛光机	大米感官、碎米等
成品打包处	色泽、气味、水分、碎米、不完善粒、杂质、黄粒米、包装、净含量等

（2）各工序操作质量要求

漏口仓：进仓稻谷以“干、饱、净、无虫”为标准，并根据仓库出仓检验报告是否合格为依据。

脱壳：脱壳率≥70%。

谷糙分离：分离后稻谷粒含量≤2 粒/kg。

抛光：碎米量≤30%；糠粉含量≤2%；色泽气味、口味参照实物为准。

色选：黄粒米≤2.5%。

包装：碎米含量≤10%；质量误差：5kg 包装±10g；15kg 包装±30g；25kg 包装±50g。

3. 成品、副产品检验方法

（1）规范操作，取样方法按照 GB/T 5491—1985《粮食、油料检验　扦样、分样法》每

1h 在出料口取样一次，每次取样至少 500g。

（2）分样器分样，得到约 50g 样品，其中约 25g 作为试验样品，另一部分约 25g 存于广口瓶中备用。

（3）将 25g 试验样品在黑色背景下检验腹白、碎米、留胚等指标，在白色背景下检验黄粒米、损伤等指标，各指标按照大米国家标准规定方法进行检验。

（4）水分检测

①每班应至少检测水分两次，如遇特殊情况可随时检测。

②按 GB 5009.3—2016《食品安全国家标准　食品中水分的测定》和 GB/T 5497—1985《粮食、油料检验　水分测定法》进行水分检测，检测时收集广口瓶成品样品，收集约一个班 10h 左右的大米样品，分样器分样，得到约 50g，采用 Φ1.5 筛孔筛底磨粉，保证通过筛孔的粉粒≥90%。然后用标准规定的方法进行检测。

（5）原始记录　检验结果需要仔细填写在跟班检验记录本上，保证数据齐全，字迹清晰，更改处由更改人盖章确认。

（6）保留样品　每个班检验员应严格按照班次分别留样 1kg 以备复检。

三、库存原粮、成品、副产品质量检验

1. 检测内容

对在库原粮、成品、副产品，进行定期的质量检测，另外还要重点检测产品的水分、霉变、气味、生虫等情况。

2. 检测时间

（1）原料核查时间　对库内原料进行核查，一般在秋、冬季节一个月核查一次。在春、夏两季为半月核查一次。对于水分超标或高湿气候下改为 10d 检测一次，对储运部反映粮情有重大变化的，接到通知后，1d 内及时检测。

（2）成品、副产品核查时间　根据储运部反馈的储存时间对库内产品按季度的不同核查频率不同，一般在秋、冬季节一个月核查一次，在春、夏两季为 15d 核查一次。对储运部反映粮情有重大变化的，接到通知后，1d 内及时检测。

3. 原粮检测方法

（1）规范操作，根据仓容的大小依照 GB/T 5491—1985《粮食、油料检验　扦样、分样法》中的要求每点扦取至少 2kg 实验样品。

（2）原粮去除杂质和谷外糙米，分样器分样。精确称量 20g 原粮样品，按照 GB/T 5495—2008《粮油检验　稻谷出糙率检验》中规定的方法检验出糙率。

（3）原粮去除杂质和谷外糙米，分样器分样。精确称量 25g 原粮样品，按照 GB/T 5495—2008《粮油检验　稻谷出糙率检验》中规定的方法砻谷脱壳，将所得糙米全部置于碾米机中，按照 GB/T 21719—2008《稻谷整精米率检验法》进行碾米，达到国家标准三级大米精度，拣出长度≥3/4 整米的米粒，计算整精米率。

（4）原粮去除杂质和谷外糙米，分样器分样。称取约 150g 净稻谷（糙米），用精米机碾米 50s（糙米碾米 40s），得到白米后去除带有的稻壳和糠粉，计算出米率。

（5）将步骤（4）中碾磨得到的白米称重，在白色背景下检验黄粒米、损伤粒等指标，在黑色背景下检验腹白、碎米等指标。

（6）混合均匀整仓各个扦样点的原粮样品，分样得到约50g试验样品，采用Φ1.5mm筛孔筛底磨粉，保证通过筛孔的粉粒≥90%，后根据GB 5009.3—2016《食品安全国家标准　食品中水分的测定》和GB/T 5497—1985《粮食、油料检验　水分测定法》进行水分测定。

4. 成品、副产品检测方法

（1）规范操作，PP包装采用扦样器扦样法，扦样包数≥5%总包数，PE包装采用拆袋检验法，拆包数≥2包/班。如有特殊要求不可拆包检验的，需由上一班留样下一班复检，所留样品的收集采用整班多次留样方法，每40min检验一次，每次留样约100g。收集整班样品进行复检。

（2）以各个生产班为单位扦取至少2kg实验样品，分样器分样，得到约25g作为试验样品。

（3）在黑色背景下检验腹白、碎米、留胚等指标，在白色背景下检验损伤等指标。

（4）将试验样品的剩余部分分样得到约50g，采用Φ1.5mm筛孔筛底磨粉，保证通过筛孔的粉粒≥90%，后用直径4.5cm铝盒置于烘箱130℃烘干40min，计算水分含量。

5. 结果汇总

将检验结果进行汇总，及时向相关部门汇报，对于高危粮或积压粮与储运部商议后提出处理意见，并形成报告上报总经理。

四、成品发货检验

（一）成品发货检验目的与要求

（1）发货检验的目的在于跟踪在库成品最后一道关的出运质量，防止不合格品的外流，同时监督装运过程的安全卫生。

（2）监督储运部对货柜的检查、清扫、铺垫工作的执行。

（3）发放过程的质量由质量与安全部进行现场检查，合格产品方能上车。

（4）检查项目　主要检查水分、霉变、受潮、气味、色泽变化等质量情况，同时注意包装的污损、破坏等情况。

（5）质量异常　当在发放过程中出现质量异常时，及时通报经理，由经理进一步核查，确定不合格者，通知储运部停止发放，并加以标识。

（二）检测指标与标准

（1）水分检验　按GB 5009.3—2016《食品安全国家标准　食品中水分的测定》和GB/T 5497—1985《粮食、油料检验　水分测定法》进行。

（2）黄粒米检验　按GB/T 5496—1985《粮食、油料检验　黄粒米及裂纹粒检验法》进行。

（3）气味色泽检验　按GB/T 5492—2008《粮油检验　粮食、油料的色泽、气味、口味鉴定》进行。

（4）互混检验　按GB/T 5493—2008《粮油检验　类型及互混检验》进行。

（5）杂质、不完善粒检验　按GB/T 5494—2019《粮油检验　粮食、油料的杂质、不完善粒检验》进行。

（6）加工精度检验　按GB/T 5502—2018《粮油检验　大米加工精度检验》进行。

（7）碎米检验　按GB/T 5503—2009《粮油检验　碎米检验法》进行。

（8）净含量检验　按 JJF 1070.3—2021《定量包装商品净含量　计量检验规则　大米》进行。

思考题

1. 稻谷的质量标准包括哪些？
2. 稻谷的质量指标有哪些？质量等级分为几等？如何划分？
3. 稻谷杂质、不完善粒有哪些？出糙率、杂质、整精米率如何检测？
4. 优质稻谷定等标准是什么？
5. 黄粒米的定义是什么？如何检验？
6. 稻谷整精米率检验原理是什么？检验过程注意事项有哪些？
7. 大米的质量指标有哪些？质量等级如何划分？各指标的检验方法有哪些？
8. 大米加工过程中质量评定指标有哪些？
9. 大米加工精度的检验方法有哪些？原理有什么不同？
10. 碎米是如何产生的？检验碎米的原理是什么？
11. 大米直链淀粉检验的原理是什么？
12. 稻谷收购检验指标有哪些？
13. 稻谷出库质量检测主要包括哪些指标？
14. 稻谷入库如何进行质量验收？
15. 稻谷储藏品质检验指标有哪些？储藏品质如何判定？
16. 稻谷加工厂的生产检验主要包括哪些？
17. 稻谷加工中原粮到货检验程序和指标都有哪些？
18. 稻谷加工过程质量检测检验程序和指标都有哪些？
19. 稻谷加工中副产品和下脚料的检测指标及方法有哪些？
20. 稻谷加工中库存原粮、成品、副产品质量检验原则与标准是什么？

CHAPTER 6

第六章

玉米及玉米制品品质检验与流通过程品质控制

学习指导

坚守粮食安全是全面贯彻落实党的二十大精神，深入贯彻落实习近平总书记关于“三农”工作的重要举措。玉米作为我国三大主粮之一，近年来在农业生产中的地位日益重要，已经发展成为我国重要的粮食、饲料和工业原料作物。玉米及玉米制品对于保障我国粮食安全具有重要意义。通过本章的学习，熟悉和掌握玉米及玉米制品品质检验与流通过程品质控制，重点包括玉米原粮质量检验，玉米制品检验，玉米收购、出入库及储藏期间的检验。熟悉玉米及玉米制品质量标准及术语，掌握玉米及玉米制品质量标准及相关指标检测原理和方法；了解玉米收购项目、玉米出入库项目及程序，以及玉米储藏期间检验项目及程序，掌握玉米质量检验和储藏品质检验标准和各指标的检验方法；熟悉和掌握玉米及玉米制品品质检验与流通过程品质控制所包括的内容，理解各指标检测方法、原理。在本章的学习中，明确掌握玉米及玉米制品品质检验与流通过程品质控制有助于我国玉米储备质量的保障和发展，进而促进玉米加工产业的发展。掌握玉米及玉米制品品质检验与流通过程品质控制，为农副产品的加工和销售提供保障，有利于推动乡村产业高质量发展，对全面建成小康社会，打赢脱贫攻坚战具有重要意义。

玉米是人类最主要的粮食作物之一，已有近5000年的栽培历史，约占世界粮食总产量的1/4。玉米在我国粮食总产量中所占的比例仅次于稻谷和小麦，位居第三。玉米品质一般可分为食、饲用品质，工业用品质和商品品质三个方面。食、饲用品质指标主要是对玉米营养价值的评价，包括粗蛋白质含量、粗脂肪含量等指标；工业用品质指标主要指工业加工所要求的品质，如总淀粉含量、直链淀粉含量和支链淀粉含量等指标；商品品质指标一般指商品玉米的综合质量，包括色泽气味、含水量、容重和粒型的完整性等指标，这些表观特征指标不仅直接影响着商品玉米交易时的价格，还对促进玉米生产健康可持续发展，加速玉米品种结构调整，增强玉米流通过程品质控制，提高玉米的市场竞争力均十分有利。

第一节　玉米质量检验

玉米是世界上重要的粮食作物和饲料作物，又是淀粉工业、食品工业的重要原料，有着很高的经济价值和利用前景。随着玉米深加工领域的不断开拓，对玉米的产量和质量提出了进一步的要求。目前，国家标准规定普通玉米的质量指标包括容重、杂质、水分、不完善粒、色泽和气味。为了适应市场经济发展的需要，促进粮食种植结构调整，满足市场和广大消费者对不用同途玉米的要求，使专用玉米的收购及经营活动更加规范，有标准可依，又按用途制定了淀粉发酵工业用玉米和饲料用玉米。同时为了使不同品种的玉米质量评价有依据，农业农村部又制定了“绿色食品玉米”“高油玉米”等 8 个行业标准。

一、玉米质量标准

（一）主要国家标准和行业标准

GB 1353—2018《玉米》

GB/T 8613—1999《淀粉发酵工业用玉米》

GB/T 17890—2008《饲料用玉米》

NY/T 519—2002《食用玉米》

（二）质量指标

1. 普通玉米的质量指标

GB 1353—2018《玉米》是大宗玉米的通用标准，广泛适用于商品玉米的收购、贮存、运输、加工以及销售等流通环节的质量检测。在标准中规定各类玉米按容重分为五个等级，如表 6-1 所示。

表 6-1　玉米质量等级指标

<table>
<tr><th>等级</th><th>容重/（g/L）</th><th>不完善粒含量/%</th><th>霉变粒含量/%</th><th>杂质含量/%</th><th>水分含量/%</th><th>色泽、气味</th></tr>
<tr><td>1</td><td>≥720</td><td>≤4.0</td><td rowspan="6">≤2.0</td><td rowspan="6">≤1.0</td><td rowspan="6">≤14.0</td><td rowspan="6">正常</td></tr>
<tr><td>2</td><td>≥690</td><td>≤6.0</td></tr>
<tr><td>3</td><td>≥660</td><td>≤8.0</td></tr>
<tr><td>4</td><td>≥630</td><td>≤10.0</td></tr>
<tr><td>5</td><td>≥600</td><td>≤15.0</td></tr>
<tr><td>等外</td><td><600</td><td>—</td></tr>
</table>

注：“—”为不要求。

2. 淀粉发酵工业用玉米质量指标

随着玉米产业的发展，玉米加工的产品也层出不穷，其产业链高达数千个，产品遍及多种行业。其中我国玉米淀粉及发酵工业生产技术发展迅速，对玉米品质的要求也越来越高。淀粉发酵工业用玉米国家标准中以淀粉含量定等，分为三个质量等级，如表 6-2 所示。

表 6-2　　淀粉发酵工业用玉米质量等级指标

等级	淀粉（干基）%	不完善粒含量/%		杂质含量/%	水分含量/%	色泽、气味
		总量	生霉粒			
1	≥75					
2	≥72	≤5.0	≤1.0	≤1.0	≤14.0	正常
3	≥69					

3. 饲料用玉米质量指标

随着全世界畜牧业的大发展，饲料工业得以迅速发展，饲料玉米需求呈现增长趋势，在我国玉米饲料消耗占总玉米消耗量的48%。依据国家标准，我国饲料用玉米的质量按照容重、不完善粒指标定为三个等级，同时增加了对蛋白质含量和脂肪酸值的要求，水分和杂质仍为限制性指标，如表6-3所示。其中，一级饲料用玉米的脂肪酸值（KOH）要求≤60mg/100g。

表 6-3　　饲料用玉米质量等级指标

等级	容重/（g/L）	不完善粒含量/%		粗蛋白质（干基）/%	杂质含量/%	水分含量/%	色泽、气味
		总量	生霉粒				
1	≥710	≤5.0					
2	≥685	≤6.5	≤2.0	≥8.0	≤1.0	≤14.0	正常
3	≥660	≤8.0					

4. 其他品种和用途玉米的质量指标

相对于国家标准而言，玉米的行业标准对不同品种和用途玉米的质量做了更加详细而严格的规定。对绿色食品玉米，标准规定：玉米必须按照绿色食品玉米生产操作技术规定进行检测，同时，各类玉米的质量等级必须达到相应的国家标准要求，各项卫生指标符合限量规定。对食用玉米，更多地考虑了玉米的营养成分含量，各项卫生指标符合限量规定，不允许有生霉粒。对优质蛋白玉米、高油玉米、高淀粉玉米、爆裂玉米分别依据其品种质量特点和特定用途规定了分级项目和限定项目指标。食用玉米、优质蛋白玉米、爆裂玉米、高油玉米、高淀粉玉米的具体质量指标分别如表6-4至表6-8所示。

表 6-4　　食用玉米质量标准

等级	粗蛋白质（干基）/%	粗脂肪（干基）/%	赖氨酸（干基）%	脂肪酸值（干基，KOH）/（mg/g）	水分/%	杂质/%	不完善粒/%	
							总量	其中：生霉粒
1	≥11.0	≥5.0	≥0.35					
2	≥10.0	≥4.0	≥0.30	≤40	≤14.0	≤1.0	≤5.0	0
3	≥9.0	≥3.0	≥0.25					

表 6-5　　优质蛋白玉米质量指标

蛋白质（干基）/%	赖氨酸（干基）/%	容重/（g/L）	水分/%	杂质/%	不完善粒/%	霉变粒/%	色泽、气味
≥8.0	≥0.40	≤690	≤14.0	≤1.0	≤6.0	≤2.0	正常

表 6-6　　爆裂玉米质量指标

等级	膨化倍数			爆花率/%	水分/%	杂质/%	不完善粒/%	霉变粒/%	色泽、气味
	蝶形	球形	混合型						
一	≥35.0	≥25.0	≥30.0	≥93.0	11.0~14.0	≤0.5	≤6.0	不得检出	正常
二	≥30.0	≥22.0	≥25.0	≥90.0					
三	≥25.0	≥19.0	≥20.0	≥87.0					

表 6-7　　高油玉米质量指标

脂肪（干基）/%	容重/（g/L）	水分/%	杂质/%	不完善粒/%	霉变粒/%	色泽、气味
≥7.5	≤690	≤14.0	≤1.0	≤6.0	≤2.0	正常

表 6-8　　高淀粉玉米质量指标

淀粉（干基）/%	容重/（g/L）	水分/%	杂质/%	不完善粒/%	霉变粒/%	色泽、气味
≥75.0	≤690	≤14.0	≤1.0	≤6.0	≤2.0	正常

二、玉米质量标准相关指标检测方法

（一）检验标准

（1）扦样、分样　按 GB/T 5491—1985《粮食、油料检验　扦样、分样法》中规定的方法执行。

（2）色泽、气味检验　按 GB/T 5492—2008《粮油检验　粮食、油料的色泽、气味、口味鉴定》中规定的方法执行。

（3）类型及互混检验　按 GB/T 5493—2008《粮油检验　类型及互混检验》中规定的方法执行。

（4）杂质、不完善粒、霉变粒检验　按 GB/T 5494—2019《粮油检验　粮食、油料的杂质、不完善粒检验》和 GB 1353—2018《玉米》中规定的方法执行。

（5）水分检验　按 GB 5009.3—2016《食品安全国家标准　食品中水分的测定》和 GB/T 5497—1985《粮食、油料检验　水分测定法》中规定的方法执行。

（6）容重检验　按 GB/T 5498—2013《粮油检验　容重测定》中规定的方法执行。

（7）蛋白质检验　按 GB 5009.5—2016《食品安全国家标准　食品中蛋白质的测定》中规定的方法执行。

（8）淀粉检验　按 GB 5009.9—2016《食品安全国家标准　食品中淀粉的测定》中规定的方法执行。

（二）检验方法

扦样和分样按第三章中所描述的方法进行，色泽、气味检验、水分测定按第四章中所描述的方法进行。

1. 玉米容重测定

容重标志着玉米籽粒的饱满和成熟程度，同时与籽粒的组织结构、化学成分，籽粒的形状大小、含水量、相对密度以及含杂质等均有密切关系，许多实验也证明了容重与蛋白质含量等营养成分呈正相关，也与加工出品率呈正相关。同时以容重定等也是与国际接轨的规定，美国、加拿大等主要玉米生产国均以容重定等。在玉米标准中，玉米是以容重进行定等的，通过容重可以推算出粮食仓容，估算粮食的质量。

容重检测按第四章中所描述的方法进行，其中谷物筒选择直径 40mm。

2. 玉米杂质测定

（1）定义　杂质指除玉米粒以外的其他物质和无使用价值的玉米粒，包括筛下物、无机杂质和有机杂质。

（2）分类

①筛下物：通过直径 3.0mm 圆孔筛的物质。

②无机杂质：泥土、砂石、砖瓦块及其他无机物质。

③有机杂质：无使用价值的玉米粒、异种类粮粒及其他有机物质。

（3）测定方法　杂质检测按第四章中所描述的方法进行。

3. 玉米不完善粒检测

（1）不完善粒　受到损伤但尚有使用价值的玉米颗粒。包括虫蚀粒、病斑粒、破碎粒、生芽粒、生霉粒和热损伤粒。

（2）破碎粒　籽粒破碎达本颗粒体积 1/5（含）以上的颗粒。

（3）虫蚀粒　被虫蛀蚀，并形成蛀孔或隧道的颗粒。

（4）病斑粒　粒面带有病斑，伤及胚或胚乳的颗粒。

（5）生芽粒　芽或幼根突破表皮，或芽或幼根虽未突破表皮但胚部表皮已破裂或明显隆起，有生芽痕迹的颗粒。

（6）生霉粒　粒面生霉的颗粒。

（7）热损伤粒　受热后籽粒显著变色或受到损伤的颗粒，包括自然热损伤粒和烘干热损伤粒。

（8）自然热损伤粒　储存期间因过度呼吸，胚部或胚乳显著变色的颗粒。

（9）烘干热损伤粒　加热烘干时引起表皮或胚或胚乳显著变色，籽粒变形或膨胀隆起的颗粒。

不完善粒具体测定方法按第四章中所描述的方法进行。

4. 饲料用玉米粗蛋白测定方法

食入动物体内的饲料蛋白质在体内经过消化被水解成氨基酸被吸收后，重新合成动物体内所需蛋白质，同时新的蛋白质又在不断代谢与分解，时刻处于动态平衡中。因此，饲料蛋白质的质和量以及各种氨基酸的比例，关系到动物体内蛋白质合成的量。因此，必须达到饲料中蛋白质的要求。

蛋白质检测按第四章中所描述的方法进行。

5. 淀粉发酵工业用玉米淀粉测定

玉米在淀粉生产中占有重要位置，世界上大部分淀粉是用玉米生产的，美国等一些国家完全以玉米为原料。为适应对玉米淀粉量与质的要求，玉米淀粉的加工工艺已取得了引人注目的发展。

玉米的发酵加工为发酵工业提供了丰富而经济的碳水化合物。通过酶解生成的葡萄糖，是发酵工业的良好原料。加工的副产品，如玉米浸泡液、粉浆等都可用于发酵工业，生产酒精、啤酒等许多种产品。因此国家标准规定了淀粉或发酵工业用玉米要求不低于三等。

（1）原理　试样经除去脂肪及可溶性糖类后，其中α-淀粉经淀粉酶水解成双糖，双糖再用盐酸水解成具有还原性的单糖，最后测定还原糖含量，并折算成淀粉。

（2）仪器

①粉碎磨：粉碎样品，使其完全通过孔径0.45mm（40目）筛。

②天平：分度值0.01g。

③锥形瓶：250mL。

④回流冷凝装置：能与250mL锥形瓶瓶口相匹配。

⑤容量瓶：250mL。

⑥抽滤装置：由玻璃砂芯漏斗和吸滤瓶组成，用水泵或真空泵抽滤。

⑦恒温水浴锅。

（3）试剂

①水：应符合GB/T 6682—2008《分析实验室用水规格和试验方法》中三级水的要求。

②乙醚。

③85%乙醇。

④6mol/L盐酸：取盐酸100mL加水至200mL。

⑤200g/L氢氧化钠溶液。

⑥淀粉酶溶液：称取淀粉酶0.5g，加100mL水溶解，加入数滴甲苯或三氯甲烷，防霉。

⑦碘溶液：称取3.6g碘化钾溶于20mL水中，再加入1.3g碘，溶解后加水稀释至100mL。

⑧甲基红指示液：称取0.1g甲基红用95%乙醇溶液定容至100mL。

（4）操作步骤

①试样的制备：取经缩分的待测样品，用粉碎磨粉碎至全部通过0.45mm孔筛，充分混合，保存备用。

②水分测定：试样水分含量的测定按GB 5009.3—2016《食品安全国家标准　食品中水分的测定》执行。

③试样处理

a. 称取试样2~5g（精确至0.01g），置于放有折叠滤纸的漏斗内，先用50mL乙醚分5次洗涤去除脂肪，再用约100mL乙醇洗涤除去可溶性糖类，将残留物移入250mL烧杯内，并用50mL水洗滤纸及漏斗，洗液并入烧杯内。

b. 将烧杯置沸水浴上加热15min，使淀粉糊化。

c. 将糊化的试样，放置冷却至60℃以下，加20mL α-淀粉酶溶液，在恒温水浴锅中55~60℃保温水解1h，并经常搅拌。

d. 取酶解液1滴加1滴碘溶液，应不显蓝色，若显蓝色，再加热糊化并加20mL α-淀粉酶溶液，继续保温，直至加碘不显蓝色为止。

e. 将酶解完全的试样加热至沸，冷后移入250mL容量瓶中并加水定容至刻度，混匀，过滤，弃去初滤液。

f. 取50mL滤液，置于250mL锥形瓶中，加5mL盐酸，装上回流冷凝管，在沸水浴中回流1h。冷却后加2滴甲基红指示液，用氢氧化钠溶液中和至中性，溶液转入100mL容量瓶中，洗涤锥形瓶，洗液并入100mL容量瓶中，加水定容至刻度，混匀备用。

④测定：用处理好的试样，测定还原糖含量。同时量取50mL水及与试样处理时相同量的淀粉酶溶液，按同样方法与步骤制备试剂空白试验。

（5）结果计算

①试样中淀粉的干基含量（X）以质量分数表示，按式（6-1）计算：

$$X = \frac{500 \times 0.9 \times (m_1 - m_2)}{m_0 \times V \times (1 - \omega) \times 1000} \times 100\% \tag{6-1}$$

式中　X——试样中淀粉的干基含量，%；

m_0——转化后测得的还原糖（以葡萄糖计）质量，mg；

m_1——试剂空白相当于还原糖（以葡萄糖计）质量，mg；

m_2——试样质量，g；

V——转化后稀释为100mL，测定还原糖的体积，mL；

ω——试样水分，%；

0.9——还原糖（以葡萄糖计）换算成淀粉的换算系数。

②每份样品应平行测定两次，平行试样测定的结果符合重复性要求时，取其算术平均值作为结果，测定结果保留到小数点后两位。

6. 玉米中还原糖含量测定——铁氰化钾法

（1）原理　还原糖在碱性溶液中将铁氰化钾还原为亚铁氰化钾，本身被氧化为相应的糖酸。过量的铁氰化钾在乙酸的存在下，与碘化钾作用析出碘，析出的碘以硫代硫酸钠标准溶液滴定。通过计算氧化还原糖时所用去的铁氰化钾的量，查经验表得试样中还原糖的百分含量。

（2）试剂　除非另有说明，本标准仅使用确认为分析纯的试剂。

①水：符合GB/T 6682—2008《分析实验室用水规格和实验方法》中三级水要求。

②乙酸缓冲液：将3.0mL冰乙酸、6.8g无水乙酸钠和4.5mL密度为1.84g/mL的浓硫酸混合溶解，然后稀释至1000mL。

③12.0%钨酸钠溶液：将12.0g钨酸钠（$Na_2WO_4 \cdot 2H_2O$）溶于100mL水中。

④0.1mol/L碱性铁氰化钾溶液：将32.9g纯净干燥的铁氰化钾［$K_3Fe(CN)_6$］与44.0g碳酸钠（Na_2CO_3）溶于1000mL水中。

⑤乙酸盐溶液：将70g纯氯化钾（KCl）和40g硫酸锌（$ZnSO_4 \cdot 7H_2O$）溶于750mL水中，然后缓慢加入200mL冰乙酸，再用水稀释至1000mL，混匀。

⑥氢氧化钠饱和溶液：称取120g氢氧化钠，加100mL水，振摇使之溶解成饱和溶液，冷却后置于聚乙烯塑料瓶中，闭塞，放置数日，澄清后备用。

⑦10%碘化钾溶液：称取10g纯碘化钾溶于100mL水中，再加一滴饱和氢氧化钠溶液。

⑧1%淀粉溶液：称取1g可溶性淀粉，用少量水润湿调和后，缓慢倒入100mL沸水中，继续煮沸直至溶液透明。

⑨0.1mol/L硫代硫酸钠溶液：按GB/T 601—2016《化学试剂　标准滴定溶液的制备》配制与标定。

（3）仪器和用具

①分析天平：分度值0.0001g。

②振荡器。

③磨口具塞锥形瓶：100mL。

④量筒：50mL、25mL。

⑤移液管：5mL。

⑥玻璃漏斗。

⑦试管：直径1.8~2.0cm，高约18cm。

⑧铝锅：作沸水浴用。

⑨电炉：2000W。

⑩锥形瓶：100mL。

⑪微量滴定管：5mL或10mL。

（4）操作步骤

①样品液制备：精确称取试样5.675g于100mL磨口锥形瓶中。倾斜锥形瓶以便所有试样粉末集中于一侧，用5mL乙醇浸湿全部试样，再加入50mL乙酸缓冲液，振荡摇匀后立即加入2mL钨酸钠溶液，在振荡器上混合振摇5min。将混合液过滤，弃去最初几滴滤液，收集滤液于干净锥形瓶中，此滤液即为样品测定液。另取一锥形瓶不加试样，同上操作，滤液即为空白液。

②测定

a. 氧化。用移液管精确吸取样品液5mL于试管中，再精确加入5mL碱性铁氰化钾溶液，混合后立即将试管浸入沸水浴中，并确保试管内液面低于沸水液面下3~4cm，加热20min后取出，立即用冷水迅速冷却。

b. 滴定。将试管内容物倾入100mL锥形瓶中，用25mL乙酸盐溶液荡洗试管一并倾入锥形瓶中，加5mL 10%碘化钾溶液，混匀后，立即用0.1mol/L硫代硫酸钠溶液滴定至淡黄色，再加1mL淀粉溶液，继续滴定直至溶液蓝色消失，记下用去硫代硫酸钠溶液体积。

c. 空白试验。吸取空白液5mL，代替样品液按a和b操作，记下消耗的硫代硫酸钠溶液体积。

（5）结果计算　根据氧化样品液中还原糖所需0.1mol/L铁氰化钾溶液的体积查GB/T 5513—2019《粮油检验　粮食中还原糖和非还原糖测定》表A.1，即可查得试样中还原糖（以麦芽糖计算）的质量分数。铁氰化钾溶液体积（V_3）按式（6-2）计算：

$$V_3 = \frac{(V_0 - V_1) \times c}{0.1} \tag{6-2}$$

式中　V_3——氧化样品液中还原糖所需 0.1mol/L 铁氰化钾溶液的体积，mL；

V_0——滴定空白液消耗 0.1mol/L 硫代硫酸钠溶液的体积，mL；

V_1——滴定样品液消耗 0.1mol/L 硫代硫酸钠溶液的体积，mL；

c——硫代硫酸钠溶液实际浓度，mol/L。

计算结果保留小数点后两位。

测定结果不符合重复性要求时，应按 GB/T 5490—2010《粮油检验　一般规则》的规定重新测定，计算结果。

注：还原糖含量以麦芽糖计算。

(6) 重复性　同一实验室，由同一操作者使用相同设备，按照相同的测试方法，并在短时间内，对同一被试对象，相互独立进行测试获得的两次独立测试结果差的绝对值不大于这两个测定值的算术平均值的 5%。如果两次测定结果符合要求，则取结果的平均值。

第二节　玉米制品检验

玉米是世界上最重要的口粮之一，现今全世界约有 1/3 人口以玉米作为主要食粮，其中亚洲人的食物组成中玉米占 50%，多者达 90%以上。玉米的蛋白质含量高于大米，脂肪含量高于小麦粉、大米和小米，含热量高于小麦粉、大米及高粱，但缺点是颗粒大、食味差、黏性小。随着玉米加工工业的发展，玉米的制品品质不断改善，新的玉米制品如玉米片、玉米面、玉米渣、特制玉米粉、速食玉米等随之产生，并可进一步制成面条、面包、饼干等。玉米还可加工成为玉米蛋白、玉米油、味精、酱油、白酒等，这些产品在国内外市场上很受欢迎。因此，国家对于玉米制品的质量提出了一定的要求。此外，有些省（市、自治区）根据当地的食用习惯，自行制定了部分标准。

一、玉米制品的质量标准

（一）玉米粉的质量标准

玉米粉是玉米做成的面粉，它含有丰富的营养素，按颜色区分有黄玉米面和白玉米面两种。玉米面食品很多，它含有大量的卵磷脂、亚油酸、谷物醇、维生素 E、纤维素等，具有辅助降血压、降血脂、抗动脉硬化、预防肠癌、美容养颜、延缓衰老等多种保健功效，适宜于糖尿病人食用，也是北方较为普遍的食品。

1. 玉米粉的分类

我国玉米粉根据国家标准规定可将其分为脱胚玉米粉和全玉米粉两类。

(1) 脱胚玉米粉　以玉米国家标准（GB 1353—2018《玉米》）规定的符合人类食用玉米为原料，经除杂、去皮、脱胚、研磨等加工而成的产品，也可由玉米糁研磨加工而成。

脱胚玉米粉含脂肪量可控制在1.0%以下，可用于传统的玉米食品或满足玉米食品的加工需要，也可作为生产酒精、柠檬酸、啤酒、味精和淀粉糖浆等工业发酵产品的原料。

（2）全玉米粉　以玉米国家标准（GB 1353—2018《玉米》）规定的符合人类食用玉米为原料，经清理除杂后直接碾磨而成的产品。

2. 玉米粉的质量标准

玉米粉现按国家标准GB/T 10463—2008《玉米粉》中规定可分为：脱胚玉米粉和全玉米粉两类，各品种质量指标如表6-9所示。

表6-9　玉米粉质量要求

项目		类别	
		脱胚玉米粉	全玉米粉
粗脂肪含量（干基）/%	≤	2.0	5.0
粗细度		全部通过CQ10号筛	
水分含量/%	≤	14.5	
脂肪酸值（干基，KOH）/（mg/100g）	≤	60	80
灰分含量（干基）/%	≤	1.0	3.0
含砂量/%	≤	0.02	
磁性金属物/（g/kg）	≤	0.003	
色泽、气味、口味		玉米粉固有的色泽、气味、口味	

3. 玉米粉各指标的检验标准

（1）样品的扦样及分样　按GB/T 5491—1985《粮食、油料检验　扦样、分样法》进行。

（2）粗细度测定　按GB/T 5507—2008《粮油检验　粉类粗细度测定》进行。

（3）含砂量测定　按GB/T 5508—2011《粮油检验　粉类粮食含砂量测定》进行。

（4）磁性金属物测定　按GB/T 5509—2008《粮油检验　粉类磁性金属物测定》进行。

（5）水分测定　按GB 5009.3—2016《食品安全国家标准　食品中水分的测定》和GB/T 5497—1985《粮食、油料检验　水分测定法》进行。

（6）粗脂肪测定　按GB 5009.6—2016《食品安全国家标准　食品中脂肪的测定》进行。

（7）气味、口味鉴定　按GB/T 5492—2008《粮油检验　粮食、油料的色泽、气味、口味鉴定法》进行。

（8）灰分测定　按GB 5009.4—2016《食品安全国家标准　食品中灰分的测定》进行。

（9）脂肪酸值测定　按GB/T 20570—2015《玉米储存品质判定规则》附录A进行。

（二）玉米糁质量标准

玉米糁指的是粉碎后的玉米颗粒，形状不规则，平均体积和大米类似。它是北方农村早餐的一种粗粮食物，其中含有丰富的营养素。经研究发现玉米糁中含有大量的卵磷脂、亚油酸、谷物醇、维生素E、纤维素等，在一些发达的国家（例如美国），玉米糁被称为“黄金作物”，与玉米粉具有相同的保健作用。玉米糁做成的食品，在原来以粗粮为主的年代，是人们的主食，现在仍是人们改善口味的食品之一。

1. 玉米糁的分类

玉米糁根据国家标准规定按其颗粒粗细度分为大玉米糁、中玉米糁、粗玉米糁、细玉米糁。

大玉米糁：通过 8W 筛网不大于 5%；

中玉米糁：留存 6W 筛网不大于 5%，通过 14W 筛网不大于 10%；

粗玉米糁：留存 12W 筛网不大于 5%，通过 26W 筛网不大于 10%；

细玉米糁：留存 18W 筛网不大于 5%，通过 40W 筛网的不大于 10%。

2. 玉米糁质量标准

GB/T 22496—2008《玉米糁》中对玉米糁水分、灰分含量、粗脂肪含量、含砂量、磁性金属物、脂肪酸值和色泽、气味作了最高限量规定。具体质量指标如表 6-10 所示。

表 6-10 玉米糁质量指标

项目		质量标准
水分含量/%	≤	14.5
粗脂肪含量（干基）/%	≤	2.0
灰分含量（干基）/%	≤	1.0
含砂量/%	≤	0.02
磁性金属物/（g/kg）	≤	0.003
脂肪酸值（干基，KOH）/（mg/100g）	≤	70
色泽、气味		正常

3. 玉米糁各指标的检验标准

（1）扦样与分样 按 GB/T 5491—1985《粮食、油料检验 扦样、分样法》进行。

（2）水分测定 按 GB 5009.3—2016《食品安全国家标准 食品中水分的测定》和 GB/T 5497—1985《粮食、油料检验 水分测定法》进行。

（3）灰分测定 按 GB 5009.4—2016《食品安全国家标准 食品中灰分的测定》进行。

（4）粗脂肪测定 按 GB 5009.6—2016《食品安全国家标准 食品中脂肪的测定》进行。

（5）含砂量测定 按 GB/T 5508—2011《粮油检验 粉类粮食含砂量测定》进行。

（6）磁性金属物测定 按 GB/T 5509—2008《粮油检验 粉类磁性金属物测定》进行。

（7）脂肪酸值测定 按 GB/T 15684—2015《谷物碾磨制品 脂肪酸值的测定》进行。

（8）色泽和气味检验 按 GB/T 5492—2008《粮油检验 粮食、油料的色泽、气味、口味鉴定》进行。

二、 玉米制品质量标准相关指标检测方法

其中的扦样与分样、粗细度、灰分、含砂量、磁性金属和色泽与气味均参照第四章第二节中所述方法进行测定。

（一）玉米制品粗脂肪检测（索氏抽提法）

1. 原理

脂肪易溶于有机溶剂，试样直接用无水乙醚或石油醚等溶剂抽提后，蒸发除去溶剂，干燥，得到游离态脂肪的含量。

2. 试剂

无水乙醚：分析纯。

3. 仪器和用具

索氏抽提器；恒温水浴锅；分析天平：分度值 0.001g 和 0.0001g；电热鼓风干燥箱；干燥器：内装有效干燥剂，如硅胶；滤纸筒；蒸发皿。

4. 样品制备

取除去杂质的干净试样 30~50g，磨碎，通过孔径为 1mm 的圆孔筛，然后装入广口瓶中备用。试样应研磨至适当的粒度，保证连续测定 10 次，测定的相对标准偏差 $RSD<2.0\%$。

5. 操作步骤

（1）试样包扎　从备用的样品中，用烘盒称取 2~5g 试样，精确至 0.001g 在 105℃下烘 30min，趁热倒入研钵中，加入约 2g 脱脂细沙一同研磨。将试样和细沙研磨到出油状，完全转入滤纸筒内（筒底塞一层脱脂棉），并在 105℃烘干 30min，用脱脂棉蘸少量乙醚揩净研钵上的试样和脂肪，并入滤纸筒，最后再用脱脂棉塞在上部，压住试样。

（2）抽提与烘干　将滤纸筒放入索氏抽提器的抽提筒内，连接已干燥至恒重的接收瓶，由抽提器冷凝管上端加入无水乙醚至瓶内体积的 2/3 处，于水浴上加热，使无水乙醚不断回流抽提（6~8 次/h），一般抽提 6~10h。提取结束时，用磨砂玻璃棒接取 1 滴提取液，磨砂玻璃棒上无油斑表明提取完毕。取下接收瓶，回收无水乙醚，待接收瓶内溶剂剩余 1~2mL 时在水浴上蒸干，再于（100±5）℃干燥 1h，放干燥器内冷却 0.5h 后称量。重复以上操作直至恒重（直至两次称量的差不超过 2mg）。

6. 结果计算

试样中脂肪的含量按式（6-3）计算：

$$X = \frac{m_1 - m_0}{m_2} \tag{6-3}$$

式中　X——试样中脂肪的含量，g/100g；

m_1——恒重后接收瓶和脂肪的含量，g；

m_0——接收瓶的质量，g；

m_2——试样的质量，g；

100——换算系数。

计算结果表示到小数点后一位。

7. 注意事项

（1）不能用石油醚代替乙醚，因为石油醚不能溶解全部的植物脂类物质。

（2）在乙醚中常会有少量的水分、乙醛、乙醇、乙酸和不挥发物等杂质，如不除尽这些杂质，会造成结果偏差；在使用过的乙醚和储存过久的乙醚中还可能产生过氧化物，因此，回收的乙醚必须进行精制和检查，方可使用。

（3）样品的包扎必须适当，包得太紧较难浸出完全，太松则会有微粒流入浸取瓶内，而使油混浊，影响准确度。

（4）试样包在浸取管内的高度应不超过虹吸管，而滤纸筒要略高于虹吸管。

（5）如无现成的滤纸筒，可取长 28cm、宽 17cm 的滤纸，用直径 2cm 的试管，沿滤纸长方向卷成筒形，抽出试管至纸筒高的一半处，压平抽空部分，折过来，使之紧靠试管外层，用脱脂线系住，下部的折角向上折，压成圆形底部，抽出试管，即成直径 2.0cm、高约 7.5cm 的滤纸筒。

（二）玉米制品脂肪酸值检测

参照稻谷脂肪酸值测定方法进行。不同点为：

（1）玉米样品应先使用粉碎机进行预粉碎，然后使用锤式旋风磨粉碎至要求大小。

（2）玉米脂肪酸值测定时应选择 5mL 和 10mL 微量滴定管。

（3）玉米样品中脂肪酸的提取需在往返式振荡器上振摇 30min。

第三节　玉米收购、出入库及储藏期间的检验

为了保障玉米质量安全，维护玉米生产者、经营者和消费者的合法权益，加强对玉米质量的监督管理，要求每一收购企业必须根据国家有关法律、规定和相关国家标准，开展玉米收购、销售、储存、运输、加工等经营活动中的检验工作。玉米的收购检验是玉米储藏安全的保障，也是玉米储藏环节的第一关，其检验工作的要求见第四章小麦中的相关要求。

一、玉米的收购检验

（一）玉米的收购检验程序

玉米收购时除严格按照玉米国家质量标准规定的各项指标和储存品质指标进行检验外，还要有一个完善的检验程序，一般可按以下程序进行：

（1）检验员先对所要收购的玉米进行感官鉴定，从玉米新陈、水分、杂质、有无活虫等进行综合判断，对有明显掺假的车辆要标明，同时写好样品标签，内容包括：编号、样品名、产地、车号、扦样日期。

（2）扦取有代表性的玉米样品。有代表性的样品直接反映了该批玉米的品质情况，如何取样至关重要，取样时进行不定点取样；对包装的玉米实行不定点扒垛，扦样包装粮时，扦样数量达到总包数的 15%以上，保证样品有代表性；对散装粮的扦样，要至少在中心、四角等不同区域分别扦样。

（3）按照标准规定的指标进行检验。检验人员一般有 5 个人，具体分工为 2 人扦样，2 人检验、1 人登记。

（二）玉米收购检验项目

玉米收购检验项目主要包括：水分、容重、杂质、不完善粒、类别、气味色泽和储存品质检验等。

1. 扦样

扦样时应按 GB/T 5491—1985《粮食、油料检验　扦样、分样法》进行。玉米入库时，若送粮主体为个体商贩，收购的玉米来自千家万户，每车玉米的质量均匀性较差。特别是近几年，售粮客户直接从田间收购，玉米质量参差不齐，在扦样的过程中应该注意以下几点。

（1）一车作为一个检验单位。

（2）包装粮一般采用包装扦样器，扦样时，扦样选点应兼顾车身侧面、顶部、夹层以及底层，重点关注"底层粮""夹心粮"。夹层及底层在检验时无法扦取样品的，应在卸粮现场扦取样品。

（3）散装粮一般采用多孔套管扦样器或自动扦样机，扦样时应注意扦样深度随机处理，不形成扦样深度一致的习惯，避免形成规律性的水平扦样盲区，防止客户针对扦样盲区掺杂使假。

（4）每扦取一个点的样品均应进行感官检验，发现高水分、高杂、发热、结块、生霉、严重生虫、色泽气味异常等情况，应单独扦样。

2. 检验方法

（1）玉米质量指标检测

①容重按 GB/T 5498—2013《粮油检验　容重测定》进行检测，具体操作按本章第一节所描述的方法进行。

②水分按 GB/T 5497—1985《粮食、油料检验　水分测定法》和 GB 5009. 3—2016《食品安全国家标准　食品中水分的测定》进行检测；杂质和不完善粒检测依据 GB/T 5494—2019《粮油检验　粮食、油料的杂质、不完善粒检验》；色泽与气味的检验依据 GB/T 5492—2008《粮油检验　粮食、油料的色泽、气味、口味鉴定》。具体操作按第四章第一节中描述的方法进行。

（2）储存品质检验　玉米的储存品质判别主要是依据 GB/T 20570—2015《玉米储存品质判定规则》，其中色泽和气味的检测按 GB/T 20570—2015《玉米储存品质判定规则》附录 B 中的 B. 3 要求进行。玉米脂肪酸值按照 GB/T 20570—2015《玉米储存品质判定规则》附录 A 进行测定，玉米品尝评分值按国家标准 GB/T 20570—2015《玉米储存品质判定规则》附录 B 进行测定。

在检验时做好原始记录，确保检测信息全面，数据真实、可靠。对收购中不符合质量标准的玉米可按《关于执行粮油质量国家标准有关问题的规定》（国粮发〔2010〕178 号）中要求进行各项指标增扣量，具体增扣量标准参照第四章中的相关描述进行。检验员将检验的结果输入电脑检验系统，内容包括：货物名称、编号、汽车号、仓号、货物等级、水分、杂质、扣水、扣杂、扣不完善粒等。对不符合入库要求的玉米，如果是陈粮直接退回，如果是高水分、高杂质的玉米征求客户同意经过整晒、清理、除杂等措施，经化验合格后方可入库。

粮食品质是保证储备粮安全储存的关键。严格检验纪律，做到公平、公正，在粮食入库时应形成一套检验流程。

玉米收购检验流程：扦样——→分样（样品处理）——→检验——→结果判定——→检验报告。

二、 玉米出入库检验项目与程序

对玉米出入库进行质量检查可加强粮食质量的监督管理，保障粮食安全。玉米出入库前首先应根据《粮食流通管理条例》《粮食流通行政执法办法》《粮食质量安全监管办法》等规定，结合各库的实际情况，制定出玉米出入库检验制度。在出入库时，应当按照国家粮食质量标准进行质量检验。省、地、县用于地方储备的粮食，还应当进行储存品质检验。

按国家发展和改革委员会发布的《粮食质量安全监管办法》规定，粮食出入库质量检验制度的主要内容如下。

（1）实行粮食收购入库质量安全检验制度　粮食经营者收购粮食，必须按照粮食质量标准和食品安全标准及有关规定，对相关粮食质量安全项目进行检验。

（2）实行粮食销售出库质量安全检验制度　粮食经营者在粮食销售出库时，必须按照粮食质量标准和食品安全标准及有关规定进行检验并出具检验报告。

（3）根据特定区域粮食可能受到有害物质污染、发生霉变等情况，省级粮食行政管理部门可设定粮食收购和出库必检项目。

（4）采购和供应政策性粮食，必须经专业粮食检验机构检验合格，不符合规定的质量等级要求的，不得采购和供应。

玉米在入库检查时应逐批次扦取样品进行检验，并出具检验报告，作为入库的技术报告。一般在原粮卸货的同时进行扦样，以运输单体为单位，按照 GB/T 5491—1985《粮食、油料检验　扦样、分样法》进行扦样和分样，入库检查的内容：入库质量是否符合规定的质量等级要求，是否按照国家标准进行品质检验。在玉米销售出库时，必须进行质量检验，对超过正常年限的玉米出库，在出库前应当经过有资质的粮食质量检验机构进行质量鉴定，并出具检验合格报告。

（一）玉米入库检验项目

严格执行国家标准（质量等级必须达到国家标准规定中等以上质量标准）。从农民手中直接购入的新粮，主要检验指标：容重、杂质、不完善粒、水分、色泽气味等。其余的参考第四章第三节。

（二）玉米入库检验程序

参照第四章第三节进行。

（三）玉米出库检验项目及程序

参照第四章第三节进行。填写玉米销售出库检验报告单（表6-11）。

表6-11　　玉米销售出库检验报告单

检验单位					
受检单位					
样品类别名称		粮食性质		粮食产地	
收获年度		包装/散装		入库年度	
扦样地点					
代表数量		扦（送）日期		扦（送）样人	
检验依据 （标准代号）					

续表

<table>
<tr><td rowspan="9">检验结果</td><td>检验指标</td><td>标准值</td><td>检验结果</td><td>检验指标</td><td>标准值</td><td>检验结果</td></tr>
<tr><td>容重/（g/L）</td><td></td><td></td><td>品尝评分值/分</td><td></td><td></td></tr>
<tr><td>杂质/%</td><td></td><td></td><td rowspan="2">黄曲霉毒素 B_1/（μg/kg）</td><td rowspan="2"></td><td rowspan="2"></td></tr>
<tr><td>水分/%</td><td></td><td></td></tr>
<tr><td>不完善粒总量/%</td><td></td><td></td><td rowspan="2">磷化物（以 PH_3 计）/（mg/kg）</td><td rowspan="2"></td><td rowspan="2"></td></tr>
<tr><td>其中：生霉粒</td><td></td><td></td></tr>
<tr><td>色泽、气味</td><td></td><td></td><td></td><td></td><td></td></tr>
<tr><td>类别</td><td></td><td></td><td></td><td></td><td></td></tr>
<tr><td>脂肪酸值（干基，KOH）/（mg/100g）</td><td></td><td></td><td></td><td></td><td></td></tr>
<tr><td>检验结论</td><td colspan="6">年　月　日</td></tr>
<tr><td>备注</td><td colspan="6"></td></tr>
</table>

三、玉米储藏期间检验项目与程序

玉米是世界上最重要的三大种粮之一。玉米在储藏过程中品质的变化，历来受到人们的关注。玉米在储藏期间，其感官品质、加工品质、化学成分、生理特性等均会因储藏期间的环境因素如温度、湿度、气体成分以及有害生物等影响而发生变化。对于中央储备粮玉米质量要达到中等及以上质量要求，质量指标综合判定合格率在90%以上，质量指标全项合格率不低于70%；水分一般不超过《粮食安全储存水分及配套储藏操作规程（试行）》（中储粮［2005］31号）中推荐的入库水分值；储藏期间应保持宜存，对不宜存或接近不宜存的玉米要及时上报分公司安排轮换，杜绝发生粮食陈化事故；每月的月底质检员会同保管员要对所储存的每个仓的中央储备粮进行扦样，进行质量检测；每年的3月末和9月末要将每个仓的中央储备粮扦取的样品送各分公司质检中心进行储存品质检测。

主要品质检验指标包括：脂肪酸值、品尝评分值、色泽、气味等。通过对这些指标检验的数据分析处理，断定玉米储藏品质的情况。正常的储藏条件下，按照国家规定，应确保用得上，即符合质量与卫生的要求。根据国家卫生标准的规定，“宜存”和“轻度不宜存”应规定为正常，“重度不宜存”也应符合卫生标准的规定，并确定为色泽、气味基本正常。依据国家标准玉米储藏期间储藏指标的要求如表6-12所示。

表 6-12 玉米储藏期间储藏指标的要求

项目	宜存	轻度不宜存	重度不宜存
色泽、气味	正常	正常	基本正常
脂肪酸值（干基，KOH）/（mg/100g）	≤65	≤78	>78
品尝评分值/分	≥70	≥60	<60

判定规则如下。

宜存：色泽、气味，脂肪酸值，品尝评分指标均符合表 6-12 规定的宜存的，判定为宜存玉米，适宜继续储存。

轻度不宜存：色泽、气味，脂肪酸值，品尝评分指标均符合表 6-12 规定的轻度不宜存的，判定为轻度不宜存玉米，应尽快安排出库。

重度不宜存：色泽、气味，脂肪酸值，品尝评分指标中，有一项符合表 6-12 规定的重度不宜存规定的，判定为重度不宜存玉米，应立即安排出库。因色泽、气味判定为重度不宜存的，还应报告脂肪酸值、品尝评分值检验结果。

为了保证储存玉米的质量达到国家的要求，根据实际储藏条件，除保管好玉米外，还应考虑不定期地对玉米进行扦样，检验玉米质量实际情况，并做出及时的调整。

（一）质量检验

按 GB 1353—2018《玉米》对玉米各项指标进行检验，其检测指标主要有：容重、水分、杂质、不完善粒、色泽与气味。

（二）储存品质检验

按 GB/T 20570—2015《玉米储存品质判定规则》执行，其检测指标主要有：气味与色泽、脂肪酸值检验、品尝评分值。

（三）指标检测方法

1. 玉米脂肪酸值检验

脂肪酸值检验与本章第二节脂肪酸值检验方法相同。

2. 玉米品评试验

（1）原理　对玉米样品去杂后直接评定其色泽、气味，再将其制成玉米粉并过筛后，在一定条件下蒸制成窝头，用感官品评窝头的色泽、气味、外观形状、内部性状、滋味等，结果以品尝评分值表示。

（2）仪器与设备　粉碎磨；40 目筛；蒸锅：直径为 26~28cm 的单屉锅或不锈钢锅；白色搪瓷碗；天平：分度值 0.01g；电炉：220V，2kW，或相同功率的电磁炉。

（3）蒸煮实验

①样品编号：为客观反映样品蒸煮品质，减少感官品评误差，样品应随机编号，避免规律性编号和提示性编号。

②玉米粉制备：分取混匀后的净玉米样 400g，用粉碎磨磨粉、过筛（要求 75%以上通过 40 目筛），合并筛下物，充分混匀后装入磨口瓶中，置 10℃左右冰箱内待用。

③窝头的制备

窝头成型：称取已制备好的玉米粉 3 份，每份 50g，放入搪瓷碗内。各加（75±5）℃的温水 43mL，拌匀、成型，制成 3 个窝头。

注意事项：

a. 样品粉碎、筛理后，筛上物应弃去。

b. 使用的温水必须保证在（75±5）℃，否则会影响成型。

c. 制成的窝头，应尽量使表面光滑，否则影响外观品评。

d. 为使窝头在标准规定时间内蒸熟，窝头底部应有空洞，窝头壁一般在 1.5cm 左右。

窝头蒸制：在蒸锅内加入适量水，用电炉（或电磁炉）加热至沸腾，取下锅盖，将制作成型的窝头均匀地放于蒸屉上，盖上锅盖，猛火蒸 20min。

（4）样品品评　将蒸制好的窝头取出，按参加品评人数将窝头切成小块，分别放入各自的搪瓷碗内（每个窝头每人 1 块），趁热品尝。

①品评内容：品评窝头的色、香、味、外观形状、内部性状及滋味等，其中以气味、滋味为主。按表 6-13 评分标准及评分记录表要求填写品评结果。

②品评顺序：先趁热鉴定窝头气味，然后观察窝头色泽、外观形状、内部性状，再通过咀嚼，品评滋味。

③评分：根据窝头的气味、色泽、外观形状、内部性状、滋味，对照参考样品进行评分，将各项得分相加即为品尝评分。

注意事项：

a. 应趁热掰开窝头，仔细嗅辨气味。

b. 每个样品品评前，要用温开水漱口。

c. 每次品评前应先品尝参考样品，以统一每个品评人员的评分尺度。

（5）结果计算　根据每个品评人员的品尝评分结果计算平均值，个别品评误差超过平均分 10 分以上的数据应舍弃，舍弃后重新计算平均值。最后以品尝评分的平均值作为玉米蒸煮品尝评分值，计结果取整数。

（6）参考样品的选择和保存　选择脂肪酸值在 65mg/100g 和 80mg/100g 左右的玉米样品各 3~5 份，经品尝人员 2~3 次品尝，选出品尝评分值在 60 分和 70 分左右的样品各 1 份，作为每次品评的参考样品。参考样品应密封保存在 10℃左右的冰箱。

表 6-13　　评分标准及评分记录表

品评员：　　　　时间：

项目	评分标准	样号					
		1	2	3	4	5	6
窝头气味（40 分）	正常清香：28~40 分						
	较浓甜气味或轻微酒精味等：24~27.9 分						
	有辛辣味、哈味等：12~23.9 分						
	有刺鼻辛辣味、严重哈味等：0~11.9 分						
窝头色泽（10 分）	正常色：7~10 分						
	变淡：6~6.9 分						
	发灰发暗：3~5.9 分						
	严重发灰发暗：0~2.9 分						

续表

项目	评分标准	样号					
		1	2	3	4	5	6
外观形状（5分）	表皮光滑：3.5~5.0分						
	表皮光滑、有细小裂纹等：3~3.4分						
	表皮粗糙、有较多裂纹：1.5~2.9分						
	表皮非常粗糙、有较大裂纹：0~1.4分						
内部性状（5分）	正常，无色浅呈夹生状结块：3.5~5分						
	有少许色浅呈夹生状结块：3.0~3.4分						
	有较多色浅呈夹生状结块：1.5~2.9分						
	严重夹生状结块：0~1.4分						
滋味（40分）	玉米固有香味，无异味：28~40分						
	较浓香甜气味、轻微发酵味等：24~27.9分						
	无香甜味，后味发苦发哈等：12~23.9分						
	严重苦味、哈味、霉味等：0~11.9分						
品尝评分值							
备注							

（四）玉米储藏期间的质量管理

为进一步提升中央储备粮质量管理水平，确保中央储备粮质量良好，中国储备粮管理集团有限公司下发了《关于实行中央储备粮质量控制单制度的通知》，通知规定中央储备粮在储藏期间均实行《中央储备粮质量控制单》（表6-14、表6-15和表6-16）制度，对所储备的粮食实行从入库到出库全过程质量控制。

表6-14　　中央储备玉米质量控制单

（第一联）

<table>
<tr><td>仓(货位)号</td><td></td><td>数量/t</td><td colspan="2"></td><td>产地</td><td></td><td>收获年度</td><td>入库时间</td><td></td><td>保管员</td><td></td></tr>
<tr><td rowspan="7">直属库质量初验结果</td><td>检测时间</td><td colspan="6">质量指标</td><td colspan="4">检验结果判定</td></tr>
<tr><td rowspan="6"></td><td>容重/(g/L)</td><td>水分/%</td><td>杂质/%</td><td>不完善粒含量/%</td><td>生霉粒含量/%</td><td>色泽、气味</td><td colspan="4" rowspan="2">1. 质量指标
达标（　）
不达标（　）
不达标项目：</td></tr>
<tr><td></td><td></td><td></td><td></td><td></td><td></td></tr>
<tr><td colspan="6">储存品质指标</td><td colspan="4" rowspan="4">2. 储存品质
宜存（　）
轻度不宜存（　）
重度不宜存（　）
检验员签字：　　　日期：</td></tr>
<tr><td colspan="2">脂肪酸值（干基，KOH）/（mg/100g）</td><td colspan="2">品尝评分值/分</td><td colspan="2">色泽、气味</td></tr>
<tr><td colspan="2"></td><td colspan="2"></td><td colspan="2"></td></tr>
</table>

续表

整改建议 （保管员填写）	仓储科长意见	主管副主任意见	主任意见	整改结果 （保管员填写）
签字： 日期：	签字： 日期：	签字： 日期：	签字： 日期：	签字： 日期：

表 6-15　　中央储备玉米质量控制单

（第二联）

仓(货位)号		数量/t		产地		收获年度		入库时间		保管员	

<table>
<tr><td rowspan="6">分公司质检中心验收结果</td><td>检测时间</td><td colspan="6">质量指标</td><td>检验结果判定</td></tr>
<tr><td rowspan="5"></td><td>容重/(g/L)</td><td>水分/%</td><td>杂质/%</td><td>不完善粒含量/%</td><td>生霉粒含量/%</td><td>色泽、气味</td><td rowspan="2">1. 质量指标
达标（　）
不达标（　）
不达标项目：</td></tr>
<tr><td></td><td></td><td></td><td></td><td></td><td></td></tr>
<tr><td colspan="6">储存品质指标</td><td rowspan="3">2. 储存品质
宜存（　）
轻度不宜存（　）
重度不宜存（　）
检验员签字：　　日期：</td></tr>
<tr><td colspan="2">脂肪酸值（干基，KOH）/（mg/100g）</td><td colspan="2">品尝评分值/分</td><td colspan="2">色泽、气味</td></tr>
<tr><td colspan="2"></td><td colspan="2"></td><td colspan="2"></td></tr>
</table>

整改建议 （保管员填写）	仓储科长意见	主管副主任意见	主任意见	整改结果 （保管员填写）
签字： 日期：	签字： 日期：	签字： 日期：	签字： 日期：	签字： 日期：

表 6-16　　中央储备玉米质量控制单

（第三联）　　第（　）页

仓(货位)号		数量/t		产地		收获年度		入库时间		保管员	

<table>
<tr><td>检测单位</td><td>检测时间</td><td colspan="3">储存品质指标</td><td>检验结果判定（检验员填写）</td><td>整改建议（保管员填写）</td><td>仓储科长意见</td><td>主管副主任意见</td><td>主任意见</td><td>整改结果（保管员填写）</td></tr>
<tr><td rowspan="2"></td><td rowspan="2"></td><td>脂肪酸值(干基，KOH)/(mg/100g)</td><td>品尝评分值/分</td><td>色泽、气味</td><td rowspan="2">储存品质：
宜存（　）
轻度不宜存（　）
重度不宜存（　）
签字：
日期：</td><td rowspan="2">签字：
日期：</td><td rowspan="2">签字：
日期：</td><td rowspan="2">签字：
日期：</td><td rowspan="2">签字：
日期：</td><td rowspan="2">签字：
日期：</td></tr>
<tr><td></td><td></td><td></td></tr>
</table>

续表

<table>
<tr><td rowspan="2"></td><td rowspan="2"></td><td>脂肪酸值(干基,
KOH)/(mg/100g)</td><td>品尝评
分值/分</td><td>色泽、
气味</td><td rowspan="2">储存品质：
宜存（　）
轻度不宜存（　）
重度不宜存（　）
签字：
日期：</td><td rowspan="2">签字：
日期：</td><td rowspan="2">签字：
日期：</td><td rowspan="2">签字：
日期：</td><td rowspan="2">签字：
日期：</td><td rowspan="2">签字：
日期：</td></tr>
<tr><td></td><td></td><td></td></tr>
<tr><td rowspan="2"></td><td rowspan="2"></td><td>脂肪酸值(干基,
KOH)/(mg/100g)</td><td>品尝评
分值/分</td><td>色泽、
气味</td><td rowspan="2">储存品质：
宜存（　）
轻度不宜存（　）
重度不宜存（　）
签字：
日期：</td><td rowspan="2">签字：
日期：</td><td rowspan="2">签字：
日期：</td><td rowspan="2">签字：
日期：</td><td rowspan="2">签字：
日期：</td><td rowspan="2">签字：
日期：</td></tr>
<tr><td></td><td></td><td></td></tr>
</table>

第七章 大豆品质检验与流通过程品质控制

CHAPTER 7

学习指导

大豆作为我国生产食用植物油的重要原料，其产量安全和质量安全对于保障我国食用油供给安全有着重要的意义。《中共中央国务院关于做好2023年全面推进乡村振兴重点工作的意见》中指出，要深入推进大豆和油料产能提升工程。一方面，要扎实推进大豆的合理种植，确保其数量安全，另一方面，严格大豆品质检验与流通过程品质控制，为确保其质量安全打下基础。通过本章的学习，熟悉大豆品质检验与流通过程品质控制，熟悉大豆质量标准及术语，掌握大豆质量标准及相关指标检测原理和方法；掌握大豆的分类及质量评价方法，了解大豆收购项目、出入库项目及程序、储藏期间检验项目及程序，重点掌握大豆品质检验和储藏品质检验标准和各指标的检验方法。

大豆是世界上重要的豆类，同时也是我国重要的粮油兼用经济作物。大豆是豆科植物中最富有营养而又易于消化的食物，大豆中含有34%~45%的蛋白质、19%~22%的脂肪、25%~28%的糖分和多种维生素，因此既是一种营养平衡的食物，又是优质蛋白质和油脂的重要来源之一，故称为粮食中的“皇后”。

第一节 大豆质量检验

随着大豆食品作为一种健康食品越来越受到人们的青睐，了解大豆及其制品质量标准和检测技术，对于指导大豆生产及深加工利用，提高大豆产品市场竞争力具有重要意义。大豆及其制品在国际农产品贸易中占有重要地位，为加速大豆发展，抢夺国际市场，美国、巴西、阿根廷等大豆主产国制定了十分严格而详细的大豆及其产品的质量标准。我国也先后制定了一系列大豆及其产品的质量标准和卫生标准。

一、大豆质量标准

大豆质量标准是衡量和评定大豆质量的技术规范，是大豆收购、加工、流通等环节的技术依据，是开展大豆检验工作的技术法规。进行质量指标的检测分析又是贯彻国家大豆质量标准的技术手段，也是评价大豆质量品质的依据。

（一）主要国家标准

GB 1352—2023《大豆》

GB/T 20411—2006《饲料用大豆》

（二）质量指标

1. 大豆

近年来随着国内城乡居民消费水平的提高，国内油脂、蛋白质消费量迅速增长，鉴于我国大豆主要有食用及加工等不同的用途，国家依据大豆的最终用途制定了相关的国家标准，可分为普通大豆国家标准、油脂用高油大豆国家标准和豆制食品业用的高蛋白大豆国家标准。相关大豆质量要求如表7-1、表7-2、表7-3所示。

表7-1　大豆质量指标

等级	完整粒率/%	损伤粒率/%		杂质含量/%	水分含量/%	色泽、气味
		合计	其中：热损伤粒			
1	≥95.0	≤4.0	≤0.2	≤1.0	≤13.0	正常
2	≥90.0	≤6.0	≤0.2			
3	≥85.0	≤8.0	≤0.5			
4	≥80.0	≤10.0	≤1.0			
5	≥75.0	≤12.0	≤3.0			
等外	<75.0	—	—			

注：“—”为不要求。

表7-2　高油大豆质量指标

等级	粗脂肪含量（干基）/%	完整粒率/%	损伤粒率/%		杂质含量/%	水分含量/%	色泽、气味
			合计	其中：热损伤粒			
1	≥22.0	≥85.0	≤8.0	≤0.5	≤1.0	≤13.0	正常
2	≥21.0						
3	≥20.0						

表7-3　高蛋白大豆质量指标

等级	粗蛋白质含量（干基）/%	完整粒率/%	损伤粒率/%		杂质含量/%	水分含量/%	色泽、气味
			合计	其中：热损伤粒			
1	≥44.0	≥85.0	≤8.0	≤0.5	≤1.0	≤13.0	正常
2	≥42.0						
3	≥40.0						

2. 饲料用大豆

我国是世界上最大的大豆消费国。而推动大豆高需求的，并非豆腐或酱油这些大豆加工产品，而是对以大豆产品为饲料的肉类和鱼类的庞大需求。目前我国每年的大豆总量中，有约 80%用于榨油或制成动物饲料；只有大约 20%直接用于制成传统的豆腐、豆酱或调味品酱油等食物。鉴于此用途国家已对饲料用大豆制定了标准，标准规定饲料用大豆按其不完善粒和粗蛋白质含量为定等指标，其中不完善粒包括：未熟粒、虫蚀粒、病斑粒、生芽粒、涨大粒、生霉粒、冻伤粒、热损伤粒、破碎粒，相关饲料用大豆质量要求如表 7-4 所示。

表 7-4　饲料用大豆等级质量指标

等级	不完善粒/%		粗蛋白质/%
	合计	其中：热损伤粒	
1	≤5	≤0.5	≥36
2	≤15	≤1.0	≥35
3	≤30	≤3.0	≥34

二、大豆质量标准相关指标检测方法

（一）大豆质量指标相关检验标准

（1）扦样、分样　按 GB/T 5491—1985《粮食、油料检验　扦样、分样法》进行。

（2）完整粒率、损伤粒率、热损伤粒　按 GB 1352—2023《大豆》（2023 年 12 月 1 日实施）附录 A 进行。

（3）杂质、不完善粒　按 GB/T 5494—2019《粮油检验　粮食、油料的杂质、不完善粒检验》进行。

（4）水分　按 GB 5009.3—2016《食品安全国家标准　食品中水分的测定》和 GB/T 5497—1985《粮食、油料检验　水分测定法》进行。

（5）异色粒　按 GB/T 5493—2008《粮油检验　类型及互混检验》进行。

（6）色泽、气味　按 GB/T 5492—2008《粮油检验　粮食、油料的色泽、气味、口味鉴定》进行。

（7）粗蛋白质含量　按 GB 5009.5—2016《食品安全国家标准　食品中蛋白质的测定》进行。

（8）粗脂肪含量　按 GB 5009.6—2016《食品安全国家标准　食品中脂肪的测定》进行。

（二）检验方法

扦样和分样按第三章中所描述的方法进行，色泽、气味检验、水分、大豆粗蛋白质测定按第四章中所描述的方法进行，大豆粗脂肪含量测定按第六章中所描述的方法进行。

1. 大豆杂质检验

（1）基本概念　大豆杂质是指通过规定筛层和经筛理后仍留在样品中的非大豆类物质。包括筛下物、无机杂质和有机杂质。

①筛下物：通过直径为 3.0mm 的圆孔筛筛下的物质。

②无机物质：泥土、砂石、砖瓦块及其他无机物质。

③有机物质：无使用价值的大豆粒、异种粮粒及其他有机杂质。

（2）操作方法　按第四章中描述进行。

（3）注意事项

①大豆以外的有机物质包括异种粮粒均为杂质。

②严重病害、热损伤、霉变或其他原因造成的变色变质无使用价值的大豆均为杂质。

③应将豆荚中的豆粒剥离出来，分别归属。

④应将筛底中的筛下物清理干净。

2. 大豆完整粒率、损伤粒率、热损伤粒率的检验

（1）基本概念

①完整粒：色泽正常、籽粒完好的颗粒。

②未熟粒：籽粒不饱满，瘪缩达粒面 1/2 及以上或子叶青色部分达 1/2 及以上（青仁大豆除外）的、与正常粒显著不同的颗粒。

③损伤粒：受到虫蚀、细菌损伤、霉菌损伤、生芽、冻伤、热损伤或其他原因损伤的大豆颗粒。

a. 虫蚀粒。被虫蛀蚀，伤及子叶的颗粒。

b. 病斑粒。粒面带有病斑，伤及子叶的颗粒。

c. 生芽、涨大粒。芽或幼根突破种皮或吸湿涨大未复原的颗粒。

d. 生霉粒。粒面生霉的颗粒。

e. 冻伤粒。因受冰冻伤害籽粒透明或子叶僵硬呈暗绿色的颗粒。

f. 热损伤粒。因受热而引起子叶变色和损伤的颗粒。

④破碎粒：子叶破碎达本颗粒体积 1/4 及以上的颗粒。

⑤完整粒率：完整粒占试样的质量分数。

⑥损伤粒率：损伤粒占试样的质量分数。

⑦热损伤粒率：热损伤粒占试样的质量分数。

（2）仪器和用具　天平：分度值 0.01；谷物选筛；分样器、分样板；分析盘、小皿、镊子等。

（3）操作方法　从检验过大样杂质的试样中，称取 100g，倒入分析盘中，按分类要求分别拣出损伤粒、未熟粒、破碎粒并称量，其中热损伤粒单独拣出（必要时剥开皮层，观察子叶是否发生了颜色变化），称重。

（4）结果计算

①完整粒率按式（7-1）计算：

$$\text{完整粒率} = \left(1 - \frac{m_1}{m_2}\right) \times \frac{m_3 - m_4 - m_5 - m_6}{m_3} \times 100\% \qquad (7\text{-}1)$$

式中　m_1——大样质量，g；

m_2——大样杂质质量，g；

m_3——小样质量，g；

m_4——小样杂质质量，g；

m_5——损伤粒（含热损伤粒）质量，g；

m_6——破碎粒、未熟粒质量，g。

双试验结果允许差不超过 1%，求其平均值，即为检验结果。检验结果取小数点后 1 位。

②损伤粒率按式（7-2）计算：

$$损伤粒率 = \left(1 - \frac{m_2}{m_1}\right) \times \frac{m_5}{m_3} \times 100\% \tag{7-2}$$

③热损伤粒率按式（7-3）计算：

$$热损伤粒率 = \left(1 - \frac{m_2}{m_1}\right) \times \frac{m_7}{m_3} \times 100\% \tag{7-3}$$

式中　m_7——热损伤粒质量，g。

第二节　大豆收购、出入库及储藏期间的检验

为了调节粮食供求总量，稳定粮食市场，以及应对重大自然灾害或其他突发事件，我国建立中央粮食储备制度，大豆是我国粮食储备的四大品种之一，对其管理要求是“数量真实，质量良好和储存安全”。由于大豆含有较高的脂肪和蛋白质，在高温、高湿、机械损伤及微生物的影响下很容易变性，导致大豆活性降低。因此必须随时对大豆的质量实行监控，切实掌握其储藏品质。大豆收购检验工作的要求见第四章。

一、大豆的收购检验项目

大豆是大豆油和豆制品加工的基础原料，原料质量的好坏，直接关系到大豆油脂和豆制品成品质量的优劣。同时，大豆原料的安全性也是决定大豆油脂和相关豆制品安全性的主要因素。为了保证原料的质量和安全性，在收购大豆时，应对原料进行验收或检验，验收或检验的依据就是国家颁布的关于大豆质量与安全的相关标准。大豆收购时除严格按照大豆国家标准规定的各项指标和储存品质指标进行检验外，还要有一个完善的检验程序。

（一）大豆收购检验项目及程序

大豆收购检验项目有：色泽鉴定、气味鉴定、水分检验、杂质检验、完整粒率、损伤粒率等。

（二）大豆收购检验程序及方法

检验员首先对所要收购的大豆进行感官鉴定，从大豆新陈、水分、杂质、有无活虫等进行综合判断，对有明显掺假的车辆要标明，同时写好样品标签，内容包括：编号、品名、产地、车号、扦样日期；扦取代表性的样品。

具体操作程序如下。

1. 扦样

扦取具有代表性的样品是入库检验的关键。扦样时应按国家标准 GB/T 5491—1985《粮食、油料检验　扦样、分样法》进行。具体操作参照第四章。

2. 检验方法

（1）色泽、气味鉴定　大豆色泽、气味检验按照国家标准 GB/T 5492—2008《粮油检验　粮食、油料的色泽、气味、口味鉴定》进行，具体操作按第四章中小麦色泽、气味检验进行。质量良好的大豆：皮面洁净有光泽，颗粒饱满且整齐均匀，好大豆的籽粒大小整齐，色

泽明亮，形态饱满，虫蛀粒少；次等大豆，籽粒大小不齐整，色泽不亮，种皮发暗，虫蛀粒多，籽粒皱缩。

（2）水分检验　大豆水分按国家标准 GB/T 5497—1985《粮食、油料检验　水分测定法》、GB 5009.3—2016《食品安全国家标准　食品中水分的测定》和经过校正的快速水分测定仪进行检测。

（3）杂质检验　大豆杂质依据国家标准 GB/T 5494—2019《粮油检验　粮食、油料的杂质、不完善粒检验》，按第四章中所描述的操作方法进行检验。

（4）完整粒率与损伤粒率检验　大豆完整粒率与损伤粒率依据国家标准 GB/T 22725—2008《粮油检验　粮食、油料纯粮（质）率检验》中附录 A 按本章第一节描述的操作方法进行检验。

（5）真菌毒素赭曲霉毒素的快速检测　大豆收购过程中真菌毒素赭曲霉毒素按照 LS/T 6114—2015《粮油检验　粮食中赭曲霉毒素 A 测定　胶体金快速定量法》进行检测。

①原理：试样提取液中赭曲霉毒素 A 与检测条中胶体金微粒发生呈色反应，颜色深浅与试样中赭曲霉毒素 A 的含量相关。用读数仪测定检测条上检测线和质控线的颜色深浅，根据颜色深浅和读数仪内置曲线自动计算出试样中赭曲霉毒素 A 含量。

②试剂：除非另有说明，本方法所用试剂均为分析纯，水为 GB/T 6682—2008《分析实验室用水规格和试验方法》规定的三级水。

a. 稀释缓冲液。由胶体金检测条配套提供，或按照其说明书配制。

b. 提取液。70%（体积分数）甲醇溶液或胶体金检测条配套的提取液。

③仪器设备及材料

天平：分度值 0.01 g；粉碎机：可使试样粉碎后全部通过 20 目筛；离心机：转速不低于 4000 r/min；涡旋振荡器；孵育器：可进行 45℃恒温（控温精度±1℃）孵育，具有时间调整功能；读数仪：可测定并显示胶体金定量检测条的测定结果；ROSA 赭曲霉毒素 A 胶体金快速定量检测条：需冷藏储存，具体储存条件参照使用说明；滤纸：采用 Whatman 2V（或等效）滤纸。

④样品制备：按 GB/T 5491—1985《粮食、油料检验　扦样、分样法》扦样与分样后，进行样品处理。

a. 取有代表性的样品 500g，用粉碎机粉碎至全部通过 20 目筛，混匀。

b. 准确称取 10.00g 试样于 100mL 具塞锥形瓶中，加入 20.0mL 试样提取液，密闭，用涡旋振荡器震荡 1~2min，静置后用滤纸过滤，或取 1.0~1.5mL 混合液于离心管中，用离心机（4000r/min）离心 1min。取滤液或离心后上清液 100μL 于另一离心管中，加入 1.0mL 稀释缓冲液，充分混匀待测。

注意：不同厂家的赭曲霉毒素 A 胶体金快速定量条所用的样品制备方法不同，应按照产品使用说明中规定的方法进行操作。

⑤样品测定：将胶体金检测条从冷藏状态（2~8℃）取出放置至室温。将孵育器预热至 45℃。将检测条平放在孵育器凹槽中，打开加样孔。准确移取 300μL 待测溶液，加入检测条加样孔中，关闭加样孔及孵育器盖。孵育 10min 后，取出检测条观察 C 线（控制线）和 T 线（检测线）显色情况。若出现下属情况，视为无效检测：C 线不出现；C 线出现，但弥散或严重不均匀；C 线出现，但 T_1 或 T_2 线弥散或严重不均匀。选择读数仪赭曲霉

毒素 A 检测频道并设定基质为 00（MATRIX 00），开始样品测定，测定需在 2min 内完成，读数仪自动显示样品中赭曲霉毒素 A 的含量。若读数仪显示“+30ppb”，需移取 30μL 待测溶液于离心管中，加入 1.0mL 稀释缓冲液混匀，按照以上步骤进行测定，其中基质设定为 01（MATRIX 01）。

注：不同厂家孵育器和读数仪的使用方法可能有所不同，应按照产品使用说明的规定进行操作。

⑥结果表述：试样中赭曲霉毒素 A 含量由读数仪自动计算并显示，单位为微克每千克（μg/kg）。

⑦重复性：在同一实验室，由同一操作者使用相同仪器，按相同的测定方法，并在短时间内对同一被测试对象相互独立进行测试获得的两次独立测试结果的绝对值差不大于算数平均值 20%的情况不超过 5%。

（三）大豆收购过程的增扣量

在收购过程中按大豆标准中的等级指标确定等级，以其余指标作为增扣量的依据。对收购中不符合质量标准的大豆可按《关于执行粮油质量国家标准有关问题的规定》（国粮发〔2010〕178 号）中要求进行各项指标增扣量。具体见第四章中描述。

二、 大豆出入库检验项目及程序

（一）大豆入库检验项目及程序

大豆不仅是主要的油料之一，也是主要的食品原料和优质植物蛋白和油脂的主要来源。随着经济快速发展和人民群众生活水平的不断提高，我国食用植物油和饲用豆粕需求呈刚性增长，国产大豆多年来一直徘徊在每年 2000 万 t 左右，远远不能满足需求，只能靠进口来加以弥补，进口量从 2000 年的 1042 万 t 增加到 2022 年的 9108 万 t，22 年间增长了 774%，使其成为我国进口量最大的农产品。为了保护农民种植大豆的积极性和保障我国食用油安全，增强国家调控市场的能力，国家持续增加大豆储备量，目前中央储备和地方储备的大豆数量超过 3000 万 t。

大豆收购入库中，入库检验是判定大豆是否符合收购质量标准、确保大豆入库质量的重要环节，也是确定大豆质量等级、作为收购结算价格的依据。入库前，应逐批次抽取样品进行检验，并出具检验报告，作为入库的技术报告。一般在原粮卸货的同时进行扦样，以运输单体为单位，按照 GB/T 5491—1985《粮食、油料检验　扦样、分样法》进行扦样和分样，一般扦样量为 1kg 左右，并标记到货日期、车号、品种、扦样员等信息，字迹要清晰，保证样品信息的准确性。扦样的同时要注意到货粮食是否有水湿、霉变、生虫、污染等异常情况，一旦发现异常情况，应做好标记并及时通知相关人员进行处理。

大豆入库一般检验项目有：色泽、气味、杂质、水分、完整粒率、损伤粒率、粗脂肪酸值、蛋白质溶解比率、磷化物残留等。

1. 入库质量检测

大豆入库检验应严格执行 GB 1352《大豆》标准要求，从农民手中直接购入的新大豆，主要检验指标有：色泽、气味、杂质、水分、完整粒率、损伤粒率等。从农村经纪人或其他企业批量购进的大豆，在购入前应先抽取综合样品进行初验（必要时，做储存品质控制指标和大豆新陈度检测），扦样方法按 GB/T 5491—1985《粮食、油料检验　扦样、分样法》执行，初验合格后方可允许其入库，然后对来粮逐车扦样检验入库。

2. 大豆入库检验程序

（1）仪器校准　检验室所用实验仪器必须经常校对，保证检验结果的准确性。天平必须经过计量检定，每天使用之前要调零点；快速水分测定仪定期与至少两个标准水分样品进行校对，标准水分样品每隔半月用 GB 5009. 3—2016《食品安全国家标准　食品中水分的测定》中直接干燥法测定校正一次。

（2）扦取样品　对入库车辆，扦样员扦样时至少要有 2 人在场，按照车辆停放先后顺序进行扦样。扦取样品数量 1kg 左右，扦样完毕填写《粮食入（出）库扦样检验原始记录单》，将样品封存移交检验室。

（3）检验程序　检验员收到样品后，按样品先后顺序按以下程序进行逐个检验，同时将检验结果记录到《粮食入（出）库扦样检验原始记录单》。

①害虫密度：将大豆样品倒入害虫选筛，手筛 3min 后检查筛底害虫密度。

②大豆的色泽气味：将选筛按规定标准套好，用电动筛选器法或手筛法除去大型杂质后检测色泽与气味。

③水分检测：用快速水分测定仪测量样品水分。

④大样杂质检测：将样品用分样器充分混匀分出大样后按照标准进行大样杂质检测。

⑤小样杂质检测：从检验过大样杂质的试样中均匀分出小样试样，按照标准 GB/T 5494—2019《粮油检验　粮食、油料的杂质、不完善粒检验》进行小样杂质检测，计算杂质总量。

⑥完整粒率与损伤粒率：检验小样杂质的同时按照大豆质量标准的规定检测完整粒率与损伤粒率。

（4）填单流转　检验员根据《粮食入（出）库扦样检验原始记录单》填写《粮食出入库检验检斤单》，并签名加盖检验专用章。货主持盖章的《粮食出入库检验检斤单》到地平衡处过磅。

（5）大豆入仓　经检验合格的大豆，按照仓储管理的有关要求入仓储存，严格执行品种分开、品质分开、年限分开。对需进一步整理后再入仓的大豆，应单独存放，经整理后达到入仓要求时方可入仓。带有检疫对象的大豆不得入库，误收时应按有关规定就地熏蒸处理，立即封存隔离，限 3d 之内加以歼灭，并须经上级主管部门检查许可后，大豆方可出仓。

（6）质量验收　大豆入仓后，由直属库中心化验室对大豆质量进行全面检测验收，并据此建立储粮账卡和质量档案。具体扦样时，扦样现场包括承储单位人员在内至少要有 2 人同时在场，扦样操作按国家标准 GB/T 5491—1985《粮食、油料检验　扦样、分样法》和国粮发［2010］190 号文件进行。

对于中央储备粮是按大豆国家质量标准进行检验，按《关于执行粮油质量国家标准有关问题的规定》（国粮发〔2010〕178 号）中要求进行各项指标增扣量。然后填写《中央储备粮油入库登记检验检斤单》。大豆入库登记检验检斤单同第四章小麦入库检验。

3. 大豆入库基本程序与要求

大豆入库的基本程序：库房及配套设施的准备；大豆的质量检测，大豆的清理和干燥；大豆入库。其质量及储藏品质基本要求如下。

（1）质量及等级　入库大豆质量应符合国家标准 GB 1352—2023《大豆》中的三等及以

上等级的质量指标规定。

（2）水分含量　过夏长期储藏的大豆，应将其水分含量严格控制在当地安全储藏水分值以内。一般情况下，东北、华北地区大豆安全储藏水分应控制在13.0%以内，其他地区应控制在14.0%以内。各地还可在此基础上，结合入库大豆的综合质量情况（特别是成熟度、完整粒率、损伤粒率等）、入库季节、储藏条件和形式及当地气候特点，来科学确定和合理调整大豆入库水分标准。

（3）杂质含量　入库大豆的杂质含量控制在1.0%以内。

（4）储存品质　入库时大豆的储藏品质应达到《粮油储存品质判定规则》中“易存”标准的要求。

（二）大豆出库检验项目及程序

大豆的出库检验与小麦相同。

（1）出库质量检测　调拨出库或销售时，严格执行国家标准，及时做好全面质量检验，主要检验指标：色泽、气味、杂质、水分、完整粒率、损伤粒率等。

（2）出库的大豆要出具大豆出库质量检验报告并与检验结果相一致；检验报告中应当标明大豆的品种、等级、代表数量、产地和收获年度等；大豆出库检验报告应当随货同行，报告有效期一般为3个月；出库的大豆检验报告单上必然有单位相关人签字后加盖公章方可有效。

（3）正常储存年限内的大豆，检验项目主要为国家粮食质量标准规定的各项质量指标；在储存期间使用过化学药剂并在残效期间的粮食，应增加药剂残留量检验；色泽、气味明显异常的大豆，应增加相关卫生指标检验。

（4）超过正常储存年限的大豆销售出库时，由具有资质的粮食质检机构进行质量检测，并出具《大豆销售出库检验报告》（表7-5）。

（5）严重重度不宜存的大豆，不符合食用卫生标准的粮食，严禁流入口粮市场，必须按国家有关规定管理；不符合饲料卫生标准的粮食，不得用作饲料。

表7-5　大豆销售出库检验报告

报告编号：

检验单位					
受检单位					
样品名称		粮食性质		粮食产地	
收获年度		包装/散装		入库年度	
扦样地点					
代表数量		扦（送）日期		扦（送）样人	
检验依据（标准代号）					

续表

	检验项目	标准值	检验结果	检验项目	标准值	检验结果
检验结果	完整粒率/%					
	损伤粒率/%					
	杂质/%					
	水分/%					
	色泽、气味					
	粗脂肪酸值（干基，KOH）/（mg/g）					
	蛋白质溶解比率/%					
	磷化物（以 PH_3 计）/（mg/kg）					
检验结论	按上述所示检验结果，依据××××××标准判定，××××××××××××。 年　月　日					
备注						

三、 大豆储藏期间检验项目及程序

大豆是主要油料作物之一，也是我国重要的粮油兼用经济作物。由于大豆富含蛋白质和脂肪，在储藏过程中容易出现吸湿生霉、浸油赤变、品质劣变、发芽力丧失等不良现象，储藏稳定性较差。与储藏禾谷类粮食作物相比，大豆的储藏要求更高、条件更严，除要防止出现发热、生霉等储粮隐患外，还要保证不浸油、不酸败、不变质，维护好食用品质和商品价值。大豆的主要储藏特性有：水分活度高，安全水分标准低；吸湿性强，易发热霉变；耐温性差，品质容易劣变；后熟期长，易“出汗”“乱温”；油分易析出；子叶易“赤变”；抗虫蚀能力强，不易遭受害虫侵蚀。大豆籽粒在储藏过程中发生的这一系列复杂的物理和化学特性的变化，会在很大程度上直接影响大豆的加工性能和产品的质量。因此，掌握和控制好储藏过程中大豆的品质变化，可以防止大豆在储藏过程中发生质变。

对于中央储备粮则要求所储存的大豆质量必须达到中等及以上质量要求，且质量指标综合判定合格率应在90%以上，质量指标全项合格率不得低于70%；水分一般不超过《粮食安全储存水分及配套储藏操作规程（试行）》（中储粮［2005］31号）中推荐的入库水分值；储藏期间应保持宜存，对轻度不宜存或接近轻度不宜存的大豆要及时上报分公司安排轮换，杜绝发生大豆陈化事故；每月的月底质检员应会同保管员对所储存的每个仓的中央储备粮进行扦样，进行质量检测；每年的3月末和9月末要将每个仓的中央储备粮扦取的样品送各分公司质检中心进行储存品质检测。

（一）质量检验

按国家标准GB 1352—2023《大豆》对大豆各项指标进行检验，其检测指标主要有：完整粒率、水分、杂质、损伤粒率、色泽与气味，各指标的具体操作按本章第一节中相关描述进行。

（二）储存品质检验

大豆储存品质的检验按国家标准GB/T 31785—2015《大豆储存品质判定规则》进行。严格控制大豆储存期间的各项关键指标。

大豆储存品质的检验指标主要有：色泽与气味、粗脂肪酸值、蛋白质溶解比率。控制标准按表7-6和表7-7进行。

表7-6　高油大豆储存品质指标

项目	宜存	轻度不宜存	重度不宜存
色泽、气味	正常	正常	基本正常
粗脂肪酸值（KOH）/（mg/g）	≤3.5	≤5	>5

表7-7　大豆储存品质指标

项目	宜存	轻度不宜存	重度不宜存
色泽、气味	正常	正常	基本正常
粗脂肪酸值（KOH）/（mg/g）	≤3.5	≤5	>5
蛋白质溶解比率/%	≥75	≥60	<60

判定规则如下。

高油大豆：色泽、气味，粗脂肪酸值均符合表7-6中“宜存”规定的，判定为宜存大豆，适宜继续储存。色泽、气味，粗脂肪酸值均符合表7-6中“轻度不宜存”规定的，判定为轻度不宜存大豆，应尽快安排出库。色泽、气味，粗脂肪酸值指标中，有一项符合表7-6中“重度不宜存”规定的，判定为重度不宜存大豆，应立即安排出库。因色泽、气味判定为重度不宜存的，还应报告粗脂肪酸值检验结果。

大豆：色泽、气味，粗脂肪酸值，蛋白质溶解比率均符合表7-7中“宜存”规定的，判定为宜存大豆，适宜继续储存。色泽、气味，粗脂肪酸值，蛋白质溶解比率均符合表7-7中“轻度不宜存”规定的，判定为轻度不宜存大豆，应尽快安排出库。色泽、气味，粗脂肪酸值，蛋白质溶解比率指标中，有一项符合表7-7中“重度不宜存”规定的，判定为重度不宜存大豆，应立即安排出库。因色泽、气味判定为重度不宜存的，还应报告粗脂肪酸值检验结果。

（三）指标检测方法

1. 大豆粗脂肪酸值检测

大豆粗脂肪酸值检测分为两步。

第一步：按GB/T 14488.1—2008《植物油料　含油量测定》先提取粗脂肪。

第二步：按GB 5009.229—2016《食品安全国家标准　食品中酸价的测定》中规定的热

乙醇法测定粗脂肪的酸值。

（1）试剂

①乙醇：最低浓度为95%的乙醇。

②氢氧化钠或氢氧化钾：标准滴定溶液的浓度 c(KOH 或 NaOH) = 0.1mol/L。

③氢氧化钠或氢氧化钾：标准滴定溶液的浓度 c(KOH 或 NaOH) = 0.5mol/L。

④酚酞指示剂：1g 的酚酞溶解于 100mL 的 95%乙醇溶液中。

⑤正己烷或石油醚。

（2）仪器和设备　电热恒温箱；电热恒温水浴锅；粉碎机：筛网孔径 0.8mm；备有变色硅胶的干燥器；索氏抽提器：各部件应洗净，在 105℃下烘干，其中抽提瓶烘至恒重；滤纸筒、滤纸（在 105℃下烘 30min）；微量滴定管：10mL，最小刻度 0.02mL。

（3）操作方法

①干燥：在对样品进行粗脂肪的抽提之前，将样品清除杂质后应使样品的水分降到 10%以下。具体操作：用快速水分测定仪测定试样的水分含量，如果试样水分大于 10%，需将试样装入铝盒，在不高于 80℃的烘箱中烘干试样，使其水分达到 10%以下。烘干后的样品置于广口瓶中密闭备用。

②样品制备：将干燥好的试样用粉碎机粉碎成均匀的细颗粒状，使其粒度小于 1mm。

③测定：称取粉碎后样品（10±0.5）g，精确至 0.001g，将试样小心转移至一滤纸筒中，并用蘸有少量溶剂的脱脂棉擦拭称量所用的托盘及转移试样所用的器具，直到无试样和油迹为止，最后将脱脂棉一并移入滤筒内，用脱脂棉封顶，压住试样。

④抽提与蒸发溶剂：按第六章中粗脂肪测定方法进行。

（4）注意事项

①试样必须烘干，除去大样杂质磨细，避免因试样颗粒大或含水多不易被乙醚浸透。另外水分过高会使部分水溶性物质被抽提到脂肪，影响测试结果。

②使用石油醚时，瓶塞要随时盖好。实验室内保证空气流通无明火，避免人身中毒或起火。

③抽提试样时，要随时检查仪器是否漏气。如漏气不可用凡士林，只可调磨口。溶剂消耗太大可补加溶剂。

④抽提瓶内的油如有浑浊现象时，要重新操作。

⑤干燥箱的温度不宜过高，干燥时间不宜过长。否则，可使低级脂肪酸挥发，不饱和脂肪酸氧化影响测定结果。

（5）粗脂肪酸值测定　按第八章中油脂酸值测定中热乙醇法进行。

2. 大豆蛋白质溶解比率检测

按标准规定方法（GB 5009.5—2016《食品安全国家标准　食品中蛋白质的测定》）测定粗蛋白质含量和水溶性蛋白质含量，然后按式（7-4）计算蛋白质溶解比率：

$$蛋白质溶解比率（\%）=（水溶性蛋白质含量/粗蛋白质含量）\times 100 \tag{7-4}$$

（1）粗蛋白质的测定　按第四章相关的描述进行测定。

（2）水溶性蛋白质含量测定

①原理：大豆中的蛋白质主要是球蛋白，利用其可溶于水的特征，经水提取后，再用凯氏法测定。

②试剂

a. 浓硫酸过氧化氢水混合液（2∶1∶3）。在100mL水中缓慢加入浓硫酸200mL，冷却后再加入30%过氧化氢300mL，混匀备用。此液存放阴凉处可保存一个月。

b. 混合催化剂。硫酸铜10g，硫酸钾100g，硒粉0.2g，在研钵中研细使通过40目筛，混匀后备用。

c. 40%氢氧化钠溶液。

d. 2%硼酸溶液。

e. 0.01mol/L盐酸溶液。

f. 甲基红乙醇溶液。0.1g甲基红溶于75mL 95%乙醇中（先在研钵中加乙醇研磨）。

g. 亚甲蓝乙醇溶液。0.1g亚甲蓝溶于80mL 95%乙醇中。临用时将以上两液按2∶1比例混合即成。在酸域呈紫红色，在pH 5.5时溶液无色，在碱域呈绿色。

③仪器和用具：机械研磨机；筛子：孔径0.8mm；分析天平：分度值为0.001g；圆底烧瓶：1000mL；锥形瓶：100mL；微量滴定管：5mL，刻度为0.001mL；容量瓶：50mL；移液管：5mL；凯氏蒸馏装置；量筒：10mL。

④操作方法

a. 试样制备。将大豆粉碎，使90%以上通过0.246孔径筛。

b. 提取。称取大豆粉5g（精确至0.01g）放于磨口带塞锥形瓶中，先加10mL水，使样品湿润，不结块。然后再加190mL水，摇匀后，在25~30℃下振荡2h，取出后将混合液转移至250mL容量瓶中，用水稀释至刻度，混匀后静置1~2min。将上层清液倒入离心管中，离心（1500r/min）10min，再将离心液用快速滤纸或玻璃纤维过滤，滤液即为水溶性蛋白质提取液。

c. 定氮。取滤液10mL放于50mL或100mL凯氏烧瓶中，按第四章描述的相关操作进行消化、蒸馏、滴定。记下滴定样品及空白液消耗盐酸的体积。

⑤结果计算：水溶性蛋白质含量按式（7-5）计算：

$$\text{水溶性蛋白质(干基\%)} = (V_1 - V_0) \times c \times 0.014 \times 6.25 \times \frac{250}{10} \times \frac{50}{5} \times \frac{100}{m(100 \times M)} \times 100\% \qquad (7-5)$$

式中 V_0——空白试验滴定的盐酸溶液的体积，mL；

V_1——滴定5mL样品溶液消耗盐酸的体积，mL；

0.014——氮的毫摩尔质量，g/mmol；

6.25——大豆氮量换算成蛋白质系数；

10——吸收提取液进行消化的体积，mL；

250——总提取液的体积，mL；

5——吸收消化液的体积，mL；

50——总消化液的体积，mL；

c——滴定所使用的盐酸的浓度，mol/L；

m——试样的质量，g；

M——试样的水分含量，%。

（四）大豆储藏期间的质量管理

为进一步提升中央储备粮质量管理水平，确保中央储备粮质量良好，中国储备粮管理集团有限公司下发了《关于实行中央储备粮质量控制单制度的通知》，通知规定中央储备粮在储藏期间均实行《中央储备粮质量控制单》（表7-8至表7-10）制度，对所储备的粮食实行从入库到出库全过程质量控制。

表7-8 中央储备大豆质量控制单

（第一联）

<table>
<tr><td>仓(货位)号</td><td></td><td>数量/t</td><td></td><td>产地</td><td></td><td>收获年度</td><td></td><td>入库时间</td><td></td><td>保管员</td><td></td></tr>
<tr><td rowspan="6">直属库
质量初
验结果</td><td>检测时间</td><td colspan="5">质量指标</td><td colspan="5">检验结果判定</td></tr>
<tr><td rowspan="5"></td><td>完整粒
率/%</td><td>损伤粒
率/%</td><td>水分
/%</td><td>杂质
/%</td><td>色泽、
气味</td><td colspan="5" rowspan="2">1. 质量指标
达标（ ）
不达标（ ）
不达标项目：</td></tr>
<tr><td></td><td></td><td></td><td></td><td></td></tr>
<tr><td colspan="5">储存品质指标</td><td colspan="5" rowspan="3">2. 储存品质
宜存（ ）
轻度不宜存（ ）
重度不宜存（ ）
检验员签字： 日期：</td></tr>
<tr><td colspan="2">粗脂肪酸值（干基，KOH）/（mg/g）</td><td colspan="2">蛋白质溶解比率/%</td><td>色泽、气味</td></tr>
<tr><td colspan="2"></td><td colspan="2"></td><td></td></tr>
<tr><td colspan="2">整改建议
（保管员填写）</td><td colspan="2">仓储科长意见</td><td colspan="2">主管副主任意见</td><td colspan="2">主任意见</td><td colspan="4">整改结果
（保管员填写）</td></tr>
<tr><td colspan="2">签字：
日期：</td><td colspan="2">签字：
日期：</td><td colspan="2">签字：
日期：</td><td colspan="2">签字：
日期：</td><td colspan="4">签字：
日期：</td></tr>
</table>

表7-9 中央储备大豆质量控制单

（第二联）

<table>
<tr><td>仓(货位)号</td><td></td><td>数量/t</td><td></td><td>产地</td><td></td><td>收获年度</td><td></td><td>入库时间</td><td></td><td>保管员</td><td></td></tr>
<tr><td rowspan="6">分公司
质检中
心验收
结果</td><td>检测时间</td><td colspan="5">质量指标</td><td colspan="5">检验结果判定</td></tr>
<tr><td rowspan="5"></td><td>完整粒
率/%</td><td>损伤粒
率/%</td><td>水分
/%</td><td>杂质
/%</td><td>色泽、
气味</td><td colspan="5" rowspan="2">1. 质量指标
达标（ ）
不达标（ ）
不达标项目：</td></tr>
<tr><td></td><td></td><td></td><td></td><td></td></tr>
<tr><td colspan="5">储存品质指标</td><td colspan="5" rowspan="3">2. 储存品质
宜存（ ）
轻度不宜存（ ）
重度不宜存（ ）
检验员签字： 日期：</td></tr>
<tr><td colspan="2">粗脂肪酸值（干基，KOH）/（mg/g）</td><td colspan="2">蛋白质溶解比率/%</td><td>色泽、气味</td></tr>
<tr><td colspan="2"></td><td colspan="2"></td><td></td></tr>
<tr><td colspan="2">整改建议
（保管员填写）</td><td colspan="2">仓储科长意见</td><td colspan="2">主管副主任意见</td><td colspan="2">主任意见</td><td colspan="4">整改结果
（保管员填写）</td></tr>
<tr><td colspan="2">签字：
日期：</td><td colspan="2">签字：
日期：</td><td colspan="2">签字：
日期：</td><td colspan="2">签字：
日期：</td><td colspan="4">签字：
日期：</td></tr>
</table>

表 7-10 中央储备大豆质量控制单

（第三联）

第（ ）页

仓(货位)号		数量/t		产地	收获年度		入库时间		保管员	
检测单位	检测时间	储存品质指标			检验结果判定（检验员填写）	整改建议（保管员填写）	仓储科长意见	主管副主任意见	主任意见	整改结果（保管员填写）
		粗脂肪酸值(干基,KOH)/(mg/g)	蛋白质溶解比率/%	色泽、气味	储存品质： 宜存（ ） 轻度不宜存（ ） 重度不宜存（ ） 签字： 日期：	签字： 日期：	签字： 日期：	签字： 日期：	签字： 日期：	签字： 日期：
		粗脂肪酸值(干基,KOH)/(mg/g)	蛋白质溶解比率/%	色泽、气味	储存品质： 宜存（ ） 轻度不宜存（ ） 重度不宜存（ ） 签字： 日期：	签字： 日期：	签字： 日期：	签字： 日期：	签字： 日期：	签字： 日期：
		粗脂肪酸值(干基,KOH)/(mg/g)	蛋白质溶解比率/%	色泽、气味	储存品质： 宜存（ ） 轻度不宜存（ ） 重度不宜存（ ） 签字： 日期：	签字： 日期：	签字： 日期：	签字： 日期：	签字： 日期：	签字： 日期：

思考题

1. 普通大豆和专用大豆的质量标准有哪些？
2. 普通大豆、高油大豆和高蛋白大豆的质量评价指标有哪些？
3. 大豆杂质、完整粒率和损伤粒率是指什么？各检测指标如何检测？
4. 大豆收购过程中的检验程序有哪些？检测指标有哪些？各指标的检测方法有哪些？
5. 大豆出入库检测指标有哪些？各指标的检测方法有哪些？
6. 大豆储藏品质检验指标有哪些？储藏品质如何判定？
7. 大豆粗脂肪检测原理是什么？如何进行检测？
8. 大豆粗蛋白测定原理是什么？如何进行检测？

第八章 杂粮及油料品质检验与流通过程品质控制

CHAPTER 8

学习指导

党的二十大报告提出，树立大食物观，构建多元化食物供给体系。老百姓要从过去“吃得饱”转向“吃得好”，再到“吃得健康”。杂粮和除大豆外的其他油料作为多元化食物体系的主要供给，其流通过程中的品质检验与控制对保障健康的多元化膳食供给具有直接影响。通过本章的学习，熟悉杂粮及油料品质检验与流通过程的品质控制，重点掌握杂粮及油料分类及质量评价方法，熟悉杂粮及油料质量标准和术语，了解杂粮和油料收购、出入库、储藏期间检验项目及程序，重点掌握杂粮和油料质量检验和储藏品质检验标准和各指标的检验方法，理解各指标的检测方法、原理。

《中国居民膳食指南（2022）》提炼出了平衡膳食八准则，其中一项指出要多吃全谷。《黄帝内经》里面讲的“五谷为养，五果为助，五畜为益，五菜为充”，强调的就是五谷主食的基础性与重要性，这也是我们中华民族最古老的膳食营养与养生智慧。种种趋势表明，杂粮的摄入及杂粮的品质安全对促进广大人民群众的健康非常重要。杂粮通常是指水稻、小麦、玉米、大豆和薯类五大作物以外的粮食作物，主要有高粱、谷子、荞麦（甜荞、苦荞）、莜麦（燕麦）、大麦、糜子、黍子等，以及绿豆、小豆（红小豆、赤豆）、蚕豆、豌豆等。杂粮既是中国粮食安全的重要补充，又是调剂居民饮食消费结构的主角，随着人们生活水平的提高和膳食结构的调整，杂粮的消费量逐渐升高，人们对杂粮的品质也越加重视。油料是油脂制取工业的原料，是人们食用油脂的重要来源。油脂工业中通常将含油率高于 10 % 的植物性原料称为油料。油料作物是以榨取油脂为主要用途的一类作物，这类作物主要有大豆、花生、油菜籽、葵花籽等。

第一节　黍及黍米质量检验

黍为禾本科草本植物栽培黍的颖果，籽粒呈球形或椭圆形，颖壳乳白、淡黄或红色。果实呈白色、黄色或褐色，米质糯性不透明。一般来说，黍分两种类型，以秆上有毛、偏穗、种子黏者为黍；秆上无毛、散穗、种子不黏者为稷。在我国华北和西北种植较多。黍米是指由黍加工成的米，又称糯秫、糯粟、糜子米等，有白、黄、红等颜色。

一、黍及黍米质量标准

（一）主要国家标准

GB/T 13355—2008《黍》

GB/T 13356—2008《黍米》

（二）质量指标

1. 黍

黍的质量要求如表 8-1 所示。其中容重为定等指标，2 等为中等。

表 8-1 黍质量要求

等级	容重/（g/L）	不完善粒/%	杂质/%		水分/%	色泽、气味
			总量	其中：矿物质		
1	≥690					
2	≥670	≤2.0	≤2.0	≤0.5	≤14.0	正常
3	≥650					
等外	<650	—				

2. 黍米

黍米的质量要求如表 8-2 所示。其中加工精度为定等指标。

表 8-2 黍米质量要求

等级	加工精度/%	不完整粒/%	最大限度杂质/%			碎米/%	水分/%	色泽、气味
			总量	其中				
				黍粒	矿物质			
1	≥80.0	≤2.0	≤0.5	≤0.2				
2	≥70.0	≤3.0	≤0.7	≤0.4	≤0.2	≤6.0	≤14.0	正常
3	≥60.0	≤4.0	≤1.0	≤0.7				

二、黍及黍米质量标准相关指标检测方法

（一）黍

1. 质量指标相关检验标准

（1）扦样、分样　按 GB/T 5491—1985《粮食、油料检验　扦样、分样法》进行。

（2）色泽、气味　按 GB/T 5492—2008《粮油检验　粮食、油料的色泽、气味、口味鉴定》进行。

（3）互混检验　按 GB/T 5493—2008《粮油检验　类型及互混检验》进行。

（4）杂质、不完善粒　按 GB/T 5494—2019《粮油检验　粮食、油料的杂质、不完善粒检验》进行。

（5）水分检验　按 GB/T 5497—1985《粮食、油料检验　水分测定法》和 GB 5009.3—2016《食品安全国家标准　食品中水分的测定》进行。

（6）容重检验　按 GB/T 5498—2013《粮油检验　容重测定》进行。

2. 检验方法

黍的扦样和分样按第三章中所描述的方法进行，色泽、气味检验、水分、容重测定按第四章中所描述的方法进行，其中容重测定时取直径 3.5mm 圆孔筛下和直径 1.5 mm 圆孔筛上的黍样品进行测定。互混检验按第五章中所描述的方法进行。

（1）杂质

①基本概念：黍杂质是指除黍、稷、粟以外的其他物质，包括筛下物、无机杂质和有机杂质。

筛下物：通过直径 1.5mm 圆孔筛的物质。

无机杂质：砂石、煤渣、砖瓦块、泥土等矿物质及其他无机类物质。

有机杂质：无使用价值的黍、稷、粟，异种粮粒及其他有机类物质。

②操作方法：按第四章中所描述的方法进行。

（2）不完善粒

①基本概念：不完善粒是指受到损伤但尚有使用价值的黍颗粒，包括以下几种。

虫蚀粒：被虫蛀蚀，伤及胚或胚乳的颗粒。

病斑粒：粒面带有病斑，伤及胚或胚乳的颗粒。

生芽粒：芽或幼根突破种皮的颗粒。

生霉粒：粒面生霉的颗粒。

②操作方法：按第四章中描述进行。

（二）黍米

1. 质量指标相关检验标准

（1）扦样、分样　按 GB/T 5491—1985《粮食、油料检验　扦样、分样法》进行。

（2）色泽、气味　按 GB/T 5492—2008《粮油检验　粮食、油料的色泽、气味、口味鉴定》进行。

（3）类型及互混检验　按 GB/T 5493—2008《粮油检验　类型及互混检验》进行。

（4）杂质、不完善粒　按 GB/T 5494—2019《粮油检验　粮食、油料的杂质、不完善粒检验》进行。

（5）水分检验　按 GB 5009.3—2016《食品安全国家标准　食品中水分的测定》和 GB/T 5497—1985《粮食、油料检验　水分测定法》进行。

（6）碎米检验　按 GB/T 5503—2019《粮油检验　碎米检验法》进行。

（7）加工精度检验　按 GB/T 13356—2008《黍米》附录 A 进行。

2. 检验方法

黍米的扦样和分样按第三章中所描述的方法进行，色泽、气味检验、水分测定按第四章中所描述的方法进行，类型及互混检验、碎米检验按第五章中所描述的方法进行。

（1）杂质

①基本概念：黍米杂质是指除黍米、稷米、小米以外的其他物质，包括筛下物、无机杂

质和有机杂质。

筛下物：通过直径 1.0mm 圆孔筛的物质。

无机杂质：砂石、煤渣、砖瓦块、泥土等矿物质及其他无机类物质。

有机杂质：无使用价值的黍米、稷米、小米、异种粮粒及其他有机类物质。

②操作方法：按第五章中描述进行。

（2）不完善粒

①基本概念：黍米不完善粒是指受到损伤但尚有使用价值的黍米颗粒，包括以下几种。

未熟粒：米粒不饱满、与正常米粒显著不同的颗粒。

虫蚀粒：被虫蛀蚀的颗粒。

病斑粒：粒面带有病斑的颗粒。

生霉粒：粒面生霉的颗粒。

②操作方法：按第五章中描述进行。

（3）黍米加工精度检验　加工精度指黍粒经加工后，米粒表面残留皮层的程度。以 100 粒黍米中，粒面皮层基本去净的颗粒所占的百分数表示。

①仪器和用具：天平，分度值 0.001g；烧杯，500mL；棕色细口瓶，500mL；玻璃皿；镊子。

②试剂

a. 亚甲蓝-甲醇溶液：将 312mg 亚甲蓝溶解于盛有 250mL 甲醇的 500mL 烧杯。

b. 曙红甲醇溶液：将 312mg 曙红 Y 溶解于盛有 250mL 甲醇的 500mL 烧杯中，搅拌约 10min，然后静置 20~25min，使不溶解的颗粒全部沉淀下来。

c. 曙红-亚甲蓝甲醇溶液：将亚甲蓝甲醇、曙红甲醇两种溶液一起倒入棕色细口瓶里，使之充分混合，即成为紫色染色剂。存放于避光处保存备用。

③操作方法：从实验样品中分出黍米约 20g，不加挑选的数出整粒米 100 粒，置于玻璃器皿中，用清水洗 2~3 次，然后加入曙红-亚甲蓝甲醇溶液浸没米粒，轻轻摇动玻璃皿，浸 2min 后弃去溶液，用清水洗 2~3 次并沥干；再加入乙醇并轻轻摇动 1min，弃去，立即用清水洗涤 2~3 次，最后将米粒置清水中或用试纸吸干水分，观察米粒表面染色情况，胚乳呈粉红色，皮层和胚呈绿色，糊粉层呈蓝色。粒面呈粉红色达 2/3 及以上的颗粒，视为皮层基本去净的颗粒（a）。计数皮层基本去净的颗粒，计算加工精度。

④结果计算：黍米加工精度按式（8-1）计算。

$$X(\%) = \frac{a}{100} \times 100\% \tag{8-1}$$

式中　X——加工精度，%；

a——皮层基本去净的颗粒数；

100——参与染色检验样品的颗粒数。

两次平行试验测定值的允许差不得超过 3%，取平均值作为检验结果，检验结果取整数。

第二节　高粱质量检验

高粱是世界上种植面积仅次于小麦、玉米、水稻、大麦的第五大谷类作物，已成为我国重要的杂粮作物之一。高粱营养丰富，尤其富含淀粉，其含量最高可达 75%，是一种优良的淀粉生产原料。高粱喜温、喜光，并有一定的耐高温特性，分布于全世界热带、亚热带和温带地区。中国南北各省区均有栽培。

一、　高粱质量标准

高粱不仅可以作为杂粮被人们直接食用，为人们提供能量，同时因其淀粉含量高，粮粒外有一层由蛋白质及脂肪等组成的胶粒层，具有受热易分解的特性，适量的单宁及花青素经发酵能赋予白酒特殊的芳香等特点，使其成为淀粉生产、酿酒及制糖等工业生产的重要原料。用作酿酒、生产淀粉、制糖等工业原料的高粱称为工业用高粱。

（一）主要国家标准

GB/T 8231—2007《高粱》

GB/T 26633—2011《工业用高粱》

（二）质量指标

高粱根据其外种皮色泽不同可分为红高粱、白高粱和其他高粱三大类。其中，红高粱指种皮色泽为红色的颗粒，白高粱指种皮色泽为白色的颗粒，其他高粱指红高粱和白高粱以外的高粱。GB/T 8231—2007《高粱》中规定，各类高粱按容重分为三等（低于三等以外的为等外高粱），且对高粱不完善粒、单宁含量、水分、杂质、带壳粒做了最高限量规定。具体质量指标要求如表 8-3 所示。

表 8-3　　高粱质量指标

等级	容重/（g/L）	不完善粒/%	单宁/%	水分/%	杂质/%	带壳粒/%	色泽、气味
1	≥740	≤3.0	≤0.5	≤14.0	≤1.0	≤5	正常
2	≥720						
3	≥700						

鉴于高粱的工业用途，为了满足市场对工业用高粱的要求，使其收购及经营活动更加规范，有标准可依，国家制定了 GB/T 26633—2011《工业用高粱》，规定了工业用高粱的质量指标要求（表 8-4），其中淀粉含量为定等指标。

表 8-4　　工业用高粱质量指标

等级	淀粉含量/%	杂质/%	不完善粒/%		水分/%	色泽、气味
			总量	生霉粒		
1	≥70.5	≤1.0	≤3.0	≤5.0	≤14.0	正常
2	≥67.5					
3	≥64.5					
等外	<64.5					

二、高粱质量标准相关指标检测方法

（一）普通高粱

1. 质量指标相关检验标准

（1）扦样、分样　按 GB/T 5491—1985《粮油、油料检验　扦样、分样法》进行。

（2）色泽、气味检验　按 GB/T 5492—2008《粮油检验　粮食、油料的色泽、气味、口味鉴定》进行。

（3）类型及互混检验　按 GB/T 5493—2008《粮油检验　类型及互混检验》进行。

（4）杂质、不完善粒检验　按 GB/T 5494—2019《粮油检验　粮食、油料的杂质、不完善粒检验》进行。

（5）水分　按 GB/T 5497—1985《粮食、油料检验　水分测定法》和 GB 5009. 3—2016《食品安全国家标准　食品中水分的测定》进行。

（6）容重检验　辅助筛层改为 4. 5mm 圆孔筛，按 GB/T 5498—2013《粮油检验　容重测定》进行。

（7）单宁检验　按 GB/T 15686—2008《高粱　单宁含量的测定》进行。

（8）淀粉含量检验　按 GB 5009. 9—2016《食品安全国家标准　食品中淀粉的测定》进行。

2. 检验方法

扦样和分样按第三章中所描述的方法进行，色泽、气味检验，水分、容重测定按第四章中所描述的方法进行，其中容重测定时所用筛孔为上层 4. 5mm，下层 2. 0mm。类型及互混检验按第五章中所描述的方法进行。

（1）杂质

①基本概念：高粱杂质指通过规定筛层和无使用价值的物质，包括筛下物、无机杂质和有机杂质。

筛下物：通过直径 2. 0mm 圆孔筛的物质。

无机杂质：泥土、砂石、砖瓦块等杂质。

有机杂质：无使用价值的高粱粒、高粱壳（含未脱的高粱壳）、异种粮粒等杂质。

②操作方法：按第四章中描述进行。

（2）不完善粒

①基本概念：高粱不完善粒是指受到损伤但尚有使用价值的颗粒，包括下列几种。

病斑粒：粒面有病斑，伤及胚或胚乳的颗粒。

虫蚀粒：被虫蛀蚀，伤及胚或胚乳的颗粒。

破损粒：籽粒损伤，伤及胚或胚乳的颗粒。

生芽粒：芽或幼根突破种皮的颗粒。

生霉粒：粒面生霉的颗粒。

热损伤粒：受热后胚或胚乳显著变色和损伤的颗粒。

②操作方法：按第四章中描述进行。

（3）单宁

①测定原理：用二甲基甲酰胺溶液提取高粱单宁，经离心后，取上清液加柠檬酸铁铵溶

液和氨溶液，显色后，以水为空白对照，用分光光度计于525nm处测定吸光度，用单宁酸作标准曲线测定高粱单宁含量。

②仪器和用具：筛子，孔径0.5mm；粉碎机，粉碎样品并全部通过筛子；离心机，具备3000g离心加速度；离心管，体积约50mL，具密封盖；往复式机械搅拌器或磁力搅拌器；涡旋式振荡器；分光光度计，带10mm比色皿，可在525nm处测定；移液管，1mL、5mL、20mL；刻度移液管，5mL、10mL；试管，140mm×14mm；容量瓶，20mL。

③试剂和溶液：2g/L单宁酸溶液；8.0g/L氨（NH_3）溶液；75%二甲基甲酰胺溶液；3.5g/L柠檬酸铁铵（铁含量17%~20%）溶液，在使用前24h配制。

④样品制备：除去试样中的杂质，用粉碎机粉碎试样，并全部通过筛子，充分混合均匀。试样粉碎后，单宁会迅速氧化，应立即分析测定试样。

试样水分含量按照GB 5009.3—2016《食品安全国家标准　食品中水分的测定》测定。

⑤样品测定：称取试样约1g（精确至1mg），置离心管中。用移液管取20mL二甲基甲酰胺溶液于装有样品的离心管中，盖好密闭盖并用搅拌器搅拌提取（60±1）min。然后以3000g离心加速度离心10min。用移液管取1mL上清液V于试管中，用移液管分别加6mL水和1mL氨溶液，然后用振荡器振荡几秒钟，得到溶液A。用移液管移取1mL上清液V于试管中，用移液管分别加5mL水和1mL柠檬酸铁铵溶液，用振荡器振荡几秒钟。然后，用移液管加1mL氨溶液，用振荡器再振荡几秒钟，得到溶液B。在A和B配制（10±1）min后，分别将溶液A和溶液B溶液倒入比色皿中，以水为空白对照，用分光光度计于525nm处测定吸光度。试样的吸光度测定结果为两个吸光度之差。同一样品测定两次。

⑥ 绘制标准曲线：准备6个20mL容量瓶，用刻度移液管分别加入0mL、1mL、2mL、3mL、4mL、5mL单宁酸溶液，加二甲基甲酰胺溶液至刻度，所得标准系列溶液的单宁酸含量分别为0mg/mL、0.1mg/mL、0.2mg/mL、0.3mg/mL、0.4mg/mL、0.5mg/mL。

分别移取1mL以上标准系列溶液于试管中，用移液管分别加5mL水和1mL柠檬酸铁铵溶液，用振荡器振荡几秒钟。然后，加1mL氨溶液，用振荡器再振荡几秒钟。静置（10±1）min后，将溶液倒入比色皿中，以水为空白对照，用分光光度计于525nm处测定吸光度。以标准系列各溶液的吸光度为纵坐标，相应的单宁酸浓度（mg/mL）为横坐标，绘制标准曲线。

⑦结果计算：试样中单宁含量（X）以干基中单宁酸的质量分数（%）表示，按式(8-2)计算。

$$X = \frac{2c}{m} \times \frac{100}{100 - H} \tag{8-2}$$

式中　c——从标准曲线读取的试样提取液中单宁酸的浓度，mg/mL；

m——试样的质量，g；

H——试样的水分含量，%。

如果两次测试结果满足按表8-5用线性内插法计算的重复性要求，测试结果用两次测定的算术平均值表示。

表 8-5　　以试样干基中单宁酸质量分数表示的结果

样品	样品 1	样品 2	样品 3
平均值	0.05	0.62	1.11
重复性的标准偏差（S_r）	0.01	0.02	0.02
重复性的变异系数	21%	3.3%	1.9%
重复性（$2.8S_r$）	0.03	0.06	0.06
再现性的标准偏差（S_R）	0.02	0.03	0.07
再现性的变异系数	44%	4.8%	6.1%
再现性（$2.8S_R$）	0.06	0.08	0.19

（二）工业用高粱

1. 质量指标相关检验标准

（1）扦样、分样　按 GB/T 5491—1985《粮食、油料检验　扦样、分样法》进行。

（2）色泽、气味检验　按 GB/T 5492—2008《粮油检验　粮食、油料的色泽、气味、品味鉴定》进行。

（3）类型及互混检验　按 GB/T 5493—2008《粮油检验　类型及互混检验》进行。

（4）杂质、不完善粒检验　按 GB/T 5494—2019《粮油检验　粮食、油料的杂质、不完善粒检验》进行。

（5）水分　按 GB 5009.3—2016《食品安全国家标准　食品中水分的测定》和 GB/T 5497—1985《粮食、油料检验　水分测定法》进行。

（6）淀粉含量检验　按 GB 5009.9—2016《食品安全国家标准　食品中淀粉的测定》进行。

2. 检验方法

扦样和分样按第三章中所描述的方法进行，色泽、气味检验、水分测定按第四章中所描述的方法进行。杂质及不完善粒的检验同本节中高粱杂质及不完善粒的检验。类型及互混检验按第五章中所描述的方法进行，淀粉含量检验按第六章中所描述的方法进行。

第三节　莜麦及莜麦粉的质量检验

莜麦即裸燕麦，俗称为油麦、玉麦，为禾本科草本植物栽培莜麦的颖果。籽粒一般细长，内、外颖与护颖同为薄膜状，脱粒时同时脱落，使其成为裸粒。莜麦是一种低糖、高蛋白质、高脂肪、高能量谷物，它所含氨基酸种类齐全，人体必需的 8 种氨基酸不仅含量很高，而且平衡，此外，儿童必需的氨基酸——组氨酸的含量丰富。据报道，其营养价值居谷类粮食之首，蛋白质含量在谷类粮食中为最高。莜麦粉是由莜麦加工制成的粉状产品，不但营养价值高，而且质量优。

一、 莜麦及莜麦粉质量标准

莜麦和莜麦粉质量标准是衡量和评定莜麦和莜麦粉质量的国家标准，分别规定了莜麦和莜麦粉的相关术语和定义、质量标准、检验方法、储存和运输要求，适用于省、自治区、直辖市之间调拨、收购、储存、运输、加工和销售的商品莜麦和莜麦粉。

（一）主要质量标准

GB/T 13359—2008《莜麦》

GB/T 13360—2008《莜麦粉》

（二）质量指标

各等级莜麦质量指标如表 8-6 所示。其中容重为定等指标，2 等为中等。容重小于 3 等，为等外级。

表 8-6　　莜麦质量指标

<table>
<tr><th rowspan="2">等级</th><th rowspan="2">容重/（g/L）</th><th rowspan="2">不完善粒/%</th><th colspan="2">杂质/%</th><th rowspan="2">水分/%</th><th rowspan="2">色泽、气味</th></tr>
<tr><th>总量</th><th>其中：矿物质</th></tr>
<tr><td>1</td><td>≥700</td><td rowspan="4">≤5.0</td><td rowspan="4">≤2.0</td><td rowspan="4">≤0.5</td><td rowspan="4">≤13.5</td><td rowspan="4">正常</td></tr>
<tr><td>2</td><td>≥670</td></tr>
<tr><td>3</td><td>≥630</td></tr>
<tr><td>等外级</td><td><630</td></tr>
</table>

莜麦粉按其粗细度不同分为精制莜麦粉、普通莜麦粉和全莜麦粉三类。具体质量指标如表 8-7 所示。

表 8-7　　莜麦质量指标

<table>
<tr><th>分类</th><th>粗细度</th><th>灰分（干基）/%</th><th>含砂量/%</th><th>磁性金属物/（g/kg）</th><th>脂肪酸值（干基，KOH）/（mg/100g）</th><th>水分/%</th><th>色泽、气味、口味</th></tr>
<tr><td>精制莜麦粉</td><td>全部通过 CQ20 号筛</td><td>≤1.0</td><td rowspan="3">≤0.03</td><td rowspan="3">≤0.003</td><td rowspan="3">≤0.90</td><td rowspan="3">≤10.0</td><td rowspan="3">莜麦粉固有的色香味、具有不苦、无异味等特点</td></tr>
<tr><td>普通莜麦粉</td><td>全部通过 CQ18 号筛</td><td>≤2.2</td></tr>
<tr><td>全莜麦粉</td><td>全部通过 CQ14 号筛</td><td>≤2.5</td></tr>
</table>

二、 莜麦及莜麦粉质量标准相关指标检测方法

（一）莜麦

1. 莜麦质量指标相关检验标准

（1）扦样、分样　按 GB/T 5491—1985《粮食、油料检验　扦样、分样法》进行。

（2）色泽、气味检验　按 GB/T 5492—2008《粮油检验　粮食、油料的色泽、气味、口

味鉴定》进行。

（3）杂质、不完善粒检验　按 GB/T 5494—2019《粮油检验　粮食、油料的杂质、不完善粒检验》进行。

（4）水分检验　按 GB 5009.3—2016《食品安全国家标准　食品中水分的测定》和 GB/T 5497—1985《粮食、油料检验　水分测定法》进行。

（5）容重检验　按 GB/T 5498—2013《粮油检验　容重测定》进行。

2. 检验方法

扦样和分样按第三章中所描述的方法进行，色泽、气味检验、水分、容重测定按第四章中所描述的方法进行。

（1）杂质　除莜麦以外的其他物质，包括筛下物、无机物质、有机物质。

筛下物：通过上层筛筛孔直径为 4.5mm，下层筛筛孔直径为 2.0mm 的圆孔筛筛下的物质。

无机物质：泥土、砂石、砖瓦块及其他无机物质。

有机物质：无使用价值的莜麦粒、异种粮粒及其他有机杂质。

（2）不完善粒　受到损伤但尚有使用价值的莜麦颗粒，包括下列几种。

破损粒：压扁、破碎、伤及胚或胚乳的颗粒。

虫蚀粒：被虫蛀蚀，伤及胚或胚乳的颗粒。

病斑粒：粒面带病斑，伤及胚或胚乳的颗粒。

生芽粒：芽或幼根突破种皮的颗粒。

生霉粒：粒面生霉的颗粒。

（3）操作方法　按第四章中描述进行。

（二）莜麦粉

1. 质量指标相关检验标准

（1）扦样、分样　按 GB/T 5491—1985《粮食、油料检验　扦样、分样法》进行。

（2）色泽、气味、口味鉴定　按 GB/T 5492—2008《粮油检验　粮食、油料的色泽、气味、口味鉴定》进行。

（3）水分测定　按 GB 5009.3—2016《食品安全国家标准　食品中水分的测定》和 GB/T 5497—1985《粮食、油料检验　水分测定法》进行。

（4）灰分测定　按 GB 5009.4—2016《食品安全国家标准　食品中灰分的测定》进行。

（5）粉类粗细度测定　按 GB/T 5507—2008《粮油检验　粉类粗细度测定》进行。

（6）粉类含砂量测定　按 GB/T 5508—2011《粮油检验　粉类粮食含砂量测定》进行。

（7）粉类磁性金属物测定　按 GB/T 5509—2008《粮油检验　粉类磁性金属物测定》进行。

（8）脂肪酸值测定　按 GB/T 15684—2015《谷物碾磨制品　脂肪酸值的测定》进行。

2. 检验方法

扦样和分样按第三章中所描述的方法进行，色泽、气味、口味鉴定及粗细度、含砂量、磁性金属物和脂肪酸值测定按第四章中所描述的方法进行。

第四节 荞麦及荞麦粉质量检验

荞麦，又名三角麦、乌麦、花荞，为蓼科，荞麦属一年生草本。荞麦起源于中国，早在公元前一二世纪已开始栽培。荞麦是重要的药食两用谷类食物资源，其籽粒富含蛋白质、维生素、矿物质以及多种生物活性物质，如肌醇、生育酚、类胡萝卜素、植物甾醇、角鲨烯、维生素、谷胱甘肽和褪黑素等。荞麦不仅具有粮谷类食物的基本营养功能，且具有抗氧化、降血压、降低毛细血管脆性、降低血胆固醇、抑制乳腺癌、预防高血糖、改善微循环、提高人体免疫力和减肥等方面的药理作用。我国栽培的主要有普通荞麦和鞑靼荞麦，前者称甜荞，后者称苦荞。甜荞麦颖果较大，三角形，棱角锐，皮黑褐色或灰褐色，表面与边缘平滑。苦荞麦颖果较小，顶端矩圆，棱角钝，多有腹沟，皮黑色或灰色，粒面粗糙，无光泽。荞麦粉是以荞麦为原料，经清理、除杂、脱壳、研磨、筛理等工艺制成的粉状产品。

一、荞麦及荞麦粉质量标准

由于荞麦中生物活性物质的存在，荞麦被作为一种很有潜力的功能性食材受到越来越多人们的重视。为满足市场对荞麦的要求，使其收购及经营活动更加规范，有标准可依，国家制定了衡量和评定荞麦和荞麦粉质量的国家标准，分别规定了荞麦的相关术语和定义、分类、质量要求和卫生要求、检验方法、检验规则、标签标识以及对包装、储存和运输的要求，适用于收购、储存、运输、加工和销售的商品荞麦及荞麦粉。

（一）主要国家标准

GB/T 10458—2008《荞麦》

GB/T 35028—2018《荞麦粉》

（二）荞麦及荞麦粉的质量指标

荞麦按容重分等，具体等级指标及其他质量指标如表 8-8 所示。

表 8-8 荞麦质量要求

<table>
<tr><th rowspan="3">等级</th><th colspan="3">容重/（g/L）</th><th rowspan="3">不完善粒/%</th><th rowspan="3">互混/%</th><th colspan="2">杂质/%</th><th rowspan="3">水分含量/%</th><th rowspan="3">色泽、气味</th></tr>
<tr><th colspan="2">甜荞麦</th><th rowspan="2">苦荞麦</th><th rowspan="2">总量</th><th rowspan="2">矿物质</th></tr>
<tr><th>大粒甜荞麦</th><th>小粒甜荞麦</th></tr>
<tr><td>1</td><td>≥640</td><td>≥680</td><td>≥690</td><td rowspan="3">≤3.0</td><td rowspan="4">≤2.0</td><td rowspan="4">≤1.5</td><td rowspan="4">≤0.2</td><td rowspan="4">≤14.5</td><td rowspan="4">正常</td></tr>
<tr><td>2</td><td>≥610</td><td>≥650</td><td>≥660</td></tr>
<tr><td>3</td><td>≥580</td><td>≥620</td><td>≥630</td></tr>
<tr><td>等外</td><td><580</td><td><620</td><td><630</td><td>不要求</td></tr>
</table>

荞麦粉的质量要求应符合表 8-9 的规定。

表 8-9　　荞麦粉质量要求

项目		技术要求	
		苦荞麦粉	甜荞麦粉
总黄酮含量/（g/100g）	≥	1.0	0.2
粗细度		CB30 号筛全部通过，留存 CB36 号筛不超过 10%	
水分/%	≤	14.0	
磁性金属物（g/kg）	≤	0.003	
脂肪酸值（干基，以 KOH 计）/（mg/100g）	≤	120	
含砂量/%	≤	0.02	
色泽、气味		具有荞麦粉固有的色泽、气味	

二、荞麦及荞麦粉质量指标相关检验标准

（一）荞麦

1. 荞麦质量指标相关检验标准

（1）扦样、分样　按 GB/T 5491—1985《粮食、油料检验　扦样、分样法》进行。

（2）容重测定　按 GB/T 5498—2013《粮油检验　容重测定》进行。

（3）不完善粒、杂质检验　按 GB/T 5494—2019《粮油检验　粮食、油料的杂质、不完善粒检验》进行。

（4）水分检验　按 GB 5009.3—2016《食品安全国家标准　食品中水分的测定》和 GB/T 5497—1985《粮食、油料检验　水分测定法》进行。

（5）色泽、气味检验　按 GB/T 5492—2008《粮油检验　粮食、油料的色泽、气味、口味鉴定》进行。

2. 检验方法

扦样和分样按第三章中所描述的方法进行，色泽、气味检验，水分、容重测定按第四章中所描述的方法进行，其中容重测定清理杂质时，上层筛采用孔径为 4.5mm 圆孔筛，下层筛采用孔径为 1.5mm 圆孔筛。

（1）不完善粒、杂质检验

①基本概念

a. 杂质：除荞麦籽粒以外的其他物质，包括筛下物、无机杂质和有机杂质。

筛下物：通过直径为 2.5mm 的圆孔筛筛下的物质。

无机物质：泥土、砂石、砖瓦块及其他无机物质。

有机物质：无使用价值的荞麦粒、异种粮粒及其他有机杂质。

b. 不完善粒：受到损伤但尚有食用价值的荞麦颗粒，包括下列几种。

虫蚀粒：被虫蛀蚀，伤及胚或胚乳的颗粒。

破损粒：果皮脱落的完整籽粒及压扁、破碎，伤及皮壳、胚或胚乳的颗粒。

生霉粒：粒面生霉的颗粒。

病斑粒：粒面带有病斑，伤及胚或胚乳的颗粒。

生芽粒：芽或幼根突破表皮，芽不超过本颗粒长度的颗粒，或有生芽痕迹的颗粒。

②操作方法：按第四章中描述进行。

③ 注意事项

a. 荞麦以外的有机物质包括异种粮粒均为杂质。

b. 严重病害、热损伤、霉变或其他原因造成的变色变质无使用价值的荞麦均为杂质。

c. 应将筛底中的筛下物清理干净。

（2）甜荞麦与苦荞麦互混含量的测定

①仪器和用具

天平：分度值0.1g；谷物选筛；电动筛选器；分样器、分样板；分析盘、镊子等。

②试样的制备：将扦取的500g样品拣出大样杂质，再经2.5mm圆孔筛过筛，取筛上物作为检验样品。

③操作方法：用分样器或用四分法分取制备好的苦荞麦（或甜荞麦）样品约50g，称量（m）后置于分析盘中，用镊子拣出甜荞麦（或苦荞麦），称量（m_1），计算其质量分数。

④ 结果计算：互混含量按式（8-3）计算，以质量分数（%）表示。

$$X = \frac{m_1}{m} \times 100 \tag{8-3}$$

式中　X——甜荞麦（或苦荞麦）互混含量，%；

m_1——拣出的甜荞麦（或苦荞麦）质量，g；

m——试样质量，g。

双试验结果允许差不超过0.5%，求其平均值为检验结果，检验结果保留小数点后一位。

（3）大、小粒甜荞麦判定的测定

①仪器和用具

天平：分度值0.1g；谷物选筛；电动筛选器；分样器、分样板；分析盘、镊子等。

②试样的制备：将扦取的500g样品拣出大样杂质，再经2.5mm圆孔筛过筛，取筛上物作为检验样品。

③操作方法：用分样器或用四分法分取制备好的苦荞麦（或甜荞麦）样品约200 g，称量（m）后放于直径4.5mm圆孔筛上，按GB/T 5494—2019《粮油检验　粮食、油料的杂质、不完善粒检验》杂质筛选法，用电动筛选器或手筛法进行筛选，然后称量留存4.5mm圆孔筛上的荞麦质量（m_1），计算其质量分数。

④结果计算：筛上留存荞麦的量按式（8-4）计算，以质量分数（%）表示：

$$X = \frac{m_1}{m} \times 100 \tag{8-4}$$

式中　X——筛上留存荞麦的量，%；

m_1——留存4.5mm圆孔筛上荞麦质量，g；

m——试样质量，g。

双试验结果允许差不超过0.5%，求其平均值为检验结果，检验结果保留小数点后一位。

（二）荞麦粉

1. 质量指标相关检验标准

（1）总黄酮含量　按NY/T 1295—2007《荞麦及其制品中总黄酮含量的测定》进行。

（2）粗细度　按GB/T 5507—2008《粮油检验　粉类粗细度测定》进行。

（3）水分　按 GB 5009.3—2016《食品安全国家标准　食品中水分的测定》和 GB/T 5497—1985《粮食、油料检验　水分测定法》进行。

（4）磁性金属物　按 GB/T 5509—2008《粮油检验　粉类磁性金属物测定》进行。

（5）脂肪酸值　按 GB/T 15684—2015《谷物碾磨制品　脂肪酸值的测定》进行。

（6）含砂量　按 GB/T 5508—2011《粮油检验　粉类粮食含砂量测定》进行。

（7）色泽、气味　按 GB/T 5492—2008《粮油检验　粮食、油料的色泽、气味、口味鉴定》进行。

2. 检验方法

粗细度、水分、磁性金属物、含砂量、色泽、气味检验测定按第四章中所描述的方法进行。

（1）总黄酮含量测定

①测定原理：黄酮类化合物中的酚羟基与三氯化铝在中性介质中生成具有特征吸收峰的有色络合物，在一定的范围内，该络合物的吸光度值与总黄酮的浓度成正比，符合朗伯-比尔定律。

②仪器和用具：可见分光光度计；恒温水浴振荡器：振荡频率范围 40~220r/min；分析天平：分度值 0.1mg；离心机：最高转速大于 4000 r/min；旋风磨；砻谷机。

③试剂制备：除非另有规定，仅使用分析纯试剂。水符合 GB/T 6682—2008《分析实验室用水规格和试验方法》中三级要求。

a. 三氯化铝溶液［c（$AlCl_3$）= 0.1mol/L］。称取 12.1g 三氯化铝（$AlCl_3 \cdot 6H_2O$）置于烧杯中，加水溶解后移入 500mL 容量瓶中，用水稀释至刻度，混匀。

b. 乙酸钾溶液［c（CH_3COOK）= 1mol/L］。称取 49.1g 乙酸钾（CH_3COOK）置于烧杯中，加水溶解后移入 500mL 容量瓶中，用水稀释至刻度，混匀。

c. 芦丁标准溶液［c（$C_{27}H_{30}O_{16}$）= 0.0500mg/mL］。称取芦丁标准品（$C_{27}H_{30}O_{16}$）（纯度 95%）00573g，置于烧杯中，加甲醇溶液溶解后，移入 1000mL 容量瓶中，用甲醇溶液稀释至刻度。

d. 甲醇水溶液：7+3。

④操作步骤

a. 试样制备：去除荞麦中杂质，将荞麦样品放入水中浸泡 5min，然后置于砻谷机中，反复脱壳 5~6 次，收集碎米和米粒置于旋风磨中粉碎，粉末全部通过直径 0.5mm 筛（40目）；荞麦制品则直接置于旋风磨中粉碎。

b. 试料溶液的制备：称取试样 0.2~1g，精确至 0.0001g（苦荞试样的称样量约为 0.2g；甜荞试样称样量约为 1g；荞麦制品视其总黄酮含量在 0.2~1.0g 称取试样），置于 150mL 具塞锥形瓶中，加入甲醇溶液 30mL，盖紧瓶塞，将锥形瓶置于（65±2）℃的恒温水浴振荡器中在（160+10）r/min 的振荡频率下振摇 2h，趁热过滤，滤液置于 50mL 容量瓶中，用甲醇溶液清洗滤纸和残渣，合并滤液，冷却至室温加甲醇溶液至刻度，摇匀，为试料待测液。

c. 标准曲线的绘制：移液管分别吸取芦丁标准溶液 0.25mL、0.50mL、1.0mL、2.0mL、3.0mL、4.0mL 置于 10mL 容量瓶中，加入三氯化铝溶液 2mL，乙酸钾溶液 3mL，用甲醇溶液定容至刻度，摇匀，室温下放置 30min，同时作空白。标准曲线中芦丁含量分别为 0.00125mg/mL、0.00250mg/mL、0.00500mg/mL、0.0100mg/mL、0.0150mg/mL、0.0200mg/mL。在波长 420nm 处测定吸光度。以吸光度值为横坐标，浓度值为纵坐标，绘制标准曲线。

d. 试液的测定：准确吸取 1.0mL 试料待测液置于 10mL 容量瓶中，分别加入三氯化铝溶液 2mL，乙酸钾溶液 3mL，用甲醇溶液定容至刻度，摇匀，室温下放置 30min。在 4000r/min 速度下离心 10min，于波长 420nm 处测定吸光度值，将其代入标准曲线方程计算出总黄酮的浓度。

e. 水分含量的测定：按照 GB 5009.3—2016《食品安全国家标准　食品中水分的测定》规定执行。

⑤结果计算：总黄酮含量（以干基结果表示）以芦丁的质量分数 w 计，按式（8-5）计算：

$$w = \frac{C \times V \times D \times 100}{m \times 1000 \times (100 - H)} \times 100 \tag{8-5}$$

式中　C——由标准曲线计算得出的待测试液的总黄酮浓度，mg/mL；

V——待测试液的体积，mL；

D——试料的总稀释倍数；

m——试料的质量，g；

H——试样水分的质量分数，%。

取平行测定结果的算术平均值为测定结果。计算结果表示到小数点后两位。

（2）脂肪酸值测定

①仪器和用具

筛子：金属网筛，常用孔径 160μm、500μm（用于颗粒粉、面条和通心粉等）、1mm（在必要时，用于打碎小麦粉中的团块）；离心管：硼硅玻璃或中性玻璃，容量 45mL，配有密封塞；离心机：离心加速度 2000g；移液管：容量 20mL 和 30mL；锥形瓶：容量 250mL；微量滴定管：分度值为 0.01mL；旋转式搅拌器：工作转速 30～60r/min；分析天平：分度值 ±0.01g；粉碎机：粉碎时样品无明显发热现象（用于颗粒粉和面条、通心粉等的测定）；橙色滤色镜：照相用乙酸纤维素滤色镜，具有蓝色吸收性能（波长为 440nm）。

②试剂：本标准所使用的试剂均为分析纯，水为蒸馏水或去离子水或相当纯度的水；95%乙醇；标准滴定溶液：0.05mol/L NaOH；95%乙醇溶液，应不含 CO_2；1%酚酞指示剂溶液：称取 1g 酚酞溶于 100mL 95%乙醇中。

③操作步骤

a. 试样制备。取约 50g 样品置于粉碎机内，粉碎至样品应全部通过 500μm 筛孔，且至少 80%通过 160μm 筛孔。称取试样之前，应将样品混合均匀。

b. 试样水分含量的测定。按照 GB 5009.3—2016《食品安全国家标准　食品中水分的测定》规定执行。

c. 测定。称取制备好的样品 5g（精确至 0.01g）置于离心管内，用移液管移取 30mL 乙醇于离心管中，加塞密封离心管。采用旋转式搅拌器，在（20±5）℃下搅拌 1h。取下密封塞，在离心机上以 2000g 离心加速度离心 5min；用移液管将 20mL 上清液转移至锥形瓶，加入 5 滴酚酞溶液；采用微量滴定管，用 NaOH 乙醇溶液滴定至淡粉红色，持续约 3s。用橙色滤色镜消除黄色干扰，更准确地观察指示剂颜色变化。操作者佩戴橙色滤色镜后，消除了乙醇浸出液中黄色的影响，观察指示剂的颜色变化更加准确。

d. 空白试验。用 20mL 乙醇替代 20 mL 上清液，进行空白试验测定。

④测定结果：按式（8-6）计算脂肪酸值，以 mg/100g 表示（以 NaOH 计）：

$$A_k = \frac{6000 \times (V_1 - V_0) \times c}{m} \times \frac{100}{100 - w} \tag{8-6}$$

式中 c——NaOH 乙醇标准溶液浓度，mol/L；

m——试样的质量，g；

V_1——测定试样所用 NaOH 乙醇标准溶液的体积，mL；

V_0——空白试验所用 NaOH 乙醇标准溶液的体积，mL；

w——试样的水分含量，%；

6000—用 NaOH 表示的常数，即 40×1. 5×100。

测定结果精确到毫克（mg）。

第五节 食用豆类的质量检验

食用豆类是指以收获籽粒供食用的豆类作物的统称，均属豆科蝶形花亚科，多为一年生或越年生。品种有大豆、菜豆、绿豆、豌豆、蚕豆等。除大豆外，主要食用豆类的种子成分都很相似，主要营养成分有碳水化合物、蛋白质和脂肪等，其中蛋白质是豆类的重要组成成分，但由于含有的一些抗营养因子，如蛋白酶抑制剂、凝集素、植酸等，降低了大豆及其他豆类的生物利用率，实际应用时应采用有效的方法去除这些抗营养因子。本节主要介绍一些常见豆类的质量指标及相应的检测方法。

一、绿豆质量标准及相关指标检测方法

绿豆是豆科植物绿豆的种子，别名青小豆（因其颜色青绿而得名）、菉豆、植豆等，绿豆籽粒为淡绿色或黄褐色，短圆柱形，长 2. 5~4mm，宽 2. 5~3mm，种脐白色而不凹陷。绿豆营养丰富，籽粒中蛋白质含量为 22%~26%，是小麦的 2. 3 倍，在绿豆蛋白质中人体所必需的 9 种氨基酸的含量是禾谷类的 2~5 倍，富含色氨酸、赖氨酸、亮氨酸、苏氨酸；绿豆中还含有淀粉 50%左右，仅次于禾谷类；脂肪含量较低，一般在 1%以下，主要是软脂酸、亚油酸和亚麻酸等不饱和脂肪酸。绿豆具有降血脂、降胆固醇、抗过敏、抗菌、抗肿瘤、增强食欲、保肝护肾的作用，深受人们欢迎。

（一）主要国家标准

GB/T 10462—2008《绿豆》

（二）质量指标

1. 分类

根据绿豆种皮的颜色和光泽将绿豆分为四类。

（1）明绿豆　种皮为绿色、深绿色，有光泽的绿豆不低于 95%。

（2）黄绿豆　种皮为黄色、黄绿色，有光泽的绿豆不低于95%。

（3）灰绿豆　种皮为灰绿色，无光泽的绿豆不低于95%。

（4）杂绿豆　不符合上述规定的绿豆。

2. 质量要求

各类绿豆质量要求如表8-10所示，其中纯粮率为定等指标。

表8-10　绿豆质量要求

等级	纯粮率/%	杂质/%		水分含量/%	色泽、气味
		总量	其中：矿物质		
1	≥97.0	≤1.0	≤0.5	≤13.5	正常
2	≥94.0				
3	≥91.0				
等外	<91.0				

（三）绿豆质量指标相关检验标准

（1）扦样、分样　按GB/T 5491—1985《粮食、油料检验　扦样、分样法》进行。

（2）分类检验　按GB/T 5493—2008《粮油检验　类型及互混检验》进行。

（3）纯粮率检验　按GB/T 22725—2008《粮油检验　粮食、油料纯粮（质）率检验》进行。

（4）不完善粒、杂质检验　按GB/T 5494—2019《粮油检验　粮食、油料的杂质、不完善粒检验》进行。

（5）水分检验　按GB 5009.3—2016《食品安全国家标准　食品中水分的测定》和GB/T 5497—1985《粮食、油料检验　水分测定法》进行。

（6）色泽、气味检验　按GB/T 5492—2008《粮油检验　粮食、油料的色泽、气味、口味鉴定》进行。

（7）硬实粒检验　按GB/T 10462—2008《绿豆》进行。

（四）检验方法

扦样和分样按第三章中所描述的方法进行，色泽、气味检验、水分测定按第四章中所描述的方法进行。

1. 杂质和不完善粒

（1）杂质　杂质是指通过规定孔筛和无使用价值的物质，包括下列物质。

筛下物：通过直径为2.0mm的圆孔筛筛下的物质。

无机杂质：泥土、砂石、砖瓦块及其他无机物质。

有机杂质：无使用价值的大豆粒、异种粮粒及其他有机杂质。

（2）不完善粒　不完善但尚有使用价值的颗粒，包括未熟粒、虫蚀粒、病斑粒、破损粒、生霉粒、生芽粒和硬实粒。

未熟粒：籽粒不饱满，皱缩达粒面1/2以上，与正常粒显著不同的颗粒。

虫蚀粒：种皮被虫蛀蚀、伤及子叶的颗粒。

病斑粒：粒面有病斑，伤及子叶的颗粒。

破损粒：子叶残缺、横断、破损的颗粒。

生芽粒：芽或幼根突破种皮的颗粒。

霉变粒：粒面生霉变色的颗粒。

硬实粒：不能正常吸水膨胀，不易煮烂的颗粒。

（3）操作方法　除硬实粒外，杂质和不完善粒的测定按第四章中描述进行。

（4）注意事项

①绿豆以外的有机物质包括异种粮粒均为杂质。

②严重病害、热损伤、霉变或其他原因造成的变色变质无使用价值的绿豆均为杂质。

③应将豆荚中的豆粒剥离出来，分别归属。

④应将筛底中的筛下物清理干净。

（5）硬实粒

①仪器和用具

天平：分度值0.01g；烧杯；100mL；定性滤纸。

②操作方法：按GB/T 5494—2019《粮油检验　粮食、油料的杂质、不完善粒检验》规定检验杂质、不完善粒后，将拣去其他不完善粒的试样置于烧杯中，加入35℃的温水浸泡1h，取出，沥干表面水分，再用滤纸吸去表皮吸附的水分，与未浸泡的样品对比，拣出种皮未发生皱缩或不能正常吸水膨胀的颗粒，称取其质量（m_1）。

③结果计算：硬实粒按式（8-7）计算。

$$X=(100-w)\times\frac{m_1}{m} \tag{8-7}$$

式中　X——硬实粒，%；

w——大样杂质的质量分数，%；

m_1——硬实粒质量，g；

m——试样质量，g。

双试验结果允许差不超过0.5%，求其平均值为检验结果，检验结果保留小数点后一位。

2. 纯粮率

（1）基本概念　除去杂质的绿豆籽粒（其中不完善粒折半计算）占试样的质量分数。

（2）仪器和用具　天平，分度值0.01g、0.1g；谷物选筛；电动筛选器；分样器或分样板；分析盘、剪刀、镊子等。

（3）操作方法

①净粮纯粮（质）率检验：从检验过杂质的样品中，按照GB/T 5494—2019《粮油检验　粮食、油料的杂质、不完善粒检验》表1中“小样质量”的规定，称取净试样（m），再按照质量标准的规定拣出不完善粒，称量（m_1）。

②毛粮纯粮（质）率检验：按照GB/T 5494—2019《粮油检验　粮食、油料的杂质、不完善粒检验》的规定，称取试样（m）进行杂质、不完善粒检验。分别称取不完善粒质量（m_1）和杂质质量（m_2）。

③结果计算：净粮纯粮（质）率（X）按式（8-8）计算。

$$X=\frac{m-m_1/2}{m}\times 100 \tag{8-8}$$

式中　X——净粮纯粮（质）率，%；

m_1——不完善粒质量，g；

m——净试样质量，g。

毛粮纯粮（质）率（Y）按式（8-9）计算：

$$Y = \frac{m - (m_2 + m_1/2)}{m} \times 100 \tag{8-9}$$

式中　Y——毛粮纯粮（质）率，%；

m_1——不完善粒质量，g；

m_2——杂质质量，g；

m——试样质量，g。

计算结果取小数点后第一位。

二、豌豆质量标准及相关指标检测方法

豌豆是豆科豌豆属一年生攀援草本植物。豌豆籽粒为圆形，青绿色，有皱纹或无，干后变为黄色，由种皮、子叶和胚构成。豌豆营养较为全面且均衡，其中干豌豆子叶中所含的蛋白质、脂肪、碳水化合物分别占籽粒总量的96%、77%、89%。胚虽含蛋白质和矿物质元素，但在籽粒中所占的比重极小。种皮中包含种子中大部分不能被消化利用的碳水化合物，其中钙磷的含量也较多。据报道，豌豆蛋白的生物价（BV）为48%~64%，功效比（PER）为0.6~1.2，高于大豆。豌豆食品具有清热解毒、利尿的功效。

（一）主要国家标准

GB/T 10460—2008《豌豆》

（二）质量指标

豌豆按千粒重和皮色可将其分为大粒白色豌豆、大粒绿色豌豆、大粒紫色豌豆、中粒白色豌豆、中粒绿色豌豆、中粒紫色豌豆、小粒白色豌豆、小粒绿色豌豆、小粒紫色豌豆以及混合豌豆十种。各类豌豆质量要求如表8-11所示，其中纯粮率为定等指标。

表8-11　豌豆质量要求

等级	纯粮率/%	杂质/%		水分/%	色泽、气味
		总量	其中：无机杂质		
1	≥98.0	≤1.0	≤0.5	≤12.0	色泽新鲜、无异味
2	≥95.0				色泽较暗、无异味
3	≥92.0				色泽陈旧、无异味
等外	<92.0				—

（三）豌豆质量指标相关检验标准

（1）扦样、分样　按GB/T 5491—1985《粮食、油料检验　扦样、分样法》进行。

（2）千粒重测定　按GB/T 5519—2018《谷物与豆类　千粒重的测定》进行。

（3）色泽、气味　按GB/T 5492—2008《粮油检验　粮食、油料的色泽、气味、口味鉴定》进行。

（4）皮色类型检验　按 GB/T 5493—2008《粮油检验　类型及互混检验》进行。

（5）纯粮率检验　按 GB/T 22725—2008《粮油检验　粮食、油料纯粮（质）率检验》进行。

（6）杂质、不完善粒　按 GB/T 5494—2019《粮油检验　粮食、油料的杂质、不完善粒检验》进行。

（7）水分　按 GB 5009.3—2016《食品安全国家标准　食品中水分的测定》和 GB/T 5497—1985《粮食、油料检验　水分测定法》进行。

（四）检验方法

扦样和分样按第三章中所描述的方法进行，色泽、气味检验、水分测定按第四章中所描述的方法进行，纯粮率按本章中所描述的方法进行。

1. 杂质

（1）基本概念　豌豆杂质是指豌豆以外的其他物质，包括筛下物、无机杂质和有机杂质。

筛下物：通过直径为 3.0mm 的圆孔筛筛下的物质。

无机杂质：泥土、砂石、砖瓦块及其他无机物质。

有机杂质：无使用价值的豌豆籽粒、异种粮粒、秸秆碎渣及其他有机物质。

（2）操作方法　按第四章中描述进行。

2. 不完善粒

（1）基本概念　受到损伤但尚有使用价值的颗粒，包括下列几种。

①病斑粒：粒面有病斑，伤及胚的籽粒。

②虫蚀粒：种皮被虫蛀蚀、伤及胚的籽粒。

③生霉粒：粒面生霉的籽粒。

④破损粒：子叶残缺、横断、破损的籽粒。

⑤生芽粒：芽或幼根突破种皮的籽粒。

⑥未熟粒：籽粒不饱满，皱缩达粒面 1/2 以上，与正常粒显著不同的籽粒。

（2）操作方法　按第四章中描述进行。

3. 皮色类型

（1）基本概念

①大粒白色豌豆：千粒重大于 250g，种皮为白色或黄白色的不低于 95% 的豌豆。

②大粒绿色豌豆：千粒重大于 250g，种皮为绿色的不低于 95% 的豌豆。

③大粒紫色豌豆：千粒重大于 250g，种皮为紫色或褐紫色的不低于 95% 的豌豆。

④中粒白色豌豆：千粒重在 150~250g，种皮为白色或黄白色的不低于 95% 的豌豆。

⑤中粒绿色豌豆：千粒重在 150~250g，种皮为绿色的不低于 95% 的豌豆。

⑥中粒紫色豌豆：千粒重在 150~250g，种皮为紫色或褐紫色的不低于 95% 的豌豆。

⑦小粒白色豌豆：千粒重小于 150g，种皮为白色或黄白色的不低于 95% 的豌豆。

⑧小粒绿色豌豆：千粒重小于 150g，种皮为绿色的不低于 95% 的豌豆。

⑨小粒紫色豌豆：千粒重小于 150g，种皮为紫色或褐紫色的不低于 95% 的豌豆。

⑩混合豌豆：不符合①~⑨规定的豌豆。

（2）操作方法　按 GB/T 5494—2019《粮油检验　粮食、油料的杂质、不完善粒检验》

的规定，称取试样质量（m_b），在检验不完善粒的同时，按各粮种的质量标准规定拣出混有的异色粒，称取其质量（m_2）。

异色粒率按式（8-10）计算：

$$Y = \frac{m_2}{m_b} \times 100 \tag{8-10}$$

式中 Y——异色粒率，即异色粒占试样总量的质量分数，%；

m_2——异色粒质量，g；

m_b——试样质量，g。

在重复性条件下，获得的两次独立测试结果的绝对差值不大于 1.0%，求其平均数即为测试结果。测试结果保留到小数点后一位。

4. 千粒重

（1）基本概念

①自然水分千粒重：含自然水分的 1000 粒试样籽粒的质量。

②干基千粒重：扣除水分含量的 1000 粒试样籽粒的质量。

（2）仪器和用具　分样器（如有需要）；谷粒计数器，可选用光电计数器，如果没有合适的计数器，可人工计数；天平，分度值为 0.001g。

（3）操作方法

①自然水分千粒重的测定：从实验室样品中随机取出大约 500 粒试样，挑出完整粒并称量（m_t），精确到 0.01g；记录完整粒的粒数（N）。每份样品应平行测定两次。

②干基千粒重的测定：除去试样中的杂质，按 ISO 24557—2009《豆类水分含量测定 烘箱法》的规定测定完整粒的水分含量（w_{H_2O}）。同时按①测定千粒重。

（4）结果计算

①自然水分千粒重 m_1 按式（8-11）得出：

$$m_1 = \frac{m_t \times 1000}{N} \tag{8-11}$$

式中 m_1——千粒重，g；

m_t——完整粒的质量，g；

N——m_t 质量中完整粒的粒数。

②干基千粒重 m_0 按式（8-12）得出：

$$m_0 = \frac{m_1 \times (100 - w_{H_2O})}{100} \tag{8-12}$$

式中 m_0——干基千粒重，g；

m_1——自然水分千粒重，g；

w_{H_2O}——样品的水分含量，%。

如果平行测定结果符合重复性要求时，以其算术平均值作为结果，否则，需重新取样测定。

千粒重的测定结果以 g 为单位表示，有效数字保留方式如下：千粒重低于 10g 的，小数点后保留两位数；千粒重等于或大于 10g 的，但不超过 100g 的，小数点后保留一位数；千粒重大于 100g 的，取整数。

③重复性：在同一实验室，由同一操作者使用相同设备，按相同的测试方法，并在短时间内对同一被测对象相互独立进行测试获得的两次独立测试结果的绝对差值大于重复性限 r 的情况不得超过5%。

$$r = S_r \times 2.77$$
$$r = 0.45 \times 2.77 = 1.3$$

式中　S_r——重复性标准偏差，重复性限的临界值为1.3。

三、　蚕豆质量标准及相关指标检测方法

蚕豆是豆科野豌豆属一二年生草本植物，别名南豆、胡豆、佛豆、罗汉豆、兰花豆等，长方圆形，近长方形，中间内凹，种皮革质，青绿色，灰绿色至棕褐色，稀紫色或黑色；种脐线形，黑色，位于种子一端。蚕豆籽粒富含多种营养物质，蛋白质22.35%，淀粉43%左右，营养价值较高，是世界上第三大重要的冬季食用豆作物。既可作为传统口粮，又是现代绿色食品和营养保健食品，还可作为养殖业饲料的原料。

（一）主要国家标准

GB/T 10459—2008《蚕豆》

（二）质量指标

蚕豆按千粒重和皮色可分为大粒乳白色蚕豆、大粒绿色蚕豆、大粒紫色蚕豆、中粒乳白色蚕豆、中粒绿色蚕豆、中粒紫色蚕豆、小粒乳白色蚕豆、小粒绿色蚕豆、小粒紫色蚕豆以及混合蚕豆十种。各类蚕豆质量要求如表8-12所示，其中纯粮率为定等指标。

表8-12　　　　蚕豆质量要求

<table>
<tr><th rowspan="2">等级</th><th rowspan="2">纯粮率/%</th><th colspan="2">杂质/%</th><th rowspan="2">水分/%</th><th rowspan="2">色泽、气味</th></tr>
<tr><th>总量</th><th>其中：无机杂质</th></tr>
<tr><td>1</td><td>≥98.0</td><td rowspan="4">≤1.0</td><td rowspan="4">≤0.5</td><td rowspan="4">≤14.0</td><td>色泽新鲜、无异味</td></tr>
<tr><td>2</td><td>≥95.0</td><td>色泽较暗、无异味</td></tr>
<tr><td>3</td><td>≥92.0</td><td>色泽陈旧、无异味</td></tr>
<tr><td>等外</td><td><92.0</td><td>—</td></tr>
</table>

（三）蚕豆质量指标相关检验标准

（1）扦样、分样　按GB/T 5491—1985《粮食、油料检验　扦样、分样法》进行。

（2）色泽、气味　按GB/T 5492—2008《粮油检验　粮食、油料的色泽、气味、口味鉴定》进行。

（3）类型及互混检验　按GB/T 5493—2008《粮油检验　类型及互混检验》进行。

（4）杂质、不完善粒　按GB/T 5494—2019《粮油检验　粮食、油料的杂质、不完善粒检验》进行。

（5）纯粮率检验　按GB/T 22725—2008《粮油检验　粮食、油料纯粮（质）率检验》进行。

（6）水分　按GB 5009.3—2016《食品安全国家标准　食品中水分的测定》和GB/T 5497—1985《粮食、油料检验　水分测定法》进行。

(7) 千粒重测定 按 GB/T 5519—2018《谷物与豆类 千粒重的测定》进行。

(四) 检验方法

扦样和分样按第三章中所描述的方法进行，色泽、气味检验、水分测定按第四章中所描述的方法进行。类型及互混检验按第五章中所描述的方法进行。纯粮率按本章中所描述的方法进行。

1. 杂质

(1) 基本概念 蚕豆杂质是指蚕豆以外的其他物质，包括筛下物、无机杂质和有机杂质。

筛下物：通过直径为 4.5mm 的圆孔筛筛下的物质。

无机杂质：泥土、砂石、砖瓦块及其他无机物质。

有机杂质：无食用价值的蚕豆籽粒、异种粮粒、秸秆碎渣及其他有机物质。

(2) 操作方法 按第四章中描述进行。

2. 不完善粒

(1) 基本概念 受到损伤但尚有使用价值的蚕豆籽粒，包括以下几种。

①病斑粒：粒面有病斑，伤及胚的籽粒。

②虫蚀粒：种皮被虫蛀蚀、伤及胚的籽粒。

③生霉粒：粒面生霉的籽粒。

④破损粒：子叶残缺、横断、破损的籽粒。

⑤生芽粒：芽或幼根突破种皮的籽粒。

⑥未熟粒：籽粒不饱满，皱缩达粒面 1/2 以上，与正常粒显著不同的籽粒。

(2) 操作方法 按第四章中描述进行。

3. 皮色类型

(1) 基本概念

①大粒乳白色蚕豆：千粒重大于 1100g，种皮为乳白色的不低于 95%以上的蚕豆。

②大粒绿色蚕豆：千粒重大于 1100g，种皮为绿色的不低于 95%以上的蚕豆。

③大粒紫色蚕豆：千粒重大于 1100g，种皮为紫色的不低于 95%以上的蚕豆。

④中粒乳白色蚕豆：千粒重在 600~1100g，种皮为乳白色的不低于 95%以上的蚕豆。

⑤中粒绿色蚕豆：千粒重在 600~1100g，种皮为绿色的不低于 95%以上的蚕豆。

⑥中粒紫色蚕豆：千粒重在 600~1100g，种皮为紫色的不低于 95%以上的蚕豆。

⑦小粒乳白色蚕豆：千粒重小于 600g，种皮为乳白色的不低于 95%以上的蚕豆。

⑧小粒绿色蚕豆：千粒重小于 600g，种皮为绿色的不低于 95%以上的蚕豆。

⑨小粒紫色蚕豆：千粒重小于 600g，种皮为紫色的不低于 95%以上的蚕豆。

⑩混合蚕豆：不符合①~⑨规定的蚕豆。

(2) 操作方法 按本章中所描述的方法进行。

第六节 油料的质量检验

油料是油脂制取工业的原料，油脂工业通常将含油率高于 10%的植物性原料称为油料，主要有向日葵、芝麻、花生、大豆、油菜籽等。

一、油菜籽

油菜的种子称为油菜籽（又称菜籽），平均含油量为35%~42%，是一种重要的油料。油菜籽一般呈球形或近似球形，也有的呈卵圆形或不规则的菱形，粒很小，芥菜型品种每千粒重1~2g，白菜型品种每千粒重2~3g，甘蓝型品种每千粒重3~4g。种皮较为坚硬并具各种色泽，种皮色泽有淡黄、深黄、金黄、褐、紫黑、黑色等多种。种皮上有网纹，黑色种皮的网纹较明显，种皮上还可见种脐，与种脐相反的一面有一条沟纹。

（一）主要国家标准

GB/T 11762—2006《油菜籽》

（二）质量指标

根据芥酸和硫苷含量，可将油菜籽分为普通油菜籽和双低油菜籽，具体质量要求如表8-13和表8-14所示。

表8-13 普通油菜籽质量指标

<table>
<tr><th>等级</th><th>含油量（标准水计）/%</th><th>未熟粒/%</th><th>热损伤粒/%</th><th>生芽粒/%</th><th>生霉粒/%</th><th>杂质/%</th><th>水分/%</th><th>色泽气味</th></tr>
<tr><td>1</td><td>≥42.0</td><td>≤2.0</td><td>≤0.5</td><td rowspan="5">≤2.0</td><td rowspan="5">≤2.0</td><td rowspan="5">≤3.0</td><td rowspan="5">≤8.0</td><td rowspan="5">正常</td></tr>
<tr><td>2</td><td>≥40.0</td><td rowspan="2">≤6.0</td><td rowspan="2">≤1.0</td></tr>
<tr><td>3</td><td>≥38.0</td></tr>
<tr><td>4</td><td>≥36.0</td><td rowspan="2">≤1.0</td><td rowspan="2">≤2.0</td></tr>
<tr><td>5</td><td>≥34.0</td></tr>
</table>

表8-14 双低油菜籽质量指标

<table>
<tr><th>等级</th><th>含油量（标准水计）/%</th><th>未熟粒/%</th><th>热损伤粒/%</th><th>生芽粒/%</th><th>生霉粒/%</th><th>芥酸含量/%</th><th>硫苷含量/（μmol/g）</th><th>杂质/%</th><th>水分/%</th><th>色泽气味</th></tr>
<tr><td>1</td><td>≥42.0</td><td>≤2.0</td><td>≤0.5</td><td rowspan="5">≤2.0</td><td rowspan="5">≤2.0</td><td rowspan="5">≤3.0</td><td rowspan="5">≤35.0</td><td rowspan="5">≤3.0</td><td rowspan="5">≤8.0</td><td rowspan="5">正常</td></tr>
<tr><td>2</td><td>≥40.0</td><td rowspan="2">≤6.0</td><td rowspan="2">≤1.0</td></tr>
<tr><td>3</td><td>≥38.0</td></tr>
<tr><td>4</td><td>≥36.0</td><td rowspan="2">≤15.0</td><td rowspan="2">≤2.0</td></tr>
<tr><td>5</td><td>≥34.0</td></tr>
</table>

（三）油菜籽质量指标相关检验标准

（1）扦样、分样　按GB/T 5491—1985《粮食、油料检验　扦样、分样法》进行。

（2）色泽、气味检验　按GB/T 5492—2008《粮油检验　粮食、油料的色泽、气味、口味鉴定》进行。

（3）杂质检验、生芽粒检验、生霉粒检验　按 GB/T 5494—2019《粮油检验　粮食、油料的杂质、不完善粒检验》进行。

（4）芥酸及硫苷含量检验　按 GB/T 23890—2009《油菜籽中芥酸及硫苷的测定　分光光度法》进行。

（5）含油量检验　按 GB/T 14488. 1—2008《植物油料　含油量测定》进行。

（6）水分检验　按 GB/T 14489. 1—2008《油料　水分及挥发物含量测定》进行。

（7）热损伤粒检验、未熟粒检验　按 GB/T 11762—2006《油菜籽》附录 A 进行。

（四）检验方法

扦样和分样按第三章中所描述的方法进行，色泽、气味、生芽粒、生霉粒检验按第四章中所描述的方法进行。

1. 杂质

（1）基本概念　油菜籽杂质是指除油菜籽以外的有机物质、无机物质及无使用价值的油菜籽。

（2）操作方法　按第四章中描述进行。

2. 不完善粒

（1）基本概念　受到损伤或存在缺陷但尚有使用价值的颗粒。包括生芽粒、生霉粒、未熟粒和热损伤粒。

①生芽粒：芽或幼根突破种皮的颗粒。

②生霉粒：粒面生霉的颗粒。

③未熟粒：籽粒未成熟，子叶呈现明显绿色的颗粒。

④热损伤粒：由于受热而导致子叶变成黑色或深褐色的颗粒。

（2）仪器和用具　油菜籽计数板（宽 25～80mm，长 120～250mm），100 孔或 50 孔；黏胶带（宽 25～80mm，长 120～250mm，胶带底部为白色）；滚筒（宽 25～80mm）。

（3）操作方法

①取样：从已除去杂质的油菜籽试样中用 100 孔或 50 孔的计数板随机取油菜籽，使计数板微孔填满；用胶带纸覆盖在计数板上，揭下胶带纸，计数板上的油菜籽籽粒全部转至胶带纸上。进行 5 次或者 10 次（共取 500 粒油菜籽），得粘有油菜籽籽粒的 5 条或 10 条胶带纸。

②碾压：将粘有籽粒的胶带纸置于硬纸板上，用滚筒碾压粘有籽粒面的胶带纸，使籽粒种皮破裂。

③计数

热损伤粒：对所碾压的籽粒在白炽光下进行观察，确认子叶呈黑色或深褐色的颗粒，计数 N_1（已碾压籽粒中热损伤粒的和）；如果 $N_1=0$，则热损伤粒结果为未检出；如果 $N_1 \geqslant 1$，则重复取样、碾压操作，计数 N_2。

未熟粒：对所碾压的籽粒进行观察，确认子叶呈明显绿色的颗粒，计数 N_3（已碾压籽粒中未熟粒的数量）；如果 $N_3=0$，则未熟粒结果为未检出；如果 $N_3 \geqslant 1$，则重复取样、碾压操作，计数 N_4。

（4）结果计算

①热损伤粒（X）按式（8-13）计算，数值以%表示：

$$X = \frac{N_1 + N_2}{1000} \times 100 \tag{8-13}$$

式中 N_1、N_2——热损伤粒数；

1000——油菜籽总粒数。

②未熟粒（Y）按式（8-14）计算，数值以%表示：

$$Y = \frac{N_3 + N_4}{1000} \times 100 \tag{8-14}$$

式中 N_3、N_4——未熟粒数；

1000——油菜籽总粒数。

3. 芥酸和硫苷含量

（1）基本概念

①芥酸：油菜籽中所含顺式二十二（碳）烯-（13）酸的含量，以所占脂肪酸组成的百分率表示。

②硫苷：油菜籽中所含硫代葡萄糖苷，简称硫苷，以每克饼粕或每克油菜籽中所含硫苷总量表示（μmol）。

（2）测定原理

①油菜籽油中芥酸含量不同，在聚乙二醇辛基苯基醚乙醇溶液中形成的浊度不同，根据浊度与芥酸含量的相关关系测定芥酸含量。

② 油菜籽中硫苷与米曲霉硫苷水解酶反应生成硫苷降解产物，和邻联甲苯胺乙醇溶液反应生成有特征吸收峰的有色产物，采用光度法测定硫苷含量。

（3）仪器和用具　微孔板光度计，具体参数要求是光源：卤钨灯；测量范围：0.001~3.500Abs；精确度：±1%或±0.001Abs；重复性：-0.5%~0.5%；稳定性：<0.005Abs；线性度：-1%~1%；波长：（450±10）nm。脂肪制备器；微型粉碎机；恒温箱；天平，量程0~200g，分度值10mg；可调微量移液器，量程200μL；微量移液：1000μL。

（4）试剂和溶液

①水，GB/T 6682，二级；超纯水，GB/T 6682，一级。

②聚乙二醇辛基苯基醚（$C_{34}H_{62}O_{11}$）乙醇溶液：10mg/mL，称取10.0g聚乙二醇辛基苯基醚用无水乙醇溶解并定容至1000mL。

③硫酸二氢钾（KH_2PO_4）溶液：称取1.36g磷酸二氢钾用蒸馏水溶解并定容至100mL。

④pH 6.0的缓冲溶液：0.5 mg/mL米曲霉硫苷水解酶和0.1mol/L的K_2HPO_4，于纯水中定容，在pH计上用稀H_3PO_4，调节pH为6.0，冰箱中冷藏备用。

⑤0.62mg/mL的邻联甲苯胺：称取0.62g邻联甲苯胺充分溶解于无水乙醇中，定容至1L。贮藏于棕色瓶中，冰箱中冷藏，于一周内使用。

⑥油菜籽硫苷测试板：使用96孔板，试剂为pH 6.0的缓冲溶液和0.62mg/mL的邻联甲苯胺溶液。

（5）分析步骤

①芥酸测定：预先将石英比色杯和20mL超纯水置于（32±0.5）℃的恒温箱中预热恒温。取5~8g油菜籽倒入脂肪制备器，制取油样，用取油管收集，静置备用。

称取0.30g油样于50mL具塞锥形瓶中，用移液管加入25mL聚乙二醇辛基苯基醚乙醇溶液旋紧塞子，用力振摇，充分混匀后，放入（32±0.5）℃恒温箱中保温15min。在恒温箱内，用微量移液器将10000μL恒温至32℃的超纯水加入锥形瓶，边滴加边摇动锥形瓶，旋紧塞子后摇匀，随即倒入比色杯，用微孔板光度计进行芥酸测定，测定值即为油菜籽芥酸含量。

②硫苷测定：取油菜籽样品3~5g，用微型粉碎机或研钵磨碎，细度40目。称取0.50g粉碎样品，置于5mL具塞试管，用移液管加入3mL水，塞紧塞子，充分混匀后室温下放置8min。用脱脂棉过滤，或离心机（3000r/min）离心5min，取上清液50μL加入到硫苷测试板孔内，静置8min，用微量移液器加入150μL磷酸二氢钾溶液后再静置2min。

微孔板光度计测定硫苷，作空白调零后测定值即为每克饼粕或每克油菜籽中所含硫苷总量（μmol/g）。

同一样品进行两次重复测定，测定结果取算术平均值。

（6）精密度

①芥酸：芥酸含量大于5%时，两次平行测定结果绝对相差不大于1.0%；芥酸含量小于5%时，两次平行测定结果绝对相差不大于0.5%。

②硫苷：油菜籽中硫苷含量两次平行测定结果绝对相差不大于4.0 μmol/g。

4. 含油量

（1）基本概念　油菜籽中粗脂肪的含量（以标准水分计）。

（2）仪器和用具　正己烷或石油醚，其沸程为40~60℃或50~70℃，沸程低于40 ℃的物质少于5%，每100 mL溶剂的蒸馏残留物不得超过2mg。

（3）试剂和溶液　分析天平，分度值0.001g；碾磨机，碾磨过程中不发热，碾磨后水分、挥发物或含油量不发生明显变化；粉碎机，能将油料粉碎成为粒度小于160μm的细粉，但不包括壳。粉碎后壳部分的粒度能达到400μm；滤纸筒和脱脂棉，无正已烷或石油醚可溶物；抽提器，回流式抽提器和直滴式抽提器的抽提瓶容量为200~250mL，为保证不同抽提器所测含油量的一致性，需通过测定已知含油量的样品来确定所选的抽提设备是否满足要求；沸石，用前先在（130±2）℃的烘箱中烘干，置干燥器中备用；挥发滤纸筒中的有机溶剂的装置（如可产生热风的电吹风机）；电加热装置、砂浴锅、水浴锅、加热套和电热板等；电烘箱，控温要求（103±2）℃，具有常压干燥和真空干燥功能；干燥器（装有有效干燥剂，如变色硅胶或五氧化二磷）。

（4）操作步骤

①扦样：不规定扦样方法，推荐采用ISO 542。所取样品应具有代表性，且在运输和储存的过程中无损坏或变质。

②试样制备：按ISO 664制备试样。在对样品进行油脂的抽提之前，应使样品的水分低于10%。

用快速筛选法来估测试样的水分含量，如果试样水分大于10%，需将试样装入铝盒，在不高于80℃的烘箱中烘干试样，使其水分达到10%以下。烘干后的样品置于广口瓶中密闭备用。在测试样品含油量时，按GB/T 14489.1—2008《油料　水分及挥发物测定》分别测试原始试样和烘后试样的水分含量，并计算含油量。

选取有代表性的样品大约100g进行粉碎，收集磨子上残留的样品与其他粉碎样品混合，粉碎后的样品整体上应混合均匀，整个过程应防止样品水分挥发散失，粉碎时不应引起仁壳分离，样品不应出油并应有至少95%（质量分数）能通过1mm的筛孔，样品磨碎后要在30 min

内进行抽提。

如需测定净样品的含油量，按 GB/T 14488.2—2008《油料　杂质含量的测定》除去杂质，制备至少 30g 净样品（含破碎籽粒）。

③测定：称取粉碎后的试样（10±0.5）g，精确至 0.0001g。将试样小心转移至一滤纸筒中，并用蘸有少量溶剂的脱脂棉擦拭称量所用的托盘及转移试样所用的器具，直到无试样和油迹为止。最后将脱脂棉一并移入滤纸筒内，用脱脂棉封顶，压住试样。

④抽提：将装有沸石的抽提瓶置于烘箱中烘至恒重，放入干燥器中冷却后称取质量。精确至 0.001g。三个抽提步骤中所规定的时间允许有±10min 的差别，如无特殊说明不需延长抽提时间。

第一步：在抽提瓶中加入适量的溶剂。将装有滤纸筒的抽提管与抽提瓶连接好。装上冷凝管，打开冷却水，将抽提瓶放置在电热器上加热。控制温度使溶剂回流速度至少每秒 3 滴。沸腾适度，无爆沸现象。抽提 4h 后，将滤纸筒从冷却后的抽提管中取出。用溶剂挥发装置将大部分的溶剂挥发掉。

第二步：将滤纸筒中的样品倒出来，进行第二次粉碎，粉碎 7min 后将样品转入滤纸筒中，用蘸有少量溶剂的脱脂棉擦洗磨碎机，直到无试样和油迹为止。最后将脱脂棉一并移入滤纸筒内，用脱脂棉封顶，压住试样。将滤纸筒放回抽提装置中，继续使用第一步中所用的抽提瓶，再抽提 2h。抽提完后取出滤纸筒，排净大部分的残留溶剂并冷却，然后对样品进行第三次粉碎。

第三步：将粉碎后的样品转入滤纸筒中，重复第二步的操作并清理粉碎机。使用同一抽提瓶，继续再抽提 2h。

⑤蒸发溶剂、称量：取出滤纸筒，将抽提瓶放在电加热器上蒸发并回收大部分溶剂，可往抽提瓶中通入空气或惰性气体（如氮气）以辅助溶剂挥发。然后将其放入（103±2）℃的烘箱中，常压条件下烘干 30~60min，或放入 80 ℃的烘箱中真空条件下烘干 30~60min。取出后置于干燥器内冷却 1h，称量，精确至 0.001g。同等条件下再烘干 20~30min，冷却后称量，两次的称量结果之差不应超过 5mg。如超过，需重新烘干、冷却后称量，直到两次的称量结果之差在 5mg 之内。记录抽提瓶的最终质量。抽提瓶增加的质量即为所测试样的含油量。

如果烘干后抽提瓶质量增加超过 5mg，则说明在干燥过程中油被氧化，应在分析过程中采取措施防止油被氧化：

a. 含较多挥发性酸的油料（如椰干、棕榈仁等），其提取物必须在常压 80 ℃以下烘干；

b. 干性油或半干性油必须用减压烘干法烘干；

c. 不含月桂酸的油，应在 80℃的烘箱中真空条件下烘干。

⑥抽提油中杂质的测定：如果抽提得到的油中含有杂质，则将适量的溶剂加至抽提瓶中使油溶解，再用一张预先已在（103±2）℃烘箱中烘至恒重，且冷却称量的滤纸过滤，然后用石油醚反复洗涤滤纸，以完全除去滤纸上残留的油。将滤纸放在（103±2）℃烘箱中烘至恒重，取出置于干燥器中冷却称量。滤纸增加的质量即为杂质的质量。全部抽提物的质量减去杂质的质量即为油的质量。

⑦杂质中含油量的测定：杂质中含油量的测定方法与样品一致。将称取得到的 5~10g 杂质进行 4h 的抽提即可。

（5）结果计算　如果测定结果满足重复性的允许差要求，取两次测定的算术平均值为测定结果，结果保留一位小数。否则另取两份试样再进行测定。如果测定结果之差仍超过允许差范围，而四次结果的极差不超过 1.5%，则取四次测定结果的平均值为测定结果。

①含油量以测试样的质量分数表示，按式（8-15）计算：

$$w_0 = \frac{m_1}{m_0} \times 100 \tag{8-15}$$

式中 w_0——含油量（以质量分数计），%；

m_0——测试样质量，g；

m_1——干燥后提取物质量，g。

②如在测试前已除去大的非含油杂质，则根据式（8-16）计算所得的结果，应按式（8-17）计算实验样品的含油量：

$$w_0 = w_1 - \left[\frac{p}{100}(w_1 - w_2)\right] \tag{8-16}$$

式中 w_0——棕榈仁含油量（以质量分数计），%；

w_1——纯子仁含油量（以质量分数计），%；

w_2——杂质中含油量（以质量分数计），%；

p——杂质占样品的质量分数，%。

$$w_0 \times \left(\frac{100 - x}{100}\right) \tag{8-17}$$

式中 w_0——除去大的非含油杂质后样品的含油量（以质量分数计），%（根据不同的油料来确定 W_0的计算公式）；

x——大的非含油杂质的质量分数，% 。

③含油量以试样干物质的质量分数表示，按式（8-18）计算：

$$w_0 \times \left(\frac{100}{100 - U}\right) \tag{8-18}$$

式中 w_0——样品的含油量，%；

U——按 GB/T 14489.1 测定的样品水分及挥发物含量，%。

④特定水分下含油量按式（8-19）计算：

$$w' = w \times \left(\frac{100 - U'}{100 - U}\right) \tag{8-19}$$

式中 w——水分为 U 时样品的含油量，%；

w'——水分为 U'时样品的含油量，%。

有时需要将一种水分含量下的含油量，换算成另外一种水分含量下的含油量。例如经过预干燥的样品其含油量按③进行计算。

⑤重复性：在短时间内，在同一实验室，由同一操作者使用相同的仪器，采用相同的方法，检测同一份样品，两次测定结果的绝对差值不应大于 0.4%。以大于这种情况不超过 5%为前提。

⑥再现性：在不同的实验室，由不同的操作者，使用不同的仪器，采用相同的测试方法，检测同一份被测样品，测出两个独立的结果。两次测定结果的绝对差值不应大于其平均值 1.6%。以大于这种情况不超过 5%为前提。

二、花生

花生又称落花生，豆科落花生属的一年生草本植物的荚果。花生果果壳的颜色多为黄白色，也有黄褐色、褐色或黄色的；花生仁指花生果去掉果壳的果实，由种皮、子叶和胚三部分组成，种皮的颜色为淡褐色或浅红色，种皮内为两片。花生仁中脂肪含量为 42.11%~58.59%，是生产食用植物油的原料之一，花生果仁中提取油脂呈透明、淡黄色，味芳香；蛋白质含量为 21.42%~31.40%，是第三大蛋白质来源；总糖含量为 2.87%~12.59%，粗纤维含量为 1.50%~6.90%，不饱和脂肪酸达 80%以上，黄酮类和多酚类等活性物质含量丰富，有“植物肉”“绿色牛乳”的美誉，因此，花生也常被加工成副食品供人们食用。

（一）主要国家标准

GB/T 1532—2008《花生》

（二）质量指标

根据花生储存方式不同，分为花生果和花生仁两种形式。国家标准 GB/T 1532—2008《花生》中分别对不同等级的花生果和花生仁的质量指标要求做出了明确规定，花生果质量要求如表 8-15 所示，其中纯仁率为定等指标。

表 8-15 花生果质量指标

等级	纯仁率/%	杂质/%	水分/%	色泽、气味
1	≥71.0	≤1.5	≤10.0	正常
2	≥69.0			
3	≥67.0			
4	≥65.0			
5	≥63.0			
等外	<63.0			

花生仁质量指标如表 8-16 所示，其中纯质率为定等指标。

表 8-16 花生仁质量指标

等级	纯质率/%	杂质/%	水分/%	整半粒限度/%	色泽、气味
1	≥96.0	≤1.0	≤9.0	≤10	正常
2	≥94.0				
3	≥92.0				
4	≥90.0				
5	≥88.0				
等外	<88.0			—	

注：“—”为不要求。

（三）花生质量指标相关检验标准

（1）扦样、分样　按 GB/T 5491—1985《粮食、油料检验　扦样、分样法》进行。

（2）色泽、气味检验　按 GB/T 5492—2008《粮油检验　粮食、油料的色泽、气味、口味鉴定》进行。

（3）杂质、不完善粒检验　按 GB/T 5494—2019《粮油检验　粮食、油料的杂质、不完善粒检验》进行。

（4）水分检验　按 GB 5009.3—2016《食品安全国家标准　食品中水分的测定》和 GB/T 5497—1985《粮食、油料检验　水分测定法》进行。

（5）纯仁率检验　按 GB/T 5499—2008《粮油检验　带壳油料纯仁率检验法》进行。

（6）纯质率检验　按 GB/T 5494—2019《粮油检验　粮食、油料的杂质、不完善粒检验》进行。

（7）整半粒限度检验　按照 GB/T 1532—2008《花生》附录 A 规定的方法进行。

（四）检验方法

扦样和分样按第三章中所描述的方法进行，色泽、气味检验、水分测定按第四章中所描述的方法进行，纯质率按第本章中所描述的方法进行。

1. 杂质

（1）基本概念　花生果或花生仁以外的物质，包括泥土、砂石、砖瓦块等无机物质和花生果壳、无使用价值的花生仁及其他有机物质。

（2）操作方法　按第四章中描述进行。

2. 不完善粒

（1）基本概念　不完善粒指受到损伤但尚有使用价值的花生颗粒，包括虫蚀粒、病斑粒、生芽粒、破碎粒、未熟粒、其他损伤粒几种。

①虫蚀粒：被虫蛀蚀，伤及胚的颗粒。

②病斑粒：表面带有病斑并伤及胚的颗粒。

③生芽粒：芽或幼根突破种皮的颗粒。

④破碎粒：籽仁破损达到其体积 1/5 及以上的颗粒，包括花生破碎的单片子叶。

⑤未熟粒：籽仁皱缩，体积小于本批正常完善粒 1/2，或质量小于本批完善粒平均粒重 1/2 的颗粒。

⑥其他损伤粒：其他伤及胚的颗粒。

（2）操作方法　按第四章中描述进行。

3. 整半粒限度

（1）基本概念

①整半粒限度：整半粒花生仁占试样的质量分数。

②整半粒花生仁：花生仁被分成的两片完整的胚瓣。

（2）仪器和用具　天平，分度值 0.1g；分析盘；表面皿、镊子等。

（3）操作方法　称花生仁平均样品 200g（m），精确至 0.1g，挑取整半粒花生仁并称量其质量（m_1）。

（4）结果计算　试样中整半粒限度（X）按式（8-20）计算：

$$X = \frac{m_1}{m} \times 100 \tag{8-20}$$

式中　X——试样中整半粒限度，%；

m_1——整半粒花生仁质量，g；

m——试样质量，g。

双试验结果允许差不超过 1.0%，取其平均数，即为检验结果。检验结果取小数点后一位。

4. 纯仁率

（1）基本概念　净花生果脱壳后籽仁的质量（其中不完善粒折半计算）占试样的质量分数。

（2）仪器和用具　分样器，带有分配系统的锥形分样器或多出口分样器；天平，分度值为0.1g和0.01g的天平各一台；分析盘；镊子；表面皿。

（3）操作方法　称取净试样。花生果200g，用手剥壳，挑选分离后得到籽仁，挑拣除去籽仁中无使用价值颗粒后称量（m_1），精确到0.01g。再分拣出不完善粒，然后称量得到不完善粒（m_2），精确到0.01g。

（4）结果计算　纯仁率（X）按式（8-21）计算：

$$X = \frac{m_1 - m_2/2}{m} \times 100 \tag{8-21}$$

式中　X——纯仁率，%；

m_1——籽仁总质量，g；

m_2——不完善粒质量，g；

m——净试样质量，g。

计算结果保留小数点后一位。双试验结果的绝对差值不应超过1.0%，取其平均数，即为检验结果。

三、葵花籽

葵花籽是向日葵的籽实，由果皮（壳）和籽仁组成，种子由种皮、两片子叶和胚组成。葵花籽的果实为瘦果，瘦果腔内具有离生的一粒种子（籽仁），种子上有一层薄薄的种皮。果实的颜色有白色、浅灰色、黑色、褐色、紫色并有宽条纹、窄条纹、无条纹等。葵花籽富含不饱和脂肪酸、多种维生素和微量元素，其味道可口，是一种十分受欢迎的休闲零食和食用油源。

（一）主要国家标准

GB/T 11764—2022《葵花籽》

（二）质量指标

根据葵花籽的用途，将其分为食用葵花籽和油用葵花籽两类。食用葵花籽籽粒大，皮壳厚，出仁率低，约占50%左右，仁含油量，一般在40%~50%，果皮多为黑底白纹，宜于炒食或作饲料。油用葵花籽籽粒小，籽仁饱满充实，皮壳薄，出仁率高，占65%~75%，仁含油量一般达到45%~60%，果皮多为黑色或灰条纹，宜于榨油。

GB/T 11764—2022《葵花籽》中分别对不同种类的葵花籽质量指标要求做出了明确规定，食用葵花籽质量指标要求如表8-17所示，其中纯仁率为定等指标。

表8-17　食用葵花籽质量指标

等级	纯仁率/%	杂质/%	水分/%	色泽、气味
一等	≥55.0	≤1.5	≤11.0	具有葵花籽固有的色泽、气味
二等	≥52.0			
三等	≥49.0			
等外	<49.0			

油用葵花籽质量指标要求如表 8-18 所示，其中含油率为定等指标。

表 8-18　油用葵花籽质量指标

等级	含油率/%	杂质/%	水分/%	色泽、气味
一等	≥42.0	≤1.5	≤11.0	具有葵花籽固有的色泽、气味
二等	≥37.0			
三等	≥32.0			
等外	<32.0			

（三）葵花籽质量指标相关检验标准

（1）扦样、分样　按 GB/T 5491—1985《粮食、油料检验　扦样、分样法》进行。

（2）色泽、气味检验　按 GB/T 5492—2008《粮油检验　粮食、油料的色泽、气味、口味鉴定》进行。

（3）杂质、不完善粒检验　按 GB/T 5494—2019《粮油检验　粮食、油料的杂质、不完善粒检验》进行。

（4）水分检验　按 GB 5009. 3—2016《食品安全国家标准　食品中水分的测定》进行。

（5）纯仁率检验　按 GB/T 5499—2008《粮油检验　带壳油料纯仁率检验法》进行。

（6）含油量检验　按 GB/T 14488. 1—2008《植物油料　含油量测定》进行。

（四）检验方法

扦样和分样按第三章中所描述的方法进行，色泽、气味检验、水分测定按第四章中所描述的方法进行，纯仁率、含油量按第本章中所描述的方法进行。

1. 杂质

（1）基本概念　葵花籽杂质是指通过规定筛层及无使用价值的物质，包括筛下物、无机杂质和有机杂质。

①筛下物：通过直径为 3. 5mm 的圆孔筛筛下的物质。

②无机杂质：泥土、砂石、砖瓦块及其他无机物质。

③有机杂质：无使用价值的葵花籽、异种粮粒以及其他有机杂质。

（2）操作方法　按第四章中描述进行。

2. 不完善粒

（1）基本概念　受到损伤但尚有使用价值的颗粒，包括破损粒、生芽粒、生霉粒、虫蚀粒、病斑粒几种。

①破损粒：籽粒压扁、破碎伤及籽仁的颗粒。

②生芽粒：芽或幼根突破种皮的颗粒。

③生霉粒：粒面或籽仁表面生霉的颗粒。

④虫蚀粒：被虫蛀蚀、伤及籽仁的颗粒。

⑤病斑粒：籽仁带有病斑的颗粒。

（2）操作方法　按第四章中描述进行。

第九章

CHAPTER 9

油脂品质检验与流通过程品质控制

学习指导

油脂作为人类膳食的必需营养素和人体能量的来源之一，在人类生活中具有极其重要的作用，其检验与流通过程品质控制是保证油脂质量安全和粮油工业的重要组成部分，且油脂的品质检验与流通过程品质控制的研究和完善，已经成为保障我国国家利益和油脂产业安全、提升我国综合国力和国际地位的迫切需要，让"油瓶子"里尽可能多装中国油，装好油，对保障我国粮油安全和人们膳食安全具有重要意义。通过本章的学习，熟悉和掌握油脂质量检验相关内容，重点包括油脂质量标准及术语，油脂质量标准相关指标检测方法；熟悉和掌握油脂出入库和储藏期间的检验所包括的内容，了解怎样进行油脂出入库的管理，油脂出入库的检验流程，油脂出入库检验项目。本章内容的学习是提高油脂品质检验与流通过程品质控制水平的基础，不仅可以促进油脂科技的发展，规范油脂行业加工生产技术的发展和整体技术水平的提升，对保障我国的食用油脂安全，促进社会健康可持续发展具有重要意义。

第一节　油脂的质量检验

一、油脂质量标准

（一）油脂的质量标准

GB 2716—2018《食品安全国家标准　植物油》

GB/T 1535—2017《大豆油》

GB/T 1534—2017《花生油》

GB/T 1536—2021《菜籽油》

GB/T 1537—2019《棉籽油》

GB/T 10464—2017《葵花籽油》

GB/T 11765—2018《油茶籽油》

GB/T 19111—2021《玉米油》

GB/T 19112—2003《米糠油》

GB/T 23347—2021《橄榄油、油橄榄果渣油》

GB/T 22478—2008《葡萄籽油》

GB 15680—2009《棕榈油》

（二）油脂的质量要求和质量指标

1. 食用植物油卫生标准

食用植物油卫生标准参照GB 2716—2018《食品安全国家标准　植物油》。本标准适用于以大豆、花生、棉籽、芝麻、葵花籽、油菜籽、玉米胚芽、油茶籽、米糠、胡麻籽为原料，经压榨、溶剂浸出精炼或用水化法制成的食用植物油。

（1）感官要求　感官要求应符合表9-1的规定。

表9-1　感官要求

项目	要求	检验方法
色泽	具有产品应有的色泽	取适量试样置于50mL烧杯，在自然光下观察色泽。将试样倒入150mL烧杯中，水浴加热至50℃，用玻璃棒迅速搅拌，嗅其气味，用温开水漱口后，品其滋味
滋味、气味	具有产品应有的气味和滋味，无焦臭、酸败及其他异味	
状态	具有产品应有的状态，无正常视力可见的外来异物	

（2）理化指标　理化指标应符合表9-2的规定。

表9-2　食用植物油理化指标

项目		指标			检验方法
		植物原油	食用植物油（包括调和油）	煎炸过程中的食用植物油	
酸价（KOH）/（mg/g）			3	5	GB 5009.229—2016《食品安全国家标准　食品中酸价的测定》
米糠油	≤	25			
棕榈（仁）油、玉米油、橄榄油、棉籽油、椰子油	≤	10			
其他	≤	4			
过氧化值/（g/100g）	≤	0.25	0.25	—	GB 5009.227—2016《食品安全国家标准　食品中过氧化值的测定》

续表

项目		指标			检验方法
		植物原油	食用植物油（包括调和油）	煎炸过程中的食用植物油	
极性组分/%	≤	—	—	27	GB 5009.202—2016《食品安全国家标准 食用油中极性组分（PC）的测定》
溶剂残留量/（mg/kg）	≤	—	20	—	GB 5009.262—2016《食品安全国家标准 食品中溶剂残留量的测定》
游离棉酚/（mg/kg） 棉籽油	≤	—	200	200	GB 5009.148—2014《食品安全国家标准 植物性食品中游离棉酚的测定》

注：划有“—”者不做检测。

2. 大豆油

大豆油质量指标参照 GB/T 1535—2017《大豆油》。

（1）基本组成和主要物理参数　大豆油基本组成和主要物理参数如表 9-3 所示。

表 9-3　　大豆油基本组成和主要物理参数

项目		指标
相对密度（d_{20}^{20}）		0.919~0.925
脂肪酸组成/%		
月桂酸（C12：0）	≤	0.1
豆蔻酸（C14：0）	≤	0.2
棕榈酸（C16：0）		8.0~13.5
棕榈油酸（C16：1）	≤	0.2
十七烷酸（C17：0）	≤	0.1
十七烷一烯酸（C17：1）	≤	0.1

续表

项目		指标
硬脂酸（C18：0）		2.0~5.4
油酸（C18：1）		17.0~30.0
亚油酸（C18：2）		48.0~59.0
亚麻酸（C18：3）		4.2~11.0
花生酸（C20：0）		0.1~0.6
花生一烯酸（C20：1）	≤	0.5
花生二烯酸（C20：2）	≤	0.1
山嵛酸（C22：0）	≤	0.7
芥酸（C22：1）	≤	0.3
木焦油酸（C24：0）	≤	0.5

注：上列指标和数据与 CODEX-STAN210-2009（2015）的指标和数据一致。

（2）质量等级指标

①大豆原油质量指标如表 9-4 所示：

表 9-4　大豆原油质量指标

项目	质量指标
气味、滋味	具有大豆原油固有的气味和滋味，无异味
水分及挥发物/%	≤0.20
不溶性杂质/%	≤0.20
酸值（KOH）/（mg/g）	按照 GB 2716 执行
过氧化值/（mmol/kg）	按照 GB 2716 执行
溶剂残留量/（mg/kg）	≤100

②压榨成品大豆油、浸出成品大豆油质量指标如表 9-5 所示：

表 9-5　成品大豆油质量指标

项目	质量指标		
	一级	二级	三级
色泽	淡黄色至浅黄色	浅黄色至橙黄色	橙黄色至棕红色
透明度（20℃）	澄清、透明	澄清	允许微浊
气味、滋味	无异味、口感好	无异味、口感良好	具有大豆油固有的气味和滋味，无异味

续表

项目		质量指标		
		一级	二级	三级
冷冻试验（0℃储藏 5.5h）		澄清、透明	—	
水分及挥发物/%	≤	0.10	0.15	0.20
不溶性杂质/%	≤	0.05	0.05	0.05
酸价（KOH）/（mg/g）	≤	0.50	2.0	按照 GB 2716 执行
过氧化值/（mmol/kg）	≤	5.0	6.0	按照 GB 2716 执行
加热试验（280℃）		—	无析出物，油色不得变深	允许微量析出物和油色变深，但不得变黑
含皂量/%		—	≤0.03	
烟点/℃	≥	190	—	
溶剂残留量/（mg/kg）		不得检出	按照 GB 2716 执行	

注：①划有"—"者不做检测。

②过氧化值的单位换算：当以 g/100 表示时，如：5.0mmol/kg=5.0/39.4g/100g=0.13g/100g。

③卫生指标：按 GB 2716—2018《食品安全国家标准 植物油》、GB 2760—2014《食品安全国家标准 食品添加剂使用标准》和国家有关规定执行。

④大豆油不得掺有其他食用油和非食用油；不得添加任何香精和香料。

3. 花生油

花生油质量指标参照 GB/T 1534—2017《花生油》。

（1）主要组成及特性 花生油主要组成及特性如表 9-6 所示。

表 9-6 花生油主要组成及特性

项目		指标
相对密度（d_{20}^{20}）		0.914~0.917
脂肪酸组成/%		
豆蔻酸（C14：0）	≤	0.1
棕榈酸（C16：0）		8.0~14.0
棕榈油酸（C16：1）	≤	0.2
十七烷酸（C17：0）	≤	0.1
十七烷一烯酸（C17：1）	≤	0.1
硬脂酸（C18：0）		1.0~4.5

续表

项目		指标
油酸（C18：1）		35.0~69.0
亚油酸（C18：2）		13.0~43.0
亚麻酸（C18：3）	≤	0.3
花生酸（C20：0）		1.0~2.0
花生一烯酸（C20：1）		0.7~1.7
山萮酸（C22：0）		1.5~4.5
芥酸（C22：1）	≤	0.3
木焦油酸（C24：0）		0.5~2.5
二十四碳一烯酸（C24：1）	≤	0.3

注：上列指标和数据与 CODEX-STAN210-2009（2015）的指标和数据一致。

（2）质量等级指标

①花生原油质量指标如表 9-7 所示：

表 9-7　花生原油质量指标

项目		质量指标
气味、滋味		具有花生原油固有的气味和滋味，无异味
水分及挥发物/%	≤	0.20
不溶性杂质/%	≤	0.20
酸值（KOH）/（mg/g）		按照 GB 2716 执行
过氧化值/（mmol/kg）		按照 GB 2716 执行
溶剂残留量/（mg/kg）	≤	100

②压榨成品花生油、浸出成品花生油质量指标如表 9-8、表 9-9 所示：

表 9-8　压榨成品花生油质量指标

项目		质量指标	
		一级	二级
色泽		淡黄色至橙黄色	橙黄色至棕红色
气味、滋味		具有花生油固有的香味和滋味，无异味	具有花生油固有的气味和滋味，无异味
透明度（20℃）		澄清、透明	允许微浊
水分及挥发物/%	≤	0.10	0.15
不溶性杂质/%	≤	0.05	0.05
酸值（KOH）/（mg/g）	≤	1.5	按照 GB 2716 执行

续表

项目		质量指标	
		一级	二级
过氧化值/（mmol/100g）	≤	6.0	按照 GB 2716 执行
溶剂残留量/（mg/kg）		不得检出	
加热试验（280℃）		无析出物，油色不得变深	允许微量析出物和油色变深，但不得变黑

表 9-9　　浸出成品花生油质量指标

项目		质量指标		
		一级	二级	三级
色泽		淡黄色至黄色	黄色至橙黄色	橙黄色至棕红色
气味、滋味		无异味、口感好	无异味、口感良好	具有花生油固有的气味和滋味，无异味
透明度		澄清、透明	澄清、透明	允许微浊
水分及挥发物含量/%	≤	0.10	0.15	0.20
不溶性杂质/%	≤	0.05	0.05	0.05
酸值（KOH）/（mg/g）	≤	0.50	2.0	按照 GB 2716 执行
过氧化值/（mmol/100g）	≤	5.0	7.5	按照 GB 2716 执行
加热试验（280℃）		—	无析出物，油色不得变深	允许微量析出物和油色变深，但不得变黑
含皂量/%	≤	—	0.03	
烟点/℃	≥	190	—	
溶剂残留量/（mg/kg）		不得检出	按照 GB 2716 执行	

注：①划有“—”者不做检测。

②过氧化值的单位换算：当以 g/100 表示时，如：5.0mmol/kg=5.0/39.4g/100g=0.13g/100g。

③卫生指标：按 GB 2716—2018《食品安全国家标准　植物油》、GB 2760—2014《食品安全国家标准　食品添加剂使用标准》和国家有关规定执行。

④花生油中不得掺有其他食用油和非食用油；不得添加任何香精和香料。

4. 菜籽油

菜籽油质量指标参照 GB/T 1536—2021《菜籽油》。

（1）主要组成和特性　菜籽油主要组成和特性如表 9-10 所示。

表 9-10　　菜籽油主要组成和特性

名称	普通菜籽油	低芥酸菜籽油
相对密度（d_{20}^{20}）	0.910~0.920	0.914~0.920
主要脂肪酸组成/%		
棕榈酸（C16：0）	1.5~6.0	2.5~7.0
棕榈一烯酸（C16：1）	ND~3.0	ND~0.6
十七烷酸（C17：0）	ND~0.1	ND~0.3
十七碳一烷酸（C17：1）	ND~0.1	ND~0.3
硬脂酸（C18：0）	0.5~3.1	0.8~3.0
油酸（C18：1）	8.0~65.0	51.0~70.0
亚油酸（C18：2）	9.5~30.0	15.0~30.0
亚麻酸（C18：3）	5.0~13.0	5.0~14.0
花生酸（C20：0）	ND~3.0	0.2~1.2
花生一烯酸（C20：1）	3.0~15.0	0.1~4.3
花生二烯酸（C20：2）	ND~1.0	ND~0.1
山萮酸（C22：0）	ND~2.0	ND~0.6
芥酸（C22：1）	3.0~60.0	ND~3.0
二十二碳二烯酸（C22：2）	ND~2.0	ND~0.6
木焦油酸（C24：0）	ND~2.0	ND~0.3
二十四碳一烯酸（C24：1）	ND~3.0	ND~0.4

（2）质量等级指标

①菜籽原油质量指标如表 9-11 所示：

表 9-11　　菜籽原油质量指标

项目		质量指标
气味、滋味		具有菜籽原油固有的气味和滋味，无异味
色泽		黄色至棕红色
水分及挥发物含量/%	≤	0.20
不溶性杂质/%	≤	0.20

②压榨成品菜籽油、浸出成品菜籽油质量指标如表 9-12、表 9-13 所示：

表 9-12　　压榨成品菜籽油质量指标

项目	质量指标	
	一级	二级
色泽	浅黄色至橙黄色	橙黄色至棕褐色
透明度（20℃）	澄清、透明	允许微浊

续表

项目		质量指标	
		一级	二级
气味、滋味		具有菜籽油固有的香味和滋味，无异味	具有菜籽油固有的气味和滋味，无异味
水分及挥发物含量/%	≤	0.10	0.15
不溶性杂质含量/%	≤	0.05	0.05
酸价（以 KOH 计）/（mg/g）	≤	1.5	3.0
过氧化值/（g/100g）	≤	0.125	0.25
加热试验（280℃）		无析出物，油色不得变深	允许微量析出物和油色变深

表 9-13　浸出成品菜籽油质量指标

项目		质量指标		
		一级	二级	三级
色泽		淡黄色至浅黄色	浅黄色至橙黄色	橙黄色至棕褐色
透明度（20℃）		澄清、透明	澄清	允许微浊
气味、滋味		无异味，口感好	无异味，口感良好	具有菜籽油固有气味和滋味、无异味
水分及挥发物含量/%	≤	0.10	0.15	0.20
不溶性杂质含量/%	≤	0.05	0.05	0.05
酸价（以 KOH 计）/（mg/g）	≤	0.50	2.0	3.0
过氧化值/（g/100g）	≤	0.125	0.25	
加热试验（280℃）		—	无析出物，油色不得变深	允许微量析出物和油色变深，但不得变黑
含皂量/%	≤	—	0.03	
冷冻试验（0℃储藏 5.5 h）		澄清、透明	—	
烟点/℃ ≥		190	—	
溶剂残留量/（mg/kg）		不得检出	≤20	

注：划有“—”者不做检测。

③卫生指标：按 GB 2716—2018《食品安全国家标准　植物油》，GB 2760—2014《食品安全国家标准　食品添加剂使用标准》和国家有关标准、规定执行。

④菜籽油不得掺有其他食用油和非食用油；不得添加任何香精和香料。

5. 棉籽油

棉籽油质量指标参照 GB/T 1537—2019《棉籽油》。

（1）基本组成和主要物理参数　棉籽油基本组成和主要物理参数如表 9-14 所示。

表 9-14 棉籽油基本组成和主要物理参数

名称		指标
相对密度（d_{20}^{20}）		0.918~0.926
主要脂肪酸组成/%		
豆蔻酸（C14：0）		0.3~1.0
棕榈酸（C16：0）		19.0~26.4
棕榈油酸（C16：1）	≤	1.2
硬脂酸（C18：0）		1.5~3.3
油酸（C18：1）		13.5~21.7
亚油酸（C18：2）		46.7~62.2
亚麻酸（C18：3）	≤	0.7
花生酸（C20：0）		0.1~0.8
山嵛酸（C22：0）	≤	0.6
芥酸（C22：1）	≤	0.3

（2）质量等级指标

①棉籽原油质量指标如表 9-15 所示：

表 9-15 棉籽原油质量标准

项目		质量指标
气味、滋味		具有棉籽原油固有的气味和滋味，无异味
水分及挥发物/%	≤	0.20
不溶性杂质含量/%	≤	0.20

②压榨成品棉籽油、浸出成品棉籽油质量指标如表 9-16 所示：

表 9-16 压榨成品棉籽油、浸出成品棉籽油质量标准

项目		质量指标		
		一级	二级	三级
色泽		淡黄色至浅黄色	浅黄色至橙黄色	橙黄色至棕红色
气味、滋味		无异味、口感好		
透明度（20℃）		透明	透明	—
水分及挥发物含量/%	≤	0.10		0.20
不溶性杂质/%	≤	0.05		
酸值（以 KOH 计）/（mg/g）	≤	0.30	0.50	1.0
过氧化值/（mmol/kg）	≤	0.12		0.16
加热试验（280℃）		—	—	无析出物，罗维朋比色黄色值不变，红色值增加小于 0.4

续表

项目		质量指标		
		一级	二级	三级
含皂量/%	≤	—		0.01
烟点	≥	190	—	
游离棉酚/（mg/kg）	≤	50	200	

注：划有“—”者不做检测。

③卫生指标：按 GB 2716—2018《食品安全国家标准　植物油》、GB 2760—2014《食品安全国家标准　食品添加剂使用标准》和国家有关规定执行。

④棉籽油中不得掺有其他食用油和非食用油；不得添加任何香精和香料。

6. 葵花籽油

葵花籽油质量指标参照 GB/T 10464—2017《葵花籽油》。

（1）基本组成和主要物理参数　葵花籽油基本组成和主要物理参数如表 9-17 所示。

表 9-17　葵花籽油基本组成和主要物理参数

名称		指标
相对密度（d_{20}^{20}）		0.918~0.923
主要脂肪酸组成/%		
豆蔻酸（C14：0）	≤	0.2
棕榈酸（C16：0）		5.0~7.6
棕榈油酸（C16：1）	≤	0.3
十七烷酸（C16：1）	≤	0.2
十七烷一烯酸（C16：1）	≤	0.1
硬脂酸（C18：0）		2.7~6.5
油酸（C18：1）		14.0~39.4
亚油酸（C18：2）		48.3~74.0
亚麻酸（C18：3）	≤	0.3
花生酸（C20：0）		0.1~0.5
花生一烯酸（C20：1）	≤	0.3
山嵛酸（C22：0）	≤	0.3~1.5
芥酸（C22：1）	≤	0.3
二十二碳二烯酸（C22：2）	≤	0.3
木焦油酸（C24：0）	≤	0.5

注：上列指标和数据与 CODEX-STAN 210-2009（2015）的指标与数据一致。

（2）质量等级指标

①葵花籽原油质量指标如表 9-18 所示：

表 9-18 葵花籽原油质量指标

项目		质量指标
气味、滋味		具有葵花籽原油固有的气味、滋味，无异味
水分及挥发物/%	≤	0.20
不溶性杂质/%	≤	0.20
酸值（KOH）/（mg/g）		按照 GB 2716 执行
过氧化值（mmol/kg）		按照 GB 2716 执行
溶剂残留量（mg/kg）	≤	100

②成品葵花籽油质量指标如表 9-19、表 9-20 所示：

表 9-19 压榨葵花籽油（包括葵花仁油）质量指标

项目			质量指标	
			一级	二级
色泽			淡黄色至橙黄色	橙黄色至棕红色
透明度（20℃）			澄清、透明	允许微浊
气味、滋味	压榨葵花籽油		无异味，口感好	具有葵花籽油固有气味和滋味，无异味
	葵花仁油		具有熟葵花仁特有的气味和滋味，无异味	
水分及挥发物含量/%		≤	0.10	0.15
不溶性杂质含量/%		≤	0.05	0.05
酸值（KOH）/（mg/g）		≤	1.5	按照 GB 2716 执行
过氧化值/（mmol/kg）		≤	7.5	按照 GB 2716 执行
溶剂残留量（mg/kg）			不得检出	

表 9-20 浸出葵花籽油质量指标

项目		质量指标		
		一级	二级	三级
色泽		淡黄色至浅黄色	浅黄色至橙黄色	橙黄色至棕色
透明度（20℃）		澄清、透明	澄清	允许微浊
气味、滋味		无异味，口感好	无异味，口感良好	具有葵花籽油固有气味和滋味，无异味
水分及挥发物含量（%）	≤	0.10	0.15	0.20
不溶性杂质含量（%）	≤	0.05	0.05	0.05
酸值（KOH）/（mg/g）	≤	0.50	2.0	按照 GB 2716 执行
过氧化值/（mmol/kg）	≤	5.0	7.5	按照 GB 2716 执行

续表

项目		质量指标		
		一级	二级	三级
加热试验（280℃）		—	无析出物，油色不得变深	允许微量析出物和油色变深，但不得变黑
含皂量（%）	≤	—	0.03	
冷冻实验（0℃储藏 5.5h）		澄清、透明	—	
烟点/℃	≥	190	—	
溶剂残留量（mg/kg）		不得检出	按照 GB 2716 执行	

注：①划有“—”者不做检测。

②过氧化值的单位换算：当以 g/100g 表示时，如：5.0mmol/kg = 5.0/39.4g/100g ≈ 0.13g/100g。

7. 玉米油

玉米油质量指标参照 GB/T 19111—2017《玉米油》。

（1）基本组成和主要物理参数　玉米油基本组成和主要物理参数如表 9-21 所示。

表 9-21　玉米油基本组成和主要物理参数

项目		指标
相对密度（d_{20}^{20}）		0.917~0.925
脂肪酸组成/%		
十四碳以下脂肪酸	≤	0.3
豆蔻酸（C14：0）	≤	0.3
棕榈酸（C16：0）		16.5
棕榈一烯酸（C16：1）	≤	0.5
十七烷酸（C17：0）	≤	0.1
十七碳一烯酸（C17：1）	≤	0.1
硬脂酸（C18：0）	≤	3.3
油酸（C18：1）		20.0~42.2
亚油酸（C18：1）		34.0~65.6
亚麻酸（C18：3）	≤	2.0
花生酸（C20：0）		1.0
花生一烯酸（C20：1）		0.6
花生二烯酸（C20：2）	≤	0.1
山萮酸（C22：0）	≤	0.5
芥酸（C22：1）	≤	0.3
木焦油酸（C24：0）	≤	0.5

注：上列指标和数据与国际食品法典委员会标准 Codex-Stan 210-1999（2015）《指定的植物油法典标准》的指标和数据一致。

（2）质量等级指标

①玉米原油质量指标如表 9-22 所示：

表 9-22　玉米原油质量指标

项目		质量指标
气味、滋味		具有玉米原油固有的气味和滋味，无异味
水分及挥发物/%	≤	0.20
不溶性杂质/%	≤	0.20
酸价（以 KOH 计）/（mg/g）	≤	按照 GB 2716 执行

②成品玉米油质量指标如表 9-23 所示：

表 9-23　成品玉米油质量指标

项目		质量指标		
		一级	二级	三级
色泽		淡黄色至黄色	淡黄色至橙黄色	淡黄色至棕红色
透明度（20℃）		澄清、透明	澄清	允许微浊
气味、滋味		无异味、口感好	无异味、口感良好	具有油茶籽油固有的气味和滋味，无异味
水分及挥发物含量/%	≤	0.10	0.15	0.20
不溶性杂质含量/%	≤	0.05	0.05	0.05
酸价（以 KOH 计）/（mg/g）	≤	0.50	2.0	按照 GB 2716 执行
含皂量/%	≤	—	0.02	0.03
烟点/℃	≥	190	—	
加热试验（280℃）		—	无析出物，油色不得变深	允许微量析出物和油色变深，但不得变黑
冷冻试验（0℃储藏 5.5h）		澄清、透明	—	—

注：划有“—”者不做检测。

③卫生指标：应符合 GB 2716—2018《食品安全国家标准　植物油》和国家有关的规定。

食品添加剂的品种和使用量应符合 GB 2760—2014《食品安全国家标准　食品添加剂使用标准》的规定，但不得添加任何香精香料，不得添加其他食用油类和非食用物质。

真菌毒素限量应符合 GB 2761—2017《食品安全国家标准　食品中真菌毒素限量》的规定。

污染物限量应符合 GB 2762—2022《食品安全国家标准　食品中污染物限量》的规定。

农药残留限量应符合 GB 2763—2021《食品安全国家标准　食品中农药最大残留限量》及相关规定。

8. 米糠油

米糠油质量指标参照 GB/T 19112—2003《米糠油》。

（1）特征指标　米糠油特征指标如表 9-24 所示。

表 9-24　米糠油特征指标

项目		指标
折光指数（n^{40}）		1.464~1.468
相对密度（d_{20}^{20}）		0.914~0.925
碘值（I）/（g/100 g）		92~115
皂化值（KOH）/（mg/g）		179~195
不皂化物（g/kg）	≤	45
主要脂肪酸组成/%		
豆蔻酸（C14：0）		0.4~1.0
棕榈酸（C16：0）		12~18
棕榈一烯酸（C16：1）		0.2~0.4
硬脂酸（C18：0）		1.0~3.0
油酸（C18：1）		40~50
亚油酸（C18：2）		29~42
亚麻酸（C18：3）	<	1.0
花生酸（C20：0）	<	1.0

（2）质量等级指标

①米糠原油质量指标如表 9-25 所示：

表 9-25　米糠原油质量指标

项目		质量指标
气味、滋味		具有米糠原油固有的气味和滋味，无异味
水分及挥发物/%	≤	0.20
不溶性杂质/%	≤	0.20
酸值（KOH）/（mg/g）	≤	4.0
过氧化值/（mmol/kg）	≤	7.5
溶剂残留量/（mg/kg）	≤	100

注：黑体部分指标强制。

②压榨成品米糠油、浸出成品米糠油质量指标如表 9-26 所示。

表 9-26　　压榨成品米糠油、浸出成品米糠油质量指标

项目			质量指标			
			一级	二级	三级	四级
色泽	（罗维朋比色槽 25.4mm）	≤	—	—	黄 35 红 3.0	黄 35 红 6.0
	（罗维朋比色槽 133.4mm）	≤	黄 35 红 3.5	黄 35 红 5.0	—	—
气味、滋味			无气味、口感好	气味、口感良好	具有米糠油固有的气味和滋味，无异味	具有米糠油固有的气味和滋味，无异味
透明度			澄清、透明	澄清、透明	—	—
水分及挥发物/%		≤	0.05	0.05	0.10	0.20
不溶性杂质/%		≤	0.05	0.05	0.05	0.05
酸值（KOH）/（mg/g）		≤	0.20	0.30	1.0	3.0
过氧化值/（mmol/kg）		≤	5.0	5.0	7.5	7.5
加热试验（280℃）			—	—	无析出物，罗维朋比色：黄色值不变，红色值增加小于 0.4	微量析出物，罗维朋比色：黄色值不变，红色值增加小于 4.0，蓝色值增加小于 0.5
含皂量/%		≤	—	—	0.03	0.03
烟点/℃		≥	215	205	—	—
冷冻实验（0℃储藏 5.5h）			澄清、透明	—	—	—
溶剂残留量（mg/kg）	浸出油		不得检出	不得检出	≤50	≤50
	压榨油		不得检出	不得检出	不得检出	不得检出

注：①划有“—”者不做检测，压榨油和一、二级浸出油的溶剂残留量检出值小于 10mg/kg 时，视为未检出。

②黑体部分指标强制。

二、油脂质量标准相关指标检测方法

（一）检验标准

（1）植物油脂透明度、气味、滋味　按 GB/T 5525—2008《植物油脂　透明度、气味、

滋味鉴定法》进行。

（2）植物油脂色泽　按 GB/T 22460—2008《动植物油脂　罗维朋色泽的测定》进行。

（3）植物油脂相对密度　按 GB/T 5526—1985《植物油脂检验　比重测定法》进行。

（4）植物油脂折光指数　按 GB/T 5527—2010《动植物油脂　折光指数的测定》进行。

（5）植物油脂加热试验　按 GB/T 5531—2018《粮油检验　植物油脂加热试验》进行。

（6）植物油脂烟点　按 GB/T 20795—2006《植物油脂烟点测定》进行。

（7）植物油脂熔点　按 GB/T 5536—1985《植物油脂检验　熔点测定法》进行。

（8）植物油脂水分及挥发物　按 GB 5009. 236—2016《食品安全国家标准　动植物油脂水分及挥发物的测定》进行。

（9）动植物油脂不溶性杂质　按 GB/T 15688—2008《动植物油脂　不溶性杂质含量的测定》进行。

（10）植物油料含油量　按 GB/T 14488. 1—2008《植物油料　含油量测定》进行。

（11）油脂酸值　按 GB 5009. 229—2016《食品安全国家标准　食品中酸价的测定》进行。

（12）油脂过氧化值　按 GB 5009. 227—2016《食品安全国家标准　食品中过氧化值的测定》进行。

（13）植物油脂碘值　按 GB/T 5532—2022《动植物油脂　碘值的测定》进行。

（14）植物油脂皂化值　按 GB/T 5534—2008《动植物油脂　皂化值的测定》进行。

（15）植物油脂含皂量　按 GB/T 5533—2008《粮油检验　植物油脂含皂量的测定》进行。

（16）油脂不皂化物　按 GB/T 5535. 1—2008《动植物油脂　不皂化物测定　第 1 部分：乙醚提取法》进行。

（17）浸出油中残留溶剂　按 GB 5009. 262—2016《食品安全国家标准　食品中溶剂残留量的测定》进行。

（二）检验方法

1. 植物油脂透明度的测定

油脂透明度是指油脂试样在一定温度下，静置一定时间后出现的透明程度。植物油脂的透明度是油脂质量评价的重要指标之一。品质正常合格的油脂应澄清、透明。若油脂中含有过高的水分和过多的磷脂、蛋白质、固体脂肪、蜡质或含皂量时，油脂会出现混浊，影响其透明度。因此，油脂透明度的鉴定是借助检验者的视觉，初步判断油脂的纯净程度。

我国植物油国家标准规定：大豆、花生、玉米、葵花籽的一级油、二级油均应澄清、透明，三、四级葵花籽油均应透明；玉米胚芽油，三级透明，四级允许微浊。

我国植物油脂透明度是按 GB/T 5528—2008《植物油脂　透明度、气味、滋味鉴定方法》进行测定。

（1）仪器和用具　比色管（100mL，直径为 25mm）；乳白色灯泡；恒温水浴：0~100℃。

（2）测定步骤　量取试样 100mL 注入比色管中，在 20℃下静置 24h（蓖麻油静置 48h），然后移置到乳白色灯泡前或在比色管后衬以白纸。观察透明程度，记录观察结果。

（3）结果表示　观察结果以“透明”“微浊”“混浊”字样表示。

（4）注意事项

①静置后，合格的油脂是透明的。如含有磷脂、固体脂肪、蜡质以及含皂量过多或含水

量过大时，油脂会出现混浊，影响透明度。因此，根据油脂的透明程度，可以初步了解油脂的纯净程度。

②没有絮状悬浮物和混浊时认为透明。

2. 气味、滋味的鉴定

油脂的气味、滋味主要由两种完全不同的原因产生：第一，油脂本身具有天然的气味、滋味。例如，大豆油一般带有腥味，菜籽油常带有芥酸的辣味，芝麻油则带有令人喜爱的香味等。第二，油脂在发生化学变化时所产生的气味，即“衍生”而得到的气味、滋味。如酸败变质的油脂会产生哈喇味。因此，通过油脂气味和滋味的鉴定，可以了解油脂的品质、酸败的程度、能否食用以及有无掺杂等。

我国植物油国家标准中对各类、各等级植物油的气味、滋味，是按照 GB/T 5525—2008《植物油脂　透明度、气味、滋味鉴定法》进行测定。

（1）仪器和用具　烧杯（100mL）；温度计（0~100℃）；可调电炉（电压 220V，50Hz，功率小于 1000W）；酒精灯。

（2）操作方法　取少量油脂样品注入烧杯中，均匀加温至 50℃后，离开热源，用玻璃棒边搅拌边嗅气味，同时品尝样品的滋味。

（3）结果表示

①气味表示：

当样品具有油脂固有的气味时，结果用“具有某某油脂固有的气味”表示。

当样品无味、无异味时，结果用“无味”“无异味”表示。

当样品有异味时，结果用“有异常气味”表示，再具体说明异味为：哈喇味、酸败味、溶剂味、汽油味、柴油味、热煳味、腐臭味等。

②滋味表示：

当样品具有油脂固有的滋味时，结果用“具有某某油脂固有的滋味”表示。

当样品无味、无异味时，结果用“无味”“无异味”表示。

当样品有异味时，结果用“有异常滋味”表示，再具体说明异味为：哈喇味、酸败味、溶剂味、汽油味、柴油味、热煳味、腐臭味、土味、青草味等。

（4）注意事项　气味的测试是基于油脂变质过程中产生的某些微量成分，这些物质具有特殊的气味。

3. 植物油脂色泽的测定

色泽是指植物油脂固有的颜色。植物油脂的颜色是由于油料籽粒中含有的叶黄素、叶绿素、叶红素、类胡萝卜素、棉酚等色素，在制油过程中溶于油脂的缘故。油脂的色泽，除了与油料籽粒的粒色有关外，还与加工工艺以及精炼程度有关。一般以水代法和压榨法制油时，油色较深，而以浸出法制油时，油色较浅。此外，油料品质劣变和油脂酸败也会导致油色变深或影响油脂色泽。所以，测定油脂的色泽，可以了解油脂的纯净程度、加工工艺和精炼程度以及判断其是否变质。

我国植物油国家标准中对各类、各等级植物油的色泽按照 GB/T 22460—2008《动植物油脂　罗维朋色泽的测定》和 GB/T 5009.37—2003《食用植物油卫生标准的分析方法》规定的方法进行测定。

（1）罗维朋色泽的测定（GB/T 22460—2008《动植物油脂　罗维朋色泽的测定》）

①测定原理：在同一光源下，由透过已知光程的液态油脂样品光的颜色与透过标准玻璃色片的光的颜色进行匹配，用罗维朋色值表示其测定结果。

②罗维朋比色计：罗维朋比色计主要由比色槽、比色槽托架、碳酸镁反光片、乳白灯泡、观察管以及红、黄、蓝、中性色的标准颜色色阶玻璃片等部件组成（图 9-1）。

图 9-1　罗维朋比色计

罗维朋比色计是一种常见的色泽比色计。仪器中有 4 套标准比色片，分别是红色片（三组，表示为 R）、黄色片（三组，表示为 Y）、蓝色片（三组，表示为 B）、中性色片（两组，表示为 N）。

红色片（R）：0.1~0.9　1.0~9.0　10.0~70.0。

黄色片（Y）：0.1~0.9　1.0~9.0　10.0~70.0。

蓝色片（B）：0.1~0.9　1.0~9.0　10.0~40.0。

中性色片（N）：0.1~0.9　1.0~3.0。

标准颜色玻璃片中常用的是红、黄两种。红色为主色，黄色为调配色用，蓝色片作为调配青色用，中性色片作为调配亮度用。红、黄两色玻璃片的选用方法是，先根据油脂质量标准中的规定固定黄色片，然后用不同号码的红色片配色，必要时加入蓝色片或中性色片，直到观测管视野中样品与比色板色样一致。当配色不能达到油样色泽与比色片色泽完全相同时，则采用最接近色片，使比色片稍深于油样的色泽。结果以不深于 YXX、RX 表示，蓝色片记作暗度，中性色片记作亮度。

③仪器和设备：色度计；照明室；色片支架；比色皿托架；玻璃比色皿。

④测定步骤：将液体样品倒入玻璃比色皿中，使之具有足够的光程以便于颜色的辨认在所指定的范围之内。把装有油样的玻璃比色皿放在照明室内，使其靠近观察筒。

关闭照明室的盖子，立刻利用色片支架，测定样品的色泽值。为了得到一个近似的匹配，开始使用黄色片与红色片的罗维朋值的比值为 10∶1，然后进行校正，测定过程中不必总是保持上述这个比值，必要时可以使用最小值的蓝色片或中性色片（蓝色片和中性色片不能同时使用），直至得到精确的颜色匹配。使用中，蓝色值不应超过 9.0，中性色值不应超过 3.0。

警告：为避免眼睛疲劳，每观察比色 30 s 后，操作者的眼睛必须移开目镜。

本测定必须由两个训练有素的操作者来完成，并取其平均值作为测定结果。如果两人的测定结果差别太大，必须由第三个操作者进行再次测定，然后取三人测定值中最接近的两个测定值的平均值作为最终测定结果。

⑤结果表示：测定结果采用下列术语表达。

红值、黄值，若匹配需要还可使用蓝值或中性色值；所使用玻璃比色皿的光程。

只能使用标准玻璃比色皿的尺寸，不能用某一尺寸的玻璃比色皿测得的数值来计算其他尺寸玻璃比色皿的颜色值。

注意事项：

①检测应在光线柔和的环境内进行，尤其是色度计不能面向窗口放置或受阳光直射。

②如果样品在室温下不完全是液体，可将样品进行加热，使其温度超过熔点10℃左右。

③玻璃比色皿必须保持洁净和干燥。如有必要，测定前可预热玻璃比色皿，以确保测定过程中样品无固体物质析出。

④比色槽厚度有3.18mm、6.35mm、12.7mm、25.4mm、5.08mm、133.4mm数种，油色深，选用薄槽；油色浅，选用厚槽，一般常用25.4mm或133.4mm的比色槽。

⑤试样必须在完全透明的状态下测定色泽，必要时用干燥滤纸过滤，去除引起混浊的水分等杂质。对于固态油脂，可微微加热使其熔化透明后，再进行测定，并记下油温。

⑥比色槽：25.4mm测二、三级油；133.4mm测一、二级油（浅色）。

（2）色泽感官检验（GB/T 5009.37—2003《食用植物油卫生标准的分析方法》） 本方法适用于部分食用油脂的检验，如大豆油、葵花籽油、芝麻油、花生油、玉米油、亚麻籽油和棉籽油等油脂。

①仪器与设备 ：烧杯。直径50mm，杯高100mm。

②操作步骤：将试样混匀并过滤于烧杯中，油层高度不得小于5mm，在室温下先对着自然光观察，然后再置于白色背景前借用其反射光线观察并按照下列词句描述：柠檬色、淡黄色、黄色、橙色、棕黄色、棕色、棕红色、棕褐色等。

4. 植物油脂相对密度的测定

油脂的相对密度是指油脂在20℃时的质量与4℃时的同体积纯水质量之比，用 d_4^{20} 表示。

油脂的相对密度与油脂的分子组成有密切的关系。组成三酰甘油的脂肪酸相对分子质量越小，不饱和程度越大，羟酸含量越高，则其相对密度越大。同时，油脂中游离脂肪酸的含量、储存时间的长短、氧化程度和酸败情况以及温度等均会影响油脂的相对密度。

各种纯净、正常的油脂，在一定温度下均有不同的相对密度范围。天然油脂的相对密度均小于1，其数值在0.908~0.970变动。测定油脂的相对密度，可作为评定优质纯度、掺杂、品质变化的参考，还可以根据相对密度和体积计算储油罐、油池、油槽及运输油脂的质量。

油脂相对密度的测定方法有液体密度天平法（液体比重天平法）和相对密度瓶（比重瓶）法。

（1）测定原理 液体密度天平是以阿基米德定律“任何物体沉入液体时，物体减轻的质量等于该物体排开液体体积的质量”为基础而制成的一架不等臂天平（图9-2）。

将一质量测锤浸没于标准体积容器的液体中，使测锤获得浮力而失去平衡，然后在横梁V形槽里放置各种定量砝码，使横梁恢复平衡，就能迅速测得该液体的密度。

（2）试剂 洗涤剂；乙醇；乙醚；无二氧化碳蒸馏水。

（3）仪器和设备 液体密度天平；相对密度瓶：25mL或50mL（带温度计塞）；电热恒温水浴锅；烧杯；吸管；脱脂棉；滤纸等。

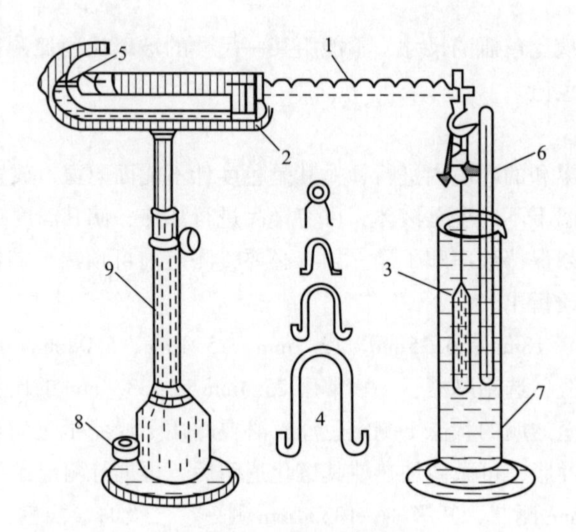

图 9-2　液体密度天平

1—横梁　2—托架　3—测锤　4—钩码　5—平衡调节器　6—温度计　7—玻璃量筒　8—水平调整脚　9—支架

（4）测定步骤

①液体密度天平法

a. 称量水：按照仪器使用说明，先将仪器校正好，在挂钩上挂 1 号砝码，向量筒内注入蒸馏水达到浮标上的白金丝浸入水中 1cm 为止。将水调节到 20℃时，拧动天平座上的螺丝，使天平达到平衡，不再移动，倒出量筒内的水，先用乙醇，后用乙醚将浮标、量筒和温度计上的水除净，再用脱脂棉揩干。

b. 称试样：将试样注入量筒内，达到浮标上的白金丝浸入试样中 1cm 为止，待试样温度达到 20℃时，在天平刻槽上移加砝码使天平恢复平衡。

c. 砝码的使用方法：先将挂钩上的 1 号砝码移至刻槽上，然后在刻槽上填加 2 号、3 号、4 号砝码，使天平达到平衡。

d. 结果计算：天平达到平衡后，按大小砝码的所在位置计算结果。1 号、2 号、3 号和 4 号砝码分别为小数点后第一位、第二位、第三位和第四位。

例如，油温、水温均为 20℃，1 号砝码在 9 处，2 号砝码在 4 处，3 号砝码在 3 处，4 号砝码在 5 处，此时油脂的相对密度 $d_{20}^{20}=0.9435$。

②相对密度瓶法

a. 洗瓶：用洗涤液、自来水、乙醇、蒸馏水依次洗净相对密度瓶。

b. 测定水重：用吸管吸取蒸馏水沿瓶口内壁注入相对密度瓶，插入带温度计的瓶塞（加塞后瓶内不得有气泡存在），将相对密度瓶置于 20℃恒温水浴中，待瓶内水温达到（20±0.2）℃时，取出相对密度瓶用滤纸吸去排水管溢出的水，盖上瓶帽，揩干瓶外部，约经 30min 后称重。

c. 测定瓶重：倒出瓶内水，用乙醇和乙醚洗净瓶内水分，用干燥空气吹去瓶内残留的乙醚，并吹干瓶内外，然后加瓶塞和瓶帽称重（瓶重应减去瓶内空气质量，$1cm^3$ 的干燥空气质量在标准状况下为 0.001293~0.0013g）。

d. 测定试样重：吸取 20℃以下澄清试样，按测定水重法注入瓶内，加塞，用滤纸蘸乙醚揩净外部，置于 20℃恒温水浴中，经 30min 后取出，揩净排水管溢出的试样和瓶外部，盖上瓶帽，称重。

e. 结果计算：在试样和水的温度为20℃条件下测得试样质量（w_2）和水质量（w_1），计算相对密度：

$$d_{20}^{20} = \frac{w_2}{w_1} \tag{9-1}$$

式中 w_1——水质量，g；

w_2——试样质量，g；

d_{20}^{20}——油温、水温均为20℃时油脂的相对密度。

（5）注意事项

①绝对密度：油脂在单位体积内所具有的质量称为该油脂的绝对密度。相对密度：20℃时油脂的质量与同体积20℃蒸馏水的质量之比称为相对密度。

②测定油脂相对密度的方法中，相对密度瓶法具有结果准确、价格便宜，但操作烦琐、费时间的特点，而液体密度天平法具有操作迅速、结果准确，但仪器价格高等特点。

③油脂的化学组成和纯度都影响密度，一般油脂的脂肪酸分子质量越低和不饱和程度越高时，相对密度就越大。

5. 植物油脂加热试验

磷脂是由甘油、脂肪酸、磷酸和氨基酸所组成的复杂化合物，它是脂溶性和亲水性物质，含量过多影响油脂的质量。当油脂加热至280℃时，磷脂会产生絮状沉淀，因此加热试验是检验油脂中磷脂含量的简易方法。

加热试验是指油脂样品加热至280℃时，观察有无析出物和油脂色泽的变化情况。

（1）测定原理 植物油脂中的磷脂在280 ℃高温下会分解或析出，使得油色变深、变黑，并产生析出物或絮状沉淀物等现象，由此判断植物油脂品质。通常油色变深、变黑，析出物或絮状沉淀物越多，表明植物油脂品质越差。

（2）仪器和用具 电炉（1000W可调电炉）；装有细沙的金属盘（沙浴盘）或石棉网；烧杯（100mL）；温度计（0~300℃）；铁支柱等。

（3）操作步骤 取混匀试样约50 mL注入100 mL烧杯内，观察油样颜色，将样品置于带有金属盘（沙浴盘）或石棉网的电炉上加热，用铁支柱架悬挂温度计，使水银球恰在试样中心，在16~18min内使试样温度升至280 ℃，取下烧杯，待冷却至室温后，观察析出物多少和油色深浅情况。

（4）结果表示 观察析出物的试验结果分别以“无析出物”“有微量析出物”“有多量析出物”来表示。观察样品加热前后颜色变化的试验结果分别以“油色变浅”“油色不变”“油色变深”“油色变黑”“其他”来表示。

（5）注意事项

①实验要求在16~18min内使试样温度升至280℃，加热时应在电炉上加沙浴盘或石棉网，使试样升温均匀。

②有多量析出物是指析出物成串、成片结团。

③有微量析出物是指有析出物悬浮。

④其他是指以油色实际变化情况来描述，如油脂加热后变为绿色，则可写为油色变绿。

6. 植物油脂水分及挥发物的测定

油脂是不溶于水的疏水性物质，在一般情况下，油和水是互不相溶的，但是在油脂中由于含有少量的亲水性物质，如磷脂、固醇及其他杂质，能吸收水形成胶体物质而存在于油脂中。因此，在油脂制取过程中虽经脱水处理，仍含有少量的水分。

油脂中水分含量过多时，会影响烹调品质，加热时冒沫或引起爆沸现象。油脂水分含量过多增加了酶的活性，促进了微生物的生长，使油脂储藏稳定性降低。测定油脂水分含量对评定油脂品质和指导油脂的安全储藏具有重要的意义。

油脂水分的测定通常采用加热蒸发的方法。油脂在加热的过程中除水分蒸发外，其中的微量低沸点物质也挥发逸出，因此称测定结果为水分及挥发物含量。

测定油脂水分及挥发物的方法很多，常用的有电热板法和电烘箱（103±2）℃法等。

（1）测定原理

①沙浴（电热板）法：在高温短时间里，使水分及挥发物快速蒸发，而油脂本身变化甚微。

②电烘箱法：用稍高于水的沸点的温度（103℃）将油脂中的水分蒸去，从而测得水分及挥发物的含量。

（2）仪器和设备　电热干燥箱：可保持温度于（103±2）℃；干燥器：内含有效的干燥剂；分析天平：分度值为 0.001g、0.0001g；玻璃容器：平底，直径约 50mm，高约 30mm；沙浴或电热板（室温～150℃）；碟子：陶瓷或玻璃的平底碟，直径 80～90mm，深约 30mm；温度计：80～110℃范围内布刻度，约长 100mm，具有加固水银球并在上端具有膨胀腔。

（3）测定方法

①沙浴（电热板）法

a. 试样准备：在预先干燥并与温度计一起称量的碟子中，称取试样约 20g，精确至 0.001g。

对于澄清无沉淀物的液体样品，在密闭的容器中摇动，使其均匀。对于有浑浊或有沉淀物的液体样品，在密闭的容器中摇动，直至沉淀物完全与容器壁分离，并均匀地分布在油体中。检查是否有沉淀物吸附在容器壁上，如有吸附，应完全清除（必要时打开容器），使它们完全与油混合。

b. 试样测定：将装有测试样品的碟子在沙浴或电热板上加热至 90℃，升温速率控制在 10 ℃/min 左右，边加热边用温度计搅拌。降低加热速率观察碟子底部气泡的上升，控制温度上升至（103±2）℃，确保不超过 105 ℃。继续搅拌至碟子底部无气泡放出。

为确保水分完全散尽，重复数次加热至（103±2）℃、冷却至 90℃的步骤；将碟子和温度计置于干燥器中，冷却至室温，称量；精确至 0.001 g。重复上述操作，直至连续两次结果不超过 2 mg。

②电热干燥箱法

a. 试样准备：在预先干燥并称量的玻璃容器中，根据试样预计水分及挥发物含量，称取 5g 或 10g 试样，精确至 0.001g。

b. 试样测定：将含有试样的玻璃容器置于（103±2）℃的电热干燥箱中 1h，再移入干燥器中，冷却至室温，称量，准确至 0.001g。重复加热、冷却及称量的步骤；每次复烘时间为 30min，直到连续两次称量的差值根据测试样质量的不同，分别不超过 2mg（5g 样品时）或 4mg（10g 样品时）。

注：重复加热多次后，若油脂样品发生自动氧化导致质量增加，可取前几次测定的最小值计算结果。

（4）结果计算　水分及挥发物的质量分数按式（9-2）计算：

$$X = \frac{m_1 - m_2}{m_1 - m_0} \times 100\% \tag{9-2}$$

式中　X——水分及挥发物的质量分数；

m_0——碟子和温度计的质量或玻璃容器的质量，g；

m_1——加热前的碟子、温度计和测试样品的质量或玻璃容器和测试样品的质量，g；

m_2——加热后碟子、温度计和测试样品的质量或玻璃容器和测试样品的质量，g。

取两次测定的算术平均值作为结果，结果精确至小数点后两位 。

（5）精密度　在重复性条件下获得的两次独立测定结果的绝对差值不得超过算术平均值的 10%。

（6）注意事项

①沙浴（电热板）法：电热板上细沙要洁净，三个小烧杯加热时温度要一致（要靠近）。

②电热干燥箱法：反复加热后，试样质量增加表明脂肪或油发生了氧化。在这种情况下，应取最小的质量读数进行计算，或采用沙浴或电热板法。

③沙浴（电热板）法适用于所有动植物油脂，电热干燥箱法仅适用于酸值小于 4 的非干燥性动植物油脂。

7. 动植物油脂不溶性杂质含量的测定

动植物油脂中的杂质是指不溶于正己烷或石油醚等有机溶剂的物质及外来杂质的量，油脂中含有杂质不仅降低了油脂的品质，而且能加速油脂品质的劣变，影响油脂储藏的稳定性，通过检测油脂的杂质含量，可以对油脂的品质加以评价。也可检查在生产过程中过滤设备的工艺效能。这些杂质包括机械杂质、矿物质、碳水化合物、含氮化合物、各种树脂、钙皂、氧化脂肪酸、脂肪酸内酯和（部分）碱皂、羟基脂肪酸及其甘油酯等。

（1）测定原理　用过量正己烷或石油醚溶解试样，对所得到试液进行过滤，再用同样的溶剂冲洗残留物和滤纸，使其在 103℃下干燥至恒重计算不溶性杂质的含量。

（2）试剂

①正己烷或石油醚：石油醚的馏程为 30~60℃。上述任何一种溶剂，每 100mL 完全蒸发后的残留物应不超过 0.002g。

②硅藻土：经纯化、煅烧，其质量损失在 900℃（赤热状态）下少于 0.2%。

（3）仪器和设备　分析天平：分度值 0.001g；电烘箱：可控制在（103±2）℃；锥形瓶：容量 250mL，带有磨口玻璃塞；干燥器：内装有效干燥剂；无灰滤纸：无灰滤纸在燃烧后的最大残留物质量为 0.01%，对尺寸大于 2.5μm 的颗粒的拦截率可达到 98%；玻璃纤维过滤器：带盖直径为 120mm 的金属（最好是铝制）或玻璃容器；坩埚式过滤器：玻璃，P16 级，孔径 10~16μm，直径 40mm，体积 50mL，带抽气瓶。可以替代玻璃纤维过滤器来过滤包括酸性油在内的所有产品。

（4）测定步骤　将滤纸及带盖过滤器或坩埚式过滤器置于烘箱中，烘箱温度为 103 ℃，加热烘干。在干燥器中冷却，并称量，精确至 0.001g。

加200mL正己烷或石油醚于装有试样的锥形瓶中，盖上塞子并摇动（对于蓖麻油可增加溶剂量以便于操作，可采用较大的锥形瓶）。在20℃下放置30min。在合适的漏斗中通过无灰滤纸过滤，必要时可通过坩埚式过滤器抽滤。清洗锥形瓶时要确保所有的杂质都被洗入滤纸或坩埚中。

用少量的溶剂清洗滤纸或坩埚过滤器，洗至溶剂不含油脂。如有必要，适当加热溶剂，但温度不能超过60℃，用于溶解滤纸上的一些凝固的脂肪。

将滤纸从漏斗移到过滤器中，静置，使滤纸上的大部分溶剂在空气中挥发，并在103℃烘箱中使溶剂完全蒸发，然后从烘箱中取出，盖上盖子，在干燥器中冷却并称量，精确至0.001g。

如果用坩埚式过滤器，使坩埚式过滤器上的大部分溶剂在空气中挥发，并在103℃烘箱中使溶剂完全蒸发，然后在干燥器中冷却并称量，精确至0.001g。

如果要测定有机杂质含量，必要时使用预先干燥并称量的无灰滤纸，灰化含有不溶性杂质的滤纸，从被测不溶性杂质的质量中减去所得滤纸灰分的质量。

有机杂质含量以质量分数表示，需在计算式中乘以$100/m_0$，m_0表示试样质量，单位以克（g）计。

如果要分析酸性油，玻璃坩埚式过滤器要按如下方法涂布硅藻土。在100mL的烧杯中用2g硅藻土和30mL石油醚混合成膏状。在减压状态下将膏状混合物倒入坩埚式过滤器，使玻璃过滤器上附着一层硅藻土。

将涂有硅藻土坩埚式过滤器置于烘箱中，在温度为103℃烘箱内干燥1h后，移入干燥器中冷却并称量，精确至0.001g。

按上述方法对同一试样测定两次。

（5）结果表示　杂质质量分数按式（9-3）计算：

$$\omega = \frac{m_2 - m_1}{m_0} \times 100\% \tag{9-3}$$

式中　m_0——试样质量，g；

m_1——带盖过滤器及滤纸，或坩埚式过滤器的质量，g；

m_2——带盖过滤器及带有干残留物的滤纸，或坩埚式过滤器及干残留物的质量，g。

测定结果精确至小数点后两位。

8. 油脂酸值的测定

油脂酸值是指中和1g油脂中游离脂肪酸所需氢氧化钾的质量，用mg/g表示。该指标是评价油脂品质好坏的重要依据之一。酸值是评定油脂品质好坏和储存方法是否得当的一个指标。同一种植物油酸值越小，说明油脂质量越好，新鲜度和精炼程度越好，酸值越高，说明其质量越差，越不新鲜。一般从新收获、成熟的油料种子中制取的植物油脂，含有游离脂肪酸的质量分数约为1%，但是当原料中含有较多的未熟粒、生芽粒、霉变粒等时，制取的植物油脂中将会有较高的酸值。此外，在油脂储藏过程中，如果水分、杂质含量高，储存温度高时，脂肪酶活力增大，会使植物油中游离脂肪酸含量增高。因此，测定油脂中酸值可以评价油脂品质的好坏，也可以判断储藏期间品质的变化状况，还可以知道油脂碱炼工艺，提供需要加碱量。当酸值高于3.5mg/g时，油脂则会出现不愉快的哈喇味；酸值超过4mg/g较多时，人们如果食用了这种油脂后可引起呕吐、腹泻等中毒现象，酸败严重的油脂不能食用。

因此，油脂酸值的测定是油脂酸败定性和定量检验的参考，是鉴定油脂品质优劣的重要依据。

（1）原理　用有机溶剂将油脂试样溶解成样品溶液，再用氢氧化钾或氢氧化钠标准滴定溶液中和滴定样品溶液中的游离脂肪酸，以指示剂相应的颜色变化来判定滴定终点，最后通过滴定终点消耗的标准滴定溶液的体积计算油脂试样的酸值。

（2）试剂和材料　除非另有说明，本方法所用试剂均为分析纯，水为 GB/T 6682 规定的三级水。

异丙醇；乙醚；甲基叔丁基醚；95%乙醇；酚酞指示剂；百里香酚酞指示剂；碱性蓝 6B 指示剂；无水硫酸钠：在 105~110℃条件下充分烘干，然后装入密闭容器冷却并保存；无水乙醚；石油醚：30~60℃沸程。

氢氧化钾或氢氧化钠标准滴定水溶液：浓度为 0.1mol/L 或 0.5mol/L，按照 GB/T 601 标准要求配制和标定，也可购买市售商品化试剂。

乙醚-异丙醇混合液：乙醚+异丙醇=1+1，500mL 的乙醚与 500mL 的异丙醇充分互溶混合，用时现配。

酚酞指示剂：称取 1g 的酚酞，加入 100mL 的 95%乙醇并搅拌至完全溶解。

百里香酚酞指示剂：称取 2g 的百里香酚酞，加入 100mL 的 95%乙醇并搅拌至完全溶解。

碱性蓝 6B 指示剂：称取 2g 的碱性蓝 6B，加入 100mL 的 95%乙醇并搅拌至完全溶解。

（3）仪器和用具　10mL 微量滴定管：最小刻度为 0.05mL；天平：分度值 0.001g；恒温水浴锅；恒温干燥箱；离心机：最高转速不低于 8000r/min；旋转蒸发仪；索氏脂肪提取装置；植物油料粉碎机或研磨机。

（4）测定步骤　根据制备试样的颜色和估计的酸值，按照表 9-27 规定称量试样。

表 9-27　　试样称样表

估计的酸值/（mg/g）	试样的最小称样量/g	使用滴定液的浓度/mol/L	试样称重的精确度/g
0~1	20	0.1	0.05
1~4	10	0.1	0.02
4~15	2.5	0.1	0.01
15~75	0.5~3.0	0.1 或 0.5	0.001
>75	0.2~1.0	0.5	0.001

注：试样称样量和滴定液浓度应使滴定液用量在 0.2~10mL（扣除空白后）。若检测后发现样品的实际称样量与该样品酸值所对应的应有称样量不符，应按照表 9-27 要求调整称样量后重新检测。

取一个干净的 250mL 的锥形瓶，按照表 9-27 的要求用天平称取制备的油脂试样。加入乙醚-异丙醇混合液 50~100mL 和 3~4 滴酚酞指示剂，充分振摇溶解试样。再用装有标准滴定溶液的刻度滴定管对试样溶液进行滴定，当试样溶液初现微红色且 15s 内无明显褪色时，为滴定的终点。立刻停止滴定，记录下此滴定所消耗的标准滴定溶液的体积（V）。

另取一个干净的 250mL 的锥形瓶，准确加入与表 9-27 试样测定时相同体积、相同种类的有机溶剂混合液和指示剂振摇混匀。然后再用装有标准滴定溶液的刻度滴定管进行滴定，当溶液初现微红色，且15s内无明显褪色时，为滴定的终点。立刻停止滴定，记录滴定所消耗的标准滴定溶液的体积（V_0）。

（5）分析结果的表述　酸值按照式（9-4）的要求进行计算：

$$X_{AV}=\frac{(V-V_0)\times c\times 56.1}{m} \tag{9-4}$$

式中　X_{AV}——酸值，mg/g；

V——试样测定所消耗的标准滴定溶液的体积，mL；

V_0——相应的空白测定所消耗的标准滴定溶液的体积，mL；

c——标准滴定溶液的摩尔浓度，mol/L；

56.1——氢氧化钾的摩尔质量，g/mol；

m——油脂样品的称样量，g。

酸值≤1mg/g，计算结果保留2位小数；1mg/g<酸值≤100mg/g，计算结果保留1位小数；酸值>100mg/g，计算结果保留至整数位。注意事项：对于深色泽的油脂样品，可用百里香酚酞指示剂或碱性蓝6B指示剂取代酚酞指示剂，滴定时，当颜色变为蓝色时为百里香酚酞的滴定终点，碱性蓝6B指示剂的滴定终点为由蓝色变红色。

9. 植物油脂含皂量的测定

油脂中的含皂量是指油脂经过碱炼后，残留在油脂中的皂化物的量（以油酸钠计）。

植物油脂含皂量过高时，对油脂的质量和透明度有很大的影响。油脂含皂量是食用植物油质量标准中规定的指标之一，也是衡量油脂碱炼时水洗工艺是否达到工艺操作要求的依据。我国植物油国家标准规定：一级花生油、大豆油、菜籽油、葵花籽油、精炼棉籽油含皂量≤0.03%，二级普通芝麻油、工业用亚麻油、油菜籽油、玉米胚油、精炼米糠油含皂量≤0.03%。

（1）测定原理　试样用有机溶剂溶解后，加入热水使皂化物溶解，用盐酸标准溶液滴定。

（2）试剂　丙酮水溶液：量取20mL水加入至980mL丙酮中，摇匀。临分析前，每100mL中加入0.5mL1%溴酚蓝溶液，滴加盐酸溶液或氢氧化钠溶液调节至溶液呈黄色；盐酸标准溶液c（HCl）=0.01mol/L；氢氧化钠溶液c（NaOH）=0.01mol/L；指示剂：1%溴酚蓝溶液；水：符合GB/T 6682规定中三级水的要求。

（3）仪器和用具　具塞锥形瓶（250mL）；微量滴定管（5mL或10mL，分度值为0.02mL）；量筒（50mL）；移液管（1mL）；恒温水浴锅；天平，分度值为0.01g。

（4）操作步骤　称取样品40g，精确至0.01g，置于具塞锥形瓶中，加入1mL水，将锥形瓶置于沸水浴中，充分摇匀。加入50mL丙酮水溶液，在水浴中加热后，充分振摇，静置后分为两层。用微量滴定管趁热逐滴滴加0.01mol/L盐酸标准溶液，每滴一滴振摇数次，滴至溶液从蓝色变为黄色。重新加热、振摇、滴定至上层呈黄色不褪色，记下消耗盐酸标准溶液的总体积。同时做空白试验。

（5）结果计算　试样的含皂量按式（9-5）计算：

$$X=\frac{(V-V_0)\times c\times 0.304}{m}\times 100 \tag{9-5}$$

式中　X——油脂中含皂量（以质量分数计），%；

V——滴定试样消耗盐酸标准溶液的体积，mL；

V_0——滴定空白溶液消耗盐酸标准溶液的体积，mL；

c——盐酸标准溶液的浓度，mol/L；

m——试样质量，g；

0.304——每毫摩尔油酸钠的质量，g/mmol。

双试验结果允许差不超过0.01%，求其平均数，即为测定结果。结果保留小数点后一位。

（6）注意事项

①如果油脂中含有皂化物，则上层将呈绿色至蓝色。

②本方法适用于测定含皂量不超过0.05%的油脂样品，如油脂含皂量较高，测定时可减少试样用量（如4g）。

10. 油脂过氧化值的测定

过氧化物是油脂氧化酸败的初始产物，油脂在氧化初期阶段，氢过氧化物的量逐渐增多，而达到深度氧化时，氢过氧化物开始分解、聚合，因此过氧化值是油脂初期氧化程度的指标之一。油脂中的过氧化物是油脂在储藏期间与空气中氧发生氧化作用的产物，具有高度活性，能够迅速变化，分解为醛、酮类和氧化物等，再加上储藏过程中受到光、热、水分、微生物以及油脂中杂质的影响，就会造成油脂酸败变质。通过对油脂过氧化值的测定，可以了解油脂酸败的程度。一般情况下，新鲜的油脂其过氧化值小于1.2mmol/kg；过氧化值在1.2~2.4mmol/kg时，感官检验不觉得异常；过氧化值高于4mmol/kg时，油脂出现不愉快的辛辣味；如果超过6mmol/kg较多时，人们食用了这种油脂后可引起呕吐、腹泻等中毒症状。氢过氧化物对人体健康有害，过氧化值高的油脂及食品不宜食用。

因此，油脂过氧化值的测定是油脂酸败定性和定量检验的参考，是鉴定油脂品质的重要依据。按照GB 5009.227—2016《食品安全国家标准　食品中过氧化值的测定》测定。

（1）原理　油脂在氧化酸败过程中产生的氢过氧化物及过氧化物很不稳定，氧化能力较强，能氧化碘化钾成为游离碘，用硫代硫酸钠标准溶液滴定，根据析出的碘量计算过氧化值。其结果用过氧化物相当于碘的质量分数或1kg样品中活性氧的量（mmol）表示过氧化值。

（2）试剂　所有试剂和水中不得含有溶解氧。

①水：应符合GB/T 6682规定中三级水的要求。

②石油醚：沸程30~60℃。

③三氯甲烷-冰乙酸混合液（体积比40：60）：量取40mL三氯甲烷，加60mL冰乙酸混匀。

④碘化钾饱和溶液：新配制且不得含有游离碘和碘酸盐。要确保溶液中有结晶存在，放于避光处（称取20g碘化钾，加10mL新煮沸冷却的水摇匀后贮于棕色瓶中，存放于避光处备用）。使用前检查，在30mL三氯甲烷-冰乙酸混合液中添加1.00mL碘化钾饱和溶液和2滴1%淀粉溶液，若出现蓝色，并需用1滴以上的0.01mol/L硫代硫酸钠溶液才能消除，此碘化钾溶液不能使用，应重新配制此溶液。

⑤0.1mol/L硫代硫酸钠标准溶液：称取26g硫代硫酸钠（$Na_2S_2O_3 \cdot 5H_2O$），加0.2g无水碳酸钠，溶于1 000mL水中，缓缓煮沸10min冷却。放置两周后过滤、标定。

⑥0.01mol/L 硫代硫酸钠标准溶液：由 0.1mol/L 硫代硫酸钠标准溶液以新煮沸冷却的水稀释而成，临用前配制。

⑦0.002mol/L 硫代硫酸钠标准溶液：由 0.1mol/L 硫代硫酸钠标准溶液以新煮沸冷却的水稀释而成，临用前配制。

⑧1%淀粉指示剂：称取 0.5g 可溶性淀粉，加少量蒸馏水调成糊状，边搅拌边倒入 50mL 沸水中，再煮沸搅匀后，放冷备用，临用前配制。此溶液在 4~10℃的冰箱中可储藏 2~3 周，当滴定终点从蓝色到无色不明显时，需重新配制。灵敏度验证方法：将 5mL 淀粉溶液加入 100mL 水中，添加 0.05%碘化钾溶液和 1 滴 0.05%次氯酸钠溶液，当滴入硫代硫酸钠溶液 0.05mL 以上时，深蓝色消失，即表示灵敏度不够。

（3）仪器及设备　天平：分度值 1mg、0.01mg；碘价瓶：250mL；滴定管：10mL，最小刻度 0.05mL；滴定管：25mL 或 50mL，最小刻度 0.1mL；电热恒温干燥箱。

（4）测定步骤　应避免在阳光直射下进行试样测定。

①称样：称取试样 2~3g（精确至 0.001g）置于 250mL 碘价瓶中。

②反应：加入 30mL 三氯甲烷—冰乙酸混合液，轻轻振摇使试样完全溶解。准确加入 1.00mL 饱和碘化钾溶液，盖上塞子，并轻轻振摇 0.5min，在暗处放置 3min。

③滴定：取出试样，加 100mL 水，摇匀后立即用硫代硫酸钠标准溶液（过氧化值估计值在 0.15g/100g 及以下时，用 0.002mol/L 硫代硫酸钠标准溶液；过氧化值估计值大于 0.15g/100g 时，用 0.01mol/L 硫代硫酸钠标准溶液）滴定析出的碘。滴定至淡黄色时，加 1mL 淀粉指示剂，继续滴定并强烈振摇至溶液蓝色消失为终点。

④空白实验：测定需进行空白实验，空白实验所消耗 0.01mol/L 硫代硫酸钠溶液体积 V_0 不得超过 0.1mL，如若超过，应更换试剂，重新对样品进行测定。

（5）结果计算

①用过氧化物相当于碘的质量分数表示过氧化值时，按式（9-6）计算：

$$X_1 = \frac{(V - V_0) \times c \times 0.1269}{m} \times 100 \tag{9-6}$$

式中　X_1——过氧化值，g/100g；

V——试样消耗的硫代硫酸钠标准溶液体积，mL；

V_0——空白试验消耗的硫代硫酸钠标准溶液体积，mL；

c——硫代硫酸钠标准溶液的浓度，mol/L；

0.1269——与 1.00mL 硫代硫酸钠标准滴定溶液［$c(Na_2S_2O_3)$ = 1.000mol/L］相当的碘的质量；

m——试样质量，g；

100——换算系数。

计算结果以重复性条件下获得的两次独立测定结果的算术平均值表示，结果保留两位有效数字。

②用 1kg 样品中活性氧的量（mmol）表示过氧化值时，按式（9-7）计算：

$$X_2 = \frac{(V - V_0) \times c}{2 \times m} \times 1000 \tag{9-7}$$

式中　X_2——过氧化值，mmol/kg；

V——试样消耗的硫代硫酸钠标准溶液体积，mL；

V_0——空白试验消耗的硫代硫酸钠标准溶液体积，mL；

c——硫代硫酸钠标准溶液的浓度，mol/L；

m——试样质量，g；

1000——换算系数。

计算结果以重复性条件下获得的两次独立测定结果的算术平均值表示，结果保留两位有效数字。

（6）精密度　在重复性条件下获得的两次独立测定结果的绝对差值不得超过算术平均值的10%。

11. 浸出油中残留溶剂的测定

浸出油是植物油厂采用浸出工艺制得的油脂。我国采用以六碳烷烃为主要成分的“六号溶剂”作为浸出溶剂。它是以多种烷烃为主，沸程为62～85℃的石油醚分馏，其中烷烃占80.2%；环烷烃占18%；烯烃占1.6%；芳烃占0.07%。溶剂浸出法生产的浸出油，虽然溶剂脱出，但仍有少量溶剂残留在油脂中。

六号溶剂是一种能麻醉呼吸中枢的溶剂。我国食品卫生标准规定：一级浸出油中不得检出溶剂残留；二级、三级除花生油外其他浸出油中溶剂残留不得超过20mg/kg；原油中溶剂残留不得超过100mg/kg。

（1）测定原理　将试样置于密封的气化瓶中，在一定温度下，残留溶剂在液体试样或浸有水的固体试样与气化瓶顶部空气中进行挥发—溶解或吸附—解吸。当残留溶剂在气相/液相之间的分配达到平衡后，取气化瓶顶空气体进行气相色谱分析。与六号溶剂标准色谱图比较，确认残留溶剂各组分的色谱峰，内标标准曲线法或外标法定量。

（2）试剂　N，N-二甲基乙酰胺（简称DMA）：吸取1.0mL DMA放入100～150mL顶空瓶中，在50℃温度下放置0.5h，取液上气0.10mL注入气相色谱仪，在0～4min内无干扰即可使用。如有干扰时可用超声波处理30min或通入氮气用曝气法蒸去干扰。

六号溶剂标准溶液：称取洗净干燥的具塞20～25mL气化瓶的质量为m_1。瓶中放入比气化瓶体积少1mL的DMA密塞后称量为m_2，用1mL的注射器取约0.5mL的六号溶剂标准溶液，通过塞注入瓶中（不要与溶液接触），混匀，准确称量为m_3。按式（9-8）计算六号溶剂油的浓度：

$$X = \frac{m_3 - m_2}{(m_2 - m_1)/0.935} \times 1000 \qquad (9-8)$$

式中　X——六号溶剂的浓度，mg/mL；

m_1——瓶和塞的质量，g；

m_2——瓶、塞和DMA的质量，g；

m_3——瓶、塞和DMA及加入六号溶剂的质量，g；

0.935——DMA在20℃时的密度，g/ mL。

（3）仪器和用具

①气化瓶（顶空瓶）：体积为100～150mL，具塞（图9-3）。气密性试验：把1mL己烷放入瓶中，密塞后放入60℃热水中30min，密封处无气泡外漏。

②气相色谱仪：带氢火焰离子化检测器。

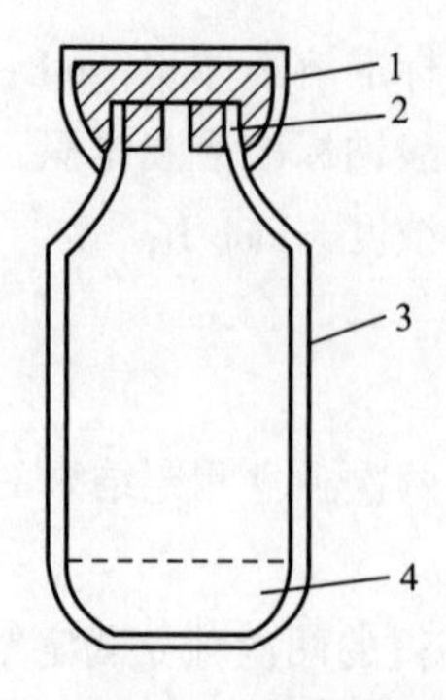

图 9-3　顶空瓶

1—铝盖　2—橡胶隔垫　3—瓶体　4—样品

（4）操作步骤

①气相色谱参考条件

a. 色谱柱：不锈钢柱，内径 3mm，长 3m，内装涂有 5%DFGS 的白色担体 102（60~80 目）。

b. 检测器：氢火焰离子化检测器。

c. 柱温：60℃。

d. 气化室温度：140℃。

e. 载气（N_2）：30mL/min。

f. 氢气：50mL/min。

g. 空气：500mL/min。

②测定：称取 25.00g 的食用油样，加入气化瓶中密塞后于 50℃恒温箱中加热 30min。取出后立即用微量注射器或注射器吸取 0.10~0.15mL 液上气体（与标准曲线进样体积一致）注入气相色谱仪，记录单组分或多组分（用归一化法）测量峰高或峰面积，与标准曲线比较，求出液上气体六号溶剂的含量。

③标准曲线的绘制：取预先在气相色谱仪上测试管六号溶剂量较低的油为曲线制备的本底油（或经 70℃开放式赶掉大部分残留溶剂的食用油或压榨油），分别称取 25.00g 放入 6 支气化瓶中，密塞，通过塞子注入六号溶剂标准液 0μL、20μL、40μL、60μL、80μL、100μL（含量分别为 0，0.02X，…，0.10Xμg，其中 X 为六号溶剂的浓度）。放入 50℃烘箱中，平衡 30min，分别取液上气体注入色谱，各响应值扣除空白值后，绘制标准曲线（多个色谱峰用归一化法计算）。

（5）结果计算　油样中六号溶剂的含量按式（9-9）进行计算：

$$X = \frac{m_1 \times 1000}{m_2 \times 1000} \tag{9-9}$$

式中　X——油样中六号溶剂的含量，mg/kg；

m_1——测定气化瓶中六号溶剂的质量，μg；

m_2——试样质量，g。

计算结果保留三位有效数字。

（6）注意事项

①影响顶空气相色谱分析的主要因素，首先是样品平衡温度的选择，其次是增大活度系数 γ_i 有利于测定，即加入某些电解质或非电解质。此外上部空间的体积要适中，小一点可增大灵敏度，但太小则相平衡不易达到，且取样不易均匀。气化瓶体积大小、取样量多少都应考虑。

②气化瓶可用100mL的输液瓶，并配有同型号的反口橡胶塞，实际体积可用水标定，选择一批体积在（130±1）mL的备用。

③加热温度的选择应从两方面考虑，一方面要有足够的六号溶剂从试样中挥发出来，并达到稳定的动态平衡。另一方面，和待测成分一起逸出的其他挥发物质，不得对六号溶剂测定有干扰。而加热温度越高，这种干扰就越多，尤其是当油脂出现酸败现象时，这种干扰尤为明显，所以本法选择50℃。

④用微量注射器抽取试样时，易出现进样体积误差，因此取样不能像抽取液体试样那样快。抽取气样时应慢慢提取芯杆，并且在取样之前用少许蒸馏水将注射器内壁湿润，使内壁与芯杆更加密合。取样后应迅速进样。

⑤植物油脂受热、酸败后生成脂肪酸过氧化物，继而产生烷烃类物质，其中主要成分为戊烷。由于有挥发性烃类的存在，因此在机榨油的质量鉴定中，会将戊烷误认为是浸出油的“残留溶剂”，因而机榨油出现“残留溶剂超标”之事时有发生。考虑到食用植物油本身能产生一定量戊烷的事实，有人建议浸出油残留溶剂含量的测定，应以测定六碳烷或六碳以上的烷烃类作为溶剂残留量。

第二节　油脂出入库和储藏期间的检验

一、　油脂入库检验项目及程序

（一）入库管理

（1）检化验室收到入库通知时，校核产品质量检验单并及时对入库油脂质量情况进行检验，确保入库粮油符合以下要求（或者合同要求）并出具《质量检验报告》。

①油脂质量符合国家标准规定。

②储备油脂储存品质应为宜存。

③符合国家粮油卫生标准。

（2）未经批准，不得擅自放宽油脂入库质量要求。遇有特殊情况，必须在第一时间向质量管理小组报告。

（3）油脂入库时，必须由本库的检化验室，按来油脂的运输形式分批、分船（车）等对油脂的质量和储存品质等进行检测，确保入库油脂符合中央储备粮质量和生产年限要求，并做到“五分开”存放，同时油脂入库前还要按照要求对空罐进行核验。

（4）入库油脂在满罐后3个工作日内，检化验室要组织人员对其进行扦样，并在样品送达7个工作日内出具整仓或者整罐的质量检验报告，包括质量指标和储存品质指标。

(5) 对于中央储备库储藏的油脂，油脂入库完成后，要经具有检验资质的粮油质检机构对入库油脂数量和质量进行检测验收，出具质量（包括质量指标和储存指标）验收报告；验收合格的，按《质量验收报告》填写保管账和专卡；验收不合格的，必须督促其限期整改，直至达标。

（二）检验流程

油脂入库检验流程如图 9-4 所示。

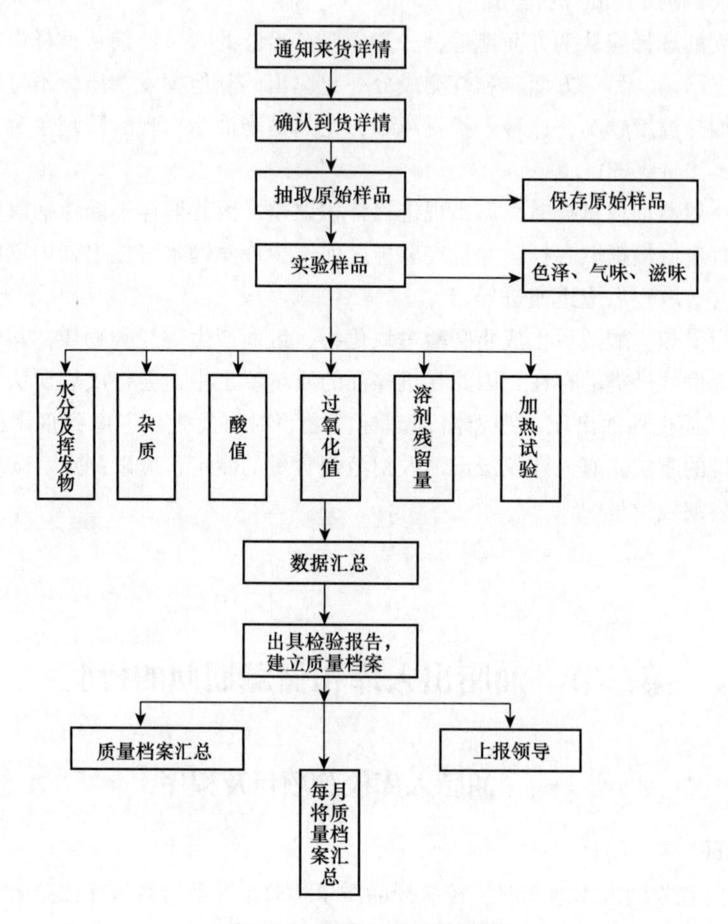

图 9-4　油脂入库检验流程

（三）油脂入库检验指标

1. 油脂质量检验指标

按照国家标准进行质量检验，包括气味、滋味、色泽、酸值、过氧化值、相对密度、水分及挥发物、杂质、溶剂残留量、加热实验（280℃）、脂肪酸组成等指标的检验。

2. 油脂质量指标检验方法

(1) 气味、滋味　按 GB/T 5525—2008《植物油脂透明度、气味、滋味鉴定法》进行，具体按本章第一节中描述的操作方法进行检验。

(2) 色泽　按 GB/T 22460—2008《动植物油脂　罗维明色泽的测定》进行，具体按本章第一节中描述的操作方法进行检验。

（3）酸值　按 GB 5009.229—2016《食品安全国家标准　食品中酸价的测定》进行，具体按本章第一节中描述的操作方法进行检验。

（4）过氧化值　按 GB 5009.227—2016《食品安全国家标准　食品中过氧化值的测定》进行，具体按本章第一节中描述的操作方法进行检验。

（5）水分及挥发物　按 GB 5009.236—2016《食品安全国家标准　动植物油脂水分及挥发物的测定》进行，具体按本章第一节中描述的操作方法进行检验。

（6）动植物油脂不溶性杂质　按 GB/T 15688—2008《动植物油脂　不溶性杂质含量的测定》进行，具体按本章第一节中描述的操作方法进行检验。

（7）溶剂残留量　按 GB 5009.262—2016《食品安全国家标准　食品中溶剂残留量的测定》进行，具体按本章第一节中描述的操作方法进行检验。

（8）加热实验（280℃）　按 GB/T 5531—2018《粮油检验　植物油脂加热试验》进行，具体按本章第一节中描述的操作方法进行检验。

3. 油脂储存品质检验指标

油脂储存品质指标主要依据《粮油储存品质判定规则》进行。具体指标要求如表 9-28 所示。

表 9-28　　食用油储存品质指标

项目	大豆油、菜籽油			花生油、葵花籽油		
	宜存	轻度不宜存	重度不宜存	宜存	轻度不宜存	重度不宜存
过氧化值/（mmol/kg）	≤4	4~6	>6	≤6	6~10	>10
酸值/（mg/g）	≤3.5	3.8~4	>4	≤3.5	3.8~4	>4

（1）宜存　酸值和过氧化值均符合表中“宜存”标准的，判定为宜存油脂，适宜继续储存。

（2）轻度不宜存　有一项储存品质控制指标符合“轻度不宜存”标准的，即判定为“轻度不宜存”食用油，应尽快轮换处理。

（3）重度不宜存　有一项储存品质控制指标符合“重度不宜存”标准的，即判定为“重度不宜存”食用油。

4. 油脂储存品质检验指标及方法

进行油脂质量检测时，首先检测过氧化值、酸值，然后再进行其他指标的检测，因为空气、光照、温度、油脂的水分含量等都会影响油脂的酸败和氧化程度。如果先检测其他指标，样品瓶被打开后，油脂与空气中的氧接触使样品更易被氧化，使油脂的过氧化值增大，从而使测定的结果偏高；光的照射能加速油脂过氧化值的增高过程，光使氧分子活化并促使油脂中游离基生成，从而加速油脂自动氧化，也会使结果偏高。

（1）过氧化值　按 GB 5009.227—2016《食品安全国家标准　食品中过氧化值的测定》进行检测，具体按本章第一节中描述的操作方法进行。

（2）酸值　按 GB 5009.229—2016《食品安全国家标准　食品中过酸价的测定》进行检测，具体按本章第一节中描述的操作方法进行。

5. 填写入库质量检验报告

油脂入库质量检验报告如表 9-29 所示。

表 9-29　　　　　　　　　　______油脂入库质量检验报告

<table>
<tr><td>检验单位</td><td colspan="6"></td></tr>
<tr><td>受检单位</td><td colspan="4"></td><td>样品类别名称</td><td></td></tr>
<tr><td>标签等级</td><td></td><td>粮食性质</td><td></td><td>生产日期</td><td colspan="2"></td></tr>
<tr><td>包装/散装</td><td></td><td>扦样地点</td><td colspan="4"></td></tr>
<tr><td>代表数量</td><td></td><td>扦（送）日期</td><td colspan="2"></td><td>扦（送）样人</td><td></td></tr>
<tr><td>检验依据
（标准代号）</td><td colspan="6"></td></tr>
<tr><td rowspan="5">检验结果</td><td>检验指标</td><td>标准值</td><td>检验结果</td><td>检验指标</td><td>标准值</td><td>检验结果</td></tr>
<tr><td>气味、滋味
GB/T 5525—2008</td><td></td><td></td><td>酸值/（mg/g）
GB 5009. 229—2016</td><td></td><td></td></tr>
<tr><td>色泽
GB/T 22460—2018</td><td></td><td></td><td>溶剂残留量/（mg/kg）
GB 5009. 262—2016</td><td></td><td></td></tr>
<tr><td>水分
GB 5009. 236—2016</td><td></td><td></td><td>过氧化值/（mmol/kg）
GB 5009. 227—2016</td><td></td><td></td></tr>
<tr><td>杂质
GB/T 15688—2008</td><td></td><td></td><td>加热试验（280℃）
GB/T 5531—2018</td><td></td><td></td></tr>
<tr><td>检验结论</td><td colspan="6">报告日期：　　年　　月　　日</td></tr>
<tr><td>备注</td><td colspan="6"></td></tr>
</table>

（四）入库验收

入库结束后，对于中央储备油脂需由有关分（子）公司对各自直属企业进行入库验收。入库验收是对入库计划执行情况的总体验收，即通过对入库计划文件、入库单据等原始资料，核实入库数量、质量及储存品质情况；通过定点取样，对入库油脂数量和质量进行检测验收，中央储备油则由分公司质检中心检测验收（分公司质检中心以直属库化验室为依托设立，该直属库油脂入库完成后，由分公司委托省级粮食质检机构进行检测验收），并出具质量验收报告，中央储备油需分送分公司、直属库（委托存储方式的还应送被检库点）。验收合格的，按验收检测数据填制保管账和专仓卡；验收不合格的，必须督促其限期整改，直至达标。

二、油脂出库质量检验

（一）出库管理

（1）储备油脂出库质量管理的根本任务是：保障出库油脂质量符合国家有关要求。

（2）检化验室对装运储备油脂出库的运输工具进行把关，对不符合装运中央储备油条件的运输工具，禁止使用。

（3）储备油脂销售出库时，要按照《粮食质量监管实施办法（试行）》和国家标准的要求进行质量检测。检测项目包括粮油质量指标和储存品质指标；必要时，还要检测储粮化学药剂残留量、黄曲霉毒素 B_1 及其他有害物质等卫生指标。如发现品质劣变油脂、卫生指标不合格油脂，要及时上报仓储科长和库主任，由库主任及时上报油脂公司。

（4）中央储备油销售出库质量检测权限如下。

①储存期在“正常储存年限”以内的油脂销售出库时，可由直属库检化验室进行质量检测，并出具《食用植物油销售出库检验报告》。

②储存期超过“正常储存年限”的油脂销售出库时，由具有相关检测资质的粮油质检机构进行质量检测，并出具《食用植物油销售出库检验报告》。

（5）《食用植物油销售出库检验报告》随货同行，有效期为 3 个月，同时应在出具的《食用植物油销售出库检验报告》复印件上领导签字或盖章。

（二）检验流程

油脂出库检验流程如图 9-5 所示。

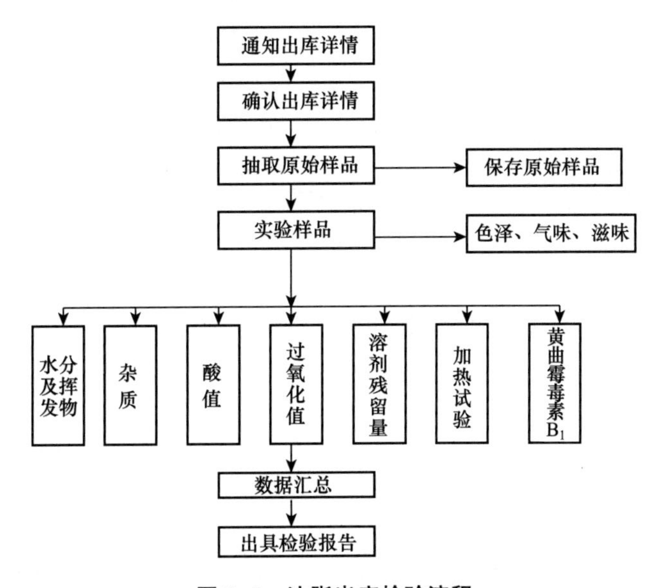

图 9-5　油脂出库检验流程

（三）油脂出库检验项目

油脂出库主要依据相应的国家标准对其质量指标进行检验并填写出库检验报告（表 9-30）。

具体包括色泽、气味、滋味、透明度、含皂量、烟点、冷冻试验、酸值、过氧化值、加热试验、水分及挥发物、不溶性杂质、溶剂残留量、黄曲霉毒素 B_1 等项目的检验。

检验方法同入库检验，按照国家标准进行检测。

表 9-30　　食用植物油（储存）销售出库检验报告　　报告编号：

<table>
<tr><td colspan="2">检验单位</td><td colspan="6"></td></tr>
<tr><td colspan="2">受检单位</td><td colspan="4"></td><td>样品类别名称</td><td></td></tr>
<tr><td colspan="2">标签等级</td><td></td><td>粮食性质</td><td></td><td>生产日期</td><td colspan="2"></td></tr>
<tr><td colspan="2">包装/散装</td><td></td><td>扦样地点</td><td colspan="4"></td></tr>
<tr><td colspan="2">代表数量</td><td></td><td>扦（送）日期</td><td colspan="2"></td><td>扦（送）样人</td><td></td></tr>
<tr><td colspan="2">检验依据
（标准代号）</td><td colspan="6"></td></tr>
<tr><td rowspan="10">检验结果</td><td>检验指标</td><td>标准值</td><td>检验结果</td><td>检验指标</td><td>标准值</td><td colspan="2">检验结果</td></tr>
<tr><td rowspan="2">色泽</td><td rowspan="2"></td><td rowspan="2"></td><td>含皂量/%</td><td></td><td colspan="2"></td></tr>
<tr><td>冷冻试验
（0℃储藏 5.5h）</td><td></td><td colspan="2"></td></tr>
<tr><td>气味、滋味</td><td></td><td></td><td>溶剂残留量/（mg/kg）</td><td></td><td colspan="2"></td></tr>
<tr><td>透明度</td><td></td><td></td><td>酸值/（mg/g）</td><td></td><td colspan="2"></td></tr>
<tr><td rowspan="5">加热试验
（280℃）</td><td rowspan="5"></td><td rowspan="5"></td><td>过氧化值/（mmol/kg）</td><td></td><td colspan="2"></td></tr>
<tr><td>不溶性杂质/%</td><td></td><td colspan="2"></td></tr>
<tr><td>烟点/℃</td><td></td><td colspan="2"></td></tr>
<tr><td>水分及挥发物/%</td><td></td><td colspan="2"></td></tr>
<tr><td>黄曲霉毒素 B_1/
（μg/kg）</td><td></td><td colspan="2"></td></tr>
<tr><td>检验结论</td><td colspan="7">报告日期：　　年　　月　　日</td></tr>
<tr><td>备注</td><td colspan="7"></td></tr>
</table>

填写说明：

①“报告编号”由检验单位自行编号。

②由粮食企业自检的，“检验单位”与“受检单位”相同。

③“样品类别名称”指大豆油、菜籽油等。“粮食性质”分为中储粮、地储粮或商品粮。“扦样地点”填写某省某市某县某单位某货位。“代表数量”填写实际代表数量，以 t 计。

④“检验依据”以标准代号表示。

⑤“标准值”填写引用标准规定的指标值或文字；需要判定等级的，“标准值”中填写相应等级的标准指标值。

⑥需要检验的指标表中未列出的，可在空白格内加项，空白格不足时可加页。

⑦“检验结论”中应做出质量等级判定和水分、有关卫生等单项指标是否合格的判定。

⑧本报告中未填写的空白格，应以横线或“以下空白”填充。

⑨检验报告应当用五号仿宋黑色字体计算机制作（签字除外），也可用黑色墨水填写。

⑩“复印件签字盖章联”由中间粮食经销方填制。

⑪监督检验机构出具的检验报告必须加盖计量认证章、审查授权章和单位公章/检验报告专用章，企业自检报告必须加盖单位公章；计量认证章、审查授权章加盖在报告正面表格的左上角，单位公章/检验报告专用章加盖在报告日期处。

注意事项：

①检验报告无编制人、审核人、批准人签字无效。

②检验报告涂改无效。

③检验单位应当对检验报告承担法律责任。

三、 油脂储藏期间检验项目及程序

（一）储存管理

（1）中央储备油在储存期间质量管理的基本任务是保持中央储备粮油宜存，对不宜存或接近不宜存的粮油要及时安排轮换，杜绝发生品质劣变事故。

（2）直属库要按照《中央储备粮仓储管理办法》和有关储粮技术要求，实行科学保油，延缓油脂质量劣变速度。在《中央储备粮油轮换管理办法（试行）》规定的参考储存年限以内的粮油，其储存品质要保持宜存。

（3）直属库要组织本库的检化验室或委托其他具有检测资质的检验机构，对每年3月末库存中央储备油脂油料质量和储存品质进行全面检测，出具检测报告，填报有关质量报表，并逐级上报至油脂公司。对于9月的质量检查除要做好自检外，还要积极配合油脂公司质检中心等具有检测资质的检测机构的检查，结果以其检验报告为准。

（4）对每年3月和9月末库存中央储备粮质量和储存品质进行检测时，验收合格且入库储存期（自验收扦样时起计算）不足4个月的粮食一般不需再检，其质量以入库验收时的检测结果为准，验收报告归入中央储备油脂油料质量管理档案。如遇到其他特殊情况需要对油脂品质进行检验的，相关科室要及时组织相关人员进行扦样送本库检化验室检测，并出具《质量检验报告》归入质量档案。

（5）每年除3月和9月的质量检验为全指标外，日常保管工作中的检测主要是定期检查储存指标，对于轻度不宜存和接近轻度不宜存油脂要适当加强检测的频率，并将检测报告归入质量档案。

（6）检化验室对库存油脂的质量检测结果进行全面、认真分析，并将分析结果上报仓储科长和库主任。如发现品质劣变等重大问题要在第一时间上报仓储科长和库主任，库主任要及时向油脂公司报告，并提高检测频率；对不宜存和接近不宜存粮油，要及时提报轮换计划，及时安排轮换；对其他质量问题，要及时采取有效措施进行处理。

（7）为了进一步了解油脂在储藏期间品质变化，建议对库存油脂每两个月扦取一次样品，进行储存期间的品质跟踪。

（二）油脂储存期间检验项目

油脂储存期间主要是对油脂的质量指标和储存品质指标进行检验，具体检验指标与方法同入库时的相同。

思考题

1. 油脂质量标准有哪些？油脂质量标准相关术语分别是什么？
2. 不同油脂的质量要求和质量指标分别有哪些？
3. 油脂质量相关指标检测标准有哪些？
4. 油脂质量标准相关指标如何进行检测？
5. 油脂入库管理的内容主要有哪些？
6. 油脂入库的检验流程是什么？
7. 油脂入库检验指标都有哪些？
8. 油脂出库管理的内容主要有哪些？
9. 油脂出库的检验流程是什么？
10. 油脂出库检验指标都有哪些？和入库时检验指标有哪些不同？
11. 油脂储藏品质检验指标有哪些？储藏品质如何判定？

第十章

CHAPTER 10

粮油卫生检验

学习指导

民以食为天，食以安为先，俗话讲“食品安全大过天”，食品安全对人类健康极其重要，它不仅关系到每个个体的健康，更关系到整个社会的健康水平。目前的食品安全已成为从食品原料生产、加工、到流通整个食品供应链中的一个关键因素。粮食和油脂作为食品生产的原料，其卫生指标安全直接影响食品安全，做好粮油卫生检验是确保食品安全的前提。通过本章的学习，熟悉和掌握粮食中常见真菌毒素、农药残留、重金属残留的种类和毒性。了解粮食中真菌毒素、农药残留、重金属残留的限量要求和检测标准。理解粮食中真菌毒素、农药残留、重金属残留的分析方法，包括前处理方法（提取方法和净化方法）和相关的检测方法。掌握常见的前处理方法的原理，包括固相萃取法、固相微萃取法、免疫亲和层析法、基质固相分散法、分子印迹、浊点萃取法、分散液-液微萃取法等。掌握常见的检测方法的基本原理，包括气相色谱-质谱法、液相色谱-质谱法、原子吸收光谱法、电感耦合等离子体质谱法、原子发射光谱法、紫外分光光度法、酶联免疫吸附法等方法。

第一节　粮油中真菌毒素的检测与分析

一、概　　述

真菌毒素是一些真菌（主要为曲霉属、青霉属及镰刀菌属等）在生长过程中产生的易引起人和动物病理变化的次级代谢产物，具有很强的生物毒性，易引起人和动物的病理反应。到目前为止，已发现的真菌毒素有300多种。从粮食、食品及饲料中分离出来，通过生物学试验证明确实有毒，且已弄清楚化学结构的有20余种（表10-1）。

表 10-1　天然存在于粮食、饲料中的真菌毒素

毒素	产生菌	受影响的粮食、食品及饲料
黄曲霉毒素	黄曲霉、寄生曲霉	花生及其制品、玉米、稻谷、棉籽、小麦
赭曲霉毒素	赭曲霉、硫色曲霉	谷物
杂色曲霉毒素	杂色曲霉	谷物
曲酸	黄曲霉、其他曲霉	谷物
β 硝基丙酸	黄曲霉	谷物
震颤毒素	黄曲霉	玉米及其他食品
黄天精和岛曲霉素	岛曲霉	稻谷
皱褶青霉素	皱褶青霉	稻谷
橘霉素	橘青霉	稻谷
黄绿青霉素	黄绿青霉、其他青霉	稻谷
红色青霉素	红色青霉	稻谷、玉米
青霉酸	圆环青霉、软毛青霉	玉米
二醋酸蔗草镰刀菌烯醇	三线镰刀菌、蔗草镰刀菌	燕麦、小麦、黑麦、玉米
T-2 毒素	三线镰刀菌、雪腐镰刀菌	谷物、玉米、酥油草
雪腐镰刀菌烯醇、脱氧雪腐镰刀菌烯醇	雪腐镰刀菌	稻谷、玉米
镰刀菌烯酮	雪腐镰刀菌	谷物
丁烯酸内酯	雪腐镰刀菌	玉米、酥油草、谷物、干草
玉米赤霉烯酮	禾谷类镰刀菌	玉米、大麦、饲料、干草
伏马菌素	串珠镰刀菌、再育镰刀菌	玉米等

其中，黄曲霉毒素、赭曲霉毒素、玉米赤霉烯酮、呕吐毒素（脱氧雪腐镰刀菌烯醇）、T-2 毒素和伏马毒素是研究得最多的几种毒素。

黄曲霉毒素是霉菌产生的次级代谢产物，主要包括黄曲霉毒素 B_1、黄曲霉毒素 B_2、黄曲霉毒素 G_1、黄曲霉毒素 G_2、黄曲霉毒素 M_1、黄曲霉毒素 M_2 等。其中黄曲霉毒素 B_1 毒性最强，是氰化钾的 10 倍，砒霜的 68 倍。黄曲霉毒素 B_1 主要损伤哺乳动物的肝脏，并对肺、肾脏等多种组织器官均有毒害作用。黄曲霉毒素是目前发现的最强致癌物，并被世界卫生组织（WHO）癌症研究机构列为 I 类致癌物。

赭曲霉毒素是由赭曲霉、硫色曲霉及青霉属等产生的一类毒素。可分为 A、B 两种类型，其中 A 组毒性更大。赭曲霉毒素广泛存在于各种食物中，对动物和人类的毒性主要是肾脏毒性、肝毒性和免疫抑制作用。

玉米赤霉烯酮是玉米赤霉菌的代谢产物，具有雌激素作用，主要作用于生殖系统。妊娠期的动物（包括人）食用含玉米赤霉烯酮的食物可引起流产、死胎和畸胎。食用含赤霉病麦小麦粉制作的面食也可引起中枢神经系统的中毒症状，如恶心、发冷、头痛、神智抑郁等。

呕吐毒素是一类单端孢霉烯族毒素，是某些镰刀菌的次级代谢产物。呕吐毒素具有广泛

的毒性效应，能影响血液、消化和中枢神经系统。对心肌细胞、血管内皮细胞、软骨细胞等均有一定的毒性。其中，对软骨细胞的毒性可诱发儿童和青少年的大骨节病。

T-2 毒素是由多种真菌，主要是三线镰刀菌产生的单端孢霉烯族化合物之一。T-2 毒素对不同动物的毒性有一定种属差异，新生或未成年动物比成年动物对毒素更敏感。T-2毒素主要作用于细胞分裂旺盛的组织器官，如胸腺、骨髓、肝、脾、淋巴结、生殖腺及胃肠黏膜等，抑制这些器官细胞蛋白质和 DNA 合成。此外，还发现该毒素可引起淋巴细胞中 DNA 单链的断裂。T-2 毒素还可作用于氧化磷酸化的多个部位而引起线粒体呼吸抑制。

伏马菌素是由串珠镰刀菌产生的水溶性代谢产物。有报道指出，伏马菌素对人、畜不仅是一种促癌物，而且完全是一种致癌物。动物试验和流行病学资料已表明，伏马菌素主要损害肝肾功能，能引起马脑白质软化症和猪肺水肿等，并与我国和南非部分地区高发的食道癌有关，现已引起世界范围的广泛注意。但目前国内对于伏马菌素对人体危害性具体情况还不清楚。

（一）粮食中真菌毒素的限量要求

我国及世界其他国家和地区对真菌毒素的允许限量都做了明确规定（表 10-2 至表 10-5）。经过对比发现，我国在真菌毒素残留方面的限量标准还是非常严格的。

表 10-2　　我国粮食及其他食品中黄曲霉毒素 B_1 限量标准

粮食及食品类别	最高限量/（μg/kg）
玉米、玉米面（渣、片）及玉米制品	20
稻谷*、糙米、大米	10
小麦、大麦、小麦粉、麦片、其他谷物	5.0
豆类及其制品	5.0
花生及其制品	20
植物油脂（花生油、玉米油除外）	10
花生油、玉米油	20
酱油、醋、酿造酱	5.0
婴幼儿配方食品	0.5
乳、乳制品和（较大）婴儿配方食品	0.5

注：* 稻谷以糙米计。

表 10-3　　粮食及其他食品中呕吐毒素限量标准

国家/地区	粮食及食品类别	最高限量/（μg/kg）
中国	玉米、玉米面（渣、片）	1000
	大麦、小麦、麦片、小麦粉	1000
	食用磨粉用小麦	1000
美国	食用小麦最终产品	1000
	饲料用小麦及制品	4000
	未清洗软质小麦	2000

续表

国家/地区	粮食及食品类别	最高限量/（μg/kg）
加拿大	婴儿食品	1000
	进口非主食食品	1200
	未加工谷物（硬质小麦、燕麦和玉米除外）	1250
欧盟	未加工硬质小麦、燕麦	1750
	谷粉、玉米粉	750
	加工谷物为主的婴儿食品	200

表 10-4　　粮食及其他食品中赭曲霉毒素限量标准

国家/地区	粮食及食品类别	最高限量/（μg/kg）
中国	谷物及其制品*	5.0
	豆类及其制品	5.0
捷克	一般食品	20
	儿童食品	5.0
	婴儿食品	1.0
丹麦	谷物	5.0
罗马尼亚	食品、饲料	5.0
瑞士	谷物及其制品	2.0
巴西	小麦、玉米、豆类	50
法国	谷物	5.0
奥地利	小麦、裸麦	5.0

注：*稻谷以糙米计。

表 10-5　　粮食及其他食品中玉米赤霉烯酮、伏马菌素和 T-2 毒素的限量标准

国家/地区	粮食种类	真菌毒素种类	最高限量/（μg/kg）
奥地利	小麦、裸麦、硬麦	玉米赤霉烯酮	60
巴西	玉米		200
法国	谷物		200
俄罗斯	硬质小麦、小麦粉		1000
罗马尼亚	食品		30
乌拉圭	小麦、玉米		200
中国	小麦、玉米		60
美国	玉米	伏马菌素	2000
瑞士	玉米		1000
俄罗斯	粮食	T-2 毒素	100

（二）真菌毒素的检测标准

我国现行的对真菌毒素检测的国家标准如表 10-6 所示。

表 10-6 我国现行的真菌毒素国标检测方法

毒素	标准号	标准名称
黄曲霉毒素	GB 5009.22—2016	《食品安全国家标准 食品中黄曲霉毒素 B 族和 G 族的测定》
	GB 5009.24—2016	《食品安全国家标准 食品中黄曲霉毒素 M 族的测定》
赭曲霉毒素 A	GB 5009.96—2016	《食品安全国家标准 食品中赭曲霉毒素 A 的测定》
玉米赤霉烯酮	GB 5009.209—2016	《食品安全国家标准 食品中玉米赤霉烯酮的测定》
脱氧雪腐镰刀菌烯醇（呕吐毒素）	GB 5009.111—2016	《食品安全国家标准 食品中脱氧雪腐镰刀菌烯醇及其乙酰化衍生物的测定》
T-2 毒素	GB 5009.118—2016	《食品安全国家标准 食品中 T-2 毒素的测定》
伏马毒素	GB 5009.240—2016	《食品安全国家标准 食品中伏马毒素的测定》
其他	GB 5009.25—2016	《食品安全国家标准 食品中杂色曲霉素的测定》
	GB 5009.222—2016	《食品安全国家标准 食品中桔青霉素的测定》
	GB 5009.185—2016	《食品安全国家标准 食品中展青霉素的测定》

二、 粮油中主要真菌毒素的分析方法

（一）粮油中主要真菌毒素的前处理方法

1. 真菌毒素的提取

真菌毒素是由真菌在一定环境条件下产生的一类具有毒性的小分子次级代谢产物。食品基质形态多样，成分复杂，而实际样品中真菌毒素含量低，难以直接对目标物进行分析，通常需要在真菌毒素进行检测之前先进行提取。提取的目的是从样品中将真菌毒素有效地萃取出来，以便后续的分析和检测过程中，防止其他化合物和杂质的干扰，提高灵敏度。粮食中真菌毒素的提取方法根据真菌毒素的特性和样品类型的不同而有所差异，常用的提取方法是溶剂提取，一些液体状样品中也可采用液液萃取、固相萃取（SPE）等。提取试剂一般采用甲醇、乙腈、正己烷、苯、甲苯等有机溶剂或多种溶剂组合。根据真菌毒素不同的分子结构，通常采用纯有机溶剂、有机溶剂与水的混合溶液（甲醇-水、乙腈-水）、有机溶剂与酸性溶液（磷酸、乙酸或柠檬酸等）或碳酸氢钠溶液的混合溶液［甲醇-磷酸盐缓冲液（pH 7.4），甲醇-磷酸溶液、甲醇-抗坏血酸溶液、乙腈-1%磷酸溶液、乙腈-3%乙酸溶液、甲苯-乙酸（99：1，体积比）或甲苯-2mol/L 盐酸-0.42mol/L 氯化镁（8：8：4，体积比）］作为提取溶剂进行提取。

2. 真菌毒素的净化

净化也是真菌毒素在检测前常见的步骤。这是因为粮食样品中存在很多干扰物，如杂质、色素、脂肪、蛋白质等，这些干扰物可能会对真菌毒素的分析和检测结果产生影响。同时，一些杂质还可能附着在分析仪器的柱子、检测器、管路等部件上，导致仪器的污染、降低仪器的性能。净化步骤的目的是去除或减少这些干扰物，延长仪器的使用寿命、提高真菌毒素分析的准确性和可靠性。真菌毒素的净化采用最多的方法是固相萃取法（solid phase extraction，SPE）和基质固相分散法（matrix solid-phase dispersion，MSPD）。其中固相萃取法包括传统的固相萃取柱、免疫亲和层析柱（immune affinity chromatography column，IAC）和多功能净化柱（multifunctional purification column，MPC）净化。

（1）固相萃取柱（SPE） 固相萃取基于液相色谱的原理分离样品组分，即样品通过固体吸附剂进行净化，固体吸附剂捕获样品提取液中的真菌毒素，使其与样品基体以及干扰化合物分离，同时将其富集，然后再用洗脱液洗脱。固相萃取柱主要有柱管、上筛板、固定相（填充料）、下筛板几部分构成（图 10-1），填充料是核心，主要有硅胶、氧化铝、硅藻土、非极性烷烃类化学键合相（如 C_{18}）等。固相萃取方法具有快速、简便、效率高、节省溶剂等优点，目前是真菌毒素常规检测中最常用的样品前处理方法。

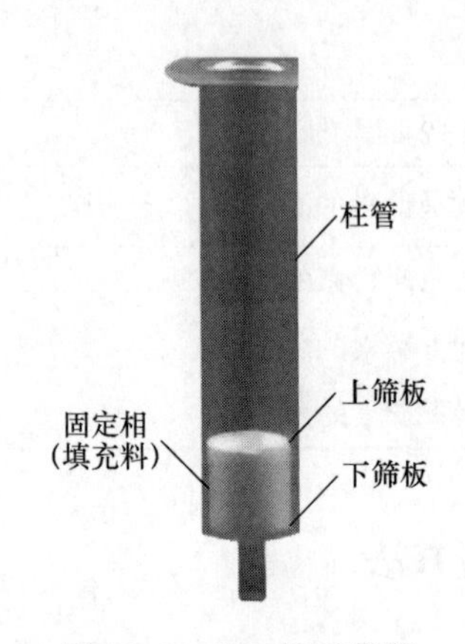

图 10-1 SPE 柱示意图

六种玉米赤霉烯酮类物质（α-玉米赤霉醇、β-玉米赤霉醇、α-玉米赤霉烯醇、β-玉米赤霉烯醇、玉米赤霉酮、玉米赤霉烯酮）可用 ENVI-Carb 石墨化炭黑（GCB）固相萃取柱进行富集净化，用二氯甲烷-甲醇（7∶3，体积比）溶液洗脱，超高压液相色谱-二级质谱（UPLC-MS/MS）分离测定，加标回收率为 79.9%~104.0%。采用甲醇提取的 7 种真菌毒素（黄曲霉毒素 B_1、黄曲霉毒素 B_2、黄曲霉毒素 G_2、黄曲霉毒素 M_1、伏马菌素、T-2 毒素、玉米赤霉烯酮）用 C_{18}固相萃取柱净化，快速液相色谱（RRLC）分离，质谱检测，达到了较好的回收率和检出限。冼燕萍等采用 HLB、PAX、C_{18}三种实验室常用的固相萃取小柱对玉米粉中的 6 种真菌毒素，黄曲霉毒素 B_1、黄曲霉毒素 B_2、黄曲霉毒素 G_1、黄曲霉毒素 G_2和伏马菌素 B_1、伏马菌素 B_2净化，发现 HLB 固相萃取柱的效果最好，回收率在 80%~107%，能满足同时对 6 种真菌毒素净化的要求；伏马菌素 B_1、伏马菌素 B_2过 PAX、C_{18}固相萃取柱的回收率只有 15%~25%。韩现文等采用自制的新型改性聚苯乙烯-二乙烯基苯固相萃取柱（BondElutPlexa）净化浓缩了高粱中的黄曲霉毒素 B_1，可除去基质中大部分脂类、蛋白质和全部的高粱红色素。

固相萃取柱的填料多少、上样流速大小、淋洗及洗脱溶剂等都会直接影响吸附真菌毒素的净化效果，一般搭配固相萃取装置来使用。固相萃取柱在使用过程中一般经过活化、上样、淋洗、洗脱四个步骤。以杂色曲霉素测定过程中常使用的固相萃取柱（*N*-乙烯吡咯烷酮和二乙烯基苯共聚物填料柱）来介绍这几个步骤。

①活化：依次加入 5 mL 甲醇和 5 mL 水进行活化。

②上样：取 2.0 mL 试样提取液用水稀释至 8 mL，转移至固相萃取柱中，控制样液以约 3mL/min 的速度稳定下滴。该步骤中，样液上样和下滴速度不宜过快，使样液充分与填料反应，防止样品溢出或柱堵塞。

③淋洗：上样完毕后，依次加入 5 mL 的乙腈水溶液（40∶60，体积比）、5mL 的甲醇水溶液（40∶60，体积比）淋洗。其目的是将填料上不能紧密吸附的杂质淋洗下来，淋洗液的洗脱强度不宜过强，否则在淋洗过程中会将填料中吸附的真菌毒素洗脱下来，影响下一步骤中的回收率。淋洗液的洗脱强度也不宜过弱，否则达不到除去杂质的目的。

④洗脱：待淋洗结束后，用真空泵抽干固相萃取柱，加入 6mL 乙腈洗脱，控制流速约

3mL/min，用真空泵抽干固相萃取柱，收集洗脱液。所收集的洗脱液即是从填料中洗脱下来的相对纯净的真菌毒素，可以用于检测。若该步骤所收集的洗脱液纯度不能满足检测要求，可以采用其他形式的净化方法对洗脱液再次净化。

（2）免疫亲和层析柱（IAC）　免疫亲和柱的工作原理是当样品提取液通过柱子时，提取液中的真菌毒素与免疫亲和柱中的抗体特异性结合，杂质用水或水溶液除去，吸附的真菌毒素再用溶剂（如甲醇）洗脱，它可以特异性地将真菌毒素分离出来，一步完成样品的净化和浓缩。主要优点是具有高度特异性，可除去绝大多数干扰物质，达到低的检出限，具有溶剂使用少、快速、可以自动化和再生等优点。缺点是柱成本高，商品化 IAC 仅适合几种毒素，有时还需要加预柱净化。使用步骤与 SPE 柱类似，使用过程中如出现较低的回收率可能与毒素的亲和力较低或结合的抗体不足有关，有时可能会发生干扰物质与抗体结合而导致不正确的结果。

免疫亲和柱净化谷物中赭曲霉毒素，对样品采取甲醇/水提取后，将提取液装入赭曲霉毒素 A 专一化抗体的免疫亲和柱中，使样品中的赭曲霉毒素 A 与抗体结合。淋洗除去杂质后，以甲醇洗脱使赭曲霉毒素 A 与抗体分离，然后采用反相色谱柱以甲醇/乙腈/磷酸溶液流动相梯度洗脱，柱后光化学衍生，荧光光度计检测。

小麦中真菌毒素的国标检测方法采用免疫亲和层析柱净化高效液相色谱法，可参照 GB 5009. 22—2016、GB 5009. 24—2016（黄曲霉毒素检测方法）、GB 5009. 96—2016（赭曲霉毒素 A 检测方法）、GB 5009. 209—2016（玉米赤霉烯酮检测方法）。

黄曲霉毒素的净化可采用商业化的 IAC-AZ 免疫亲和柱，玉米赤霉烯酮可采用 IAC-AZ 和 ZearalaTest 免疫亲和柱净化，脱氧雪腐镰刀菌烯醇可采用 DON Test-P 免疫亲和柱层析净化。

（3）多功能净化柱（MPC）　多功能净化柱是一种特殊的固相萃取柱，它以极性、非极性及离子交换等几类基团组成填充剂，可选择性吸附样液中的脂类、蛋白质、糖类等各类杂质，待测真菌毒素不被吸附而直接通过，从而完成一步净化过程，净化效果比较理想。该方法操作简单、不需要进行活化、淋洗、洗脱，净化效果好，直接上样后 10s 即可完成整个净化过程，适合于多残留分析；缺点是对部分真菌毒素有一定的吸附，因而回收率偏低。

目前用于净化真菌毒素的多功能净化柱主要为美国 Romer 公司生产的 Mycosep 系列多功能净化柱，包括 Mycosep113、Mycosep226、Mycosep228 等。

刘柱等采用上述公司的多功能净化柱净化了玉米和花生中的 9 种真菌毒素（黄曲霉毒素 B_1、黄曲霉毒素 B_2、黄曲霉毒素 G_1、黄曲霉毒素 G_2、黄曲霉毒素 M_1、黄曲霉毒素 M_2、玉米赤霉烯酮、呕吐毒素和展青毒素），并采用柱后光化学衍生-高效液相色谱法检测。孙娟等人采用 Mycosep226 多功能净化柱净化，高效液相色谱-二级质谱（HPLC-MS/MS）分离检测了谷物中 12 种真菌毒素（黄曲霉毒素 B_1、黄曲霉毒素 B_2、黄曲霉毒素 G_1、黄曲霉毒素 G_2、棕曲霉毒素、玉米赤霉烯酮、3-乙酰基脱氧雪腐镰刀菌烯醇、15-乙酰基脱氧雪腐镰刀菌烯醇、疣孢青霉原、T-2 毒素、HT-2 毒素、杂色曲霉素）。

（4）基质固相分散（MSPD）　基质固相分散的基本原理是将试样直接与适量反相填料研磨、混匀制成半固态物质，然后装柱，用洗脱剂淋洗。根据分析物在基质中的分散和溶剂的极性将分析物迅速分离。该方法的缺点是重复性差，实验操作对结果影响比较大。其优点是浓缩了传统的样品前处理中的样品匀化、组织细胞裂解、提取、净化等过程，不需要进行组织匀浆、沉淀、离心、pH 调节和样品转移等操作步骤，避免了样品的损失。

（5）分子印迹技术（molecular imprinting，MI）　分子印迹技术的原理：首先功能单体与模板分子间相互作用形成单体-模板分子复合物，然后功能单体与交联剂交联聚合形成聚合物，将模板分子固定下来，最后再通过一定的物理或化学方法把模板分子洗脱出来，从而在聚合物中留下一个与模板分子结构、尺寸相似的三维空穴，从而对模板分子具有专一性识别作用，其作用机制如图 10-2 所示。

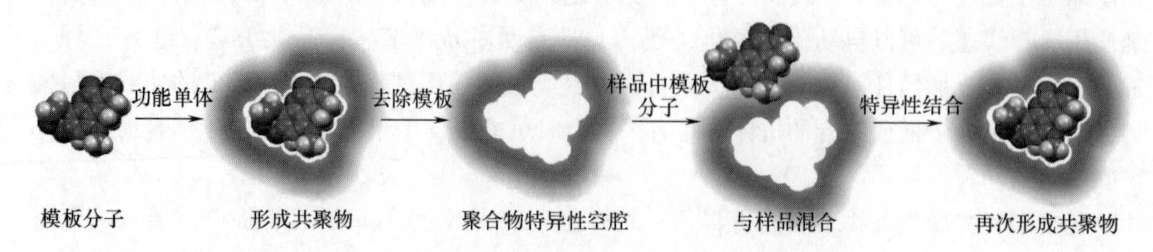

图 10-2　分子印迹聚合物（MIPs）的作用机制

分子印迹技术的优势在于其高度选择性和特异性，能够针对特定的真菌毒素进行设计和制备，从而提高检测的准确性和灵敏度。然而，需要注意的是，分子印迹技术的制备过程相对复杂，需要针对不同的真菌毒素进行优化和调整，以实现最佳的识别和分离效果。

目前，已成功制备了伏马菌素、玉米赤霉烯酮、赭曲霉毒素 A、T-2 毒素、脱氧雪腐镰刀菌烯醇（呕吐毒素）、黄曲霉毒素 B_1 的分子印迹聚合物，并成功对相应毒素净化，表现出与免疫亲和柱相似的选择性及更高的吸附量。

（二）粮油中主要真菌毒素的检测方法

1. 生物鉴定法（bioassay，BA）

生物鉴定法是利用真菌毒素能影响微生物、家禽等生物体的细胞代谢来鉴定真菌的存在。分为幼年动物鉴定实验、胚胎和卵鉴定实验、组织培养鉴定实验、植物鉴定实验、微生物实验等。根据生物摄取或添加真菌毒素后产生的病变、死亡或异常来判定其危害，通过生物体实验来验证其毒性部位和毒性机理。该方法对真菌毒素的纯度没有太高要求，允许存在杂质，可以容忍基体的复杂性，具有一定实用价值，主要用于定性判断真菌毒素的存在。但此法专一性不强、灵敏度低、费用高、实验周期长和对操作人员技术要求高，一般只作为化学分析法和免疫分析法的佐证。

2. 薄层色谱法（thin layer chromatography，TLC）

薄层色谱是以涂敷于支持板上的支持物作为固定相，以合适的溶剂为流动相，对混合样品进行分离、鉴定和定量的一种层析分离技术。薄层色谱法是一种快速、简便、高效、经济、应用广泛的色谱分析方法，适合于真菌毒素的定量、半定量检测。

黄曲霉毒素 B_1 经提取、浓缩、薄层分离后，利用黄曲霉毒素荧光特性检测定量，在 365nm 波长紫外灯下检测灵敏度可达 5μg/kg。赭曲霉毒素 A 用三氯甲烷、磷酸、甲醇/水为提取剂进行样品提取后，提取液经净化、浓缩、薄层展开后，在波长 365nm 紫外光下产生黄绿色荧光，根据其在薄层板上显示的荧光与标准比较测定含量。赭曲霉毒素 A 检出限对于粮食约为 10μg/kg。我国国家标准 GB 5009.25—2016《食品安全国家标准　食品中杂色曲霉素的测定》对于植物性食品大米、玉米、小麦、黄豆及花生等中杂色曲霉素，采取提取、净化、浓缩、薄层展开后在365nm紫外线下检测，方法对于大米、玉米、小麦检出限为25μg/kg，花生、黄豆检出限为50μg/kg。玉米赤霉烯酮经提取、洗脱、干燥、再溶解后，以展开剂展开，在256nm紫外线下玉米赤霉烯酮呈绿色荧光，经三氯化铝喷雾后在365nm下玉米赤霉烯酮呈现蓝色荧光。橘霉素常用提取剂包括二氯甲烷/磷酸、乙腈/乙醇酸等，经吸附、液液萃取分离后进行检测分析，其中比色法、薄层层析法通常主要用于半定量检测，可用于大米、大麦、花生等样品检测，常用氯仿/甲醇/正己烷展开剂，检测波长为254nm。

3. 高效液相色谱法（high performance liquid chromatography，HPLC）

高效液相色谱法是根据真菌毒素极性的差别，采用高压泵用合适的流动相进行柱洗脱，使毒素分子分离，再通过紫外（UV）、荧光（FLD）、质谱（MS）或二级质谱（MS/MS）检测器进行检测，从而获得具体的毒素分子信息，基本流程如图10-3所示。此方法适用于大多数真菌毒素分析，具有稳定、可靠、灵敏高等特点，是目前比较常见的通用检测方法。HPLC-MS/MS技术，可以同时提供目标化合物的保留时间和分子结构信息，具有杂质影响小、对净化要求低、灵敏度高、适合多组分分析等优点，并且可以进行定量分析与定性确证。

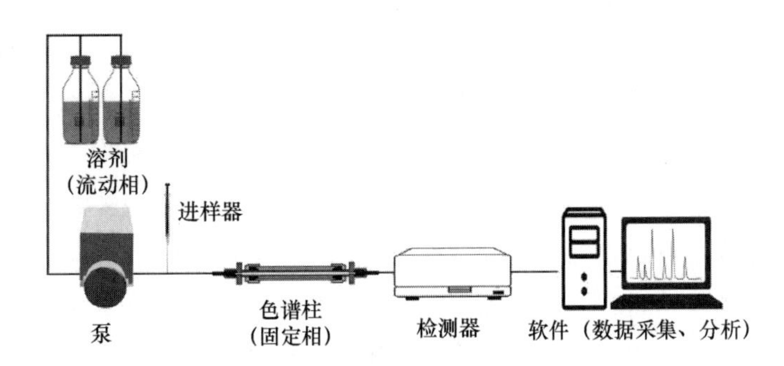

图10-3　高效液相色谱法检测的基本流程

高效液相色谱法检测粮油及其制品中的真菌毒素一般包括制备、提取、净化、测定几个步骤，针对不同种类的真菌毒素，在样品测定前还可能会有衍生的步骤。表10-7列出了常见HPLC法检测真菌毒素的一般条件。

表10-7　常见HPLC法检测真菌毒素的一般条件

毒素名称	检测方法	检测器	检测波长	检出限/（μg/kg）	流动相	洗脱形式
黄曲霉毒素B_1	HPLC柱后衍生	FLD/UV	440nm（Ex 360nm）/365nm	0.03/0.4	甲醇：水/甲醇：水：乙腈	等度
黄曲霉毒素B_2				0.01/0.2		
黄曲霉毒素G_1				0.03/0.8		
黄曲霉毒素G_2				0.01/0.5		

续表

毒素名称	检测方法	检测器	检测波长	检出限/（μg/kg）	流动相	洗脱形式
伏马菌素$_1$	HPLC 柱后衍生/柱前衍生	FLD	440nm（Ex 335nm）	17	甲醇：甲酸水	梯度
伏马菌素$_2$				8		
伏马菌素$_3$				8		
赭曲霉毒素	HPLC	FLD	460nm（Ex 333nm）	0.3	乙腈：水：冰乙酸	等度
玉米赤霉烯酮（F-2）	HPLC	FLD	460nm（Ex305nm）/440nm（274nm）	5	甲醇：水/甲醇：水：乙腈	等度
T-2 毒素	HPLC	FLD	470nm（Ex 381nm）	10	乙腈：水	等度
杂色曲霉毒素	HPLC	UV	325 nm	6	乙腈：水	梯度
脱氧雪腐镰刀菌烯醇	HPLC	UV	218nm	2	甲醇：水	等度

近年来，高效液相色谱串联质谱越来越多的应用在真菌毒素的检测过程中，并实现了多种真菌毒素的高分辨率同时定量检测，高效液相色谱串联质谱的检测方法对液相色谱的条件可以适当降低要求，同时，需要优化设置如检测方式、离子源控制条件、离子选择参数等信息，常见的真菌毒素高效液相色谱串联质谱中的质谱条件如表 10-8 所示。在标准 LS/T 6133—2018《粮油检验　主要谷物中 16 种真菌毒素的测定 液相色谱-串联质谱法》中，采用高效液相色谱-串联质谱法可以实现 16 种真菌毒素的同时检测，在相关文献中，采用液相色谱-串联质谱法实现了高达 40 种真菌毒素的同时检测。

表 10-8　　常见 HPLC-MS 法检测真菌毒素的一般质谱条件

毒素名称	离子源模式	母离子（m/z）	定性离子（m/z）	定量离子（m/z）	检出限/（μg/kg）	流动相	洗脱方式
黄曲霉毒素 B_1	ESI^+	313	241	285	0.03	乙腈甲醇：乙酸铵溶液	梯度
黄曲霉毒素 B_2		315	259	284	0.03		
黄曲霉毒素 G_1		329	283	243	0.03		
黄曲霉毒素 G_2		331	285	245	0.03		

续表

毒素名称	离子源模式	母离子（m/z）	定性离子（m/z）	定量离子（m/z）	检出限/（μg/kg）	流动相	洗脱方式
伏马菌素$_1$	ESI$^+$	722	334	352	7	乙腈甲醇：甲酸水	梯度
伏马菌素$_2$		706	354	336	3		
伏马菌素$_3$		706	354	336	3		
赭曲霉毒素	ESI$^-$	402.1	358.1 166.9	358.1	1.0	乙腈：水：水（含甲酸、甲酸铵）	梯度
玉米赤霉烯酮（F-2）	FLD	317.1	174.9 273.9	174.9	1	乙腈：水	梯度
T-2 毒素	ESI$^+$	489.41	327.21 387.22	327.21	0.02	乙腈：水	梯度
杂色曲霉毒素	ESI$^+$	325.0	309.8	280.8	0.6	甲醇：水	梯度
脱氧雪腐镰刀菌烯醇	ESI$^+$	297	203	249	10	甲酸乙腈：甲酸水	梯度
	ESI$^-$	295	138	265		乙腈：氨水	

测定过程中，要注意选择合适的内标物或外标物，要设置合适的标准曲线范围，确保所测样品中待测物的响应值在标准曲线范围内，如果浓度超过线性范围要稀释后重新进行分析。

同时，要做平行组试验和空白组试验。

4. 气相色谱法（gas chromatography，GC）

通过气相色谱柱对真菌毒素进行分离，再使用质谱或经氟酰基化试剂衍生后用电子捕获检测器来进行检测。此方法常用于分析热稳定、易挥发、分子中不含发色基团和荧光基团，或具有弱荧光和弱吸收的真菌毒素。由于大多数真菌毒素对热不稳定，气相色谱法分析的毒素种类有限。

小麦样品和玉米样品中的脱氧雪腐镰刀菌烯醇用乙腈-水溶液提取，小麦样品用硅镁型吸附剂柱净化，玉米样品采用硅镁型吸附剂柱和活性炭柱两步净化，用 *N*-七氟丁酰胺咪唑衍生，气相色谱-电子捕获检测器（GC-ECD）检测。该方法最低检出限为 0.010mg/kg，小麦样品加标回收率为 82.2%～98.53%，玉米样品加标回收率为86.0%～103.4%。

5. 毛细管电泳法（capillary electrophoresis，CE）

高效毛细管电泳技术是以高压电场为驱动力，以毛细管为分离通道，依据样品中各组分之间和分配行为上的差异而实现分离的一类液相分离技术。它结合了电泳技术与色谱技术，具有灵敏度高和分析效率高、样品需求量少、节省溶剂用量等特点，可用于食品、粮食中玉米赤霉烯酮等真菌毒素的分析与检测。

曾红燕采用胶束电动毛细管电泳测定了玉米赤霉烯酮、黄曲霉毒素 B_1 和赭曲霉毒素 A，并应用于玉米面、小麦粉、麦粒和麦穗等实际粮食样品的测定。该方法对三种真菌毒素的检出限分别为 0.0084μg/mL、0.0016μg/mL、0.031μg/mL，样品加标回收率77.9%~103.1%。

6. 微柱法（micro-column，MC）

样品提取液中的黄曲霉毒素被微柱管内硅镁型吸附剂层吸附后，在波长 365nm 紫外灯显示蓝紫色荧光环，其荧光强度与黄曲霉毒素的浓度在一定的浓度范围内成正比关系。如果未出现蓝紫色荧光，则样品为阴性（方法灵敏度为 5~10μg/kg，回收率在 90%以上）。由于在微柱上不能分离黄曲霉毒素 B_1、黄曲霉毒素 B_2、黄曲霉毒素 G_1、黄曲霉毒素 G_2，所以测得结果为总的黄曲霉毒素含量。因此，此法可以半定量测定黄曲霉毒素的总量。微柱层析法适用于大批量样品的快速筛选测定。

7. 酶联免疫吸附法（enzyme-linked immunosorbent assay，ELISA）

ELISA 法根据抗体、抗原反应动力学分为竞争性 ELISA 和非竞争性 ELISA；根据反应体系与检测体系之间的关系又分为直接 ELISA 和间接 ELISA。二者结合又可将 ELISA 法分为直接竞争 ELISA、直接非竞争 ELISA、间接竞争 ELISA 及间接非竞争 ELISA。直接法比间接法操作简便、特异性强，但灵敏度较差，而间接法的显著特点是灵敏度高。竞争法比非竞争法的特异性强，但灵敏度较差。

针对真菌毒素小分子的 ELISA 检测最常采用竞争法。有直接竞争 ELISA 法和间接竞争 ELISA 法。直接竞争 ELISA 法原理：测定时，标记的真菌毒素与目标真菌毒素通过竞争的方式与吸附在酶标板上的抗体结合，清洗后加入酶底物进行显色，受检抗原和酶标抗原竞争与固相抗体结合，因此结合于固相的酶标抗原量与受检抗原的量呈反比，样本中目标真菌毒素的浓度通过显色强度可建立标准曲线进行计算。间接竞争 ELISA 法原理：将已知真菌毒素抗原吸附在固态载体表面，洗除未吸附的抗原，加入一定量的抗体与待测样品（含有待测真菌毒素抗原）提取液的混合液，竞争培养后，在固相载体表面形成抗原抗体复合物。洗除多余抗体成分，然后加入酶标记的抗球蛋白的第二抗体结合物，与吸附在固体表面的抗原抗体复合物相结合，再加入酶的底物。在酶的催化作用下，底物发生降解反应，产生有色物质，通过酶标检测仪测出酶底物的降解量，从而推知被测样品的抗原量。

目前用于黄曲霉毒素 B_1 测定的商品化 ELISA 试剂盒的灵敏度一般在 0.1~1μg/L，可测范围一般小于 15μg/L；赭曲霉毒素 A 的商品化 ELISA 试剂盒的灵敏度一般在0.2~1μg/L，可测范围在 0.2~25μg/L。采用间接竞争酶联免疫吸附法，检测小麦中橘青霉素添加水平 200~2000ng/g 时回收率为 89%~104%，采用间接酶联免疫测定和直接酶联免疫测定相结合橘青霉素检测限 0.4~0.8ng/mL，添加水平 100~200ng/g 时回收率为 105%~112%。

8. 放射免疫检测法（radiation immunoassays，RI）

放射免疫检测法以放射性同位素为标记物标记标准品，然后与样品混合，加入定量特异性抗体。由于样品中的抗原浓度与抗体抗原复合物中放射性强度成反比，根据对抗体抗原复合物的放射性计数，可计算样品中的抗原浓度。该法灵敏度很高，特异性强。但放射性元素易造成污染，标准品难以保存，且该法必须与液体闪烁计数器等仪器连用，价格昂贵，成本较高，技术推广上具有一定难度，因此该法的应用受到一定限制。

9. 胶体金免疫层析法（colloidal gold immunchromatography assay，GICA）

胶体金免疫层析技术（GICA）是在 20 世纪 80 年代初出现的一种免疫分析方法，它是以膜为固相载体的速测技术，俗称快速检测试纸条。GICA 10min 左右便可读出结果，能满足现场快速检测的要求。但是该方法是半定量方法，存在不能精确定量的缺点，所以被广泛用于大量样品快速检测的初筛。具体的测定方法参照第四、五、七章。

目前胶体金法检测真菌毒素已经形成了较为完善的检测规范，发布了相应的国家标准（GB/T 38475—2020《色素中生物毒素检测 胶体金快速定量法》），同时，也发布了较多的行业标准，如粮食行业标准（LS/T 6109—2014《粮油检验　谷物中玉米赤霉烯酮测定　胶体金快速测试卡法》、LS/T 6110—2014《粮油检验　谷物中脱氧雪腐镰刀菌烯醇测定　胶体金快速测试卡法》和 LS/T 6111—2015《粮油检验　粮食中黄曲霉毒素 B_1 测定　胶体金快速定量法》等）、农业行业标准（NY/T 2550—2014《饲料中黄曲霉毒素 B_1 的测定　胶体金法》、NY/T 3867—2021《粮油作物产品中黄曲霉毒素 B_1、环匹阿尼酸毒素、杂色曲霉毒素的快速检测胶体金法》等）、国家食品药品监督管理总局公告的检测方法（KJ 201702、KJ 201708、KJ 202101 等），还有地方标准（DB36/T 1025—2018《饲料中呕吐毒素的快速筛查　胶体金快速定量法》）和团体标准（T/CCOA 31—2020《植物油脂中黄曲霉毒素 B_1 的快速筛查胶体金试纸法》、T/CIMA 0011—2019《食品中黄曲霉毒素 B_1 胶体金免疫检测卡》、T/JZNX 003—2019《牛奶中黄曲霉毒素 M_1 的测定胶体金法》等）发布。

10. 免疫生物传感器（immune biological sensors，IBS）

免疫传感器是基于固相免疫分析的生物传感器，它是一种微型化检测装置，能够通过抗体选择性地检测待检物质并产生与待检物质浓度相对应的可转换信号。免疫传感器是利用光学信号或电子转移电阻值变化情况或胶体金粒子来检测真菌毒素。免疫传感器检测技术已经应用于大麦粉、小麦粉、玉米等多种农产品和食品的检测分析，均有较高的灵敏度和较短的响应时间，但也存在交叉反应和干扰、稳定性不够好、不能对多种真菌毒素同时检测、不易携带等问题。

11. 化学发光酶免疫分析技术（chemiluminescence enzyme immunoassay technology，CLEIA）

化学发光酶免疫分析技术（CLEIA）属于非放射性免疫分析技术，具有化学发光法的高灵敏度和免疫法的强特异性，检测范围宽、快速和灵敏度高，不需要复杂的仪器设备，适用于粮食中真菌毒素的现场快速、大批量检测，与 HPLC 检测结果相比差异无显著性，与普通 ELISA 方法相比，其检测灵敏度要高出 $10\sim10^2$ 个数量级，检测时间更短，所需样本量少，但具有化学发光时间短，易受基质干扰，重现性较差等不足。

12. 时间分辨荧光免疫分析（time-resolved fluoroimmunoassay，TRFIA）

时间分辨荧光免疫分析（TRFIA）是将免疫反应的高度特异性和标记示踪物的高度灵敏性相结合而建立的一类微量物质检测技术。该技术是 20 世纪 80 年代初由 Pettersson 和 Eskola 等创立起来的。时间分辨荧光免疫分析利用了具有独特荧光特性的铕（Eu）、铽（Tb）、钐（Sm）、钕（Nd）等镧系元素及其螯合物为标记物，标记抗体、抗原、激素、多肽、蛋白质、核酸探针及生物细胞，并用时间分辨荧光免疫分析检测仪测定反应产物中的荧光强度，根据产物荧光强度和相对荧光强度的比值，准确地测定反应体系中被分析物的浓度。

13. 蛋白质芯片技术（protein chip，PC）

蛋白质芯片又称蛋白质微阵列，是将捕获配基（如抗原、抗体、酶、受体、配体、细胞因子等）密集点阵于某一介质（如修饰或未修饰后的玻片、硅片、尼龙膜等）载体上，即形成所谓的探针，同时这些探针保持自身原有的生物活性，利用芯片上的探针与待检测样品中目标分子进行特异性结合，再通过各种检测设备对实验结果进行定性或定量分析的一种检测技术。

随着蛋白质芯片技术的发展，其也逐渐被用于真菌毒素的检测。王莹等建立了同时检测6种真菌毒素黄曲霉毒素 B_1、黄曲霉毒素 M_1、脱氧雪腐镰刀菌烯醇、赭曲霉毒素A（OTA）、T-2毒素、玉米赤霉烯酮的高通量蛋白免疫芯片技术和同时检测玉米和花生中4种真菌毒素黄曲霉毒素 B_1、脱氧雪腐镰刀菌烯醇、T-2毒素、玉米赤霉烯酮的悬浮芯片检测技术。

14. 微流控技术（microfluidic technology）

微流控（microfluidics），是一种精确控制和操控微尺度流体，尤其特指亚微米结构的技术，又称其为芯片实验室（Lab-on-a-Chip）或微流控芯片技术。微流控分析平台的概念是从微全分析系统（total analysis system，TAS）而来，是将样品化学分析所需要的样品制备、反应、分离、检测等基本操作单元集成到一块微米尺度的芯片上，自动完成分析全过程。整个系统主要包括驱动装置（如泵和反应器）和过程模拟装置（如制样、过滤、稀释、反应和检测）两部分。由于微米级的结构，流体在微流控芯片中显示和产生了与宏观尺度不同的特殊性能，同时还有着体积轻巧、使用样品及试剂量少、能耗低，且反应速度快、可大量平行处理及可即用即弃等优点。

微流控芯片用于检测真菌毒素时，一般分为芯片制备、表面功能化修饰、样品处理、样品注入、流动和分离、检测和数据分析几个步骤。目前比较常规的芯片制备工艺是将模板粘到显微玻璃片表面，然后将吸附了相应真菌毒素分子的蒙脱石-聚丙烯酰胺（PAM）纳米复合物作为吸附剂组装到显微玻璃片的表面。微流控芯片的传感装置是先去除模板，将蛇行通道吸附在PDMS流动层上，然后粘在显微玻璃片上。微流控系统中较短的传输距离和传输时间使样品能够直接输送到传感器，从而减少在宏观系统中常见的样品与基底的非特异性结合。在被蒙脱石-聚丙烯酰胺纳米复合物吸附后，真菌毒素分子会释放荧光信号。通过检测该荧光信号强度，并将样品的峰值信息与对照样进行相关性分析，就实现了样品中真菌毒素分子的定量分析。

第二节　粮油中农药残留的检测与分析

一、概　述

20世纪40年代前后，不少高效杀虫药剂相继发展起来，并广泛用于农业生产，它们对消灭农作物和仓储害虫，保证农业丰收、储粮安全起到了十分重要的作用。但是，一些施加的农药易造成环境污染（如土壤、空气和水域），并可残留在农、副产品中，从而直接或间接地对下游生物造成威胁，危害人类健康，也成为一个严重的社会问题而受到各方面的密切注视。

目前，我国市场上可见的农药主要有以下几类：有机氯类、有机磷类、氨基甲酸酯类、拟除虫菊酯类、无机磷化物等。

有机氯农药一般分为两大类：一类是滴滴涕类，称为氯代苯及其衍生物，包括滴滴涕及六六六等。六六六，又称六氯环己烷，分子式 $C_6H_6Cl_6$。滴滴涕又称二二三，简写为DDT，又称二氯二苯三氯乙烷，分子式（C_6H_4Cl）$_2$$CHCCl_3$。另一类是氯化甲撑萘类，如艾氏剂、异

狄氏剂、毒杀芬、氯丹、狄氏剂、七氯等。艾氏剂、狄氏剂等氯化甲撑类我国很少使用，一般国产粮食中也不作检测。有机氯类农药（主要是滴滴涕和六六六）由于高效、价廉等优点，在农药发展初期发挥了重要的作用，但它们的积蓄性强，长期食用含有农药残留的粮食和食品，就会发生慢性中毒。我国已于1983年停止生产六六六、滴滴涕有机氯农药。2000年12月5日召开的有100多个国家参加的关于有毒化合物的全球会议达成共识，将艾氏剂、异狄氏剂、毒杀芬、氯丹、狄氏剂、七氯、滴滴涕、六氯苯等有机氯农药列为有必要禁止生产或使用的12种持久性污染物。

无机磷化物包括磷化铝、磷化钙和磷化锌，是我国主要应用的仓库杀虫剂和主要熏蒸杀虫剂。磷化物在酸、碱、水和光的作用下，均能产生有毒的气体——磷化氢（PH_3）。磷化氢是一种无色气体，沸点低（-87.5℃），易挥发，扩散性和渗透性强。磷化氢对人的毒性主要作用于神经系统，抑制中枢神经，刺激肺部，引起肺水肿和使心脏扩大。我国食品安全国家标准（GB 2763—2021《食品安全国家标准　食品中农药最大残留限量》）规定，原粮中磷化物（以PH_3计）允许量≤0.05mg/kg。

不少国家现在都以有机磷类农药取代了有机氯类农药。因为有机磷类农药在自然条件下经过一段时间可以被分解为毒性较小的无机磷，在生物体内也可较快地分解排泄，所以一般认为基本上没有慢性中毒问题。但有机磷农药是剧毒品，粮食和食品中的过量有机磷残留会引起急性中毒。从结构上看，有机磷农药可分为6个主要类型：磷酸酯型，如久效磷、磷胺等；二硫代磷酸酯型，如马拉硫磷、乐果、甲拌磷、亚胺硫磷等；硫酮磷酸酯型，如对硫磷、甲基对硫磷、内吸磷、杀螟硫磷等；硫醇磷酸酯型，如氧乐果、伏地松等；磷酰胺型，如甲胺磷、乙酰甲胺磷等；磷酸酯型，如敌百虫、苯腈磷等。

氨基甲酸酯类农药具有杀虫、杀菌和除草等功能，且具有速效、低残留、高选择性等特点。氨基甲酸酯类多数农药对高等动物低毒性，在自然环境中和生物体内易降解。它是能对神经兴奋产生影响的农药，毒性机理和有机磷类相似，但对乙酰胆碱酶抑制是可逆的，只要水解乙酰胆碱酶即可恢复活力，中毒症状很快消失，毒性比有机磷类小。这类杀虫剂分为5类：萘基氨基甲酸酯类，如西维因；苯基氨基甲酸酯类，如叶蝉散；氨基甲酸肟酯类，如涕灭威；杂环甲基氨基甲酸酯类，如呋喃丹；杂环二甲基氨基甲酸酯类，如异索威。除少数品种如呋喃丹等毒性较高外，大多数属中、低毒性。

拟除虫菊酯类是重要的一类人工合成杀虫剂，具有高效、广谱、低毒和能生物降解等特性。它是改变天然除虫菊酯中一些非决定性质基团，人工合成的一类酯类化合物。拟除虫菊酯类农药在国内农药份额不足5%，主要原因是有机磷类农药价廉、广谱、品多、量大和使用范围广等；害虫易对拟除虫菊酯产生抗性，且这种抗性一旦产生，对整个拟除虫菊酯类农药都免疫。常见的拟除虫菊酯：烯丙菊酯、胺菊酯、苯醚菊酯、甲醚菊酯、二氯苯菊酯、氯氰菊酯、溴氰菊酯、甲氰菊酯、杀螟菊酯、氰戊菊酯、氟氰菊酯、氟胺氰菊酯。拟除虫菊酯类农药主要产品有氯氰菊酯（灭百可）、溴氰菊酯（敌杀死）、杀灭菌酯（速灭杀丁）等。

（一）粮食中农药残留的限量要求

GB 2763—2021《食品安全国家标准　食品中农药量大残留限量》制定了564种农药在10大类农产品和食品中的10092项最大农药残留限量。其中包括初级加工制品MRLs（多残留）标准（小麦粉、大豆油等12种加工制品59项限量标准），以及艾氏剂等10种持久性农药的再残留限量标准（表10-9）。

表 10-9　　GB 2763—2021 中部分有机氯农药残留限量标准

粮食种类	再残留限量/（mg/kg）				
	DDT	六六六	艾氏剂	狄氏剂	毒杀芬
稻谷	0.1	0.05	0.02	0.02	0.01*
麦类	0.1	0.05	0.02	0.02	0.01*
旱粮类	0.1	0.05	0.02	0.02	0.01*
杂粮类	0.05	0.05	0.02	0.02	0.01*
成品粮	0.05	0.05	0.02	0.02	—
大豆	0.05	0.05	0.05	0.05	0.01*

注：* 该限量为临时限量。

由于有机磷农药种类较多，我国根据其毒性及残留量，曾制定了一系列限量标准，2021年颁布的 GB 2763—2021《食品安全国家标准　食品中农药最大残留限量》对相关标准进行了归并和修订，其中有关粮油及其制品中有机磷农药限量标准如表 10-10 所示。

表 10-10　　部分粮油及其制品中有机磷农药允许残留标准　　单位：mg/kg

农药名称	粮食及制品											食用植物油
	稻谷	糙米	小麦	玉米	鲜食玉米	大米	小麦粉	全麦粉	大豆	花生仁	棉籽	
乙酰甲胺磷		1	0.2	0.2					0.3		2	
二嗪磷	0.1		0.1	0.02						0.5	0.2	
敌敌畏	0.1	0.2	0.1	0.2					0.1		0.1	
乐果	0.05		0.05		0.5				0.05			0.05
乙硫磷	0.2											0.5（棉籽油）
灭线磷		0.02	0.05	0.05					0.05	0.02		
杀螟硫磷	5		5	5		1	1	5	5		0.1	
倍硫磷	0.05	0.05	0.05									0.01
水胺硫磷	0.05	0.05	0.05	0.05						0.05	0.05	
甲基异柳磷		0.02*	0.02*	0.02*					0.02*	0.05*		
马拉硫磷	8	1	8	8	0.5	0.1（糙米 1）			8	0.05	0.05	13（棉籽油）
久效磷	0.02		0.02	0.02					0.03			0.05（棉籽油）

续表

农药名称	粮食及制品											食用植物油
	稻谷	糙米	小麦	玉米	鲜食玉米	大米	小麦粉	全麦粉	大豆	花生仁	棉籽	
对硫磷	0.1		0.1	0.1					0.1			棉籽油 0.1
甲基对硫磷	0.02		0.02	0.02								棉籽油 0.02
甲拌磷	0.05	0.05	0.02	0.05					0.05	0.1	0.05	花生油 0.05 玉米油 0.02
伏杀硫磷												棉籽油 0.1
亚胺硫磷	0.5			0.05							0.05	
磷胺	0.02											
辛硫磷	0.05		0.05	0.1	0.1				0.05	0.05	0.1	
甲基嘧啶磷	5	2	5			1（糙米 2）	2	5				
喹硫磷	2*	1*				0.2*					0.05*	
特丁硫磷	0.01*		0.01*	0.01*						0.02*	0.01*	
敌百虫	0.1	0.1	0.1						0.1	0.1	0.1	
甲基嘧啶磷	5	2	5			1	2	5				

注：①小麦归为麦类；②玉米归为旱粮类；③＊为临时限量。

我国及国际食品法典委员会（CAC）规定的氨基甲酸酯类农药限量如表 10-11、表 10-12所示。

表 10-11　我国有关氨基甲酸酯类农药限量标准

标准号	农药名称	品种	指标/（mg/kg）
GB 2763—2021	甲萘威	玉米	0.02
		鲜食玉米	0.02
		大米	1
		棉籽	1
		大豆	1

续表

标准号	农药名称	品种	指标/（mg/kg）
GB 2763—2021	涕灭威	小麦	0.02
		玉米	0.05
		棉籽	0.1
		大豆	0.02
		花生仁	0.02
		花生油	0.01
		棉籽油	0.01
	克百威	糙米	0.1
		小麦	0.05
		玉米	0.05
		油菜籽	0.05
		棉籽	0.1
		大豆	0.2
		花生仁	0.2
	抗蚜威	稻谷	0.05
		小麦	0.05
		玉米	0.05
		油菜籽	0.2
		大豆	0.05

表 10-12　世界卫生组织规定的氨基甲酸酯类农药限量

农药名称	品种	指标/（mg/kg）
西维因	粮　食	5
	水　果	5
涕灭威	玉　米	0.05
	高　粱	0.2
	甘　薯	0.1
呋喃丹	玉米、花生	0.1
	稻谷、大豆	0.5
抗蚜威	大麦、燕麦、小麦、棉籽、土豆	0.05
	大豆、菜花、卷心菜、芹菜、黄瓜、番茄、茄子、苹果	1
	韭菜、洋葱、葡萄干、橘子、桃、草莓	0.5
	梨、李子	0.2

（二）粮食中农药残留的检测标准

GB 2763—2021《食品安全国家标准　食品中农药最大残留限量》中的564种农药10092项最大残留限量标准首次推荐了配套的检测方法标准。表10-13所示为部分农药残留的检测标准。

表10-13　　部分农药残留检测标准

标准号	标准名称
GB/T 5009.19—2008	食品中有机氯农药多组分残留量的测定
GB/T 5009.20—2003	食品中有机磷农药残留量的测定
GB/T 5009.21—2003	粮、油、蔬菜中甲萘威残留量的测定
GB/T 5009.102—2003	植物性食品中辛硫磷农药残留量的测定
GB/T 5009.103—2003	植物性食品中甲胺磷和乙酰甲胺磷农药残留量的测定
GB/T 5009.104—2003	植物性食品中氨基甲酸酯类农药残留量的测定
GB/T 5009.107—2003	植物性食品中二嗪磷残留量的测定
GB/T 5009.113—2003	大米中杀虫环残留量的测定
GB/T 5009.114—2003	大米中杀虫双残留量的测定
GB/T 5009.115—2003	稻谷中三环唑残留量的测定
GB/T 5009.126—2003	植物性食品中三唑酮残留量的测定
GB/T 5009.130—2003	大豆及谷物中氟磺胺草醚残留量的测定
GB/T 5009.131—2003	植物性食品中亚胺硫磷残留量的测定
GB/T 5009.132—2003	食品中莠去津残留量的测定
GB/T 5009.133—2003	粮食中绿麦隆残留量的测定
GB/T 5009.145—2003	植物性食品中有机磷和氨基甲酸酯类农药多种残留的测定
GB/T 5009.146—2008	植物性食品中有机氯和拟除虫菊酯类农药多种残留量的测定
GB/T 5009.165—2003	粮食中2，4-滴丁酯残留量的测定
GB/T 5009.220—2008	粮谷中敌菌灵残留量的测定
GB/T 14553—2003	粮食、水果和蔬菜中有机磷农药测定的气相色谱法
GB 23200.9—2016	食品安全国家标准　粮谷中475种农药及相关化学品残留量的测定　气相色谱-质谱法
GB/T 20770—2008	粮谷中486种农药及相关化学品残留量的测定　液相色谱-串联质谱法
GB/T 23750—2009	植物性产品中草甘膦残留量的测定　气相色谱-质谱法
GB/T 25222—2010	粮油检验　粮食中磷化物残留量的测定　分光光度法
GB/T 23816—2009	大豆中三嗪类除草剂残留量的测定
GB/T 23818—2009	大豆中咪唑啉酮类除草剂残留量的测定

二、粮油中农药残留的分析方法

农药残留的检测技术有目标物的提取、净化和检测几个步骤，其中提取、分离和净化属于样品前处理阶段，是为了提高提取率，减少基质和杂质对检测结果的影响。

磷化物残留的检测分析主要有：使用硝酸银和乙酸铅的定性分析和钼蓝法定量分析。

有机氯类、有机磷类、氨基甲酸酯类、拟除虫菊酯类农药的提取方法主要有：液-固萃取法、超声波辅助提取法、微波辅助提取法、加速溶剂提取法、超临界流体提取法、基质固相分散提取等；净化方法主要有：固相萃取法、柱色谱法、凝胶渗透色谱、免疫亲和色谱等；分离检测方法主要有：气相色谱法（GC）、高效液相色谱法（HPLC）、气相色谱-质谱联用法（LC-MS），还有用于快速检测的酶联免疫法（ELISA）和酶抑制法等。

（一）粮油中农药残留的前处理方法

1. 粮油中农药残留的提取

（1）液-固萃取（liquid-solid extraction，LSE）　液-固萃取是最基本的提取方法，其基本原理是基于溶质经溶剂的渗透溶解及在溶剂中固-液相间扩散。粮食样品经研磨后，加入溶剂，可采用浸泡、振荡、搅拌、加热等方式加速农药的提取，也可采用索氏抽提来提高提取效果。

（2）超声波辅助提取（ultrasonic assisted extraction，UAE）　超声波辅助提取是利用超声波的空化效应、机械效应和热效应来提高传质系数，强化提取过程，目前是实验室常用的方法之一，具有操作简单、节省时间的优点。超声波辅助提取的影响因素主要有超声波的强度、频率、样品性质和提取时间。采用超声辅助提取-中空纤维液相微萃取-气相色谱-氮磷检测器对小麦粉及以小麦粉为原料的婴儿食品中有机磷农药残留进行检测，对样品的 pH、离子强度、提取时的搅拌速度、提取温度和提取时间等进行优化，有机磷农药的最佳提取条件为 pH 等于 7 的含有 5% NaCl 的水溶液在搅拌速度 960r/min 下，提取 45min。该方法检出限为 0.29~3.2μg/kg。

（3）微波辅助提取（microwave assisted extraction，MAE）　微波辅助提取的原理是利用微波穿过萃取溶剂，到达物料内部细胞，细胞内温度升高导致内部压力升高，致细胞破裂，细胞内的物质自由流出传递至周围的溶剂中被溶解。微波辅助提取法比索氏提取法和超声提取法更省时、更高效。但同时也会使萃取液中干扰物质的浓度增大。陈立刚等采用动态微波辅助提取-在线固相萃取-HPLC 技术检测了有机氯农药残留。采用蠕动泵用 95%乙腈对有机氯农药进行辅助提取，使用固相萃取小柱对提取物进行净化，在 238nm 处检测。该方法检出限为 19~37ng/g，回收率在 86%~105%，实现了有机氯农药在线提取-净化-检测。

（4）加速溶剂提取法（acceleration solvent extraction，ASE）　加速溶剂提取是提高溶剂的温度（50~200℃）和压力（10~15MPa），增加物质溶解度和溶质扩散效率从而提高萃取率，其优点是溶剂使用量少（1g 样品仅 1.5mL 溶剂）、效率高（一般为 15min）和回收率高。葛旭升等采用乙腈为提取溶剂，萃取温度为 75℃，萃取压力为 10MPa，对样品中的氯虫苯甲酰胺和螺螨酯进行了提取，二者的回收率分别为 91.3%和 88.7%。

（5）超临界流体提取法（supercritical fluid extraction，SFE）　超临界流体提取是通过改变提取剂的温度、压力，使其处于超临界状态形成一种介于液体和气体之间的流体（既有气体密度小、扩散速度快、渗透力强的特点，又有液体对样品溶解性好的特点），利用其较高的溶解能力和选择性，通过调节温度、压力即可从萃取物中将萃取剂分离出去。常用的超临界流体有二氧化碳、氨、丙烷、二氧化氮、水等。SFE 法具有快速方便、选择性强、传质速度快、易于制备、样品用量小、分析时间短等优点，但也有其缺点，SFE 对设备和工艺要求较高，分析成本较高。研究表明混合使用两种或多种超临界流体可以使农药萃取达到较高的回收率。

2. 粮油中农药残留的净化

（1）固相萃取（solid phase extraction，SPE）　固相萃取是利用固体吸附剂将样品中的目标化合物吸附，而与样品的基体和干扰化合物分离，然后再用洗脱液或加热解吸附，达到分离和富集目标化合物的目的。SPE 用于目标化合物净化与富集，操作简便、省时，有机溶剂用量少，是目前农药残留分析中样品净化的主流技术。商品化的固相萃取小柱主要有 C_{18} 柱、C_8 柱、苯基柱、氨基柱、氰基柱等。

Walorczyk 进行了多残留农药检测，首先用乙腈提取农药，采用固相萃取净化样品，气相色谱-串联质谱同时检测了 122 种农药残留，回收率在 73%～129%。Balinova 研究了反相固相萃取小柱、弱阴离子固相萃取小柱、强阴离子固相萃取小柱对谷物中复杂基质的吸附程度，并采用 GC-ECD 和 GC-MS 对 25 种农药残留做了检测。

（2）固相微萃取（solid phase microextraction，SPME）　SPME 是在固相萃取技术上发展起来的，是一种集采样、萃取、浓缩和进样于一体的无溶剂样品微萃取新技术。与固相萃取技术相比，固相微萃取操作更简单，携带更方便，操作费用也更加低廉；另外克服了固相萃取回收率低、吸附剂孔道易堵塞的缺点。其装置类似于一支气相色谱的微量进样器，萃取头是在一根石英纤维上涂上固相微萃取涂层。将纤维头浸入样品溶液中或顶空气体中一段时间，同时搅拌溶液以加速两相间达到平衡的速度，待平衡后将纤维头取出插入气相色谱汽化室，被萃取物在汽化室内解吸后，靠流动相将其导入色谱柱，完成提取、分离、浓缩的全过程。

（3）基质固相分散技术（matrix solid-phase dispersion，MSPD）　基质固相分散一般是先将样品基质与 C_{18}、Al_2O_3、Florsil 和硅胶等吸附剂混合均匀后一起研磨，经过研磨后样品基质均匀分散于吸附剂固定相颗粒的表面，装玻璃柱后进行洗脱，类似 SPE 的洗涤和洗脱，完成样品的提取和净化过程。吸附剂同时起到支持、分散、吸附和净化的作用，待测物在吸附剂、洗脱液和基质之间进行吸附与分配，最终达到萃取和净化的目的。陈立刚等人采用分子印迹-基质固相分散结合的方法净化大米中的吡虫啉的提取物，有效地去除了干扰物质。在吡虫啉与 MIPs 的质量比为 1∶2，分散时间为 8min，20%甲醇作为淋洗溶液，甲醇为洗脱剂的条件下，能取得满意的回收率。在最优条件下，吡虫啉的线性范围在 10～1000ng/g，检出限为 2. 4ng/g，回收率在 83. 8%～92. 5%。

（4）凝胶渗透色谱（gel permeation chromatography，GPC）　凝胶色谱法又称分子排阻色谱。凝胶色谱技术根据溶质（被分离物质）相对分子质量的不同，通过具有分子筛性质的固定相（凝胶），大分子的不易进入凝胶颗粒的微孔，移动速度快，最先洗脱出；小分子的容易进入凝胶相内，速度慢于大分子，洗脱时间长，分子最小的最后才流出。常见凝胶种类：聚丙烯酰胺凝胶、交联葡聚糖凝胶、琼脂糖凝胶、聚苯乙烯凝胶。赵子刚等人建立了凝胶渗透色谱-气相色谱分析检测小麦中 24 种农药（包括菊酯类农药、杀菌剂、有机氯农药）残留的方法，方法回收率在 81. 6%～123%，检出限在 1. 25～12. 5μg/kg。

（5）免疫亲和色谱（immunoaffinity chromatography，IAC） 免疫亲和色谱就是基于免疫反应的基本原理，利用抗原-抗体结合的高度专一性以及色谱分离过程中的迁移差异来分离、富集特定目标物，实现样品分离的一种分离净化方法；该方法具有选择性强、结合容量大、富集效率高、可重复使用等特点，大大地简化了样品的前处理过程，可提高分析的灵敏度和可靠性。

韦林洪在已获克百威、三唑磷、绿黄隆抗体的基础上，制备了对克百威、三唑磷、绿黄隆具有特异性的高容量免疫亲和色谱（IAC）柱。选择 0.02mol/L pH 7.2 磷酸盐缓冲液作为克百威 IAC 柱和三唑磷 IAC 柱的吸附与平衡介质，60%（体积分数）甲醇水溶液作为洗脱剂。在优化条件下，克百威、三唑磷 IAC 柱的动态柱容量分别达 1.58μg/mL 柱床体积、1.91μg/mL 柱床体积。当标样溶液中克百威或三唑磷浓度<2ng/mL 时，经 IAC 柱富集的效率分别高于 167 倍、213 倍。稻米中添加克百威标样 20ng/g 或三唑磷标样 0.1μg/g，提取液经相应 IAC 柱分离富集，洗脱液采用包被抗体直接竞争酶联免疫吸附分析法（ELISA）检测，重复 5 次，克百威的平均回收率 85.87%，相对标准偏差（RSD）为 4.71%。三唑磷的平均回收率 97.93%，RSD 为 8.76%。同时用高效液相色谱法（HPLC）检测洗脱液中的三唑磷，平均回收率 102.5%，RSD 为 4.44%。

（6）分子印迹（molecularly imprinted，MI） 分子印迹技术的核心是制备分子印迹聚合物（molecularly imprinted polymer，MIP）。首先选择合适的印迹分子和功能单体，使之在溶剂中相互作用，形成可逆的分子复合体系。然后使用交联剂将印迹分子-功能单体复合体系通过交联聚合加以“固定”，得到含有印迹分子、功能单体和交联剂的聚合物。最后，将印迹分子抽提出来，这样就在聚合物上留下了和模板分子在空间结构、结合点位完全匹配的三维“空穴”，这个三维“空穴”可以专一地、有选择地重新与模板分子结合，从而使该聚合物对模板分子具有专一的识别功能。MIP 上的识别位点，可形象地描述为近似均匀分布的“空穴”。这些“空穴”的三维网格结构和印迹分子相匹配，并排列着与印迹分子相对应的功能基团。当印迹分子进入 MIP 之后，就会与这些识别位点相互作用，其结构和功能基团均和“空穴”相匹配；而非印迹分子则因为体积大小和功能基团不匹配而不能有效地进入“空穴”，因而对之不具有特殊的识别作用。显然，“空穴”中作用位点越多，作用部分性质和类型越广泛，则 MIP 与印迹分子之间的结合能力和选择性就越高。

Shi 等以拟除虫菊酯类农药溴氰菊酯和氯氰菊酯作为模版分子合成分子印迹聚合物，并比较了二者的吸附能力，溴氰菊酯分子印迹聚合物的性能好于氯氰菊酯分子印迹聚合物，并采用溴氰菊酯分子印迹聚合物对溴氰菊酯、氯氰菊酯、氟氯氰菊酯、氰戊菊酯、苯醚菊酯、联苯菊酯 6 种拟除虫菊酯类农药进行净化，效果优于传统的 Florisil 固相萃取柱。

其中 Djozan 使用莠灭净-MIP 对从玉米和大米中提取的 8 种三嗪类除草剂进行了净化处理。对于大米基质，回收率在 85.0%~96.7%；对玉米基质，回收率为 86.0%~96.1%。检出限范围为 9~85ng/mL。

（7）QuEChERS 法 QuEChERS 法是一种普适性很强且集各种基质中农药残留提取和净化于一体的农药残留检测样品前处理技术，该方法因具有快速、简便、廉价、高效、可靠、安全的特点而被命名为 QuEChERS（quick，easy，cheap，effective，rugged，safe）。

该方法以乙腈为单一提取试剂，辅以 NaCl 和无水硫酸镁去除乙腈中混合的水分，然后将提取液用 PSA（*N*-丙基乙二胺）和无水硫酸镁涡旋混合进一步吸附基质中的碳水化合物、酚类、各种极性有机酸、少量色素、糖类、脂肪酸和水分。对于基质干扰多的植物性样品还需酌情加入 GCB（石墨化炭黑）去除基质中的色素、固醇类和非极性干扰物，加入 C_{18} 去除脂肪酸、脂类等非极性干扰物。它是一种融合了固相微萃取技术和分散固相萃取技术的新方法。

Kolberg 建立了 QuEChERS-GC-MS 快速多残留农药检测的方法，并对小麦籽粒、小麦粉和麸皮样品进行了分析。该方法对于小麦籽粒的线性范围 1.0~100μg/L，对于小麦粉和麸皮线性范围为 2.0~200μg/L。回收率在 70%~120%。

（二）粮油中农药残留的检测方法

1. 粮油中磷化物残留的检测

（1）定性分析 磷化物遇水和酸放出磷化氢，它与硝酸银反应生成黑色磷化银；如有硫化物存在，同时放出硫化氢，与硝酸银生成黑色硫化银干扰测定，而硫化氢又能与乙酸铅生成黑色硫化铅，以此证明是否有硫化物干扰。

（2）定量分析——钼蓝法 磷化物遇水和酸放出磷化氢，蒸出后用酸性高锰酸钾溶液吸收，并被氧化成磷酸；磷酸与钼酸铵作用生成磷钼酸铵；磷钼酸铵与还原剂氯化亚锡反应生成蓝色化合物——钼蓝，与标准系列比较定量。生成的钼蓝蓝色深浅与 PH_3 含量的多少成正比。

2. 粮油中有机氯类、有机磷类、氨基甲酸酯类、拟除虫菊酯类农药残留的检测

（1）气相色谱法（gas chromatography，GC） 随着现代仪器分析方法的发展，气相色谱法已经成为目前典型的、应用最广泛的仪器分析方法。气相色谱法具有选择性高、分离效果好、检测速度快等优点，检测限可以达到 10^{-12}mol/L 级，并能同时测多个样品，重复性和稳定性较好。气相色谱检测器主要有电子捕获器（ECD）、氮磷检测器（NPD）、火焰光度检测器（FPD）、质谱检测器（MS）。GC-ECD 是检测有机氯类和拟除虫菊酯类农药残留最普遍的方法。GC-FPD 或 GC-NPD 是检测有机磷类农药和氨基甲酸酯类农药常用的方法。

还有的研究者采用乙腈和丙酮分别作为提取溶剂，并采用 GC-ESI-MS/MS 在正离子模式和负离子模式下对大豆中 169 种农药进行了多残留检测，结果发现，不管采用乙腈还是丙酮作为提取剂，都达到了理想的检测效果。

（2）高效液相色谱法（high performance liquid chromatography，HPLC） HPLC 法与 GC 法相比，不仅分离效果好，灵敏度高，而且应用面广。对气相色谱不能检测的高沸点或热不稳定、易裂解变质农药，都可以采用 HPLC 法来检测。

谷物中残留的氨基甲酸酯杀虫剂可用丙酮/二氯甲烷（1∶1）的提取液提取，然后用氨基键合相的固相萃取柱净化。再用二氯甲烷/甲醇（99∶1）洗脱液洗脱，经浓缩、干燥、溶解后进液相色谱-柱后衍生-荧光检测。采用邻苯二甲醛进行柱后衍生：在强碱性条件下，将氨基甲酸酯分解成游离的伯胺，再用邻苯二甲醛与伯胺反应生成具有荧光的化合物进行检测。

Perez-ruiz 采用 HPLC-柱后光化学衍生-荧光检测有机磷农药残留。该衍生原理是在 254nm 低压汞灯的辐射下，有机磷化合物在过硫酸盐存在的条件下光解过硫酸盐。由此产生的磷酸盐与钼酸盐形成磷钼杂多酸，随后与硫胺素生成硫胺荧光。然后，用荧光光谱在 375nm 激发，检测 440nm 处的荧光光谱强度。并采用 ODS 反相柱，采用乙腈-水为流动相分离各有机磷化合物。该方法检测限在 4~12ng/mL，日间和日内精密度分别为 1.2%和 2.1%。

（3）酶抑制法（enzyme inhibition，EI） 酶抑制法是利用农药的毒理性质建立的一种快速检测方法。利用一些农药能抑制乙酰胆碱酯酶活性的性质，使该酶分解乙酰胆碱的速度减慢或停止，再利用一些特定的颜色反应来反映被抑制的程度，从而达到检测的目的。酶抑制法最大的优点是操作简单、速度快，不需昂贵的仪器，特别适合现场检测以及大批量样品的筛选，但是灵敏度要比仪器法差一些，重复性和回收率也相对较差。近年来利用将酶抑制法原理同芯片技术的发展相结合发展起来的酶抑制-生物芯片分析法在相当程度上弥补了酶抑制法的缺陷。

酶抑制法检测农药残留的灵敏度与使用的酶、反应时间、温度等都有密切关系。根据酶抑制法原理设计的农药残留检测方法，主要有试纸法、比色法和胆碱酯酶生物传感器法。试纸法：将敏感生物（如马、牛等）的胆碱酯酶和乙酰胆碱类似物 2，6-二氯靛酚乙酸酯分别经固定化处理后加载到滤纸片上，靛酚乙酸酯在胆碱酯酶催化下迅速发生水解反应，生成蓝色的靛酚和乙酸，如果胆碱酯酶与有机磷或氨基甲酸酯类农药结合，便失去催化靛酚乙酸酯水解的能力，因此，在样品中只要有微量的有机磷或氨基甲酸酯类农药存在，就能强烈地抑制蓝色产物的生成，靠目测就可判断农药残留情况，即蓝色表示无农药残留，浅蓝色或白色表示有农药残留。比色法：将样品提取液与从敏感生物中提取的胆碱酯酶作用，以碘化硫代乙酰胆碱（ATCI）等为底物，二硫代-二硝基苯甲酸（DTNB）等为显色剂，经一定时间反应后，利用农药残留速测仪在 410nm 波长下比色，根据吸光值的变化计算胆碱酯酶的抑制率，从而判断有机磷和氨基甲酸酯类农药残留量是否超标，比色法具有灵敏度高及成本低等明显优势。酶生物传感器法：酶生物传感器是一种将酶作为生物敏感部件与各种物理化学转换器紧密配合，对特定种类化学物质具有选择性和可逆响应的分析装置。生物敏感部件与特定分析物反应会产生一些物理化学信号的变化，再通过转移器转化，放大后显示或记录下来。

（4）酶联免疫吸附法（enzyme-linked immunosorbent assay，ELISA） 农药属小分子化合物，属于半抗原，必须使用化学方法将其结合于一个大分子载体构成免疫原，最常用的载体为牛血清白蛋白（BSA）。常用半抗原与蛋白质连接的方法有：碳二亚胺（EDC）法、混合酸酐法、重氮化法、戊二醛法等。抗农药抗体可用农药-载体蛋白结合物直接免疫兔子等动物，之后每间隔 1 个月加强免疫 1 次，一般 6 个月左右可获得满意效价的抗血清。农药分子的标记也较为困难，常需在其结构上引入一个活性基团（一般为羧基），再连接其他大分子物质（如蛋白质、肽等）进行标记。最常用的酶是辣根过氧化物酶（HRP），主要是通过底物被酶解显色来显示示踪抗原-抗体结合存在的部位。因其显色产物不固定，游离于结合部位周围，仅在酶标板中得到了很好的应用，在传感器技术乃至芯片技术中的应用受到了很大限制。

（5）毛细管电泳（capillary electrophoresis，CE）和毛细管电色谱（capillary electrochromatography，CEC） 由于毛细管电泳和毛细管电色谱具有所需样品体积小、分离效率高等特点，越来越多的学者已将它们应用到农残检测中，并将它们同各种不同的检测器相结合，以提高检测的灵敏度。毛细管电泳是以高压直流电场为驱动力的新型液相分离分析技术，它是基于带电组分在高电场中迁移率的不同而进行分离的。毛细管电色谱整合了高效液相色谱（HPLC）的高选择性和毛细管电泳的高分离效率的优点，具有高效能、高分离率、高选择性以及分析速度快、试剂消耗少等突出优点。目前已有多种稳定可靠的检测器可用作 CE 和 CEC 的检测器，如紫外检测器（UV）、激光诱导荧光检测器（LIF）、质谱检测器（MS）以及电化学检测器（ECD）等。采用加压毛细管电色谱（pCEC）-UV检测法分离检测10种氨基甲酸酯类农药，在最佳的实验条件下，10种目标农药在20min内可以得到分离，对实际样品进行测定最终得到10种目标农药的检出限为0.05~1.6mg/kg，平均回收率在51.3%~109.2%。

第三节　粮油中有害重金属残留的检测与分析

一、概　　述

重金属是指原子密度大于5g/cm^{3}的一类金属元素，大约有40种，主要包括镉、铬、铅、铜、锌、银、汞、锡等。但是从毒性角度一般把砷、硒和铝等也包括在内。重金属一般分为必需金属、非必需金属和有毒重金属。其中，有毒重金属通过食物进入人体，干扰人体正常生理功能，危害人体健康。通常情况下，重金属的自然本底浓度不会达到有害的程度，但随着社会工业化的高度发展，重金属污染越来越严重，当其量超过正常净化范围就会引起土壤污染，粮食首当其冲。有害重金属通过各种途径污染粮食，经由食物链进入人体，可以在生物体内富集，给人体健康带来严重危害。

微量的汞在人体内不至于引起危害，可经尿、粪和汗液等途径排出体外，但数量较多时，则损害人体健康。一般认为，当全血中含汞量为20~60μg/100mL时，即可出现神经中毒症状。主要表现是疲乏、头晕、失眠，肢体末端、嘴唇、舌和齿龈等麻木，继而刺痛，随后发展为运动失调、言语不清、耳聋、视力模糊、记忆力减退，严重者可出现精神紊乱，进而疯狂、痉挛致死。甲基汞在体内与巯基亲和力高、脂溶性强、分子小，所以易于扩散并进入各种组织细胞中。

残留于粮油及其制品中的镉被人体摄入后，有1%~6%被吸收，具体吸收率可因其在食物中存在的形式而异，同时还与膳食中蛋白质、维生素和钙的含量有关。以氯化镉、硝酸镉形式存在的镉易溶于水，碳酸镉难溶于水。易溶于水的镉盐对人体毒性较大，进入人体内的镉容易在体内蓄积，主要蓄积于肾脏，其次为肝、胰、主动脉、心、肺等，从而造成这些器官的危害，尤以对肾脏损害最为明显。还可导致骨质疏松和软化。日本的骨痛病即为环境镉污染通过食物引起的慢性镉中毒，多见于50岁以上妇女，患者一般具有长期食用含镉高的大米的历史。

铅主要损害神经系统、造血器官和肾脏。常见症状有食欲不振、胃肠炎、口腔金属味、失眠、头昏、头痛、关节肌肉酸痛、腰痛、便秘、腹泻和贫血等，严重者可发生休克和死亡。

受砷污染的粮油及制品被人误食后，常引起急性中毒。砷经口中毒剂量以三氧化二砷计为5~50mg，致死量为0.06~0.3g。长期食用轻度污染的粮油主要引起慢性中毒。砷在人体内可与细胞内酶蛋白的巯基结合而失去活性，从而影响组织的新陈代谢，引起细胞死亡；也可使神经细胞代谢产生障碍，造成神经系统病变。

（一）粮食及食品中重金属残留的限量要求

GB 2762—2022《食品安全国家标准　食品中污染物限量》对食品中的污染物限量做了

要求，其中原粮类粮食应分别符合 GB 2762—2022《食品安全国家标准　食品中污染物限量》中对谷物、豆类、薯类的规定，成品粮类粮食应分别符合 GB 2762—2022《食品安全国家标准　食品中污染物限量》中对谷物碾磨加工品、豆类、干制薯类的规定。GB 2762—2022《食品安全国家标准　食品中污染物限量》对几种主要的重金属及污染物的限量规定如表 10-14 所示。

表 10-14　　重金属及污染物限量标准

项目	限量/（mg/kg）
铅（Pb）	0.2
镉（Cd）	
谷物（稻谷*除外）	0.1
谷物碾磨加工品（糙米、大米除外）	0.1
稻谷*、糙米、大米	0.2
汞（Hg）	0.02
砷（以 As 计）	
谷物（稻谷*除外）	0.5（总砷）
谷物碾磨加工品（糙米、大米除外）	0.5（总砷）
稻谷*、糙米、大米	0.2（无机砷）
铬（以 Cr 计）	1.0

注：*稻谷以糙米计。

（二）粮食中重金属检测标准

GB 2762—2022《食品安全国家标准　食品中污染物限量》推荐了铅、镉、砷、汞几种元素的检测方法，如表 10-15 所示。

表 10-15　　粮食中部分重金属残留检测标准

标准号	标准名称
GB 5009.12—2017	食品安全国家标准 食品中铅的测定
GB 5009.15—2014	食品安全国家标准 食品中镉的测定
GB 5009.17—2021	食品安全国家标准 食品中总汞及有机汞的测定
GB 5009.11—2014	食品安全国家标准 食品中总砷及无机砷的测定
GB 5009.123—2014	食品安全国家标准 食品中铬的测定

二、粮油中有害重金属残留的分析方法

（一）粮油中有害重金属残留的前处理方法

在样品中，重金属一般以化合态形式存在。因此，在检测时需要对样品进行前处理，使重金属以离子状态存在于试液中，才能进行客观准确的分析。此外，样品的前处理是为了去除干扰因素，保留完整的被测组分，或使被测组分浓缩。传统的方法主要有干法灰化和湿法

消化。近年来兴起的微波消解法、高压消解法以及固相萃取等分离富集技术具有非常好的效率和效果。

1. 粮油中有害重金属残留的提取

(1) 干法灰化法 (dryashing method) 干法灰化法主要是指将样品加热炭化，使有机物灰化后进行测定的方法，包括低温和高温两种方法。对于酸难分解的样品，一般会在高温下灰化，这样试剂用量少，但高温状态，对于易挥发的元素如铅、镉、铬来说，将会造成待测元素的损失，造成测定结果偏低，为此可以选择在试样中加入助灰剂，如硝酸、硫酸，或采用低温干法灰化法，可避免元素的挥发。但由于此法需要专门的灰化装置，费用比较昂贵，灰化时间比较长，只有在测定特定样品时才采用该方法。

(2) 湿法消解法 (wet digestion method) 湿法消解是在样品中加入适当的氧化性强酸，在高温下进行消解，使有机物氧化，适合小麦等生物样品。在实际处理过程中，一般将几种强酸物质按比例混合使用，若是难消化的粮食，加入氧化剂，如 H_2O_2、$KMnO_4$等，可以提高消化效率。与干法灰化法相比，湿法消解能保证样品消解完全，且易挥发的分析元素不会损失或者损失很少，并可同时消化多个样品，有助于样品的批量化处理，但耗时长、酸用量多、空白值高及对环境造成污染大。

(3) 高压消解法 (high pressure digestion method) 高压消解是在密闭的高温高压的消解罐内进行，使难溶物质能够快速消解。干法或者湿法消解都会使用一些强腐蚀性、强刺激性的硝酸和高氯酸。高氯酸具有毒性和受热易爆炸等特点。而高压消解法所用酸解试剂少，对环境的影响小，且此过程在密闭容器中进行，能防止挥发性元素的损失，结果稳定可靠。

(4) 微波消解法 (microwave digestion method) 微波消解法是近年来比较热门的样品处理技术，即将样品置于聚四氟乙烯消解罐中，加入浓酸，再将消解罐置于微波消解仪（可控温控压）的微波场中进行消解。大量研究表明，微波消解法能更有效地萃取各种固体样品中的金属元素，且由于样品处于密闭容器中，也避免了待测元素的损失和可能造成的污染。相比传统的消解方法，微波消解具有消化时间短、消解完全、结果准确，精密度和准确度好等特点。

2. 粮油中有害重金属残留的净化

(1) 固相萃取法 (solid phase extraction, SPE) SPE 是一种用于样品分离、纯化、浓缩的重要的前处理手段。主要利用样品流经固体吸附剂时，不同化合物与吸附剂间的吸附与解吸附作用，将液体样品中的目标化合物与样品基底以及干扰化合物分离，再通过洗脱液迅速洗脱，达到分离和富集的效果。SPE 具有回收率和富集倍数高、有机溶剂用量少、无相分离操作、能处理微量样品和易于实现自动化等优点。常用的固相萃取剂有：键合硅胶、树脂、分子印迹聚合物、纳米材料等。

用于重金属元素形态分离的吸附材料主要有树脂、纤维、金属氧化物（三氧化二铝、二氧化钛)、生物吸附及其他无机吸附材料等。其中，纳米材料是一种新型功能材料，具有不同于其他传统固体材料的特异性质，如表面效应、小尺寸效应、量子尺寸效应、宏观量子隧道效应、介电限域效应等，对许多金属离子具有很强的吸附能力，具有响应速度快、灵敏度高、选择性好等优点，是一种理想的分离富集材料。江晓红采用固相萃取柱 Oasis HLB 3cc 对钴进行富集除杂，石墨炉原子吸收法进行检测，该方法定量下限为 0.5μg/kg。

（2）浊点萃取法（cloud point extraction，CPE） CPE是基于中性表面活性剂胶束水溶液的溶解性和浊点现象，通过改变实验参数引发相分离，将疏水性物质与亲水性物质分离的方法。它是一种安全、绿色且具有普适性的萃取方法。由于表面活性剂富集相的分散特性，浊点萃取法能达到更快的萃取速度，更高的萃取容量以及富集倍数。CPE在金属离子的分离与富集过程中，首先使金属离子与配体结合生成疏水性配合物，利用表面活性剂富集相应配合物来实现重金属的分离富集。CPE也实现了重金属与食品提取液复杂基体的分离，降低了食品基体对重金属检测的干扰。Sun等通过水和正己烷洗脱富硒稻米，能很好地将无机砷和有机砷分离，并直接进行测定，安全快速，灵敏度高。但由于提取液中表面活性剂的黏度较大，不能与传统的分析仪器联用。因此，新型吸附剂的开发，是浊点萃取法与其他分析仪器在线联用的基础。

（3）分散液-液微萃取法（dispersive liquid-liquid microextraction，DLMP） DLMP是将萃取剂和分散溶剂分别混合到样品溶液中，形成混浊的溶液细滴，分析物都集中到了萃取剂中，通过进一步离心分离实现重金属元素与其他物质的分离。DLMP作为一种快速富集的前处理技术，广泛应用于环境和生物中镉、铅等重金属前处理，近几年来，也在粮食中得到应用。Shrivas利用DLMP对玉米、大米、小麦等作物中的铜进行富集检测，相比固相萃取而言，此法快速简单、成本低。

（二）粮油中有害重金属残留的检测方法

1. 火焰原子吸收光谱法（flame atomic absorption spectrometry，FAAS）

火焰原子化是利用化学火焰固有的温度、气氛等特征，使待测元素原子化。通过待测元素的原子在特定频率辐射能激发下所吸收的能量，来测定待测元素含量的方法，具有较高的灵敏度，在重金属元素的分析中应用广泛。谷物中的铜、铬采用LLME-FAAS测定其中的重金属含量，其中小麦中铜、铬的检出限分别为0.05ng/mL、0.34μg/mL。姜芝萍等采用HNO_3-H_2O_2高压微波消解稻米样品，采用FAAS测定其中铜和锌的含量，精密度为0.05%~0.67%，加标回收率在96.3%~98.7%。

2. 石墨炉原子吸收光谱法（graphite furnace atomic absorption spectrometry，GFAAS）

石墨炉原子化的原理是将石墨管作为一个电阻，在通电时，温度可达2000~3000℃，使待测元素原子化，又称电热原子化。在GFAAS中样品全部参加原子化，其原子化效率高，分析灵敏度得到了显著的提高，具有良好的选择性。该法应用广泛，但背景干扰严重，对难溶元素，使用后可能会有记忆效应，样品基体复杂时，会产生严重的背景吸收干扰，影响测定结果，通常可以加入合适的基体改进剂。杜伦麦的麦胚、麸皮和胚乳中矿物质元素含量采用GFAAS进行分析测定，其中锌和铜的测定采用干法灰化处理，钙、铁、镁等元素的测定采用湿法消解。另外，采用微波消解-GFAAS法可测定大米中微量的铅和铬。

3. 原子发射光谱法（atomic emission spectrometry，AES）

AES是将试样用热能或电能激发，然后测量被激发试样所发射的光辐射。根据发射谱线的波长进行定性分析，根据谱线的强度进行定量分析。目前应用最为广泛的是采用电感耦合高频等离子炬作为激发光源的原子发射光谱法，称为电感耦合等离子体原子发射光谱法（inductively coupled plasmas atomic emission spectrometry，ICP-AES）。ICP-AES可以用于测定除氩以外所有已知光谱的元素。利用ICP-AES同时测定红薯中9种微量元素，Pb的回收率为96.55%，精密度为0.06，检出限达到0.002μg/mL。但ICP-AES的不足之处是设备费和操作费较高，对某些元素的优势不明显。

4. 原子荧光光谱法（atomic fluorescence spectrometry，AFS）

AFS是一种基于测量基态原子蒸气吸收辐射被激发后去激发过程所发射的特征谱线强度进行定量分析的方法。它具有高灵敏度、低检出限、谱线简单、选择性好、分析曲线线性范围宽以及可实现多元素同时测定等特点。

氢化物发生-原子荧光光谱法（hydride generation-atomic fluorescence spectrometry，HG-AFS）是目前商业化最成功、发展最快、应用最广的原子荧光分析方法。氢化物发生法是利用还原剂将样品溶液中的待测组分还原为挥发性氢化物蒸气，然后借助载气流将其导入原子光谱仪中进行定量分析。氢化物发生体系主要有金属-酸还原体系、硼氢化物-酸还原体系、电化学还原体系和紫外光化学蒸气发生法。砷、锑、铋、锗、锡、铅、硒、碲等元素可以形成气态的氢化物，不但实现与大量基体的分离，还大大地降低了基体干扰，且气体进样方式极大地提高了进样效率。用HG-AFS测定上述元素，具有灵敏度高、干扰小、简便易行等优点。Chen等利用离子交换吸附剂固相萃取法从大米中的有机砷中分离出As（V），采用HG-AFS测定，比HG-AAS具有更宽的线性范围。使用AFS对用微波消解过的杜伦麦麦胚、麸皮和胚乳中的硒元素进行了测定，硒元素含量分别为0.1062mg/kg、0.0543mg/kg、0.09883mg/kg。

5. X射线荧光光谱法（X-ray fluorescence spectrometry，XRF）

X射线荧光光谱法是介于原子发射光谱和原子吸收光谱之间的光谱分析技术。它的基本原理是利用样品对X射线的吸收随样品中的成分及其多少变化而变化来定性或定量测定样品中成分的一种方法。X射线荧光光谱法具有分析速度快、样品前处理简单、可分析元素范围广、谱线简单、光谱干扰少、试样形态多样性及测定时的非破坏性等优点。它不仅能用于常量金属元素的定性和定量分析，也能用于微量金属元素的测定。缺点是仪器的结构较为复杂，一次性投资费用较大。

6. 电感耦合等离子体质谱法（inductively coupled plasma mass spectrometry，ICP-MS）

ICP-MS是一种常用的高通量金属元素分析测试仪器，由样品引入系统、等离子体源、接口装置、离子聚焦系统、质量分析器、检测器几部分组成。ICP-MS法具有较高的灵敏度和精密度，可同时测定多种重金属元素且干扰少、线性范围宽，检出限可达到亚ppt级（$1ppt=10^{-12}$）。

ICP-MS搭配微波消解的前处理方法逐渐成为了金属元素分析测试中的常规方法，GB/T 35876—2018《粮油检验　谷物及制品中钠、镁、钾、钙、铬、锰、铁、铜、锌、砷、硒、镉和铅的测定　电感耦合等离子体质谱法》和LS/T 6136—2019《粮油检测　大米中锰、铜、锌、铷、锶、镉、铅的测定》对ICP-MS法检测粮油中不同的金属元素方法进行了规范。ICP-MS检测粮油制品中金属元素含量的一般步骤如下。

（1）试样制备　将扦取的粮食样品粉碎后过筛（筛孔直径0.45 mm），备用。

（2）试样消解　一般采用微波消解法，称取试样0.5~2g（精确至0.0001g）置于聚四氟乙烯内罐中，加入5~7mL硝酸（65%，优级纯），浸泡20min，再加入2~3mL过氧化氢（30%，优级纯），放置10 min，盖好内盖，安装好保护套，按要求将消解罐放入微波消解仪的指定孔内，设置消解程序，开始消解试样。消解完成后，一般需要将取出的消解管在恒温加热器上（120℃）赶酸至溶液剩余黄豆粒大小，然后将消解液用超纯水少量多次洗涤并转移至 50 mL 容量瓶中，定容，混匀，得样品溶液。同时，做试剂空白组。

在没有微波消解仪的情况下，也可使用高压消解罐消解法进行制样。

(3) 测定　确定测定方法，选择干扰校正方程及测定元素，使仪器灵敏度、氧化物、双电荷、分辨率等各项指标达到测定要求，仪器性能达到最佳分析状态。

按浓度递增顺序依次测定标准系列工作液空白、标准系列工作溶液中待测元素的信号强度 CPS，绘制标准曲线，计算回归方程，确保回归方程的相关系数不小于 0.998。

然后分别测定试剂空白消解液、试样消解液的信号强度 CPS，根据标准曲线回归方程自动计算得出试样中待测元素的质量浓度。

7. 紫外可见分光光度法（ultraviolet and visible spectrophotometry，UV）

重金属可以同一些有机显色剂发生络合反应，从而让其产生颜色变化，由于溶液颜色的深浅能够同重金属元素产生一定的浓度正比关系，所以能够直接根据吸光度的变化计算出重金属的含量。但是这种方法的灵敏度和准确度不高。

8. 电分析化学法（electrochemical analysis，EA）

电分析化学法是应用电化学的基本原理和实验手段，依据重金属电化学来测定物质含量的分析方法。具有设备简单、分析速度快、灵敏度高、选择性好等优点。在重金属离子检测中主要有离子选择电极法、极谱法、溶出伏安法和电位溶出法。

(1) 离子选择电极法　离子选择电极的原理是电极电位与溶液中对应重金属离子活度的对数呈线性关系可用来对重金属离子进行定量。离子选择电极法所用仪器简单，便于操作，且携带方便，可用于样品的快速现场测试，单次分析只用 1~2min，并且可以反复测量。但是它的灵敏度不高，在样品中待测组分浓度很低时不适用。Gholivand 以乙二醛缩双(2-羟基苯胺）为载体，制备了对 Cr（Ⅲ）具有优良电位响应特性的离子电极。Singh 研究了以 Schiff 碱配合体为中性载体的镉离子选择电极测定食品中的 Cr（Ⅲ），检出限达到 56nmol/L。Tsai 在纳米金上电镀锡铟氧化物测定了 Cr（Ⅵ）线性范围为 5~100μmol/L。Rouhollahi 制作了以 5，5′-二硫代二-（2-硝基苯甲酸）为电活性物质的 PVC 膜电极测定水中微量的铅。

(2) 极谱法　极谱法是用滴汞电极来电解被测溶液，并根据电解过程中的电流-电压曲线来进行分析的电化学方法。极谱法仪器简单、分析速度快，可同时测定多种物质。目前应用比较广泛的有极谱催化波、单扫描及脉冲极谱法等。李文最对单扫描极谱法测定食品中铅的检出限、稳定度等进行了验证，该方法操作简便、快捷、灵敏度较高，并且可与其他大型仪器联用。

(3) 溶出伏安法　通过预电解将被测物质电沉积到电极上，然后施加反向电压使富集在电极上的物质重新溶出，根据溶出过程中所得到的伏安曲线来进行定量分析的方法称为溶出伏安法。该方法灵敏度高，适用于现场检测微量和痕量的重金属，操作简单快速，选择性好且分析成本低。溶出伏安法又分为阳极溶出伏安法、阴极溶出伏安法以及在阴极溶出伏安法基础上发展起来的吸附溶出伏安法。Ly 等基于邻苯二酚对锗的富集作用，对水稻中的 Ge（Ⅵ）进行测定，富集 180s 时最低检出限为 0.6μg/L。Li 等建立了测定微量锡的吸附催化溶出伏安法，线性范围为 0.01~40μg/L，检出限为 0.005μg/L。

(4) 电位溶出法　电位溶出法是在一定条件下使待测重金属富集在电极上，再附加一个电流使其发生氧化反应，通过记录溶出过程中的电位-时间特性来进行分析的方法。该法具有灵敏度高、分辨率好、测定范围宽、有机物干扰少、操作简单、仪器价廉等优点，近年来发展迅速。Dugo 使用电位溶出法同时测定了植物油中 Cd（Ⅱ）、Cu（Ⅱ）、Pb（Ⅱ）和 Zn（Ⅱ），此法不需要样品前处理，使操作简化。

9. 新型检测技术

（1）酶抑制法（enzyme inhibition）　酶抑制法测定重金属的基本原理是重金属离子与形成酶活性中心的巯基等活性基团结合后，改变了酶活性中心的结构或构象，引起酶活力的下降，从而使底物-酶系统中的显色剂颜色、pH、电导率和吸光度等发生变化，这些变化可直接通过肉眼或借助于电信号、光信号等加以区别。与传统的重金属分析方法相比，酶抑制法具有快速、简便、样品用量少等优点。目前用于痕量重金属测定的常用酶有脲酶、过氧化物酶、黄嘌呤氧化酶、葡萄糖酶、蛋白酶、丁肽胆碱酯酶和异柠檬酸脱氢酶等。其中，脲酶价廉易得，应用最为广泛。Shukor 采用丝氨酸蛋白酶用此法对 Hg^{2+}、Zn^{2+} 进行检测，最低检测限分别为 0.06mg/L、1.06mg/L。采用此法对 Pd^{2+}、Ag^{+}、Cu^{2+}、Cd^{2+} 等重金属离子进行检测时，低于 20mg/L 均未检出。

（2）免疫分析法（immunoassay）　重金属离子的免疫检测按照抗体的种类，可分为多克隆抗体免疫检测和单克隆抗体免疫检测，后者通过间接竞争 ELISA 一步法免疫检测。免疫分析法具有检测速度快、灵敏度高、选择性强等优点。但是，金属离子单克隆抗体的制备非常困难，而较容易制备的多克隆抗体又难以满足对金属离子的特异性要求，这在很大程度上限制了重金属离子免疫分析法的发展。用辣根过氧化物酶对 Cd^{2+}-EDTA 复合物进行标记，采用直接竞争免疫检测法对环境水样中的 Cd^{2+} 进行检测，检测限可达 0.3μg/mL，检测结果与原子吸收法的检测结果吻合。Abe 发明的颜色扫描仪利用 Cd^{2+}-EDTA 抗体抗原复合物的浓度检测 Cd^{2+} 的质量浓度，检测限可达 0.01μg/mL。

（3）生物传感器（biosensors）　生物传感器利用生物识别物质与待测重金属离子结合，发生的变化通过信号转换器转化成电信号或光信号等来判断待测重金属离子的量。它可分为酶生物传感器、微生物传感器、免疫传感器、DNA 传感器、细胞传感器等。其在重金属检测方面的应用如表 10-16 所示。

表 10-16　　各种反应器的检测线性范围和检出限

生物传感器类别	线性范围/（μmol/L）	检出限/（μmol/L）	测定对象
酶生物传感器（葡萄糖氧化酶）	Cu^{2+}：5~40	5	Cu^{2+}
	Hg^{2+}：2.5~22.5	2.5	Hg^{2+}
酶生物传感器（脲酶）	Cu^{2+}：0.16~1.6	0.125	Cu^{2+}
	Hg^{2+}：0.05~0.5	0.045	Hg^{2+}
	Cd^{2+}：0.89~8.9	0.27	Cd^{2+}
微生物传感器		10^{-4}	Cd^{2+}
		0.01	Pb^{2+}
		10^{-4}	Sb^{3+}
细胞生物传感器	Hg^{2+}：10^{-6}~1000	10^{-3}	Hg^{2+}
	Cd^{2+}：10^{-6}~1000	10^{-3}	Cd^{2+}

续表

生物传感器类别	线性范围/（μmol/L）	检出限/（μmol/L）	测定对象
酶生物传感器（氨基乙酰丙酸脱水酶）	Pb^{2+}：10~500	10	Pb^{2+}
酶生物传感器（脲酶）	Cu^{2+}：10~230	10	Cu^{2+}
	Cd^{2+}：10~230	10	Cd^{2+}
细菌生物传感器	Pb^{2+}：10^{-4}~0.0125	0.5×10^{-5}	Pb^{2+}
DNA 生物传感器		6.7×10^{-4}	As^{3+}
免疫生物传感器		2.5×10^{-4}	Cd^{2+}
		6×10^{-3}	Pb^{2+}

思考题

1. 粮油中常见的真菌毒素有哪些？毒性如何？
2. 粮油中真菌毒素的提取净化方法有哪些？
3. 粮油中真菌毒素残留的检测方法有哪些？
4. 固相萃取法的原理是什么？
5. 基质固相分散的基本原理是什么？
6. 粮油中常见的农药残留有哪些？毒性如何？
7. 粮油中农药残留的提取净化方法有哪些？
8. 粮油中农药残留的检测方法有哪些？
9. 什么是 QuEChERS 法？
10. 酶联免疫吸附法的基本原理是什么？
11. 粮油中常见的有害重金属有哪些？
12. 提取粮油中有害重金属残留时，常用的消化方法有哪些？
13. 粮油中真菌毒素残留的检测方法有哪些？

参考文献

[1] 金昌海．粮油饲料加工与储检［M］．北京：中国轻工业出版社，2016.

[2] 王肇慈．现代食品分析［M］．2 版．北京：科学出版社，2022.

[3] 周显青．稻谷精深加工技术［M］．北京：化学工业出版社，2006.

[4] 陆启玉．粮油食品加工工艺学［M］．北京：中国轻工业出版社，2005.

[5] 陈凤莲，曲敏．粮食食品加工学［M］．北京：科学出版社，2020.

[6] 国娜．粮油质量检验［M］．北京：化学工业出版社，2011.

[7] 马涛．粮油食品检验［M］．北京：化学工业出版社，2009.

[8] 卢利军，牟峻．粮油及其制品质量与检验［M］．北京：化学工业出版社，2009.

[9] 孙勤．植物油料油脂检验与分析［M］．西安：西北工业大学出版社，2014.

[10] 江连洲．粮油食品加工及检验［M］．北京：中国林业出版社，2012.

[11] 吴晓彤．食品检测技术［M］．北京：化学工业出版社，2008.

[12] 张世宏．粮油品质检测技术［M］．武汉：湖北科学技术出版社，2011.

[13] 翟爱华，王长远．粮油及其制品检验［M］．北京：中国轻工业出版社，2014.

[14] 巢强国．食品检验［M］．北京：中国标准出版社，2013.

[15] 王静．粮油食品质量安全检测技术［M］．北京：化学工业出版社，2010.

[16] 董树亭．优质专用玉米［M］．济南．山东人民出版社，1999

[17] 尤新．玉米深加工技术［M］．2 版．北京：中国轻工业出版社，2018.

[18] 赵志民．玉米高质高效栽培与病虫草害绿色防控［M］．北京：中国农业科学技术出版社，2022.

[19] 王若兰．粮油储藏学［M］．北京：中国轻工业出版社，2016.

[20] 国家粮食和物资储备局软科学专家评审委员会．粮食和物资储备改革发展研究［M］．北京：人民出版社，2022.

[21] 曹卫生．小麦品质生理生态及调优技术［M］．北京：中国农业出版社，2005.

[22] 刘亚伟．小麦精深加工［M］．北京：化学工业出版社，2005.

[23] 周慧秋，李忠旭．粮食经济学［M］．北京：科学出版社，2023.

[24] 安全生产监督管理总局宣传教育中心．粮食企业主要负责人与管理人员安全生产培训［M］．北京：团结出版社，2023.

[25] 周慧明．小麦制粉与综合利用［M］．北京：中国轻工业出版社，2001.

[26] 周伟兴．装卸搬运车辆［M］．北京：人民交通出版社，2006.

[27] 王若兰．粮食仓库仓储技术与管理［M］．北京：中国轻工业出版社，2021.

[28] 杨万江．中国粮食结构与农业发展概论［M］．北京：社会科学文献出版社，1999.

[29] 李福君，赵会义．粮食储藏横向通风技术［M］．北京：科学出版社，2016.

[30] 于新，胡林子．谷物加工技术［M］．北京：中国纺织出版社，2011.

[31] 国家粮食局人事司．粮油保管员［M］．北京：中国轻工业出版社，2007.

[32] 吴子丹．绿色生态低碳储量新技术［M］．北京：中国科学技术出版社，2011.

[33] 柳增善，任洪林，孙鸿斌．食品病原微生物学［M］．北京：中国轻工业出版

社，2007.

[34] 张志恒．农药残留检测质量控制手册［M］．北京：化学工业出版社，2009.

[35] 朱坚，汪国权，陈正夫，等．食品中危害残留物的现代分析技术［M］．上海：同济大学出版社，2003.

[36] 王大宁，董益阳，邹明强，等．农药残留检测与监控技术［M］．北京：化学工业出版社，2006.

[37] 李荣和，姜浩奎．大豆深加工的原理发现与技术发明［M］．北京：科学技术文献出版社，2017.

[38] 江连洲．大豆加工新技术［M］．北京：化学工业出版社，2016.

[39] 王凤翼．大豆蛋白质生产与应用［M］．北京：中国轻工业出版社，2004.

[40] 江英，廖小军．豆类薯类贮藏与加工［M］．北京：中国农业出版社，2002.

[41] 宋玉卿，王立琦．粮油检验与分析［M］．北京：中国轻工业出版社，2008.

[42] 袁向星．粮食检验概论［M］．北京：中国农业科学技术出版社，2007.

[43] 周显青．稻谷精深加工技术［M］．北京：化学工业出版社，2006.

[44] 马涛，朱旻鹏．稻米深加工［M］．北京：化学工业出版社，2020.

[45] 张玉荣，袁建．农产品食品检验员-粮油助理检验员（初级 中级 高级）［M］．北京：中国社会出版社，2020.

[46] 张锴生．中国最早的稻作与稻作农业起源中心［J］．中原文物，2000（02）：16-21.

[47] 李岩，林开明，蔡丽芬．玉米在不同储藏条件下的品质变化及控制措施［J］．粮油仓储科技通讯，2022，38（05）：23-25.

[48] 曹俊，刘欣，陈文若，等．玉米储藏过程中生理代谢与品质变化机理研究进展［J］．食品工业科技，2016，37（03）：379-383，388.

[49] 温东强，邢钇浩，覃初贤，等．玉米种子储藏技术研究［J］．农业研究与应用，2021，34（06）：44-49.

[50] 周显青，张玉荣，张勇．储藏玉米陈化机理及挥发物与品质变化的关系［J］．农业工程学报，2008，130（07）：242-246.

[51] 林必博，周济铭，党占平．高油玉米品质研究进展［J］．山西农业科学，2014，42（10）：1144-1147.

[52] 陈闯，许立娜，蔚荣海．30份糯玉米杂交组合主要品质性状综合评价［J］．分子植物育种，2018，16（13）：4460-4465.

[53] 冯凤琴，王世恒，徐仁政．热处理条件对真空包装甜玉米品质和储藏期影响的研究［J］．农业工程学报，1999（04）：216-220.

[54] 汤星月，吴建文，李秋庭．微胚乳超高油玉米粕蛋白特性及氨基酸组成研究［J］．食品研究与开发，2019，40（21）：43-48.

[55] 郑彦坤．特用玉米营养品质与淀粉体和蛋白体发育关系的研究进展［J］．玉米科学，2019，27（06）：89-94.

[56] 冯指名，王小萌，谢奇珍，等．不同烘干工艺参数对玉米品质的影响［J］．中国粮油学报，2021，36（09）：36-41.

[57] 巩性涛，田宪玺，赵莹，等．玉米赤霉烯酮荧光定量快速检测试纸卡及仪器技术性能优化的研究报告 [J]. 粮食加工，2022，47（06）：107-114.

[58] 刘靖文，侯丽薇，杨艳涛．中国玉米供需平衡及国际市场可利用性分析 [J]. 中国农业资源与区划，2021，42（04）：126-133.

[59] 魏锋，史大坤，卫晓轶，等．不同玉米杂交种产量和品质性状的杂种优势分析 [J]. 山东农业科学，2022，54（12）：25-30.

[60] 李霞忻，顾晓红，苏萍．我国玉米品种资源主要品质的鉴定与筛选 [J]. 中国粮油学报，1996（06）：1-3.

[61] 杜双奎，魏益民，张波，等．玉米品种籽粒品质性状研究 [J]. 中国粮油学报，2006（03）：57-62.

[62] 曹殿云，王宏伟，刘国玲，等．硫素对玉米光合特性及产量的影响 [J]. 玉米科学，2017，25（02）：68-73，80.

[63] 张海艳，董树亭，高荣岐，等．玉米籽粒品质性状及其相互关系分析 [J]. 中国粮油学报，2005（06）：19-24.

[64] 吴云飞，段玉仁，张勇，等．小麦强、弱势籽粒品质研究进展 [J]. 麦类作物学报，2022，42（07）：808-814.

[65] 洪宇，孙辉，常柳，等．2020 年我国小麦品质分析 [J]. 粮油食品科技，2022，30（01）：87-92.

[66] 张子豪，李想成，吴昊天，等．2006—2018 年湖北省小麦品质变化趋势 [J]. 湖北农业科学，2022，61（23）：15-20.

[67] 王娜，孟利军，黄忠民，等．加工方式对非发酵面团小麦醇溶蛋白致敏性的影响 [J]. 农业工程学报，2020，36（09）：292-299.

[68] 胡学旭，周桂英，吴丽娜，等．2006-2014 年我国小麦品质在年度和品质区之间的变化 [J]. 麦类作物学报，2016，36（03）：292-301.

[69] 胡学旭，郭利磊，王乐凯，等．国家小麦品种试验品质分类标准研究 [J]. 农产品质量与安全，2020（01）：16-20.

[70] 李俊玲，吴俊威，申磊．河南省小麦中真菌毒素污染状况分析 [J]. 职业与健康，2020，36（16）：2207-2209+2213.

[71] 袁建，鞠兴荣，汪海峰，等．品种及种植地域对小麦主要品质性状影响的研究 [J]. 中国粮油学报，2000（05）：41-44.

[72] 苏靖，李云玲，张青，等．储藏期内小麦品质评价指标的选择与研究进展 [J]. 食品研究与开发，2021，42（10）：204-209.

[73] 杨书林，惠滢．小麦粉储藏过程中组分及品质变化研究进展 [J]. 粮食与饲料工业，2022，10-14.

[74] 尚玉婷，杨薇，张民．高温、高湿条件下模拟仓储小麦品质与微生物群落结构的变化 [J]. 中国食品学报，2022，22（04）：265-275.

[75] 代美瑶，张影全，潘伟春，等．小麦籽粒不同部位蛋白质形貌与流变特性 [J]. 中国食品学报，2022，22（01）：314-323.

[76] 姜东，仲迎鑫，蔡剑，等．小麦籽粒品质空间分布异质性及其形成机制研究进展

[J]. 南京农业大学学报，2021，44（06）：1013-1023.

[77] 王彦青，许娜丽，余慧霞，等. 普通小麦及其杂交 F2 代的粒重、粗蛋白与湿面筋含量及白粉病抗性分析 [J]. 山东农业科学，2022，54（07）：32-38.

[78] 倪芊芊，陈翔，许辉，等. 温度胁迫对小麦籽粒品质影响研究进展 [J]. 江汉大学学报（自然科学版），2022，50（05）：56-62.

[79] 姜雪，刘凤莲，刘云国，等. 小麦籽粒品质形成的影响因素及其生理机制 [J] 分子植物育种，2021，284-292.

[80] 于军伟，王斯文，姚广平，等. 抗条锈病普通小麦-中间偃麦草 7St 二体异附加系的分子细胞遗传学鉴定 [J]. 麦类作物学报，2021，41（10）：1189-1196.

[81] 郭灿，岳晓凤，白艺珍，等. 花生黄曲霉毒素平衡取样-随机森林风险预警模型的应用研究 [J]. 中国农业科学，2022，55（17）：3426-3449.

[82] 肖永华，黄常刚，革丽亚，等. 超高效液相色谱-串联质谱法快速测定稻谷和玉米中伏马毒素 [J]. 食品安全质量检测学报，2020，11（24）：9251-9255.

[83] 崔勇，李青，刘思洁，等. 超高效液相色谱-串联质谱测定食品中 4 种真菌毒素残留量. 中国卫生工程学，2014，13（1）：46-48，51.

[84] 张政. 基于分子印迹技术的氨基糖苷类抗生素多残留检测方法研究 [D]. 烟台大学，2020.

[85] 刘柱，陈万勤，沈潇冰，等. 多功能柱净化-柱后光化学衍生-高效液相色谱法同时检测玉米和花生中 9 种真菌毒素 [J]. 分析科学学报. 2014，30（2）：169-172.

[86] 田春霞. 分子印记固相萃取技术在食品安全检测种的应用进展 [J]. 化学试剂，2017，39（11）：1175-1178.

[87] 刘琳. 表面增强拉曼光谱结合分子印迹技术的磺胺类抗生素识别研究 [D]. 江南大学，2022.

[88] 吴鑫雨，李海叶，刘振洋，等. 间作不同行小麦氮素累积分配特征及其对氮肥施用的响应 [J]. 西南林业大学学报（自然科学），2022，42（05）：47-55.

[89] 陈向东，吴晓军，姜小苓，等. 不同小麦品种营养组分含量的近红外光谱分析 [J]. 食品研究与开发，2019，40（01）：163-167.

[90] 高爽. 高效液相色谱法在牛奶中磺胺类药物残留检测的应用 [J]. 中国乳业，2022（06）：55-59.

[91] 张学嘉，赵娟，李勇，等. 高效液相色谱法在农产品质量安全检测中的应用 [J]. 农业工程技术，2022，42（23）：95-96.

[92] 李壮，马俊，杨艺玥，等. 微流控分子印迹纳米纤维膜富集玉米赤霉烯酮的研究 [J]. 食品安全质量检测学报，2022，13（23）：7546-7553.

[93] 林晓帆，张诺，王辉，等. 一种来源于 Phialophora attae 的玉米赤霉烯酮内酯水解酶 ZHD11F 的酶学表征和结构特点 [J]. 微生物学报，2022，62（11）：4202-4212.

[94] 刘帅，张弘，温纪平. 小麦调质过程水分分布和工艺研究进展 [J]. 食品研究与开发，2022，43（18）：207-212.

[95] 袁艺，陆庭瑾，沈腾腾. 免疫亲和柱的制备及在真菌毒素检测中应用的研究进展 [J]. 食品工业科技，2013，(24)：396-400.

[96] 郑睿行，周子焱，傅晓，等. HPLC 测定玉米中玉米赤霉烯酮和赭曲霉毒素 A [J]. 食品研究与开发，2017，38 (19)：139-142.

[97] 马思雨，姜健健，矫文文，等. 超高效液相色谱法在食品检测分析中的应用研究 [J]. 食品安全导刊，2021 (22)：124-125.

[98] 王瑞虎，李萌萌，关二旗，等. 小麦储藏过程中真菌毒素变化趋势及预警技术研究进展 [J]. 中国粮油学报，2022，37 (11)：1-8.

[99] 李沐洁，张明洲，奚茜，等. 玉米赤霉烯酮单克隆抗体制备及免疫分析 [J]. 中国食品学报，2013，13 (01)：145-152.

[100] 武卫杰，冷远逵，沈梦飞，等. 基于功能纳米材料的液相生物芯片检测技术 [J]. 化学进展，2019，31 (Z1)：283-299.

[101] 黎睿，谢刚，王松雪. 高效液相色谱法同时检测粮食中常见 8 种真菌毒素的含量 [J]. 食品科学，2015，36 (06)：206-210.

[102] 李文廷，梁志坚，张瑞雨，等. 超高效液相色谱-串联质谱法同时测定谷物及其制品中 11 种真菌毒素 [J]. 食品安全质量检测学报，2017，8 (10)：3747-3755.

[103] 蒋文佳，胡蓉，李真，等. LC-MS/MS 快速检测粮食中 3 种真菌毒素的方法研究 [J]. 粮食与油脂，2023，36 (06)：153-157.

[104] 刘岚. 粮食中真菌毒素检测技术研究进展 [J]. 食品安全导刊，2022 (36)：144-146.

[105] 刘霞. 高效液相色谱法测定小麦粉中脱氧雪腐镰刀菌烯醇的方法研究 [J]. 现代食品，2021 (15)：213-215.

[106] 杨洲，罗锡文，李长友. 稻谷含水率分布及变化规律 [J]. 农业机械学报，2005 (10)：81-84.

[107] 王丽群，郭振海，孙庆申，等. 稻米适度加工技术及其应用 [J]. 东北农业大学学报，2022，53 (02)：91-98.

[108] 曹俊，蒋伟鑫，刘欣，等. 温度动态变化对不同水分含量稻谷主要品质变化的影响 [J]. 食品科学，2016，37 (17)：76-83.

[109] 谢天，杨会宾，郭亚丽，等. 我国稻米加工工艺的沿革与展望 [J]. 中国稻米，2021，27 (04)：71-76.

[110] 高琨，姜平，谭斌，等. 稻米及其加工副产物米糠中 γ-谷维素研究现状 [J]. 粮油食品科技，2021，29 (05)：91-98.

[111] 李婧婧，丁龙，夏金凤，等. 应用毛细管电泳技术鉴定杂交稻豪两优 729 种子纯度 [J]. 中国种业，2022 (07)：71-74.

[112] 黄象鹏，李宛婷，周海芳，等. 稻谷实仓储藏品质变化规律研究 [J]. 中国粮油学报，2021，36 (06)：101-107.

[113] CAPRIOTTI A L, CAVALIERE C, FOGLIA P, et al. Multiclass analysis of mycotoxins in biscuits by high performance liquid chromatography-tandem mass spectrometry. Comparison of different extraction procedures [J]. Journal of Chromatography A, 2014, 1343: 69-78.

[114] HE Q H, XU Y, WANG D, et al. Simultaneous multiresidue determination of mycotoxins in cereal samples by polyvinylidene fluoride membrane based dot immunoassay [J]. Food

Chemistry, 2012, 134 (1): 507-512.

[115] PRIETO-SIMON B, KARUBE I, SAIKI H. Sensitive detection of ochratoxin A in wine and cereals using fluorescence-based immunosensing [J]. Food Chemistry, 2012, 135 (3): 1323-1329.

[116] KOESUKWIWAT U, SANGUANKAEW K, LEEPIPATPIBOON N. Evaluation of a modified QuEChERS method for analysis of mycotoxins in rice [J]. Food Chemistry, 2014, 153: 44-51.

[117] LI X J, YAN T H, BIN H J, et al. Insertion of double bond pi-bridges of A-D-A acceptors for high performance near-infrared polymer solar cells [J]. Journal of Materials Chemistry A, 2017, 5 (43): 22588-22597.

[118] SIRHAN A Y, TAN G H, WONG R C S. Determination of aflatoxins in food using liquid chromatography coupled with electrospray ionization quadrupole time of flight mass spectrometry (LC-ESI-QTOF-MS/MS) [J]. Food Control, 2013, 31 (1): 35-44.

[119] ZHENG Y Z, HOSSEN S M, SAGO Y, et al. Effect of milling on the content of deoxynivalenol, nivalenol, and zearalenone in Japanese wheat [J]. Food Control, 2014, 40: 193-197.

[120] BURMISTROVA N A, RUSANOVA T Y, YURASOV N A, et al. Multi-detection of mycotoxins by membrane based flow-through immunoassay [J]. Food Control, 2014, 46: 462-469.

[121] VAN DER FELS-KLERX H J, DE RIJK T C. Performance evaluation of lateral flow immuno assay test kits for quantification of deoxynivalenol in wheat [J]. Food Control, 2014, 46: 390-396.

[122] LIU H L, LIU H B, LEI Q L, et al. Using the DSSAT model to simulate wheat yield and soil organic carbon under a wheat-maize cropping system in the North China Plain [J]. Journal of Integrative Agriculture, 2017, 16 (10): 2300-2307.

[123] SI Z Y, ZAIN M, LI S, et al. Optimizing nitrogen application for drip-irrigated winter wheat using the DSSAT-CERES-Wheat model [J]. Agricultural Water Management, 2021, 244: 106592.

[124] ZHAI Y, MA Y G, DAVID S N, et al. Scalable-manufactured randomized glass-polymer hybrid metamaterial for daytime radiative cooling [J]. Science, 2017, 355 (6329): 1062-1066.

[125] APPELS R, EVERSOLE K, FEUILLET C, et al. Shifting the limits in wheat research and breeding using a fully annotated reference genome [J]. Science, 2018, 361 (6403): eaar7191.

[126] LI Q, FU Y, LIU X B, et al. Activation of Wheat Defense Response by Buchnera aphidicola-Derived Small Chaperone Protein GroES in Wheat Aphid Saliva [J]. Journal of Agricultural and Food Chemistry, 2022, 70 (4): 1058-1067.

[127] GONZALEZ-CURBELO M A, HERNANDEZ-BORGES J, BORGES-MIQUEL T M, et al. Determination of organophosphorus pesticides and metabolites in cereal-based baby foods and wheat flour by means of ultrasound-assisted extraction and hollow-fiber liquid-phase microextraction prior to gas chromatography with nitrogen phosphorus detection [J]. Journal of Chromatography A, 2013, 1313: 166-174.

[128] PAREJA L, FERNANDEZ-ALBA A R, CESIO V, et al. Analytical methods for pesticide residues in rice [J]. Trac-Trends in Analytical Chemistry, 2011, 30 (2): 270-291.

［129］ WANG N, CUI B. An overview of ionic liquid-based adsorbents in food analysis［J］. Trac-Trends in Analytical Chemistry, 2022, 146.

［130］ WANG P, YANG X, WANG J, et al. Multi-residue method for determination of seven neonicotinoid insecticides in grains using dispersive solid-phase extraction and dispersive liquid-liquid micro-extraction by high performance liquid chromatography［J］. Food Chemistry, 2012, 134 (3): 1691-1698.

［131］ HUANG Y F, ZHANG Y B, HUO F J, et al. A dual-targeted organelles SO_2 specific probe for bioimaging in related diseases and food analysis［J］. Chemical Engineering Journal, 2022, 433: 133750.

［132］ CHEN L G, LI B. Determination of imidacloprid in rice by molecularly imprinted-matrix solid-phase dispersion with liquid chromatography tandem mass spectrometry［J］. Journal of Chromatography B-Analytical Technologies in the Biomedical and Life Sciences, 2012, 897: 32-36.

［133］ WAN A M, CHEN X M. Virulence Characterization of Puccinia striiformis f. sp tritici Using a New Set of Yr Single-Gene Line Differentials in the United States in 2010［J］. Plant Disease, 2014, 98 (11): 1534-1542.

［134］ 鲍丽萍，陈芸，杨海博，等．鄂西北稀土矿区粮食与蔬菜中重金属污染风险评价［J］．食品安全质量检测学报，2022，13（15）：5062-5069.

［135］ 穆月英．资源有效利用保障粮食安全的路径研究［J］．理论学刊，2022（06）：110-118.

［136］ 宋红梅，李廷亮，刘洋，等．我国近20年主要粮食作物产量、进出口及化肥投入变化特征［J］．水土保持学报，2023，37（01）：332-339.

［137］ 李董林，李春顶，蔡礼辉．俄乌冲突局势下中东和非洲的粮食安全问题：特征、影响和治理路径［J］．中国农业大学学报，2022，27（12）：15-27.

［138］ 苏芳，刘钰，汪三贵，等．气候变化对中国不同粮食产区粮食安全的影响［J］．中国人口·资源与环境，2022，32（08）：140-152.

［139］ 方振，李谷成，廖文梅．粮食主产区政策对粮食生产安全的影响［J］．农业现代化研究，2022，43（05）：790-802.

［140］ 曾云军，汪泽生．全自动固相萃取净化-高效液相色谱法测定食用植物油中苯并（a）芘含量［J］．中国油脂，2023，48（04）：149-152.

［141］ SUN M, LIU G J, WU Q H. Speciation of organic and inorganic selenium in selenium-enriched rice by graphite furnace atomic absorption spectrometry after cloud point extraction［J］. Food Chemistry, 2013, 141 (1): 66-71.

［142］ 吕火明，赵颖文，刘宗敏，等．四川省粮食生产时空演变特征及其影响因素——基于90个粮食生产重点县视角［J］．西南农业学报，2022，35（09）：2220-2228.

［143］ SHRIVAS K, JAISWAL N K. Dispersive liquid-liquid microextraction for the determination of copper in cereals and vegetable food samples using flame atomic absorption spectrometry［J］. Food Chemistry, 2013, 141 (3): 2263-2268.

［144］ 刘丽，孙炜琳，王国刚．高水平开放下国际粮食价格波动对中国农产品市场的影响［J］．农业技术经济，2022（09）：20-32.

[145] 刘淑萍，乔继浩．微波消解-电感耦合等离子体质谱法测量小麦粉中铅、镉、砷和铬［J］．中国无机分析化学，2022，12（03）：17-23.

[146] 渠琛玲，马玉洁，王若兰，等．硬麦八号主要组成部位四种主要蛋白质和营养矿物质元素含量分析［J］．粮食与饲料工业．2014，（3）：9-10.

[147] 杨青林，赵荣钦，罗慧丽，等．中国省际粮食贸易碳转移空间格局及其责任分担［J］．农业工程学报，2022，38（16）：1-10.

[148] CHEN G Y, CHEN T W. SPE speciation of inorganic arsenic in rice followed by hydride-generation atomic fluorescence spectrometric quantification [J]. Talanta, 2014, 119: 202-206.

[149] YAN S J, LIU Q, NAAKE T, et al. OsGF14b modulates defense signaling pathways in rice panicle blast response [J]. Crop Journal, 2021, 9 (4): 725-738.

[150] JACOBI V G, FERNANDEZ P C, ZAVALA J A. The stink bug Dichelops furcatus: a new pest of corn that emerges from soybean stubble [J]. Pest Management Science, 2022, 78 (6): 2113-2120.

[151] CERQUEIRA U, BEZERRA M A, FERREIRA S L C, et al. Doehlert design in the optimization of procedures aiming food analysis-A review [J]. Food Chemistry, 2021, 364: 130429.

[152] TSAI M C, CHEN P Y. Voltammetric study and electrochemical detection of hexavalent chromium at gold nanoparticle-electrodeposited indium tinoxide (ITO) electrodes in acidic media [J]. Talanta, 2008, 76 (3): 533-539.

[153] 王佳蕊，郝雅茹，李书国．电分析法同时快速测定植物油中 TBHQ、BHA 和 BHT 的研究［J］．中国粮油学报，2018，33（08）：126-132.

[154] 杨晓花，陈文，赵阳阳，等．单扫描极谱法测定辛硫磷［J］．理化检验（化学分册），2014，50（01）：67-71.

[155] Ly S Y, Song S S, Kim S K, et al. Determination of Ge (IV) in rice in a mercury-coated glassy carbon electrode in the presence of catechol [J]. Food Chemistry, 2006, 95 (2): 337-343.

[156] PATEL D, SHAMSI S A, SUTHERLAND K. Capillary electromigration techniques coupled to mass spectrometry: Applications to food analysis [J]. Trac-Trends in Analytical Chemistry, 2021, 139: 116240.

[157] GAO W, LIU P F, WANG B, et al. Synthesis, physicochemical and emulsifying properties of C-3 octenyl succinic anhydride-modified corn starch [J]. Food Hydrocolloids, 2021, 120: 106961.

[158] KUMADA Y, KATOH S, IMARTAKA H, et al. Development of a one-step ELISA method using an affinity peptide tag specific to a hydrophilic polystyrene surface [J]. Journal of Biotechnology, 2007, 127 (2): 288-299.

[159] ABE K, SAKURAI Y, OKUYAMA A, et al. Simplified method for determining cadmium concentrations in rice foliage and soil by using a biosensor kit with immunochromatography [J]. Journal of the Science of Food and Agriculture, 2009, 89 (6): 1097-1100.

[160] LU S J, CHENG G Y, LI T, et al. Quantifying supply chain food loss in China with pri-

mary data: A large-scale, field-survey based analysis for staple food, vegetables, and fruits [J]. Resources Conservation and Recycling, 2022, 177: 106006.

[161] 周显青，叶新悦，张玉荣，等．粳糯稻谷贮藏期间糊化特性的变化 [J]. 食品与发酵工业，2022，48（12）：60-67.

[162] 张玉荣，董永强，梁彦伟．不同储藏温度下蒸谷米和大米物理特性对比研究 [J]. 河南工业大学学报（自然科学版），2021，42（05）：101-109.

[163] 张玉荣，张婷婷，王游游，等．加速陈化对稻谷储藏品质和糊化特性的影响 [J]. 河南工业大学学报（自然科学版），2021，42（03）：85-92.

[164] 张玉荣．稻谷新陈度的研究（四）——稻谷储藏过程中挥发性物质的变化及其与新陈度的关系 [J]. 粮食与饲料工业，2005（2）：1-3.

[165] 张玉荣，潘运宇，宋秀娟，等．小麦不同程度萌发后其加工品质的变化 [J]. 河南工业大学学报（自然科学版），2020，41（01）：32-38.